彩图 1　苹果树腐烂病

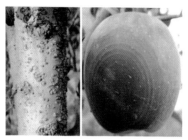

彩图 2　苹果轮纹病树干与果实

彩图 3　苹果斑点落叶病

彩图 4　苹果褐斑病

彩图 5　苹果炭疽病病果

彩图 6　苹果霉心病

彩图 7　苹果苦痘病

彩图 8　金纹细蛾为害状

彩图 9　苹果黄蚜

彩图 10　苹果桃小食心虫为害状

彩图 11　梨锈病病叶

彩图 12　梨锈病孢子器

彩图 13　梨锈病转主寄主

彩图 14　梨黑星病病叶（正面与背面）

彩图 15　梨黑星病病果

彩图 16　梨褐腐病

彩图 17　梨木虱为害状

彩图 18　梨木虱冬型成虫

彩图 19　梨木虱夏型成虫

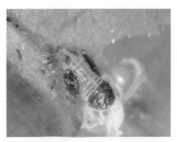

彩图 20　梨木虱若虫

彩图 21　茶翅蝽

彩图 22　梨小食心虫成虫

彩图 23　梨大食心虫为害状

彩图 24　梨大食心虫成虫

彩图 25　梨大食心虫幼虫

彩图 26　桃树流胶病

彩图 27　桃细菌性穿孔病

彩图 28　桃树褐斑穿孔病

彩图 29　桃缩叶病

彩图 30　桃红颈天牛

彩图 31　朝鲜球坚蚧为害状

彩图 32　苹小卷叶蛾

彩图 33　桃树潜叶蛾为害状

彩图 34　桃树潜叶蛾成虫　　　　　　彩图 35　桃小食心虫成虫

彩图 36　葡萄霜霉病病叶

彩图 37　葡萄霜霉病病果

彩图 38　葡萄扇叶病毒病

彩图 39　葡萄褐斑病病叶

彩图 40　葡萄白腐病病果

彩图 41　葡萄白腐病病叶

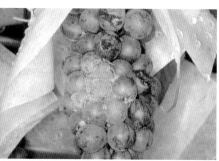

彩图 42　葡萄灰霉病

彩图 43　绿盲蝽为害状　　　　彩图 44　葡萄毛毡病病叶（正面与背面）

彩图 45　葡萄天蛾成虫　　　　　　彩图 46　葡萄天蛾幼虫

彩图 47　樱桃根癌病　　　　　　　彩图 48　草履蚧

彩图 49　桑白蚧　　　　　　　彩图 50　枣疯病

果园无公害科学用药指南

主　编　侯慧锋

副主编　王海荣　刘慧敏

参　编　（以姓氏笔画为序）

　　　　田　野　王丽君　席银宝　吴海源

　　　　王　宁　张　娟

机械工业出版社

本书内容主要包括三个方面：一是果园用药的类型和剂型、农药的使用方法、农药器械的类型及使用方法、真假农药的识别和简易检测等；二是果园病害防治的基本知识，具体包括果园中重要病害的症状识别、病原和防治方法等；三是果园重要害虫的形态特征、症状识别、发生规律及其防治方法。

本书内容通俗易懂、深入浅出，配有"提示""注意"等小栏目，注重科学性和实用性相结合，适合广大果农、农业技术推广人员及农村基层干部阅读，也可供农业院校相关专业的师生学习和参考。

图书在版编目（CIP）数据

果园无公害科学用药指南/侯慧锋主编. —北京：机械工业出版社，2017.5
（高效种植致富直通车）
 ISBN 978-7-111-56476-8

Ⅰ.①果… Ⅱ.①侯… Ⅲ.①果树 – 农药施用 – 无污染技术 – 指南 Ⅳ.①S436.6 – 62

中国版本图书馆 CIP 数据核字（2017）第 067319 号

机械工业出版社（北京市百万庄大街22 号 邮政编码100037）
总 策 划：李俊玲 张敬柱
策划编辑：高 伟 郎 峰 责任编辑：高 伟 郎 峰 陈 洁
责任校对：王 欣 责任印制：常天培
保定市中画美凯印刷有限公司印刷
2017 年 6 月第 1 版第 1 次印刷
147mm×210mm·11.5 印张·4 插页·368 千字
0001—4000册
标准书号：ISBN 978-7-111-56476-8
定价：39.80元

高效种植致富直通车
编审委员会

序

　　园艺产业包括蔬菜、果树、花卉和茶等，经多年发展，园艺产业已经成为我国很多地区的农业支柱产业，形成了具有地方特色的果蔬优势产区，园艺种植的发展为农民增收致富和"三农"问题的解决做出了重要贡献。园艺产业基本属于高投入、高产出、技术含量相对较高的产业，农民在实际生产中经常在新品种引进和选择、设施建设、栽培和管理、病虫害防治及产品市场发展趋势预测等诸多方面存在困惑。要实现园艺生产的高产高效，并尽可能地减少农药、化肥施用量以保障产品食用安全和生产环境的健康，离不开科技的支撑。

　　根据目前农村果蔬产业的生产现状和实际需求，机械工业出版社坚持高起点、高质量、高标准的原则，组织全国 20 多家农业科研院所中理论和实践经验丰富的教师、科研人员及一线技术人员编写了"高效种植致富直通车"丛书。该丛书以蔬菜、果树的高效种植为基本点，全面介绍了主要果蔬的高效栽培技术、棚室果蔬高效栽培技术和病虫害诊断与防治技术、果树整形修剪技术、农村经济作物栽培技术等，基本涵盖了主要的果蔬作物类型，内容全面，突出实用性，可操作性、指导性强。

　　整套图书力避大段晦涩文字的说教，编写形式新颖，采取图、表、文结合的方式，穿插重点、难点、窍门或提示等小栏目。此外，为提高技术的可借鉴性，书中配有果蔬优势产区种植能手的实例介绍，以便于种植者之间的交流和学习。

　　丛书针对性强，适合农村种植业者、农业技术人员和院校相关专业师生阅读参考。希望本套丛书能为农村果蔬产业科技进步和产业发展做出贡献，同时也恳请读者对书中的不当和错误之处提出宝贵意见，以便补正。

中国农业大学农学与生物技术学院

前　言

　　随着我国经济的迅速发展，以及人民生活水平的不断提高，人们对高品质水果的需求不断增加。然而，果树病虫害一直是制约果树生产发展的重要因素，病虫抗药性的产生、新的次要病虫害上升为主要病虫害、果园的更替和树种变化影响果树群体的抗病虫特性、不合理的用药导致农药残留问题等，都严重影响了果品质量。农药残留对生态环境的影响也越来越受到广泛的关注，果园无公害科学用药也就成为一个值得研究的重要课题。

　　果树病虫害防治是目前广大果农最为关心、最为重视、最想解决的问题。一方面由于各种果树病虫抗药性的增强，致使果树病虫害防治的难度越来越大，用药量和用药次数不断增加；另一方面各种复配农药虽然名称不同，但是其主要成分可能相同或相似，只是展着剂或添加剂不同，在一定的区域内不一定起到杀虫和杀菌作用，有的新药甚至被误认为是假药。因此，为给广大果农及时提供合理、科学的用药指南，降低病虫害防治的劳动强度和用药成本，同时也为了减少环境污染和提高果品质量，特编写了本书。本书针对近年来在果树病虫害无公害防治工作中出现的突出问题，介绍了果园基础用药技术、果园无公害用药技术，同时介绍了果园病虫害防治对象、农药使用要点和果树常见病虫害的防治技术，并结合生产需要介绍了各种果树病虫的识别方法和防治关键技术。

　　本书内容紧密结合生产实际，配有"提示""注意"等小栏目，内容丰富、简单易懂，方法实用，主要适合广大果农、农业技术推广人员和农村基层干部阅读，也可作为农业院校相关专业师生的参考书。

　　需要特别说明的是，本书所用药物及其使用剂量仅供读者参考，不可完全照搬。在生产实际中，所用药物学名、通用名与实际商品名称存在差异，病虫害发生程度不同施用药物的浓度也有所不同，建议读者在使用每一种药物之前，参阅厂家提供的产品说明以确认药物用量、用药方法、用药时间及禁忌等。

　　由于编者水平有限，书中疏漏之处在所难免，敬请读者批评指正。

编　者

目 录

第一章

果园科学用药基础知识

第一节 果园用药的主要类型

一 杀菌剂

杀菌剂是指对病原菌起抑制或杀灭作用的化学物质，具有杀死病菌孢子、菌丝体或抑制其发育、生长的作用。

1. 按化学结构分类

（1）无机杀菌剂 如波尔多液、石硫合剂、硫黄等。

（2）有机杀菌剂 如代森锌、福美锌、稻脚青、乙蒜素、三乙磷酸铝、异稻瘟净、甲基硫菌灵、甲霜灵、百菌清、十三吗啉、叶枯净、腐霉利、多菌灵、菌核净等。

2. 按作用方式分类

（1）化学保护剂 又称保护性杀菌剂，是指杀死各种病菌的孢子或抑制病菌侵入植物体的一类药剂。这类杀菌剂已有悠久的应用历史，具有生产方法简单、生产成本低廉、多数具有广谱性、不易产生抗性、残毒可能性较小等优点。对于某些真菌所引起的病害，目前也只能用化学保护剂来防治。其缺点是：只能防治植物的表面病害，对深入植物和种子胚内的病害无能为力；由于不能在植物体内传导，所以用药量较大；药效受环境气候影响较大。常见的化学保护剂有福美锌、代森锰锌、百菌清、五氯硝基苯、敌磺钠、乙烯菌核利、硫黄、有机金属类。

（2）化学治疗剂 化学治疗剂，特别是内吸性杀菌剂，是继化学保护剂后发展起来的新型杀菌剂，它的出现使杀菌剂的研究出现重大突破。化学治疗剂与内吸性杀菌剂既有联系，又有区别。化学治疗剂的特征是在植物感病后施药，药剂从植物表皮渗入植物组织内部，但不在植物体内输导、扩散，可以杀死萌发的病原孢子或抑制病原孢子的萌发，以消除病源，或者中和病原物所产生的有毒代谢物，治疗已发病害；内吸性杀菌剂的主要特征是内吸传导，药剂通过植物的叶、茎、根部吸收，进入植物体内，并在植物体内输导、扩散、存留或产生代谢物，以保护植物免受病原物的侵染，或者治疗植物的病害。一般来说，化学治疗剂可以是内吸剂，也可以是非内吸剂；但内吸性杀菌剂一般应是化学治疗剂。

 【提示】　目前应用的优良化学治疗剂多数是内吸剂。

内吸性杀菌剂可以防治一些侵染到植物体内或种子胚乳内非内吸性杀菌剂难以奏效的病害。这类药剂易被茎叶和根系吸收，可采用喷洒、水溶、灌浇的方法。同时，这类药剂受环境气候影响较小，可充分发挥作用，一般用量较少。此外，内吸性杀菌剂对病害选择性较强，疗效较好。内吸性杀菌剂的主要缺点是化学结构复杂、合成路线较长、成本相对较高；由于具有较强的选择性，使病菌容易产生抗性；大多数内吸性杀菌剂对藻状纲类真菌防效不够理想。

常见的内吸性杀菌剂有三环唑、三唑酮、多菌灵、甲霜灵、嘧霉胺、十三吗啉。

二　杀虫剂

杀虫剂（包括杀蛹剂）是农药的重要组成部分，无论是应用的品种，还是生产的产量，在世界农药产业中都占有很大的比重。我国杀虫剂的产量在各类农药中占首位，杀虫剂的使用对于控制植物的虫害起到了有效的保护作用。由于农药的发展受到环境问题的严峻挑战，杀虫药剂已向着高效（超高效）、安全、高纯度、非杀生性方向发展。今后较长时间内，化学杀虫剂仍然是植物综合防治的重要手段。

1. 按来源分类

（1）植物性杀虫剂　植物性杀虫剂是指以野生植物或栽培植物为原料，经过加工而成的杀虫剂，如除虫菊、鱼藤、烟草等。

（2）微生物杀虫剂　微生物杀虫剂是指利用能使害虫致病的微生物（真菌、细菌、病菌等）制成的杀虫剂，如苏云金杆菌、白僵苗等。

（3）无机杀虫剂　利用药物中的有效成分为无机化合物或利用天然化合物中的无机成分来杀虫的，统称为无机杀虫剂，如砷酸铅、砷酸钙、白砒等。

（4）有机杀虫剂 有机杀虫剂的有效成分为有机化合物，可分为天然有机杀虫剂和合成有机杀虫剂，合成有机杀虫剂品种多，如抗蚜威、杀虫双、溴氰菊酯、高效氯氰菊酯、吡虫啉、氟虫腈等。

2. 按作用方式分类

（1）胃毒剂 药剂通过害虫的口器及消化系统进入体内，引起害虫中毒死亡。胃毒剂对刺吸口器害虫无效。

（2）触杀剂 药剂通过接触害虫体壁渗入体内，使害虫中毒死亡。触杀剂适用于各种口器的害虫，对于体表具有较厚蜡层保护物的害虫效果不佳。

（3）熏蒸剂 药剂在常温常压下能气化或分解成有毒气体，通过害虫的呼吸系统进入，导致虫体中毒死亡。

> **【注意】** 熏蒸剂一般应在密闭条件下使用，除非在特殊情况下，如土壤熏蒸，否则在大田条件下使用效果不佳。

（4）内吸杀虫剂 药剂通过植物的根、茎、叶或种子，被吸收进入植物体内，并在植物体内输导，害虫取食植物时而中毒死亡。内吸杀虫剂是仅能渗透植物表皮而不能在植物体内传导的药剂，因此不能称为内吸性药剂。

（5）特异性杀虫剂 特异性杀虫剂不是直接杀死害虫，而是通过药剂的特殊性能，干扰或破坏昆虫的正常生理活动和行为以达到杀死害虫的目的，如通过影响其后代的繁殖，或者减少其适应环境的能力而达到防治目的。这类药剂按其不同的生理作用又可分为以下五类：

1）拒食剂：害虫取食后，拒绝取食而致饿死。

2）诱致剂：引诱害虫前来，再集中消灭。

3）不育剂：破坏害虫正常的生育功能，使害虫不能正常繁殖，从而达到防治目的。

4）昆虫生长调节剂：破坏害虫正常的生理功能致使害虫死亡，包括保幼激素、脑激素、蜕皮激素及抗几丁质合成剂等。

5）驱避剂：药剂不具有杀虫作用，而是使害虫忌避，以减少危害。

以上是按杀虫作用方式分类，但许多杀虫剂兼有多种作用，如个别有机磷杀虫剂兼有胃毒、触杀、内吸和熏蒸几种作用。

三 除草剂

除草剂是指可使杂草彻底或选择地发生枯死的药剂，又称除莠剂，用以消灭或抑制植物生长的一类物质。除草剂按作用的不同分为选择性和灭生性除草剂。选择性除草剂，特别是硝基苯酚、氯苯酚、氨基甲酸的衍生物多数都有效。除草剂的发展渐趋平稳，主要是高效、低毒、广谱、低用量的品种，对环境污染小的一次性处理剂逐渐成为主流。

常用的除草剂种类为有机化合物，可广泛用于防治农田、果园、花卉苗圃、草原及非耕地、铁路线、河道、水库、仓库等地杂草，以及杂灌、杂树等有害植物。

1. 根据作用方式分类

（1）选择性除草剂　选择性除草剂对不同种类苗木的抗性程度不同，此类药剂可以杀死杂草而对苗木无害，如盖草能、氟乐灵、扑草净、西玛津、果尔除草剂等。

（2）灭生性除草剂　灭生性除草剂对所有植物都有毒性，只要接触绿色部分，不分苗木和杂草，都会受害或被杀死。此类药剂主要在播种前、播种后出苗前、苗圃的主道和副道上使用，如草甘膦等。

2. 根据除草剂在植物体内的移动情况分类

（1）触杀型除草剂　触杀型除草剂与杂草接触时，只杀死与药剂接触的部分，起到局部杀伤作用，在植物体内不能传导。此类药剂只能杀死杂草的地上部分，对杂草的地下部分或有地下茎的多年生深根性杂草效果较差，如百草枯等。

（2）内吸传导型除草剂　内吸传导型除草剂被根系或叶片、芽鞘或茎部吸收后，传导到植物体内，使植物死亡，如草甘膦、扑草净等。

（3）内吸传导、触杀综合型除草剂　内吸传导、触杀综合型除草剂具有内吸传导、触杀双重功能，如杀草胺等。

3. 根据化学结构分类

（1）无机化合物除草剂　无机化合物除草剂是由天然矿物原料组成，不含有碳素的化合物，如氯酸钾、硫酸铜等。

（2）有机化合物除草剂　有机化合物除草剂主要由苯、醇、脂肪酸、有机胺等有机化合物合成，如扑草净、二甲四氯、氟乐灵、草甘膦、五氯酚钠等。

4. 根据使用方法分类

(1) 茎叶处理剂　将除草剂溶液兑水，以细小的雾滴均匀地喷洒在植株上，采用这种喷洒法的除草剂叫茎叶处理剂，如盖草能、草甘膦等。

(2) 土壤处理剂　将除草剂均匀地喷洒到土壤上形在一定厚度的药层，被杂草种子的幼芽、幼苗及其根系接触吸收而起到杀草作用，这种作用的除草剂叫土壤处理剂，如西玛津、扑草净、氟乐灵等，可采用喷雾法、浇洒法、毒土法施用。

(3) 茎叶、土壤处理剂　茎叶、土壤处理剂可做茎叶处理，也可做土壤处理，如阿特拉津等。

四　杀螨剂

农业害螨已形成有害生物一大类群。据估计，我国有 500 余种农业害螨，其中造成全国性或局部性严重危害的达 40 余种。农业害螨具有繁殖迅速、适应性强、易产生抗药性等特点。其中，害螨抗药性问题给化学防治带来麻烦。要保护农药品种、延长使用寿命，应注意合理用药，轮换用药，使用混配农药。此外，在化学防治中还要注意保护环境和保护害螨的天敌。不过，最根本的还是采取科学的综合防治措施。

由于螨类的形状特征及其独特的生活习性，许多杀螨剂对螨类无效，使用不当，不仅不能治螨，反而使其迅速蔓延。这是因为一般杀螨剂选择性不强，既杀死螨又将螨虫的天敌杀死，而大多数杀螨剂无杀卵作用，因而卵又很快孵化繁殖。更有甚者，不但对螨无效，而且还有刺激螨繁殖的作用。尽管如此，寻找高效杀螨剂已成为化学防治的重要研究课题。

常见的杀螨剂如三唑锡、三氯杀螨醇（禁用于茶树上）、哒螨灵等。

五　植物生长调节剂

植物生长调节剂是指通过化学合成和微生物发酵等方式研究并生产出的一些与天然植物激素有类似生理和生物学效应的化学物质。为便于区别，天然植物激素称为植物内源激素，植物生长调节剂则称为外源激素。两者在化学结构上可以相同，也可能有很大的不同，不过其生理和生物学效应基本相同。有些植物生长调节剂本身就是植物激素。

目前公认的植物激素有生长素、赤霉素、乙烯、细胞分裂素和脱落酸五大类。油菜素内酯、多胺、水杨酸和茉莉酸等也具有激素性质，故有人将植物激素划分为九大类。而植物生长调节剂仅在园艺作物上应用的就达 40 种以上。例如，植物生长促进剂类有复硝酚钠、DA-6（胺鲜酯）、赤霉素、萘乙酸、吲哚乙酸、吲哚丁酸、2,4-D、防落素、6-苄氨基嘌呤、激动素、乙烯利、油菜素内酯、三十烷醇、ABT 增产灵、西维因等；植物生长抑制剂类有脱落酸、青鲜素、三碘苯甲酸等；植物生长延缓剂类有多效唑、矮壮素、烯效唑等。

第二节　农药剂型和使用方法

未经加工的农药称原药，多为有机合成物质，固体的称原粉，液体的称原油。绝大多数原药经过加工后方可使用，原药不经加工而直接施用的品种很少，经过加工的原药称农药制剂。农药制剂所表现出的物理形态称剂型，其名称应包括三部分内容：有效成分在制剂中的百分含量、有效成分的通用名称、剂型名称。

原药通过加工可以提高防治效果，节省农药有效成分用量，提高施药工效和减轻劳动强度，降低农药对环境的污染，减轻或避免农药对有益生物的杀伤，提高对施药人员和植物的安全性。

一　农药剂型

1. 乳油（乳剂）

由原药加乳化剂、有机溶剂（或不用溶剂）后互溶制成的透明油状制剂，加水后变成不透明的乳状药水——乳剂。当乳剂被喷雾器喷出时，每个雾点含有若干个小油珠，落在虫体或植物表面上后，待水分蒸发，剩下的油珠随即展开形成一个油膜（比原来油珠的直径大 10～15 倍）发挥作用。乳油的湿润性、展布性、附着力比可湿性粉剂高，比粉剂更高。

（1）优点　乳油的优点包括：

1）多数农药易溶于有机溶剂，并且在有机溶剂中较稳定。

2）乳油中的有机溶剂对于昆虫和植物表面的蜡质层具有较好的溶解和吸附作用。

3）表面活性剂等具有良好的润湿和渗透作用，因此能够充分发挥农药的效果。

4）具有较长的残效期和耐雨水冲刷能力。

5）产品容易处理、运输和保存。

（2）缺点　乳油的缺点包括：

1）高浓缩；容易因称量不准确而导致过量使用。

2）对植物的毒性风险大。

3）容易通过皮肤渗透进入人体或动物体内。

4）溶剂可能使塑料或橡胶软管、垫圈、泵及其表面等损坏。

5）可能存在腐蚀性。

6）含有大量的有机溶剂，容易造成环境污染和浪费。

2. 粉剂

粉剂是由原药加填充料，一同经过机械粉碎混合制成的粉状制剂。粉粒细度要求95%通过200号筛目，即直径在74μm以下。粉剂不易被水所湿润，不能分散和悬浮于水中，因此切勿兑水喷雾。

（1）优点　粉剂的优点包括：

1）容易制造和使用，成本低，不需要用水，使用方便，喷施效率高。

2）在植物上吸附力小，因此残留较少，也不容易产生药害。

（2）缺点　粉剂的缺点包括：

1）容易飘移。使用时，直径小于10μm的微粒受地面气流的影响容易飘失，特别是在航空喷撒粉剂时只有10%～40%的粉剂沉积在植物上，大部分被浪费。

2）对环境和大气污染严重。

3）加工时粉尘多、含量低、运输成本高。

3. 悬浮剂

悬浮剂是指将固体农药原药以4μm以下的微粒均匀分散于水中的制剂，国际代号为SC。由于SC没有像可湿性粉剂（WP）那样的粉尘飞扬问题，并且不易燃易爆、粒径小、生物活性高、比重较大、包装体积较小，以及相对其他农药剂型安全环保，因此SC已成为水基化农药新剂型中产量较大的农药品种。

（1）优点　悬浮剂的优点包括：

1）粒子细，能够充分发挥农药的效果，性能上优于可湿性粉剂。

2）在残效期和耐雨水冲刷方面优于乳剂。

3）大多数的悬浮剂均采用水为分散剂。由于不采用有机溶剂，避免了有机溶剂对环境的污染和副作用，特别适合在蔬菜、果树、茶树等植物上使用，以及于卫生防疫中使用。

（2）缺点 悬浮剂的缺点包括：

1）加工过程较为复杂，一般需要通过砂磨机研磨而成。

2）相对其他液体制剂，粒子较大，容易沉降分层析水，因此需要采用较复杂的助剂系统来保证制剂的稳定性。

4．可湿性粉剂

可湿性粉剂是由原药加填充料、悬浮剂或湿润剂，一同经过机械粉碎混合而制成的粉状制剂。粉粒细度要求 99.5% 通过 200 号筛目，即直径在 25μm 左右。可湿性粉剂由于加有湿润剂，粉粒又很细，在水中易被湿润、分散和悬浮，因此一般供喷雾使用。注意不要将可湿性粉剂当作粉剂去喷施，因为它的分散性差、浓度高，易使植物产生药害，而且它的价格也比粉剂高。

（1）优点 可湿性粉剂的优点包括：

1）价格相对便宜。

2）容易保存、运输和处理。

3）对植物的毒性风险比乳油等相对低。

4）容易量取与混配。

5）与乳油和其他液剂相比，不易从皮肤和眼渗透进入人体。

6）包装物的处理相对简单。

（2）缺点 可湿性粉剂的缺点包括：

1）如果加工质量差，粒度粗，助剂性能不良，容易引起产品黏结，不易在水中分解，造成喷洒不匀，甚至使植物局部产生药害。

2）悬浮率和药液湿润性在经过长期存放和堆压后均会下降。

3）在倒取或混配时，容易喷出而被施药者吸入。

4）对喷雾器的喷管和喷头磨损大，导致喷管和喷头的使用寿命降低。

5．颗粒剂

颗粒剂是由原药或某种剂型加载体后混合制成的颗粒状制剂。颗粒的大小一般要求在 30～60 号筛目间，即直径为 250～600μm。常用的载体有黏土、炉渣、砖渣、细沙、玉米芯、锯末等。土法制造：将粉剂或可湿性粉剂或乳油按一定比例与载体混匀后晾干而成。颗粒剂的残效长、使用方便，可以撒于植物心叶内（防治玉米螟等）、播种沟内（防治地下害虫等）、果树树冠下土壤中（防治桃小食心虫等）。

近年国内试验用聚乙烯醇（合成糨糊的原料）作为缓释剂，加入颗

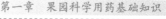

粒中制成缓释颗粒剂，残效更长，值得推广。

颗粒剂具有以下特点：①使高毒农药低毒化；②可控制有效成分的释放速度，延长持效期；③使液态药剂固化，便于包装、储存和使用；④减少环境污染、减轻药害，避免伤害有益昆虫和天敌昆虫；⑤使用方便，可提高劳动工效。

6. 水剂（水溶液剂）

水剂即将水溶性原药直接溶于水中制成的药剂，用时加水稀释到所需浓度即可喷施。水剂的成本低。但它的缺点是：不耐储藏，易于水解失效；湿润性差，附着力弱，残效期也很短。

7. 水分散性粒剂

水分散性粒剂又称干流动剂、水悬性颗粒剂。入水后，其自动崩解，分散成悬浮液。它是在可湿性粉剂和悬浮剂的基础上发展起来的新剂型。

（1）优点　水分散性粉剂的优点包括：

1）使用效果相当于乳油和悬浮剂，优于可湿性粉剂。没有粉尘飞扬，对作业者安全，减少对环境的污染，这是此剂型在美国及欧洲各国受到青睐和迅速发展的主要原因。

2）具有可湿性粉剂易于包装和运输的特点。物理化学稳定性好，特别是对于在水中表现出不稳定性的农药，制成此剂型比悬浮剂要好。

3）与可湿性粉剂（WP）和悬浮剂（SC）相比，有效成分含量高，产品相对密度大、体积小，给包装、储存、运输带来了很大的经济效益和社会效益。

4）水中分散性好，悬浮率高，当天用不完第2天再用时，只需要搅动，就可以重新悬浮起来成为均匀的悬浮液，照样可以充分发挥药效。

5）流动性好，易包装、易计量、不粘壁，包装物易处理。

6）剧毒品种低毒化，提高了对作业者的安全性。

（2）缺点　加工过程复杂，加工成本较高。

8. 烟剂

烟剂是由原药、燃料（木屑粉、淀粉等）、助燃剂（如氯酸钾、硝酸钾等）、阻燃剂（如陶土、滑石粉等）制成的混合物，呈块状，点燃后燃烧均匀，无明火，发烟率高，主要用于设施栽培（如温室、塑料大棚）中作物病害的防治。烟剂有以下优点：

1）施用工效高，不需要任何器械，不需要用水，简便省力，药剂在空间分布均匀。

2）由于不用水，避免了喷药后导致棚内湿度高、易发病的缺点。

3）易点燃而不易自燃，发烟率高，毒性低，无残留，对人无刺激，没有令人厌恶的异味。

9. 熏蒸剂

熏蒸剂是指由易挥发性药剂、助剂及填充料按一定比例混合制成的用于熏蒸的药剂。熏蒸剂的常见剂型为固体，少数品种为液体。

10. 胶悬剂

胶悬剂是指将原药超微粉碎后分散在水、油或表面活性剂中，形成黏稠状可流动的液体制剂，国际代号 FC。胶悬剂较耐雨水冲刷。此类药剂长时间放置后会发生沉淀，一般不影响药效，使用时摇匀即可，常用于喷雾。

11. 微乳剂

微乳剂是以水为连续相，以有效成分及少量溶剂为非连续相构成的透明或半透明的液体剂型。它可以溶解在水中，形成透明或半透明的分散体系，所以，微乳剂又称为可溶化乳油。微乳剂的透明性可以因温度的改变而改变，因此，它实际上是一种热力学稳定的均相体系。

（1）优点 微乳剂的优点包括：

1）以水为主要溶剂，有机溶剂大大减少，对环境的污染比乳油小。

2）粒子超细，容易穿透害虫和植物的表皮，农药的效果得到充分的发挥。

3）避免了乳油中有机溶剂的一些副作用，如异味、药害、水果上蜡质层的溶解等。

4）产品精细，其商品价值得到提高。

（2）缺点 微乳剂的缺点包括：

1）由于水分的大量存在，对农药的稳定性有一定的影响。

2）在水中容易分解的药剂不宜加工成微乳剂。

12. 水乳剂

水乳剂的国际代号为 EW，曾称浓乳剂，是指将液体或与溶剂混合制得的液体农药原药以 $0.5 \sim 1.5 \mu m$ 的小液滴分散于水中的制剂，为乳白色牛奶状液体，分为水包油（O/W）和油包水（W/O）两种类型。

（1）优点 水乳剂的优点包括：

1）无着火危险，无难闻的有毒气体气味，对眼睛刺激小。

2）减少了对环境的污染。

3）以廉价水为基质，乳化剂用量低。对恒温动物的毒性大大降低，对植物比乳油安全。

4）与其他农药或肥料的可混性好。

（2）缺点　水乳剂的缺点包括：

1）乳液不稳定。

2）有效成分不稳定，配制更加困难。

13. 可溶性粉剂

可溶性粉剂是指在使用时有效成分能迅速分散而完全溶解于水中的一种新剂型，因其外观呈粉末状或颗粒状，故称之为可溶性粉剂（SP）或可溶性粒剂（SG）。由于原药性能不同和加工工艺不同，生产的产品往往同时具有粉末状和颗粒状，统称可溶性粉（粒）剂。可溶性粉剂的有效成分含量一般多在50%以上，有的高达90%。

由于浓度高，储存时化学稳定性好，加工和储运成本相对较低；由于它是固体剂型，可用塑料薄膜或水溶性薄膜包装，与液体剂型相比，可大大节省包装费用和运输费；它用过的包装容器也不像包装瓶那样难以处理；在储藏和运输过程中不易破损和燃烧，比乳油安全。

此外，尚有超低容量制剂、气雾剂、片剂等农药剂型。

二　农药的使用方法

1. 喷粉法

喷粉是利用机械所产生的风力将低浓度或用细土稀释好的农药粉剂吹送到植物和防治对象表面上的方法，它是农药使用中比较简单的方法。要求喷撒均匀、周到，使植物和防治对象的体表覆盖一层极薄的粉药，以用手指轻摸表面能看到有点药粉沾在手指上为宜。

（1）优点　喷粉法的优点包括：

1）操作方便，工具比较简单。

2）工作效率高。

3）不需要用水，可不受水源的限制，就能做到及时防治。

4）对植物一般不易产生药害。

（2）缺点　喷粉法的缺点包括：

1）药粉易被风吹失和易被雨水冲刷，因此，药粉附着在植物表体的量减少，缩短药剂的残效期，降低了防治效果。

2）单位耗药量要多些，在经济上不如喷雾来得节省。

3）污染环境和施药人员本身。

（3）喷粉法的操作技术　操作技术要点包括：

1）喷粉前认真检查喷粉器，是否漏粉、堵塞，以及摇杆是否灵活等。喷药人员要穿好保护衣，戴好帽子、口罩、手套、风镜等。

2）选择适宜的天气：一般夏季在微风晴天的上午 8 时前和下午 4 时后作业喷粉，风力超过三级（即风速每秒 5.3m 以上）应停止作业。

3）依据植物长势确定单位面积的喷粉药量。一般幼苗期每亩（1 亩≈667m^2）喷 1 ~ 1.5kg（15 ~ 22.5kg/ha），成株期 1.5 ~ 2.5kg（22.5 ~ 35kg/ha）。

4）手摇喷粉时，喷嘴应放在行间，在植株的中部向左和向右喷，不要超过植株。要从上风处向下风处喷粉。喷粉摇杆转的速度要一致，不要忽快忽慢，要喷得均匀，否则喷粉不均匀，既影响防治效果，又会造成植株药害。

5）作业时不准吃食物、吸烟。工作人员不能连续喷粉 8h 以上，作业完毕后更换衣物，清洗手、脸或洗澡。

2. 喷雾法

将乳油、胶悬剂、可溶性粉剂、水剂和可湿性粉剂等农药制剂，兑入一定量的水混合调制后，即能成均匀的乳状液、溶液和悬浮液等，利用喷雾器使药液形成微小的雾滴。其雾滴的大小，随喷雾水压的高低、喷头孔径的大小和形状、涡流室的大小而定。通常水压越大、喷头孔径越小、涡流室越小，则雾化出来的雾滴直径越小。雾滴覆盖密度越大，并且由于乳油、胶悬剂和可湿性剂等的展着性、黏着性比粉剂好，不易被雨水淋失，残效期长，与病虫接触的机会增多，其防效也会越好。20世纪 50 年代前，主要采用大容量喷雾，每亩每次喷药液量大于 50L，但近 10 多年来喷雾技术有了很大的发展，特别是超低容量喷雾技术在农业生产上得到推广应用后，喷药液量便向低容量趋势发展，每亩每次喷施药液量只有 0.1 ~ 2L。目前，国外工业比较发达的国家多采用小容量喷雾方法。

（1）喷雾法的分类　喷雾法又通常分为常量喷雾、低容量喷雾、超低容量喷雾三种。

1）常量喷雾又称高容量喷雾，采用液力雾化进行喷雾，常用压力为 0.3 ~ 0.4MPa，施药液量一般为 450 ~ 1500L/ha，雾滴直径为 150 ~

1200μm。我国普遍使用的手动喷雾器和压缩式喷雾器等，均采用常量喷雾技术。此外，利用喷杆喷雾机喷洒化学除草剂和土壤处理剂，利用机动远射程喷雾机对水稻、麦和棉等大面积农作物和高大果树林木进行病虫害防治时，也采用常量喷雾技术。常量喷雾技术具有目标性强、穿透性好、农药覆盖性好、受环境因素影响小等优点，但单位面积上施用药液量多，农药利用率低，药液易流失浪费，污染土壤和环境。

2）低容量喷雾采用高速气流把药液雾化成雾滴进行喷雾，也称为弥雾喷雾，雾滴直径为100～200μm，施药液量一般为15～150L/ha，使用药械如东方红18型及类似型号背负式机动弥雾机。手动喷雾器上可使用小于0.7mm孔径的喷片，采用液力雾化进行低容量喷雾。由于是小孔径喷片，配药液时必须进行过滤，以防喷孔堵塞。低容量喷雾的特点是：节水、省工、省药，工效高，防治效果较好。

3）超低容量喷雾是以极少的喷雾量和极细小的雾滴进行喷雾的方法，雾滴直径在70μm左右，施药液量一般小于或等于7.5L/ha。超低容量喷雾是油质小雾滴，不易蒸发，在植株中的穿透性好，防治效果好。静电喷雾机和常温烟雾机等均属超低容量喷雾。

（2）喷雾法的操作技术　操作技术要点包括：

1）喷药前的准备工作。检查喷雾器是否漏气、漏水，动力喷雾器是否有油，用清水进行试喷。喷药人员要穿好长袖衣服，戴好帽子、口罩、手套和风镜等安全防护品。

2）选择适宜的气候条件。在无风或微风晴天，风速超过三级以上（即风速每秒5.3m）停止喷洒。弥雾低容量与超低容量喷雾应以无风、天晴最适宜，有风时要从上风处向下风处喷洒，高温干旱的天气应选在上午9时前和下午3时后，中午不要喷药，早晨和晚上应等无露水时再喷洒，刚下过雨不要进行茎叶喷雾，作物开花盛期最好不要喷药。

3）根据防治对象和农药作用特点选择适宜的喷雾药械。防治病害：不论具有内吸作用还是具有预防保护作用的杀菌剂，以选择常规喷雾药械为主，不要选用低容量与超低容量喷雾药械。防治虫害：具有胃毒和触杀作用的杀虫剂，选用常规喷雾药械；具有内吸作用的杀虫剂，可以选用低容量和超低容量及动力喷雾药械。防除农田杂草：采用土壤处理方法，不论是播前还是播后苗前，都选用大容量和常规量及大容量喷头片和扁平扇形喷头片的喷雾药械；苗后茎叶处理，选用常规量喷雾，或都常规扇形喷头，对渗透力较强的内吸性除草剂，可选用低容量和超低量及动力喷雾机。

4）依据防治对象、作物长势、气温、土壤含水量选择适宜的水质和用水量。防治病虫草的单位面积喷药液量的一般原则是：茎叶喷洒比土壤处理喷洒用水量少，幼苗期比成株期用水量少，高温、干旱时用水量适当大一些，土壤含水量低时用水量大，密植作物和高大作物比稀植和矮棵作物用水量大；常规喷洒和大容量喷洒比低容量、超低容量、飞机喷洒等用水量大。一般用常规喷雾器时每亩用水量不能低于 30kg（450kg/ha），用动力牵引喷雾机不能低于每亩 20kg（300kg/ha），若土壤含水量较低，应加大用水量。茎叶喷洒时，以喷洒均匀，植株叶片上不产生滴液或有少量滴液为宜，不要出现滴液流水现象，不要因病情重、虫量大和杂草多而多喷药液，结果不仅浪费药液，更重要的是造成作物植株受害，严重的造成植株死亡，尤其是生长期喷洒除草剂，绝对严格掌握喷药液量，不要重复喷洒，要顺垄一垄一垄地喷。选择喷药的水质，以酸碱度呈中性的水为宜，如河流水，不要用井水和含钙较多的重质水及田间死水等。

 【注意】 具体用水量，应依据各种农药的使用说明书，按上述情况确定，但不能随意减少规定的用水量，否则防效差，尤其是采用土壤处理法防除农田杂草。

5）喷洒时行走速度和喷雾器的压力要保持一致。喷洒前应根据农药使用说明书规定的喷药液量，用清水试验行走速度，田间作业时应保证行走速度稳定，使规定的单位面积用药量喷洒完，不能忽快忽慢。用动力喷雾器和超低容量喷雾器，以及牵引动力喷雾器喷洒的行走速度，更要严格掌握。另外，喷药时喷雾器的压力一定要保持基本一致，尤其是人力背负式喷雾器，在喷洒作业时不要停停打打，使压力忽高忽低，结果会造成喷雾滴的大小不一致，影响防效，严重时会产生药害。此外，喷雾器的喷头与作物的距离，一般要求作物幼苗期时离植株 50～60cm，作物成株期时应略近一点，40cm 左右。

6）作业时不准吃食物、吸烟，作业完毕后更换衣物，认真清洗手、脸或洗澡，认真清洗喷雾药械。

（3）注意事项 喷雾时应注意以下几点：

1）注意提高药液的湿展性能。在喷洒农药时，乳油、油剂在植株上的黏附力较强，而水剂、可湿性粉剂的黏附力较差。从提高药效出发，在喷施杀虫双、二甲四氯、草甘膦等农药时，可加少量中性洗衣粉作为展着剂，提高药剂的湿展能力。在一些除草剂中，加入适量的硫酸铵，可提高湿展能力，如二甲四氯加 0.5% 硫酸铵后，吸收时间从 24h 减少到 10min。

2）应重视稀释药液的水质。水的硬度、碱度和混浊度对药效有很大的影响。当水中含钙盐、镁盐过量时，可使离子型乳化剂所配成的乳液和悬液的稳定性受到破坏。有的药剂因转化为非水溶性或难溶性物质而丧失药效。在一些盐碱地区，水质 pH 偏高，会与药剂产生中和反应，使药效下降或失效。水质混浊会降低农药的活性，也会使草甘膦、百草枯等除草剂加速钝化失效。因此，药液用水应选择中性的清洁水。

3）要防止农药中毒。在喷雾过程中，雾滴常随风飘移，污染施药人员的皮肤和呼吸道，因此，施药人员要做好安全防护工作，对高毒农药不能喷雾。有些农药毒性高，如杀虫双、杀虫环等，在人口密集地区使用时要格外注意。

4）注意提高喷雾质量。喷雾法一般要求药液雾滴分布均匀，覆盖率高，药液量适当，以湿润目标物表面且不产生流失为宜。防治某些害虫和螨类时，要进行特殊部位的喷雾。例如，蚜虫和螨类喜欢在植物叶片背面为害，在防治时，要进行叶背面针对性喷雾，这样才能收到理想的防治效果。

（4）喷雾技术的发展　喷雾技术的发展包括以下六项内容：

1）直接注入喷雾技术。在喷雾机上设置药箱与水箱，使农药原液从药箱直接注入喷雾管道系统，与来自水箱的清水按预先调整好的比例均匀混合后，输送至喷头喷出。与通常的喷雾机相比，此技术减少了加水和混药操作过程中操作人员与农药的接触机会，消除了清洗药液箱的废水对环境的污染。

2）采用防飘移喷头。防飘移喷头的工作原理：在 300 ~ 800kPa 压力下工作，利用射流原理，气体从两侧小孔进入，在混合室内和药液混合，形成液包气"小气泡"的大雾滴从喷孔中喷出，击中靶标后，"小气泡"与靶标发生碰撞或被靶标上的纤毛刺破后又进行第 2 次雾化，碎裂成更多更细的雾滴，提高雾滴的覆盖率。由于防飘移喷头雾流中的小雾滴少，可使飘移污染减少60%以上。

3）风幕喷雾技术。在喷雾机喷杆上增加风机和风筒，喷雾时，在

第一章

喷头上方沿喷雾方向强制送风，形成风幕，不仅增大了雾滴的穿透性，而且在有风（小于或等于四级）情况下也能进行喷雾作业，不会发生雾滴飘移现象。风幕喷雾技术可节省施药液量40%～70%。

4）循环（回收）喷雾技术。在喷雾机上加装药液回收装置，将喷雾时未沉积在靶标上的药液收集后抽回药液箱，循环利用，既可提高农药有效利用率，又减少了飘移污染。循环喷雾技术可节省施药液量90%。

5）静电喷雾技术。应用高压静电，使雾滴充电，在静电场作用下，带电的雾滴做定向运动而吸附在作物上，能使沉积在作物上的药液量增加，覆盖均匀，沉降速度快，特别是增强了作物下部及叶背面的附着能力。静电喷雾技术可节省施药液量30%～40%。

6）智能精确喷雾技术。智能精确喷雾技术能根据不同的作物对象，随时调整变量来喷施农药。这一技术应用目前可分为两种：一种是基于GPS全球定位系统；另一种是基于实时传感器技术。此技术主要根据收集到的作物图像、激光、超声波及红外光信号，判断作物的形状和位置，控制喷嘴位置和喷雾电磁阀开启，进行"有靶标时喷雾，无靶标时不喷雾"作业，极大地减少或基本消除了农药喷到靶标以外的可能性。智能精确喷雾技术可节省施药液量50%～80%。

3. 毒饵法

毒饵主要是用于防治为害农作物的幼苗并在地面活动的地下害虫，如小地老虎、蛴螬和金针虫类害虫。它是利用害虫喜食的饵料和农药拌合而成的，诱其取食，以达到毒杀目的。例如，每亩可用90%晶体敌百虫50g，溶于少量水中，拌入切碎的鲜草40kg，在傍晚成堆撒在棉苗或玉米苗根附近，其防效很显著。制作毒饵的饵料可选用麦麸、米糠、玉米屑、豆饼、木屑、青草和树叶等，不管用哪一种作为饵料，都要磨细切碎，最好把这些饵料炒至能发出焦香味，然后再拌和农药制成毒饵，这样可以更好地诱杀害虫。近来有些新农药可直接用作拌种或在土壤中撒施毒土，都能有效地防治一些地下害虫。

4. 熏烟法

利用烟剂农药产生的烟来防治有害生物的施药方法称为熏烟法。此法适用于防治虫害和病害，鼠害防治有时也可采用此法，但此法不能用于杂草防治。烟是悬浮在空气中的极细的固体微粒，其重要特点是能在空间自行扩散，在气流的扰动下，能扩散到更大的空间中和很远的距离，沉降缓慢，药粒可沉积在靶体的各个部位，包括植物叶片的背面，因而防效较好。

熏烟法主要应用在封闭的小环境中，如仓库、房舍、温室、塑料大棚及大片森林和果园。影响熏烟药效的主要气流因素有五点：①上升气流使烟向上部空间逸失，不能滞留在地面或作物表面，所以白昼不能进行露地熏烟；②逆温层，日落后地面或作物表面便释放出所含热量，使近地面或作物表面的空气温度高于地面或作物表面的温度，有利于烟的滞留而不会很快逸散，因此在傍晚和清晨放烟易取得成功；③风向和风速会改变烟云的流向和运行速度及广度，在风较小时放烟能取得较好的防效；④在邻近水域的陆地，早晨风向自陆地吹向水面，谓之陆风；傍晚风向自水面吹向陆地，谓之海风。在海风和陆风交变期间，地面出现静风区；⑤烟容易在低凹地、阴冷地区相对集中。研究和利用上述气流和地形地貌特点，可以成功地在露地采用熏烟法。

5. 飞机施药法

用飞机将农药液剂、粉剂、颗粒剂、毒饵等均匀地撒施在目标区域内的施药方法称为飞机施药法，也称航空施药法。它是功效最高的施药方法，适用于连片种植的作物、果园、森林、草原、滋生蝗虫的荒滩和沙滩等地块。适用于飞机喷洒的农药剂型有粉剂、可湿性粉剂、水分散性粒剂、悬浮剂、干悬浮剂、乳油、水剂、油剂、颗粒剂等。飞机喷粉由于粉粒飘移严重，已很少使用，即使喷粉也应在早晨平稳气流条件下作业，飞机用粉剂的粉粒比地面用粉剂略粗些。可兑水配成悬浮液的剂型用于高容量喷雾，当与其他剂型混用时必须防止粉粒絮结。可兑水配成乳液的乳油等剂型用于高容量和低容量喷雾，进行低容量喷雾时，在喷洒液中可添加适量的尿素、磷酸二氢钾等，以减轻雾滴挥发。油剂直接用于超低容量喷雾，其闪点不得低于70℃。

飞机喷施杀虫剂，可用低容量和超低容量喷雾。低容量喷雾的施药液量为 10～50L/ha；超低容量喷雾的施药液量为 1～5L/ha；一般要求雾滴覆盖密度在 20 个/cm² 以上。飞机喷洒触杀型杀菌剂，一般采用高容量喷雾，施药液量在 50L/ha 以上；喷洒内吸杀菌剂可采用低容量喷雾，施药液量为 20～50L/ha。飞机喷洒除草剂，通常采用低容量喷雾，施药液量为 10～50L/ha，若使用可湿性粉剂则为 40～50L/ha。飞机撒施杀鼠剂，一般是在林区和草原施毒饵或毒丸。

飞机施药作业时间，一般为日出后半小时和日落前半小时，如条件具备，也可夜晚作业。作业时风速：喷粉不大于3m/s，喷雾或喷微粒剂不大于4m/s，撒颗粒剂不大于6m/s。飞行高度和有效喷幅因机型而异。

6. 擦抹施药方法

擦抹施药方法是近几年来在农药使用方面出现的新技术，在除草剂方面已得到大面积推广应用。其具体施药方法：准备一组短的裸露尼龙绳，绳的末端与除草剂药液相连，由于毛细管和重力的流动，药液流入药绳，当施药机械穿过杂草蔓延的田间时，吸收在药绳上的除草剂就能擦抹在生长较高的杂草顶部，却不能擦到生长较矮的作物上。擦抹施药法所用的除草剂的药量大大低于普通的喷雾剂。因为药剂几乎全部施在杂草上，所以，这种施药方法对作物不产生药害，雾滴也不飘移，也节省了防治费用。

7. 覆膜施药方法

覆膜施药方法主要用在果树上。当苹果套袋栽培时，其锈果数量就会成倍增加。现国内外正试用在苹果坐果时，施一层覆膜药剂，使果面上覆盖一层薄膜，以防止发生病虫害。现在国外已有覆膜剂商品出售。

8. 挂网施药方法

挂网施药方法也是用在果树上，它是用纤维的线绳编织成网状物，浸渍在所欲使用的高浓度的药剂中，然后张挂于所欲防治的果树上，以防治果树上的害虫。这种施药方法可以延长药效期，减少施药次数，减少用药量。

第三节 果园喷药的常见药械类型及使用方法

一 植保机械使用基础

1. 概述

植物保护机械与农药、施药技术一样是化学防治的三大支柱之一，包括从人力手动喷雾器到与小型动力配套的机动植保机械和与拖拉机相配套的大中型施药机械，以及农用飞机。

随着农业的高速发展，高效农药的应用及人们对生存环境要求的提高，使施药技术与施药器械面临着新的挑战。农药对环境和非靶标生物的影响成为社会所关注的问题，施药技术及植保机械的研究面临两大课题：如何提高农药的使用效率和有效利用率；如何避免或减轻农药对非靶标生物的影响和对环境的污染。近年来，由于在农业生产中采取了一系列先进的措施，农业科学向深度、广度进军。耕作制度改变，复种指数提高，间作面积扩大，越冬作物增加及高产品种的推广，农药施用量的增加，一方面使农业生产获得了相当程度的高产，另一方面又给病虫草害的产生创造了有利条件，使发生规律也发生了变化，对作物的威胁更为严重。这就给防治病虫害的及时性和机具使用的可靠性提出了更加苛刻的要求，这不仅对植保机械提出了一个新的课题，也反映了植保机械的使用和发展在农业生产和农业科技的发展中占有极其重要的地位。

2. 植保机械的作用和分类

植保机械的种类很多。由于农药的剂型和作物多种多样，要求对不同病虫害的施药技术手段和喷洒方式也多种多样，这就决定了植保机械品种的多样性。常见的有喷雾机（器）、喷粉器、烟雾机、撒粒机、诱杀器、拌种机和土壤消毒机等。

施药机械的分类方法也多种多样，可按种类、用途、配套动力、操作方式等分类。

1）按喷施农药的剂型和用途分，有喷雾器（机）、喷粉器（机）、烟雾机、撒粒机等。

2）按配套动力分，有人力植保机具、畜力植保机具、小型动力植保机具、拖拉机悬挂或牵引式大型植保机具、航空植保机具等。人力驱动的施药机具一般称为喷雾器、喷粉器；机动的施药机具一般称为喷雾机、喷粉机等。

3）按运载方式分，有手持式、肩挂式、背负式、手提式、担架式、手换车式、拖拉机牵引式、拖拉机悬挂式及自走式等。随着农药的不断更新换代及对喷洒技术的深入研究，国内外出现了许多新的喷洒技术和新的喷洒理论，从而又出现了对植保机械以施药液量多少、雾滴大小、雾化方式等进行分类。

4）按施药液量多少，可分为常量喷雾、低容量喷雾、超低容量喷雾等机具。

5）按雾化方式，可分为液力式喷雾机、风送式喷雾机、热力式喷雾机、离心式喷雾机、静电喷雾机等。

总之，施药机具的分类方法很多，较为复杂，往往一种机具的名称包含着几种不同的分类。例如，泰山3WF-18型背负式机动喷雾喷粉机，就包含着按运载方式、配套动力和雾化原理三种分类方式。

3. 植保机械技术发展趋势

1）发展低量喷雾技术。除了使用低量高效的农药外，还要研究并发展低量喷雾技术，开发系列低量喷头。可依据不同的作业对象、气候情况等选用相应的低量喷头，以最少的农药达到最佳的防治效果。

2）采用机电一体化技术。电子显示和控制系统已成为大中型植保机械不可缺少的部分。电子控制系统一般可以显示机组前进速度、喷杆倾斜度、喷量、压力、喷洒面积和药箱中的药液量等。通过面板操作，可控制和调整系统压力、单位面积喷液量及多路喷杆的喷雾作业等。系统依据机组前进速度自动调节单位时间喷洒量，依据施药对象和环境严格控制施药量和雾粒直径大小。控制系统除了可与个人计算机相连外，还可配 GPS 系统，实现精准、精量施药。

3）控制药液雾滴的飘移。在施药过程中，控制雾滴的飘移，提高药液的附着率是减少农药流失，降低其对土壤和环境污染的重要措施。美国及欧洲各国家在这方面采用了防飘喷头、风幕技术、静电喷雾技术及雾滴回收技术等。据美国的有关数据表明，使用静电喷雾技术可减少药液损失达 65% 以上。但由于该项技术应用到产品上尚未完全成熟且成本过高，目前只在少量的植保机械上采用。风幕技术于 20 世纪末在欧洲兴起，即在喷杆喷雾机的喷杆上增加风筒和风机，喷雾时，在喷头上方沿喷雾方向强制送风，形成风幕，这样不仅增大了雾滴的穿透力，而且在有风（小于四级风）的天气下工作，也不会发生雾滴飘移现象。由于风幕技术增加机具的成本较多，使喷杆的悬挂和折叠机构更加复杂，所以，目前美国及欧洲一些植保机械厂家又开发了新型防飘移喷头，在雾滴防飘移和提高附着率方面，使用这种喷头的喷杆喷雾机可以达到与风幕式喷杆喷雾机同样的效果。

4）采用自动对靶施药技术。目前，国外主要有两种方法实现对靶施药。一种方法是使用图像识别技术。该系统由摄像头、图像采集卡和计算机组成。计算机把采集的数据进行处理，并与图像库中的资料进行对比，确定对象是草还是庄稼，以及何种草等，以控制系统是否喷药。另一种方法是采用叶色素光学传感器。该系统的核心部分由一个独特的叶色素光学传感器、控制电路和一个阀体组成。阀体内含有喷头和电磁阀。当传感器通过测试色素判别有草存在时，即控制喷头对准目标喷洒除草剂。目前只能在裸地上探测目标，可依据需要确定传感器的数量，组成喷洒系统，用于果园的行间护道、沟旁和道路两侧喷洒除草剂。据介绍，使用该系统能节约用药 60%~80%。

5）全液压驱动。在大型植保机械，尤其是自走式喷杆喷雾机上采用全液压系统，如转向、制动、行走、加压泵等都由液压驱动，不仅使整机结构简化，也使传动系统的可靠性增加。有些机具上还采用了不同于弹簧减震的液压减震悬浮系统，它可以依据负载和斜度的变化进行调整，从而保证喷杆升高和速度变化时系统保持稳定。此外，有些牵引式喷杆喷雾机产品在牵引杆一端还装有电控液压转向器，以保证在拖拉机转弯时机具完全保持一致。

6）采用农药注入和自清洗系统，避免或减少人员与药液的接触。目前销售的大中型喷杆喷雾机都装有农药注入系统（有的厂家是选配件），即农药不直接加到大水箱中，而是倒入专用加药箱，由精确计量泵依据设定的量抽入大水箱混合；或者是利用专用药箱的刻度，计量加入的药量，用非计量泵抽入水箱，抽尽为止；或者把药放入专门的加药箱内，加水时用混药器按一定比例自动把药吸入水箱与水混合，再通过液体搅拌系统把药液搅匀。喷杆喷雾机上一般还备有两个清水箱，一个用来洗手，另一个用来清洗药液箱（药箱内装有专用清洗喷头）及清洗机具外部（备有清洗喷枪、清洗刷和接管器）。人体基本不和药液接触。

7）积极研究生物防治技术，研制生物农药的喷洒装置。从长远来看，由于对环境友好，生物农药防治农作物病虫害是一种趋势，需要积极研究。生物农药对喷头的磨损较化学农药大，同时易下沉，与化学农药的使用特点有显著差别，为使药物能够均匀地分布于农作物上，我们应研制新的喷洒装置。

4. 果园植保机械作业要求

（1）测试气象条件 进行低量喷雾时，风速应为 1~2m/s；进行常量喷雾时，风速应小于3m/s；当风速大于4m/s 时不可进行农药喷洒作业。降雨和气温超过32℃时也不允许喷洒农药。

（2）果树种植要求 果树种植要求包括以下几点：

1）被喷施的果树树形高矮应整齐一致，整枝修剪后，枝叶不过密，故使药雾易于穿进整个株冠层，均匀沉积于各个部位。

2）结果实枝条不要距地面太近；疏果时（如苹果等）最好不留丛果或双果。

3）果树行距在修剪整枝后，应大于机具最宽处的 1.5~2.5 倍（矮化果树取小值，乔化高大果树取大值）。行间不能种植其他作物

（绿肥等不怕压的作物除外）。地头空地的宽度应大于或等于机具转弯半径。

4）行间最好没有明沟灌溉系统，因为隔行喷施时将影响防治效果。

（3）喷雾机要求 果树相对于大田作物冠层更大，枝叶繁密，因此，果园喷雾机大多在果树行间进行作业。根据果树植保作业要求，果园喷雾机应该满足如下条件：

1）雾滴在冠层中具有良好的穿透性。果树是一个立体靶标，在不同的生长期，其冠层结构与冠层密度均不相同。而施药最理想的效果是将农药雾滴均匀地喷洒到冠层的每个部分，但由于叶幕的阻挡，液力雾化的雾滴很难穿透冠层进入树膛内，造成农药的沉积均匀性差和病虫害的防治不彻底，因此，雾滴的穿透性直接影响药液在冠层中的沉积分布质量，从而影响最终的施药效果。

2）工作适应性强，受环境影响小，田间通过性能好。我国幅员辽阔，各果树带自然地理环境、种植模式差异很大，果园种植模式的规范化进程尚需一定的时间，为适应各地区、各种果树的种植要求，需要多品种系列化、专业化的施药机械及基础部件，更需要根据我国农民购买力，开发集施药、运输等多功能于一体的果园管理机，实现一机多用，因此，果园管理机需要具有较强的田间适应性和通过性。

3）工作参数能够灵活调整。对于不同生长期的不同果树冠形与冠层密度，所需的喷雾量、雾滴粒径、风送强度、雾流方向各不相同。对于特定生长期的果树冠层，雾滴过大或过小、风力过强或过弱等同样会引起雾滴的流失和飘移。因此，需要寻求喷雾技术参数与果树生长期特征的最佳匹配，在提高农药的有效沉积和减少流失的同时，为果园喷雾机工作参数的灵活调整提供技术支持。

4）喷施精准，对环境友好。虽然化学农药能够有效地控制果树病虫害，但是过量使用化学农药将会对食品安全、健康安全、环境安全等产生重大危害，因此需要在确保满足病虫害防治要求的基础上，尽可能少地使用化学农药，这就对果园喷雾机提出了精准喷雾的要求，以达到对环境友好的目的。

（4）施药后的技术规范 施药后的技术规范包括以下几点：

1）安全标记。施药工作结束后应在田边插上"禁止人员进入"的警示标记，避免人员进入后接触到喷洒的农药引起中毒事故。例如，在大棚内施药后需要立即出去，应密闭一定时间后，先开棚进行充分的通风换气，并采取一定的防护措施后方可进入。

2）喷雾器和个人防护设备的清洗。施药工作结束后，清洗和维修保养喷雾器时，操作者仍需要穿适当的防护服。

施药作业结束后，喷雾器的内部和外表面都应该在施药地块进行彻底清洗，清洗废液应该喷洒到该农药登记注册使用的靶标作物上，由于在一个地块上重复喷洒清洗废液，要保证这种重复喷洒不会超过推荐的施药剂量。

施药器具的清洗应采用"少量多次"的办法，即用少量清水清洗3次。

如果喷雾器在第2天要喷洒同样的或相似的农药，农药箱中可以保留着清洗废液或重新加入干净的清水储藏过夜。

整个施药系统应全部彻底清洗，以保证空气室管、滤网和喷头等部件都清洁。

喷雾器清洗完毕后，以摇杆操作频率高于正常操作频率而产生的压力，使清水在喷雾系统中流动，观察输液管路系统是否由于磨损和损坏造成药液渗漏。

防护设备和防护服应清洗干净，晾干后存放。存放前，应该检查其是否磨蚀、损伤及性能状况，在下一次施药前处理并更换破损部件。

5. 植保机械警示标志（见表1-1）

表1-1 植保机械警示标志

标 志	含 义	标 志	含 义
	必须戴防护手套		必须戴防毒面具
	安全警告		注意防火

（续）

标　志	含　义	标　志	含　义
	注意高温部件		请穿防护服
	工作完毕后注意洗手		

二　背负式手动喷雾器

1. 工农-16 型背负式手动喷雾器的结构（见图1-1）

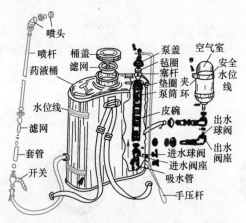

图1-1　工农-16型背负式手动喷雾器的结构

2. 喷药前的准备工作

(1) 机具的调整　机具的调整要点如下：

1）背负式手动喷雾器装药前，应在喷雾器皮碗及手压杆的转轴处，气室内置的喷雾器应在滑套及活塞处涂上适量的润滑油。

2）压缩喷雾器使用前应检查并保证安全阀的阀芯运动灵活，喷气孔畅通。

3）根据操作者的身材，调节好背带长度。

4）药箱内装上适量清水并以每分钟 10～25 次的频率摇动手压杆，检查各密封处有无渗漏现象；喷头处雾形是否正常。

5）根据不同的作业要求，选择合适的喷射部件。土壤喷洒除草剂的施药要求：易于飘失的小雾滴要少，避免除草剂雾滴飘移引起的作物药害；药剂在田间沉积分布均匀，保证防治效果，避免局部地区药量过大造成的除草剂药害。因此，除草剂喷洒应采用扇形雾喷头，操作时喷头离地高度、行走速度和路线应保持一致；也可用安装二喷头、三喷头的小喷杆喷雾。行间喷洒除草剂时，应配置喷头防护罩，防止雾滴飘移引起邻近作物药害。当用手动喷雾器喷雾防治作物病虫害时，作物苗期应选用小规格喷头（如选用喷孔为 $\phi 0.7\text{mm}$ 左右的喷片）；作物生长中后期，应选用大规格喷头（如选用喷孔为 $\phi 1.0～1.3\text{mm}$ 的喷片）。喷洒时应叶背、叶面整株喷洒。

6）喷雾方法的选择。使用手动喷雾器喷洒触杀性杀虫剂防治栖息在作物叶背的害虫时，应把喷头朝上，采用叶背定向喷雾法喷雾。施药作业应从离开作物一定距离、处于上风向的合适位置开始，确保第 1 行作物能得到充分的施药处理。确定喷头距离靶标的高度。一般喷头离靶标高度保持在 500mm 左右。

使用喷雾器喷洒保护性杀菌剂，应在植物未被病原菌侵染前或侵染初期施药，要求雾滴在植物靶标上沉积分布均匀，并有一定的雾滴覆盖密度。

几架药械同时喷洒时，应采用梯形前进，下风向的人先喷，以免人体接触药液。

（2）作业参数的计算　作业参数的计算如下：

1）确定施药液量。根据作物种类、生长期和病虫害的种类，确定采用常量喷雾还是低量喷雾和施药液量，并选择适宜的喷孔片，决定垫圈数量。

空心圆锥雾喷头的 1.3～1.6mm 孔径喷片适合常量喷雾，每亩施药量在 40L 以上；0.7mm 孔径喷片适宜低容量喷雾，每亩施药量可降至 10L 左右。

2）计算行走速度。应根据风力确定有效喷幅，并测出喷头流量。校核施药液量首先要准确掌握喷头流量。喷头流量的多少是由喷片孔径和喷雾压力大小测定的，因此在选择好喷片后，要实测其在喷雾压力下的药液流量，以便准确掌握每亩施药量。

流量的测定方法是：将喷雾器装上清水，按喷药时的方法打气和喷药，用量杯接取喷出的清水，计算每分钟喷出多少毫升药液，然后根据公式计算出作业时的行走速度。

行走速度的取值范围一般为 1~1.3m/s；水田为 0.7m/s 左右。若计算的行走速度过大或过小，可适当地改变喷头流量来调整。

3）校核施药液量，并使其误差率小于10%。

4）算出作业田块需要的用药量和加水量。

3. 施药中的技术规范

手动喷雾器具有操作方便、适应性广等特点。通过改变喷片孔径的大小，手动喷雾器既可做常量喷雾，也可做低容量喷雾。

1）作业前先按操作规程配制好农药（见图1-2和图1-3）。向药液桶内加注药液前，一定要将开关关闭，以免药液漏出，加注药液要用滤网过滤。药液不要超过桶壁上所示水位线位置。加注药液后，必须盖紧桶盖，以免作业时药液漏出。

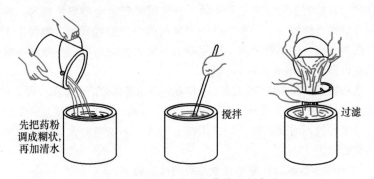

图1-2　可湿性粉剂农药的配制方法

图1-3　乳油农药的配制方法

2）使用背负式手动喷雾器作业时，应先压动摇杆数次，使气室内的气压达到工作压力后再打开开关，边走边打气边喷雾。若压动摇杆感到沉重，就不能过分用力，以免气室爆炸。对于工农-16 型背负式手动喷雾器，一般走 2 ~ 3 步就上下压动摇杆 1 次，每分钟压动摇杆 18 ~ 25 次即可。

3）作业时，气室中的药液超过安全水位时，应立即停止压动摇杆，以免气室爆裂。

4）使用压缩喷雾器作业时，加药液不能超过规定的水位线，保证有足够的空间储存压缩空气，以便使喷雾压力稳定、均匀。

5）没安全阀的压缩喷雾器，一定要按产品使用说明书上规定的打气次数打气（一般为 30 ~ 40 次），禁止加长杠杆打气和两人合力打气，以免药液桶超压爆裂。压缩喷雾器使用过程中，药箱内压力会不断下降，当喷头雾化质量下降时，要暂停喷雾，重新打气充压，以保证良好的雾化质量。

6）作业时机具出现如下情况，应立即停止工作，排除故障后才能继续工作。

① 背负式手动喷雾器出现连续摇动摇杆打不出药液或进液很少现象。

② 摇动摇杆时药液顺着塞杆往筒帽外漏。

③ 雾形变化、雾滴变大等现象。

④ 压缩喷雾器出现塞杆下压时感觉不到压力或感到费力。

⑤ 顶盖冒水。

⑥ 喷雾时断时续、气雾交替等现象。

当中途停止喷药时，应立即关闭截止阀，将喷头抬高，减少药液滴漏在作物和地面上。

三　背负式电动喷雾器

背负式电动喷雾器由于是从背负式手动喷雾器演变而来的，很多要求与背负式手动喷雾器相同，此外还有以下几点要求：

1）新购回来的背负式电动喷雾器应先充足电再使用。因为，许多机具在销售点已搁置了几个月，甚至半年以上，所以必须先充足电后再使用，充足电后最好不要立即使用，需要静置 10min 左右。

2）注意保持蓄电池干燥、清洁，以防蓄电池自行放电。若因故需要将电池拆下来充电，必须注意，在搬运中禁止摔掷、滚翻、重压。

3）绝对不能让蓄电池长期处于电量不足的状态。若长期不用，应该充满电，放置阴凉干燥处，并定期充电（一般 1 个月充 1 次，最长不能超过 3 个月）。

4）背负式电动喷雾器上一般都设有欠压保护功能，当蓄电池电量显示器只有一个显示灯亮时，应该尽快对蓄电池进行充电，以免蓄电池过放电。使用时，要注意不能让蓄电池过放电。蓄电池放电到终止电压后继续放电称为过放电。过放电容易引起蓄电池严重亏电，从而大大地缩短其使用寿命。所以，蓄电池使用时应尽量避免过放电，做到浅放勤充，以放电深度 50% 时充一次电为最佳。

5）避免过充电。首先要选择与蓄电池匹配良好的充电器，当充电器显示充满就停止充电，不能一充电就充一夜甚至几天。过充电会促使极板活性物质硬化脱落，并产生失水和蓄电池变形。若电池在高温季节使用，容易发生过充电的问题。因此，夏天应尽量降低蓄电池的温度，保证良好的散热，防止在烈日暴晒后立即充电，并应远离热源。

6）避免长期亏电。长期亏电会使极板硫化。在低温情况下，容易发生充电接受能力差、充电不足造成电池亏电的问题。低温情况下应采取保温防冻措施，特别是充电时，应放在温暖的环境中，有利于保证充足电，防止不可逆的硫酸盐化的产生，延长蓄电池的使用寿命。

7）防止短路。在安装或使用时应特别小心，所用工具应采取绝缘措施，连线时应先将电池以外的电器连好。经检查无短路后再连上蓄电池，布线应规范且绝缘良好，防止重叠受压产生破裂。禁止用电池短路的方法来检测蓄电池的带电情况，以防止发生爆炸造成人员伤亡。

8）防止在阳光下暴晒。阳光下暴晒会使蓄电池温度增高，活性物质的活度增加，影响蓄电池的使用寿命。

四 背负式机动喷雾喷粉机

1. 药剂的配制

按照药剂使用说明中的比例配制农药于大的容器中，并混合均匀。添加药液：旋开药箱盖，将配制好的药液通过滤网加入药箱中。加液不要过急过满，以免从过滤网组溢出到机壳里。药液必须干净，以免喷嘴堵塞。加药液后药箱要盖紧，加药时可以不停机，但汽油机应处于低速运转状态。

2. 启动

1）加燃油。所用油为混合油，汽油：机油 = 25∶1〔汽油用 89 号（原 90 号），机油选用二冲程汽油机专用机油〕。

2）开燃油阀。手柄尖头朝上或朝下表示"开"，转过 90°水平横向是"关"。转动时注意不要用力过猛，以防弄断手柄。

3）开启油门。将油门操纵柄往上提 1/2 ~ 2/3 位置。

4）调整阻风门。阻风门往外为"关"，往里推为"开"。冷天或第 1 次启动关闭 2/3 左右；热启动时，阻风门处于全开位置。

5）浮子室内是否有燃油。按加浓杆至出油为止。目的是检查浮子室内是否有燃油。

6）启动。拉启动手把。

7）阻风门调节。启动后应将阻风门全部打开，同时调整油门使汽油机低速运转 3 ~ 5min，等背负式机动喷雾喷粉机温度正常后再加速。新背负式机动喷雾喷粉机最初 4h 不要加速运转，以便此后更好地运转。

3. 喷雾作业

1）全机应处于喷雾作业状态。此时风门开关应处于全开状态，手把药液开关处于横向关闭状态。

2）调整油门。调整油门使汽油机稳定，发出"呜呜"的声音，然后开启手把开关转芯。手柄朝前或朝后为开，横向为关。

4. 停止运转

先将药液开关闭合，减小油门，使汽油机低速运转 3 ~ 5min 后关闭油门，关闭燃油阀即可。

【提示】 在喷雾作业过程中，一定要注意个人防护，使用过程中戴口罩、穿防护服、戴护目镜；应根据施药机械喷幅和风向确定田间作业行走路线；使用喷雾机具施药时，作业人员应站在上风向，顺风隔行前进或逆风退行两边喷洒，严禁逆风前行喷洒农药和在施药区穿行。

五　喷射式机动喷雾机

喷射式机动喷雾机是我国果园使用最多的机动药械，工作压力可达 2.5MPa。担架式喷雾机体积较小，可由两人抬起转移，也可装在机动三轮车或拖拉机上在田间预留的作业道上运行（目前我国此类果园喷雾机大多采用此配置），其通行能力基本不受地形和果园条件的限制。同时，随机配备长30m的喷雾软管，也可接长使用，以扩大喷药范围，末端接有可调喷枪，射程可调，最远可达10m。在较高的喷雾压力下，雾滴穿透性较强。使用此类喷雾机，叶片背面药液附着性较好，操作方便，生产率较高。但同样因为调节射程时，雾滴粗细变化很大，很难保证均匀的雾化质量。

1. 喷射式机动喷雾机的工作原理

喷射式机动喷雾机虽然型号各异，但其雾化原理相同，其工作原理是：发动机（汽油机、柴油机、拖拉机动力输出轴）带动液泵进行吸水和压水，当活塞右行时吸水管从水田中吸水或从药箱中吸药进泵，活塞左行时压水，把水压入空气室，产生的高压水流经混药器时，吸药混合后由喷射部件雾化喷出。

喷射式机动喷雾机是指由发动机带动液泵产生高压，用喷枪进行宽幅远射程喷雾的机动喷雾机。喷射式机动喷雾机具有工作压力高、喷雾幅度宽、工作效率高、劳动强度低等特点，是一种主要用于大、中、小不同水稻田块病虫害防治的机械，也可用于供水方便的大田作物、果园和园林病虫害的防治。

2. 安全使用

1）按说明书的规定将机具组装好，保证各部件位置正确、螺栓紧固。传动带及带轮运转灵活，传动带松紧适度，防护罩安装好，将胶管夹环装上胶管定位块。

2）按说明书规定的牌号向曲轴箱内加入润滑油至规定的油位。以后每次使用前及使用中都要检查，并按规定对汽油机或柴油机进行检查及添加润滑油。

3）正确选用喷洒及吸水滤网部件。

① 对于水稻或邻近水源的高大作物、树木，可在截止阀前装混药器，再依次装上内径为13mm的喷雾胶管及远程喷枪。田块较大或水源较远时，可再接长胶管1~2根。用于水田并在田里吸水时，吸水滤网上不要有插杆。

② 对于施药液量较少的作物，在截止阀前装上三通（不装混药器）及两根内径为8mm的喷雾胶管及喷杆、多头喷头。在药桶内吸药时，吸水滤网上不要装插杆。

4）启动和调试。

① 检查吸水滤网，滤网必须沉没于水中。

② 将调压阀的调压轮按逆时针方向调节到较低压力的位置，顺时针方向扳足至卸压位置。

③ 启动发动机，低速运转 10~15min，若见有水喷出，并且无异常声响，可逐渐提高至额定转速。然后将调压手柄向逆时针方向扳足至加压位置，并按顺时针方向逐步旋紧调压轮调高压力，使压力指示器指示到要求的工作压力。

④ 调压时应由低向高调整压力。因由低向高调整时指示的数值较准确，由高向低调时指示值误差较大。可利用调压阀上的调压手柄反复扳动几次，即能指示出准确的压力。

⑤ 用清水进行试喷。观察各接头处有无渗漏现象，喷雾状况是否良好，混药器有无吸力。

⑥ 混药器只有在使用远程喷枪时才能配套使用。若拟使用混药器，应先进行调试。使用混药器时，要待液泵的流量正常，吸药滤网处有吸力时，才能把吸药滤网放入事先稀释好的母液桶内进行工作。对于粉剂，母液的稀释倍数不能小于 4 倍，过浓会吸不进。母液应经常搅拌，以免沉淀，最好把吸药滤网缚在一根搅拌棒上，搅拌时，吸药滤网也在母液中游动，可以减少滤网的堵塞。

5）确定药液的稀释倍数。为使喷出的药液浓度符合防治要求，必须确定母液的稀释倍数。确定母液稀释倍数的方法有查表法和测算法。

① 查表法（见表1-2）。根据苏农-36 型喷射式机动喷雾机的喷雾试喷结果，喷出药液稀释倍数与母液稀释倍数的关系应在标准范围内。

查表方法为：根据防治要求，确定好需要喷射药液的稀释倍数，查找表中"喷枪排液稀释倍数"，再根据所选定的 T 型接头孔径，找到相应的"小孔"或"大孔"栏内的母液稀释倍数，即为所需的母液中原药、原液的稀释倍数。例如，某稻田治虫，要求喷洒的药液稀释倍数为1：300，选择 T 形接头的小孔，查表1-2 得知母液的稀释倍数为1：18，即1kg 原药加水 18kg。这种查表方法虽然简单方便，但由于液泵、喷枪及混药器在使用中的工作状况往往会发生一些变化，如机件磨损、转速不稳定、压力变化及喷雾胶管长短的不同等，都会影响混药器的吸药量和喷枪的喷出量，造成喷出药液浓度的差异，如仍按表中的比例关系配制母液，就可能使施药量过多而产生药害，或者施药量不足而达不到防治效果。因此，在进入田间使用前，最好先进行校核，得出较准确的结果后再按此数据在田间实际使用。

第一章

表1-2　药液稀释倍数与母液稀释倍数的关系

喷枪排液稀释倍数	母液稀释倍数		喷枪排液稀释倍数	母液吸水倍数	
	小　孔	大　孔		小　孔	大　孔
1:80	1:4	1:6.5	1:500	1:31	—
1:100	1:5.5	1:8.5	1:600	1:38	1:47
1:120	1:6.5	1:10.5	1:800	1:51	1:57
1:160	1:9.5	1:14.5	1:1000	1:64	1:76
1:200	1:12	1:18.5	1:1200	1:77	1:96
1:250	1:15	1:23	1:1600	1:100	1:115
1:300	1:18	1:28	1:2000	1:130	1:155
1:350	1:22	1:33	1:2500	1:160	1:190
1:400	1:25	1:38	1:3000	1:190	—

注：1. 本表试验数据的工作条件是：液泵的工作压力为20MPa。

2. 喷枪排液稀释倍数和母液稀释倍数均指1份原液与若干份水之比。

3. 小孔、大孔分别是指混药器的透明塑料管插在T形接头上的小孔和大孔。

校核方法：先测出单位时间内喷枪的喷雾量 A_p（kg/s），再算出单位时间内水泵吸入母液的量 B（kg/s），可测母液桶内液体单位时间内减少的质量。

$$C = \frac{A_p - B \times \frac{1}{1+m}}{B \times \frac{1}{1+m}} \approx \frac{A_p(1+m)}{B}$$

式中　A_p——单位时间内喷枪的喷雾量（kg/s）；

B——单位时间内水泵吸入母液的量（kg/s）；

C——喷雾药液的稀释倍数；

m——母液的稀释倍数。

根据校核结果，可再适当调整母液浓度，再逐次校核，最后得到要求的喷枪排液浓度。

②测算法。根据防治对象，确定喷药浓度，选择好T形接头的孔径，将混药器的塑料接管插入接头，套好封管，再将吸药滤网和吸水滤网分别放入已知药液量（乳剂可以用清水代替）的母液桶和已知水量的清水桶内，启动发动机进行试喷。经过一定时间的喷射后，停机并记下

喷射时间（t），然后分别称量出桶内剩余的母液量和清水量。把喷射前母液桶内原先存放的药液量减去剩余的药液量，即得混药器在喷射时间内吸入的母液量。同理，可算出吸水量。把母液量和吸水量相加，除以喷射时间，即得喷枪的喷雾量（kg/s）。则喷枪的喷雾浓度和母液之间的关系如下：

$$m = \frac{BC}{A_p} - 1$$

式中　　A_p——单位时间内喷枪的喷雾量（kg/s）；

B——单位时间内混药器吸入的母液量（kg/s）；

C——喷雾药液的稀释倍数；

m——母液的稀释倍数。

式中，A_p、B 值在试喷中测定，C 为农艺要求的给定值。例如，防治某种病虫害，农艺要求喷雾药液稀释倍数为 1∶1000，即 C 值为 1000，由此就可以计算出 m 值。

在喷雾时，为了使喷雾药液浓度的误差不至过大，新机具第 1 次使用和长期未用的旧机重新使用时，都必须进行试喷，进行测算工作时液泵的压力。

6）田间使用操作。使用中，液泵不可脱水运转，以免损坏胶碗。在启动和转移机具时尤其需要注意。

在果园使用时可将吸水滤网底部的插杆卸掉，将吸水滤网放在药桶里。若启动后不吸水，应立即停车检查原因。

吸水滤网在田间吸水时，如果滤网外周吸附了水草，要及时清除。

机具转移工作地点的路程不长时（时间不超过 15min）时，可按下述操作停车转移：

① 低发动机转速，怠速运转。

② 把调压阀的调压手柄往顺时针方向扳足（卸压），关闭截止阀，然后才能将吸水滤网从水中取出，这样可保持部分液体在泵体内部循环，胶碗仍能得到液体润滑。

③ 转移完毕后立即将吸水滤网放入水源，然后旋开截止阀，并迅速将调压手柄往逆时针方向扳足至泄压位置，将发动机转速调至正常工作状态。恢复田间喷药状态。

六　风送式喷雾机

风送式喷雾机是一种兼有液泵和风机的喷雾机，以液体的压力使药液雾化成雾滴，再以风机的气流输送雾滴，是与拖拉机配套的大型机具，风机产生气流使雾滴进一步雾化的同时吹动叶子而使雾滴渗透至树冠内部，它还能将雾滴吹送到高树的顶部，叶片正反面均能很好地着药。但它要求果树栽培技术与之配合，如株行距及田间作业道的规划、树高的控制、树形的修剪与改造等。目前，风送式喷雾机在发达国家已普遍使用。我国自 20 世纪 80 年代以来也研制了数种，在全国不同地区得到了较好的推广。

手动喷雾机械与担架式喷雾机采用的施药方式均为大容量淋洗式，使得雾滴在冠层中的沉积不均匀，沉积到果树上的药液量不到 20%，其余大量农药流失到土壤和周围的环境中使环境受到污染；而且工作效率低，不能适期防治；同时耗费工时多，操作人员的劳动强度大，条件差。

风送式喷雾机高效，可使防治及时，病虫害如若要得到良好控制，喷雾机必须在 3 天内或更短的时间应用于全部果园，有些病虫害在 24h 内就能及时控制。一个大型的风送式喷雾机可以代替 2～3 部喷枪喷雾机，降低了所需拖拉机数量和工人数量，为及时防治创造了条件。

1. 种类

1）根据果园喷雾机与拖拉机的配套方式主要可以分为：

① 悬挂式：喷雾机一般与拖拉机三点挂接成一体，特点是重量轻，机组机动灵活，可在小田块作业，但是药箱容量少，作业过程中加药时间多。

② 牵引式：喷雾机依靠拖拉机牵引作业，特点是药箱容量大，可以长时间作业，作业效率高，但是机身总体长度大，转弯半径大。

③ 自走式：喷雾机拥有自己的动力系统、行走系统等相关部件，不需要与拖拉机配套，自动化程度高，价格较高。

2）根据应用在果园的风送式喷雾机上的风送系统可以分为：

① 轴流风机风送。

② 离心风机风送。

③ 横流风机风送。

3）根据实际使用需要可以分为：

① 传统果园喷雾机：自 20 世纪 40 年代后期开始，采用轴流风机风送喷雾的果园风送式喷雾机在国外发达国家被广泛使用，目前仍然是果园植保作业的主力军。这种风送喷雾机的雾化装置沿轴流风机出风口呈圆形排列，可以产生半径为 3.1～5m 的放射状喷雾范围，喷雾宽度可达

4m 以上，一般由拖拉机牵引或悬挂作业，在风送条件下将细小的药液雾滴吹至靶标，使施药液量大量减少。美国及欧洲各国称这种喷雾机为传统果园喷雾机。

② 导流式果园风送喷雾机：进入 20 世纪 70 年代，矮化果木种植面积迅速扩大，果树采用篱架式种植，原来普遍高达 4m 的果树冠层降低到 2.5m 以下，冠径也大大减小。传统果园喷雾机在这种果园作业时，喷雾高度高于冠层高度，气流夹带大量雾滴越过冠层，造成大量的农药飘失，因此，传统果园喷雾机已经不再适合现代果园植保作业。为减少农药飘失，一种比较经济可行的方法就是对传统果园风送喷雾机进行改进，主要的改进方法是在风机出风口增加导流装置。将传统果园喷雾机沿风机出风口呈放射状吹出的气流变为经过导流装置后水平吹出，之前沿出风口呈圆形排列的喷头也改变为沿导流装置的出风口竖直排列，此类喷雾机称为导流式果园风送喷雾机。导流式果园风送喷雾机在传统果园喷雾机的基础上改进而成，所增加的成本不高，又能够适合现代矮化果树种植模式，因此发展很快，是目前矮化果园病虫害防治的主要机具之一。

③ 射流喷气果园风送喷雾机：在对传统果园喷雾机改进的同时，许多应用不同风送方式以实现定向风送的新型喷雾机也陆续出现。随着环保要求的不断提高，需要喷雾机能够进一步减少农药损失，在这种要求下，一种采用多风管定向风送的喷雾机被开发出来，此类喷雾机采用离心风机作为风源，产生的气流通过多个蛇形管导出，每个蛇形风管对应一个或多个雾化装置，可以根据冠层形状和密度调整蛇形管出口位置，实现定向仿形喷雾，这种喷雾机被称为射流喷气果园风送喷雾机。同传统果园喷雾机相比，射流喷气果园风送喷雾机能够增加雾滴在冠层内部的药液沉积量，提高农药沉积分布的均匀性，减少农药损失，降低农药对空气、土壤等的污染。此类喷雾机喷雾效果佳，适应面积广。

由于横流风机结构尺寸小、风量大，横流风机也被应用于果园风送式喷雾机。使用横流风机通常采用液压马达驱动风机，相对于轴流风机和离心风机，机械结构简单，可以根据冠层结构灵活装置横流风机的数量、位置与出风口方向，可以实现与射流喷气果园风送喷雾机相类似的效果。由于风机采用液压马达驱动，因此需要与配备双作用液压系统的拖拉机配套，并且液压系统的压力与排量需要满足喷雾机的要求。

④ 骑跨式作业的果园风送式喷雾机：果园喷雾机常规作业方法是喷

雾机在行间行驶,针对左右两行果树的单侧喷雾,即一个单行果树通过两次喷雾作业完成。当喷雾机单侧作业时,强大的气流携带雾滴穿透冠层,使得部分农药雾滴脱离靶标区,造成农药浪费和污染。为了改善冠层中气体流场状态,提高气流紊流强度,从而改善农药雾滴在冠层中的沉积状态,减少农药损失,一些果园风送喷雾机作业时喷雾装置骑跨在冠层上,同时对一行果树进行双侧作业,即一次完成一行果树的农药喷洒作业。骑跨式作业的果园风送喷雾机多采用离心风机配套多风管风送系统、轴流风机风送喷雾装置,部分机型采用多个小型轴流风机进行风送。骑跨式果园风送喷雾机的风送喷雾装置多能够根据果树冠层结构进行调节,实现仿形喷雾。骑跨式作业的果园风送喷雾机适用于矮化种植的果园,对果树冠层尺寸要求较高,作业过程中要求喷雾装置对行准确,对操作人员技术要求较高。

⑤ 循环果园风送式喷雾机:不论是单侧作业还是双侧作业,在强大的气流作用下仍然有大量的雾滴被吹离冠层而不能沉积到靶标上,所以,如果能够将这部分末沉积到靶标上的农药收集再利用,会进一步减少药液损失,循环喷雾机实现了这一想法。循环喷雾机的喷雾装置采用骑跨式作业,喷雾机上安装雾滴拦截收集装置,能够拦截逃逸出靶标区的农药雾滴,并循环再利用,是目前防飘性能最好的果园喷雾机之一。研究证明,循环喷雾机能够回收药液20%~30%,节约30%~35%。进入20世纪90年代,循环喷雾机发展迅速,在果园植保作业中被越来越多地使用。

2. 组成

(1) 药箱 药箱需要耐腐蚀、适于灌装农药、便于快速清洗,搅拌器需要能够保证农药尤其是可湿性粉剂的有效成分在药液中分布均匀。桨形机械式搅拌器和射流液力式搅拌器较为普遍。当喷头停止喷雾时,都要持续进行搅拌,否则沉淀的物质会对泵造成损害,并降低药效。

(2) 液泵 常用的液泵有隔膜泵、柱塞泵等。隔膜泵有耐腐蚀、工作稳定、便于维护等优点,应用比较普遍。

(3) 调压阀 调压阀主要依靠调节从液泵输出的药液回到药箱中的回水量来达到调节管路中的药液压力的。管路中的药液压力在某些时刻也通过改变液泵转速来调节,但是在作业过程中应该尽量确保液泵转速一致。

(4) 管路控制部件 管路控制部件主要控制药液流通的关闭和开

启，可以手动控制，部分控制部件可以电动控制，一般安装在便于操作人员控制的部位。

(5) 分配阀　分配阀用于向喷头中分配药液，便于调整喷头的安装位置，以达到最优的喷雾效果。

(6) 喷头　喷头总称包括喷头体、喷头帽、过滤器、喷头等部件。应用于果园喷雾机的喷头类型有空心圆锥雾喷头、实心圆锥雾喷头、扇形雾喷头、射流防飘喷头等。在使用过程中，喷头易被磨损和腐蚀，因此，喷头的材质多选用硬度高的不锈钢、硬质合金、陶瓷材料。喷头流量需要经常检查和标定，即使非常细微的磨损也会在很大程度上增加喷雾量。

(7) 风机　轴流风机和离心风机是在果园风送喷雾机上普遍采用的风机类型。风机产生的气流的主要功能是：胁迫细小的雾滴进入冠层内部，增加雾滴在冠层中的穿透性，减少雾滴的飘移和蒸发；提高雾滴的运动速度，改善沉积附着性能；雾滴在气流的协助下可加速飞向目标且气流扭转叶片，使得叶片正反两面着药。部分风送喷雾系统还依靠风机产生的强气流进一步雾化雾滴。

3. 果园风送式喷雾机风量的选择与计算

(1) 置换原则　置换原则是目前果园风送式喷雾机风量计算中普遍采用的一种方法。其原理为：喷雾机风机吹出的带有雾滴的气流，应能驱除并完全置换风机前方直至果树的空间所包容的全部空气。

如图 1-4 所示，如果喷雾机作业时，其风机转速和行进速度不变，根据置换原则的原理，这时风机的风量应为图中虚线所示三角形立方体的体积，即

$$Q = \frac{V}{2}HLK$$

式中　Q——风量（m³/s）；

V——喷雾机作业速度（m/s）；

H——树高（m）；

L——喷雾机离树的距离（m）；

K——考虑到气流的衰减和沿途的损失而确定的系数。

据笔者大量试验的结果表明，K 值的取值范围与气温、自然风速、风向等因素有关，一般来说，K 为 1.3 ~ 1.6。

设计喷雾机时，其风量必须大于上式计算得到的 Q。选购喷雾机时，

第一章

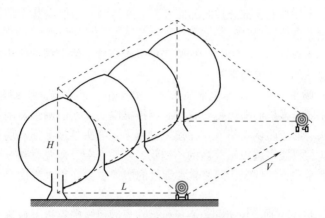

图1-4　置换原则计算简图

如果喷雾机标牌上标注的风量小于上式计算得到的 Q，则应采取相应的措施来提高风量（提高风机的转速等），从而获得满意的防治效果。如果喷雾机的结构不允许提高风机转速，则应选购风量大一号的机具。

（2）末速度原则　果园风送式喷雾机的风量不仅应满足置换原则，还应该满足末速度原则。所谓末速度原则，就是喷雾机的气流到达树体时，其速度不能低于某一数值。因为在作业过程中，气流不仅要携带雾滴，还要翻动枝叶，驱除和置换树体中原有的空气，这些功能的实现，都要求气流具有一定的动能，也就是说，气流到达树体表面时要有一定的速度，否则气流进不了树体，只能绕树而过。

因此，在计算风机风量时，还要计算气流到达树体时的末速度 V_2，如图1-5所示。

假设喷雾机在单位时间里行走距离为 F，风机出口风速为 V_1，则风机吹出的经过 $ACBD$ 截面的风量应等于其经过 $acbd$ 截面的风量再乘上一个系数 K。即

$$Q = H_2 F V_2 = H_1 F V_1 K$$

$$V_2 = \frac{H_1 V_1 K}{H_2}$$

式中　Q——风量（m^3/s）；

V_2——气流到达树体的末速度（m/s）；

V_1——风机出口速度（m/s）；

H_1——风机出口垂直高度（m）；

H_2——树高（m）；

K——考虑到风量的沿程损失而设定的系数。K值的取值范围与气象条件、作物品种、枝叶的茂密程度等因素有关，一般来说K为$1.3 \sim 1.8$。

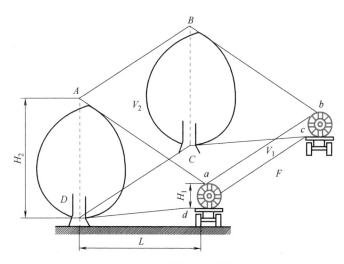

图1-5 末速度原则计算简图

根据试验结果证明，末速度的取值范围不仅取决于靶标树体的大小，还取决于靶标的品种。比较梨树与苹果树，梨的叶柄软于苹果叶柄，在气流的作用下易于翻转，从而有利于带雾滴的气流进入树体，也有利于叶背的雾滴沉降，所以，梨树的V_2小于苹果树的。葡萄是行栽作物，其树体虽小，但其叶片较大，欲翻动葡萄的叶片，气流需要较大的动能，因此，葡萄的V_2大于梨树的。

4. 风送式喷雾机的安全使用要求

（1）使用前配套动力发电机的检查与准备 发电机的检查与准备要点如下：

1）使用前务必仔细阅读发电机的使用说明书，特别注意各部分的安全操作要求。

2）按照配套的发电机的使用说明书做好使用前的检查工作，确认发电机处于正常工作状态。

3）检查机油和燃油的情况，并及时进行补充或更换。

(2) 使用前药液泵的检查与准备 药液泵的检查与准备要点如下：

1）检查各管道连接是否可靠、密封。

2）压力调节机构是否灵活可靠。

3）传动带的松紧程度是否合适。

4）压力是否合适。

5）药液泵的喷雾出口阀门是否处于常开状态，维修药液管路时应关闭。

(3) 使用前风筒及转向、摆动机构的检查与准备 风筒及转向、摆动机构的检查与准备要点如下：

1）检查风筒各部分连接状态，确保连接正常。

2）检查风机叶轮状态，确保工作正常。

3）检查转向，根据喷射方向调整好风机角度。

4）对摆动机构的状态、润滑情况和灵活性等进行检查，同时根据树木的高低调整摆幅和风筒角度。

(4) 使用前药箱及进出药液部分的检查 药箱及进出药液部分的检查要点如下：

1）检查药箱是否有残液，加液和出液部分畅通情况，各管道连接是否紧固、密封，并及时进行清理冲洗。

2）箱内加入适量洁净的清水，由于喷头喷孔小，应加强过滤，本机加药孔有过滤装置的应要及时检查，确保能够正常使用。

3）操作人员必须经过培训后方可操作风送式喷雾机，而且应穿戴好防护用品，以防药液中毒。在处理农药时，应当遵守农药生产厂所提供的安全指示。

4）操作者严禁直接与药液接触，一旦溅上药液，即刻用清水冲洗。

5）由于喷出的药雾很轻，易受风力影响，在进行喷雾操作时，操作人员应在上风处行走，以尽可能减少含药雾粒对人体的侵害。

(5) 使用前喷嘴的更换 喷嘴的更换要点如下：

1）若需要更换喷嘴，先取下原喷嘴，再安装合适喷雾的喷嘴，更换时要确保喷嘴连接可靠、密封良好。

2）更换喷嘴后，应调节药泵的压力，使其在额定工作压力下工作。

(6) 使用过程中的检查准备 使用过程中的检查准备要点如下：

1）发电机在运行中不要松开或重新调整限位螺栓和燃油量控制器螺栓，否则会直接影响机械性能。

2）连接发电机的外部设备在运行中出现运行异常情况时，应立即关闭发电机，查找并排除故障。

3）若出现电流过载，导致电源开关跳闸，应减小电路的负载，并等几分钟后再重新启动。

4）直流输出端只用于对蓄电池进行充电。

5）蓄电池的正极与负极一定要连接正确，否则会损坏电池。

6）直流及交流输出的总功率不能大于机组额定功率。

7）禁止使用不符合要求的工作液，输出的电流不得超过发电机的额定输出电流。

8）停机时应关闭发电机的主开关加农药，工作时应注意穿戴好防护用品。

5. 果园风送式喷雾机的操作规范

（1）施药时的气象条件 施药时气象条件应满足以下几点：

1）喷洒作业时风速应低于 3.5m/s（三级风），避免飘移污染。

2）应避免在降雨时进行喷洒作业，以保证良好的防效。

（2）机具的准备与调试 机具的准备与调试要点如下：

1）将牵引式果园喷雾机的挂钩挂在拖拉机牵引板上，插好销轴并穿上开口销，然后安装万向传动轴。悬挂式果园喷雾机还要调整拖拉机上的拉杆，使其处于平衡状态，紧固两侧链环，以防工作时喷雾机左右摆动。

2）检查液泵和变速器内的润滑油是否到油位；各黄油嘴处加注黄油；拖拉机、喷雾机轮胎充气；隔膜泵气室充气。

3）药箱中装入 1/3 容量的清水，在正常工作状态下喷雾。检查各部件工作是否正常，各连接部位有无漏液、漏油等现象。尤其要检查药液雾化性能、风机运转性能、搅拌器搅拌性能、管路控制系统等是否正常。检查易老化的橡胶密封件和塑料件是否需要更换。

4）喷头配置：根据果树生长情况和施药液量的要求，选择喷头类型和型号。对于传统果园风送式喷雾机，需要将树高方向均分成上、中、下三个部分，喷量的分布大体应是：1/5（上）、3/5（中）、1/5（下）。如果树较高，喷雾机上方可安装窄喷雾角喷头以提高射程。对于其他机型的果园风送式喷雾机，需要根据喷雾系统与果树冠层结构配置喷头。

5）喷量调整：根据喷量要求选择不同孔径、不同数量的喷头。

6）泵压调整：顺时针转动泵上的调压阀，使压力增大，反之压力减小，一般为 1.0 ~ 1.5MPa。

7）喷幅调整：根据果树不同株高，利用系在风机上的绸布条观察风机的气流吹向，调整风机出风口处上、下挡风板的角度，使喷出的雾流正好包裹整棵果树。

8）风量与风速调整：当用于矮化果树和苹果园喷雾时，仅需要小风量低风速作业，此时降低发动机转速（适当减小油门）即可。

（3）作业参数的计算 行走速度与作业路线的确定如下：

1）喷雾机组行走速度的计算：喷雾机组的行走速度除与施药液量有关外，还要受风机风量的影响，风机气流必须能置换靶标体积内的全部空气。机组行走速度可由以下公式计算：

$$V = \frac{Q \times 10^3}{Bh}$$

式中　　V——拖拉机的行走速度（km/h）；

　　　　Q——风机风量（m^3/h）；

　　　　B——行距（m）；

　　　　h——树高（m）。

V 值一般为 1.8～3.6km/h，若计算的速度超此范围，可通过调整喷量（改变喷头数、喷孔大小等）来调节。

2）作业路线的确定：作业时操作者应尽可能位于上风处，避免处于药液雾化区域。一般应从下风处向上风处行进作业。同时，机具应略偏向上风侧行进。

6. 施药中的技术规范

1）果园风送式喷雾机作业属低容量喷雾，在减少施药液量的同时应保证施药液量满足防治要求，所用农药配比浓度应比常量喷雾提高2～8倍。推荐施药液量：果树枝叶茂盛时，每米树高为 600～800L/ha。可根据季节、枝叶数量、防病或防虫、内吸药剂或保护药剂适当调节，保证树冠各部位枝叶、果实都能均匀施到药雾，也无药液流失。

2）将风机离合器处于分离状态，液泵调压阀处于卸荷状态，启动机具，往药箱中加水至一半时，液泵调压阀处于加压状态，打开搅拌管路。随即往药箱中加农药。满箱后，继续运转 10min，让药液充分搅拌均匀。

3）机组到田块后，选择好行走路线，接合风机离合器，打开截止阀进行喷雾作业。

4）作业时，应随时注意机组工作状态，若发现不正常声响和不正常现象，应立即停车，待查出原因并排除故障后再继续作业。

5）每次开机或停机前，应将调压手柄放在卸压位置。

7. 施药后的技术规范

1）每次作业完后，应将残液倒出，并向药箱中加入 1/5 容量的清水，以工作状态喷液，清洗输液管路剩余的药液，检查各连接处是否有漏液、漏油，并及时排除。清洗后应将管路中的清洗用水排尽，并将机具擦干。

2）泵的保养按使用说明书要求进行。

3）当防治季节过后，机具长期存放时，应彻底清洗机具并严格清除泵内及管道内积水，防止冬季冻坏机件。

4）拆下喷头清洗干净并用专用工具保存好，同时将喷头底座孔封好，以防杂物、小虫进入。

5）牵引式果园风送喷雾机应将轮胎充足气，并用垫木将轮子架空。

6）应将机具放在干燥通风的机库内，避免露天存放或与农药、酸、碱等腐蚀性物质放在一起。

七 烟雾机

烟雾施药技术是指把农药分散成为烟雾状态的各种施药技术的总称。烟和雾的区别在于，烟是固态微粒在空气中的分散状态，而雾则是微小的液滴在空气中的分散状态。烟和雾的共同特征是粒度细，常在 $0.01 \sim 25\mu m$ 的超细粒径范围内，在空气扰动或有风的情况下，能在空间弥漫、扩散，能够比较持久地呈悬浮状态。因此，烟雾技术非常适合在封闭空间使用，如粮库、温室大棚，也可以在相对封闭的果园、森林等场合使用。

热雾机和冷雾机都属于利用高速气流对药液进行超细雾化的喷雾机械。这两种机具所产生的药雾中均不含固态颗粒，因此，国际上统称为热雾机和冷雾机。可以同时产生固态微粒和液态雾滴的复合分散体系才称为烟雾。但是由于上述两种机具所产生的药雾已属于超细雾滴，其在空气中的行为与生活中常见的烟和雾相似，因此，在我国往往被称为常温烟雾（或冷烟雾）和热烟雾，相应所采用的专用机具称为常温烟雾机（或冷烟雾机）和热烟雾机。

热雾机和冷雾机的主要区别在于，热雾机必须选用高沸点的安全矿物油作为农药的溶剂，因为这种机具的燃烧室所产生的废气在燃烧室的温度高达 $1200 \sim 1400℃$，通过冷却管以后的温度仍高达 $100 \sim 500℃$，在排出喷口以后才迅速降低至环境温度。而冷雾机则选用水作为农药载体或介质，其雾滴细度一般可达 20μm 左右，太细的水雾滴则会迅速蒸发散失。这两种机具都必须采用很强的动力，或者利用燃烧废气所产生的强大动力，或者利用高功率电动机和风机所产生的强大气流，才能产生超细雾滴。

1. 常温烟雾机

常温烟雾技术是 20 世纪 80 年代开始在国际上发展起来的。该技术利用高速、高压气流或超声波原理在常温下将药液破碎成超细雾滴（或超微粒子），雾滴直径一般在 5～25μm，在设施内充分扩散，长时间悬浮，对病虫进行触杀、熏蒸，同时对棚室内设施进行全面消毒灭菌。常温烟雾技术不但可用于农业保护地作物病虫害的防治，进行封闭性喷洒，还可用于室内卫生杀虫、仓储灭虫、畜舍消毒及高温季节室内增湿降温、喷洒清新剂等。温室、大棚中使用常温烟雾机施药与使用其他常规植保机械相比，具有高效、安全、经济、快捷和方便的特点。

（1）工作原理 常温烟雾机的工作原理是，当空气压缩机产生的压缩空气进入空气室，空气室内的压缩空气经进气管输送到喷头，在喷头中的压缩空气首先进入涡流室，由于切向进入而产生高速涡流，高速涡流一边旋转一边前进到达喷口，在排液孔的前端产生负压，药液经吸液管吸入喷头体内并与高速旋转的气流混合，初步形成雾化。这种初步雾化的气液混合物以接近声速的速度喷出。这时由电机带动轴流风机产生轴向风力，将从喷头喷出的雾滴送向靶标。

（2）优点 常温烟雾机具有以下优点：

1）农药利用率高，防治效果好。常温烟雾技术是室温条件下利用压缩空气将药液雾化，进而沿风机送风方向吹送，沿直线方向扰动扩散，直至充满整个棚室空间。药液细小雾滴将长时间处于均匀分布、悬浮状态，经消化系统、呼吸系统、表皮毒杀害虫及病菌，防治效果好。具备臭氧发生器的烟雾机，所产生的臭氧对棚室、空气和土壤等进行消毒、杀虫、灭菌处理，控制病虫源头。

2）省水、省药，不增加空气湿度，施药不受天气限制。常温烟雾技术的施药液量为 2～5L/亩，比常规喷雾法省水 90%以上，这在北方干旱地区尤为重要。据国外资料介绍，常温烟雾技术的农药使用量也比常规喷雾法节省 10%～20%。由于减少了施药液量，不增加温室内湿度，避免了因过湿而诱发病虫害的发生。阴雨天也可以实施烟雾施药，便于及时控制病虫害。

3）药剂适应性强。常温烟雾法在室温状态下使药液雾化，农药的使用形态为液态，不损失农药的有效成分，不限制农药制剂的种类。常温烟雾法对农药的剂型没有特殊的要求，水剂、油剂、乳油及可湿性粉剂等均可使用。

4）省工、省时，对施药者无污染。施药时操作人员不需要进入温室内作业，既显著降低了劳动强度，又避免作业中的中毒事故。有的烟雾机还具备电动行走功能，操控与搬运方便。

（3）分类　常温烟雾机按其控制喷雾的方式不同，可分为人工和自动控制式常温喷雾机两种。自动控制式常温烟雾机又可分为电动机驱动式和汽油机—发电机组式两种。按其原理不同，可分为内混式常温烟雾机和外混式常温烟雾机。

（4）使用技术　常温烟雾机的使用技术如下：

1）施药前的准备。防治作业以傍晚、日落前为宜，气温超过30℃或大风时应避免作业。检查棚室有无破损和漏气缝隙，防止烟雾飘移出去。使用清水试喷，同时检查各连接、密封处有无松脱、渗漏现象。按说明书要求检查并调整工作压力和喷量，喷量一般为50～70 mL/min。计算每个棚室的喷洒时间。

2）施药中的技术规范。空气压缩机组放置在棚室外平稳、干燥处，喷雾系统及支架置于棚室内中线处，根据作物高度，调节喷口离地1m左右，仰角2°～3°。药液不可直接喷到作物或棚顶、棚壁上，在喷雾方向1～5m距离的作物上应盖上塑料布，防止粗大雾滴洒落下时造成污染和药害。启动空气压缩机，压缩气流搅拌药液箱内药液2～3min再开始喷雾。喷雾时操作者无须进入棚室。应在室外监视机具的运转情况，发现故障应立即停机排除。严格控制喷洒时间，到时停机。先关空压机，5min后再关风机，最后停机。穿防护衣、戴口罩进棚内取出喷洒部件。关闭棚室门，密闭3～6h才可开棚。

3）施药后的技术处理。作业完将机具从棚内取出后，先将吸液管拔离药箱，置于清水瓶内，用清水喷雾5min，以冲洗喷头、喷道。然后用拇指压住喷头孔，使高压气流反冲芯孔和吸液管。吹净清水。用专用容器收集残液，然后清洗机具。按说明书上的要求，定期检查空压机油位是否够，清洗空气滤清器上的海绵等。应将机具存放在干燥通风的机库内，避免露天存放或与农药、酸、碱等腐蚀性物质放在一起。

2. 热烟雾机

热烟雾机利用汽油在燃烧室内燃烧产生的高温气体的动能和热能，使药液在瞬间雾化成均匀、细小的烟雾微粒，能在空间弥漫、扩散，呈悬浮状态，对在密闭空间内杀灭飞虫和消毒处理特别有效。它具有施药液量少、防效好、不用水等优点。

热烟雾机在林业上主要用于森林、橡胶林、人工防护林的病虫害防治。在农业上适用于果园及棚室内的病虫害防治。机型：6HYl8/20 烟雾机，隆瑞牌 Ts-35A 型烟雾机，林达弯管式 HTM-30 型烟雾机等。

（1）结构组成 热烟雾机由脉冲喷气发动机和供药系统组成。脉冲喷气发动机由燃烧室、喷管、冷却装置、供油系统、点火系统及启动系统等组成。供药系统由增压单向阀、开关、药管、药箱、喷雾嘴及接头等构成。

（2）使用前准备 使用前的准备要点如下：

1）机具的准备。热烟雾机的强制性认证产品的技术要求如下：铭牌，目测样机铭牌，合格的产品应牢固固定在机具的明显位置，其内容应包括型号、主要技术参数（至少包括工作压力、容量）、制造厂或供应商名称、生产日期和编号；整机密封性试验，方法是将样机安装成使用状态，向药箱内加入清水，按使用说明书的规定操作样机到额定工况工作 3min 以上，检查各零件及连接处是否密封可靠，合格的产品，各零件及连接处应连接可靠，不得出现药液和其他液体渗漏现象；烟化效果，将样机安装成使用状态，向药箱内加入 0 号柴油，按使用说明书的规定操作，在额定工况下工作 3min，目测喷口是否滴液和喷火；手把温度，在距手把外表面 10mm 处测量，测量点应距发热部位最近，测试时环境温度为 10 ~ 25℃，风速不大于 3m/s，合格产品手把温度应小于 45℃；药液箱总成密封性，向药液箱总成内充入 0.03MPa 压力的压缩空气，将其浸入水中或在药箱盖和气、液进出口接头处涂上肥皂水，观察是否有漏气现象，合格产品不能出现漏气现象；加液口和加油口过滤装置，对于合格的产品，加液口和加油口应设有过滤网；背带强度，将背带的一端悬挂在支架上，在背带的下端反复加、卸载荷 10 次，在背带实际承受的 2 倍载荷下不断裂、不损坏；安全防护罩，冷却管的高温部分（后部）应装有防护罩，并牢固可靠；控制装置位置及标志，控制装置应设置在容易够及的范围内，并且操作方便，在控制装置上或附近位置应有清晰的标志或标牌，其内容应反映出控制装置的基本特征；安全标志，在容易给操作者造成危险的部位应有安全警告标志，在机具的明显位置有警示操作者使用安全防护用具的安全标志，标志样式及内容应符合 GB 10396—2006 的规定，标志粘贴应牢固；电源接线与开关电源，电源线应为三芯或四芯电缆线，电源线的截面积和配用插头应满足机具额定电流的要求。

2）操作者的要求。操作者应认真阅读热烟雾机的使用说明书，熟悉其性能和操作方法；操作者必须经培训，具备操作技能后方可上岗；不准未成年人、老年人、残疾人、体弱的人及酒后或服用兴奋剂、麻醉剂后的人进行操作。

【注意】 操作者在现场作业时，必须穿长袖的防护服和戴防护口罩。

3）启动前的准备。在使用前仔细阅读使用说明书，严格按使用说明书的要求操作。启动热烟雾机前一定要关好药剂开关，启动时将热烟雾机水平放在平整、干燥的地方，附近不得有易燃、易爆物品。操作前，检查、紧固管路、电路和喷嘴等连接部分。装入有效电池组，注意正极与负极的连接。加入合格的干净汽油，拧紧油箱盖。关闭药液开关，将搅拌均匀并经过滤的药液加入药箱，旋紧药箱盖。药液不宜装得太满，应留出约1L的充压空间。

4）宜于热烟雾机作业的气象条件。风力小于三级时阴天的白天、夜晚，或者晴天的傍晚至次日日出前后。当在晴天的白天，或者风力达三级及以上，或者下雨天均不宜喷烟作业，容易造成飘移危害和防治效果显著降低。

(3) 使用技术 使用技术如下：

1）启动前准备。启动前检查管路、电路连接的正确性，检查火花塞、药喷嘴及各部件的连接，各紧固件不得松动。打开电池盒，按标明的极性装入电池，电池必须有足够的容量。接通电源开关，观察火花塞放电状况。火花塞电极的正常间隙为 $1.5 \sim 2mm$。火花塞的放电电弧以深蓝色为佳。检查进气阀挡板螺母是否旋紧及进气膜片的状况。进气膜片应完好、平整，不得有折皱、断裂、缺损，应全部盖住进气孔。挡板应安装正确，以构成规定的进气间隙。将纯净的车用汽油加入油箱。盛汽油的容器要干净密闭，严防杂物及水混入。将药剂加入药箱，旋紧药箱盖。

2）启动。将热烟雾机置于平整、干燥的地方。距喷口5m范围内不得有易燃、易爆物品。打开点火开关，点火系统点火。用打气筒（电启动可用气泵）打气，使汽油充满喷油嘴入口油管中。至发动机发出连续爆炸的声音，即可停止打气，再细调油针手轮至发动机发出清脆、频率均匀稳定的声音，即可开始喷烟作业。若不能启动，首先应检查火花塞是否点火（听火花塞是否有均匀和一定频率的打火声），燃油是否进入化油器喉管内，空气气流是否进入化油器喉管。进入化油器中的燃油过多，也不易启动，此时需要将油门关闭，用气筒打气把油吹干，至听见爆炸声。再重复上述启动程序。注意关闭油门时不得过分用劲，否则会破坏喷油嘴量孔。油嘴量孔过大也会使启动困难。环境温度过低也不易启动（一般在5℃以下），可在温室内启动，在室外进行工作。

3）喷烟作业。将启动的机器背起，一手握住提柄，一手打开药液开关（不要半开），数秒钟后即可喷烟雾。在环境温度超过30℃时作业，喷完一箱药液后要停止5min，让机器充分冷却后再继续工作；若中途发生熄火或其他异常情况，应立即关闭药液开关，然后停机处理，以免出现喷火现象。

4）停机。喷烟雾作业结束、加药和加油或中途停机时，必须先关闭药液开关，后关油门开关，按下油针按钮，发动机即可停机。

5）保养。热烟雾机使用一段时间或长时间不用时，用汽油精洗化油器内油污，倒净油箱、药箱剩余物，用菜油清洗油箱和输药管道，并擦去机器表面的油污和灰尘，然后取出电池，加塑料薄膜罩或放入包装箱内，置清洁干燥处存放。

（4）注意事项 注意事项有如下几点：

1）在作业过程中，发生熄火或其他异常情况，应立即关闭药剂开关，然后停机处理。

2）在密闭空间喷热雾，喷量不要过大（每立方米不得超过3mL），不能有明火，不要开动室内电源开关，防止引起着火。

3）作业中途需要加油、加药：应关机后进行，按先关输药开关、后关油门开关的顺序进行，绝不能颠倒顺序，停机10min以上再加油，绝对禁止操作者背负着烟雾机加注汽油和药液。应在避开火源的安全地点加注汽油和药液；应使用专用的容器或漏斗加注汽油或药液；加注汽油和加药液完毕后应立即将烟雾机表面擦拭干净。

4）作业过程中，手或衣服不要触及燃烧室及冷却管，以免烧伤或烧坏。工作时不能让喷口离目标太近，以免损伤目标，更不可让喷口及燃烧室外部冷却管接近易燃物，防止引发火灾。启动时，应在距喷口半径5m范围内无枝叶等易燃物的平整空地上进行。操作者应位于喷口的上风处进行操作，并且行走时不应顺着风向。工作时喷管倾斜度不应超过正常工作位置的±20°。烟雾作用范围内不应有其他人员。烟雾机喷口不准直接对人、植物或易燃品。喷口距目标物的距离至少在3m以上。密闭空间内施药时，烟雾浓度不应超过0.2mL/m²。

5）每次施药完毕后，必须先关药液开关，再关发动机油门，工作中突然熄火时应立即关闭药液开关，以免出现喷火。

八　树干注射机

树干注射施药是指将植物所需杀虫、杀菌、杀螨、微肥和植物生长调节等的药液强行注入树体，使植物满足对某些方面和微量元素的需求，以达到促进生产、增加产量、提高品质、治虫防病、调控生长的目的。它不受降雨、干旱等环境条件和树木高度、危害部位等的限制，施药剂量精确，药液利用率高，不污染环境。选用合理的注射方法、优良的注药机械、恰当的注射药物、正确的注药时机和注药量，是保证病虫害防治或缺素症矫治等达到预期效果的关键。

通过向树干内注入药剂，可防治病虫害、矫治缺素症、调节植株或果实的生长发育。树干注射施药是一种新的化学施药技术，自20世纪70年代以来，得到美国、日本、法国、英国、德国、韩国、瑞士等主要发达国家的广泛重视，我国也先后有十多个高等院校、科研单位和众多技术推广单位、生产单位展开了积极研究和推广应用。其中部分技术在注射原理、机械结构、工作效率、防治效果、适用性能、维护保养和产品系列化等方面均取得了较大突破。树干注射施药法现已开始走向普及。

1. 原理

内吸性药物和矿物质进入树体内随树体内的水分运动向上输运，并且在向上输运途中还有横向输运，即能从根部向顶梢、叶片传输、扩散、存留和发生代谢。不仅如此，有些内吸剂和养分到达叶片后又能随下行液经韧皮部筛管转向根部，或者直接从木质部内韧皮部转移、传输、扩散、存留和发生代谢。树干注射施药技术就是利用树木自身的这种物质传输扩散能力，用强制的办法把药液快速送到树木木质部，使之随蒸腾

第一章

流或同化流迅速、均匀地分布到树体各部位，从而达到防治病虫害、矫治缺素症、调节植株生长发育的目的。

2. 优点

树干注射施药技术是一种植物内部施药技术，与传统的喷雾法等外部施药技术相比，具有以下特点：

1）不受树木高度和危害部位等限制，使高大树木的上部害虫、根部害虫、具有蜡壳保护的隐蔽性吸汁害虫、钻蛀性害虫、维管束病害等常规施药方法难以有效防治的病虫害防治显得简单可行。

2）不受环境条件限制，在连续多雨或严重干旱的条件下均可实施化学防治。树干注射法免除了喷雾法必须大量用水和只能在特定小气候条件下使用的局限性，使多雨地区或严重缺水地区的果树病虫害也能用化学防治法进行控制。

3）不给生态环境造成农药污染，有利于保护非标靶生物和施药者的安全。据测定，普通喷雾法的药液只有30%左右能喷附到树木枝叶上，而70%则飘到空中并落到地上，不仅造成了空气、土壤、水源的污染，而且对施药者极不安全。注射施药则完全避免了上述不利点，使有较强毒性的化学防治"洁净化"，达到保护自然、生态和人身安全的要求。

4）药效期得到一定延长。喷洒在植物枝叶表面的农药的有效期，除按自身固有速度降解外，降雨冲淋、光照分解等环境因素的作用影响很大。将农药注入树体内，不受环境因子的影响，则可使药效期延长一定时间。以常用的氧乐果等为例，喷雾施药的有效期一般为1~2周，改用注射法则可达3周左右。

5）可以大幅度提高药液的利用率，节省防治费用。注射法没有喷施法的无效浪费、淋失及土施法的土壤固定等损失，而将全部药液都送入标靶树体内被全部利用。注射法较常规方法可节省农药80%左右。

6）可以十分精确地控制进入树体内的药液量，使农药和生长调节剂等的使用能按设定的目标准确防治病虫害，调整树木营养生长和生殖生长，有效地克服了喷施、土施等常规方法受环境因素影响大、效果不稳定、难以普及的难题。

7）矫治果树缺素症、延迟叶片衰老、提高坐果率效果十分显著。

8）注射法比环割涂药法等对树体损失小、工效高、药液传递好、达到的效果好，1~2天即可达到杀虫高峰，有效期可达3周以上。

3. 使用技术

（1）注射液的配制　第一，要根据树木和病虫耐药性决定合适的浓度，可通过当地的防治试验和农药标签规定用量决定。一般对林木病虫害防治可取 15%～20% 的有效浓度，对果树可取 10%～15% 的有效浓度。第二，配制时要用冷开水，不宜用池塘水和井水。第三，树干部病虫害严重地区，在配制药液时应加防霉宝等杀毒剂，以防伤口被病菌感染。第四，药液应做到随配随用，不可长时间放置，以防药效降低。第五，因药液浓度高，在配药操作时应注意安全。

（2）注射部位和注药量　树干注射一般可在树木胸高以下任何部位自由注射。但用材树一般应在采伐线以下注射，果树应在第一分枝以下注射。注药时，根据树木胸径大小决定注射孔数，一般胸径小于 10cm 者 1 个孔，11～25cm 者对面 2 个孔，26～40cm 者等分 3 个孔，大于 40cm 者等分 4 个孔及其以上。注射孔深也应根据果树的大小和皮层厚薄而定，其最适孔深是针头出药孔位于二三年生新生木质部处；要特别注意不可过浅，以防将药液注入树皮下，达不到施药效果。每孔注药量应根据药液效力、浓度，以及树木的大小等而定，一般农药可掌握每 10cm 胸径用 100% 原药 3mL（每厘米胸径稀释液 1～3mL）标准，按所配药液浓度和计划注药孔数计算决定每孔注药量。

（3）农药的使用　为植物注射农药时，首先应选用合适的农药。一般要求选用内吸性农药。在果树病虫害防治中应选用药效期短、低毒或向花、果输送少的扑虱灵、多菌灵等药，不可使用在果树上禁用的高残留剧毒农药；在防治根部病虫害时应选择双向传导作用强的噻唑膦等药。要根据防治对象和农药传导特性综合考虑所用农药品种。此外，剂型选用以水剂最佳，原药次之，乳油必须是国家批准的合格产品，不合格产品往往因有害杂质过高而使注射部位愈合慢，甚至发生药害。其次，应注意施药适期。根据防治对象，一般食叶害虫在其孵化初期注射，蚜螨等暴发性害虫在其大发生前注药，光肩星天牛、黄斑天牛等分别在其幼虫初龄（1～3龄）期和成虫羽化期注药。此外，对于果树，必须严格根据所施农药残效期安全间隔施药，至少距采果期 60 天内不得注药。

（4）肥料的使用　注射微肥时，首先要根据营养诊断确定所缺微量元素的种类，做到对症施药；其次，要根据树木的生理特征要求，合理调整注射液 pH，如矫治柑橘缺铁症的铁盐注射液最好呈中性或弱酸性，而矫治桃树缺铁和缺锌的注释液 pH 以 4～7 为好；再次，所用注射物必须充分溶解并过滤后使用澄清液。

(5) 激素的使用 注射激素时，植物生长调节剂的作用大多具有专一性，即一种生长调节剂只有在良好的栽培管理的基础上，在植物的特定成长阶段对特定的器官起作用，使用中，植物对生长调节剂的剂量反应往往十分敏感，剂量偏小则得不到预期效果，剂量偏大则常常会导致不良后果，因此必须着重控制好预期和适当剂量两个关键因素。例如，悬铃木注射"除果灵"的时间以春季发芽后最好。

4. 注射方法

(1) 高压注射法 利用柱塞泵或活塞泵原理，采用专用高压树干注射机，将植物所需杀虫剂和生长调节剂等药液强行注入树体。

(2) 打孔注药法 用钉或小动力打孔机（汽油机、电动机）在树干基部 20cm 以下打直径为 0.5～0.8cm 的小孔 1～5 个（视树木胸径大小而定），深达木质部 3～5cm，孔向下 30°，用滴管、兽用注射器或专用定量注射枪缓慢注入农药，任其自然渗入。

(3) 挂液瓶导输法 从春季树液流动至冬季树木休眠前，采用在树干上吊挂装有药液的药瓶，用棉绳或棉花芯把瓶中药液通过输导的办法引注到树干上已钻好的小洞中（或把针头插入树体的韧皮部与木质部之间），利用药液自上而下流动的压力，把药液徐徐注入树体内，然后让药液经树干的导管输送到枝叶上，从而达到防治病虫的目的。采用此法必须注意以下四点：①不能使用树木敏感的农药，以免造成药害。②挂瓶输液需要钻输液洞孔 2～4 个，输液洞孔的水平分布要均匀，垂直分布要相互错开。③瓶中药液根据需要随时进行增补，一旦达到防治目标时应撤除药具。④果实在采收前 40～50 天停止用药，避免残留。

第四节　真假农药的简易质量检测

农药作为一种重要的农业生产资料和有毒的特殊商品，对防治农作物病虫草害、提高农作物的产量和品质起着十分重要的作用。然而，随着我国农药生产加工业的迅速发展，各种农药大量上市，有些不法分子为了牟取暴利，造假售假，致使假农药充斥市场，一些达不到农药生产标准、没有防治效果的劣质农药更是在广大农村市场上占了相当大的份额。

假劣农药可能给农民带来以下五个方面的直接危害：一是起不到防治病虫害的作用，导致农作物大量减产。二是可能引起农作物发生大面积药害，导致庄稼绝收。三是有可能引起农产品农药残留超标。其带来的后果是，人们因食用了超标农产品，有可能引起食物中毒，严重的导致死亡，或者导致农产品卖不出去，给农民和国家带来难以挽回的经济损失。四是无证农药或假劣农药因没有经过科学的试验和检测，其安全性存在极大隐患，农民在施用时，很有可能引起中毒，甚至死亡。五是有可能给土壤、地下水等生态环境带来严重破坏，影响到农业和农村经济的可持续发展。

一　假劣农药的概念

《农药管理条例》第三十一条规定，假农药包括：以非农药冒充农药或者以此种农药冒充他种农药的；所含有效成分的种类、名称与产品标签或者说明书上注明的农药有效成分的种类、名称不符的。

《农药管理条例》第三十二条规定，劣质农药包括：不符合农药产品质量标准的；失去使用效能的；混有导致药害等有害成分的。

判断农药的优劣，首先要进行定性分析，看商品农药的有效成分与标识上标明的是否一致，一致则是真农药，不一致则是假农药；其次要进行定量分析，看商品农药的有效成分含量与标识上标明的是否一致，不符合农药产品质量标准（或标识标明的含量）的为劣质农药。有些农药产品出厂时有效成分合格，在储存过程中含量逐渐下降，失去使用效能，也为劣质农药。有些农药产品中混有导致药害的有害成分，也属于劣质农药。

二　农药的质量指标

农药的质量如何，要从两个方面去观察：一是有效成分含量是否与标明的含量相符；二是其物理与化学性状是否符合规定标准的要求，如细度、乳化性能、悬浮率、润湿性、pH 等。

（1）农药的有效成分　农药产品的有效成分是保证药剂具有使用效果的基础物质。农药产品的有效成分含量必须与标明的含量相符，其他物理、化学性状也符合标准规定的要求。

（2）粉剂类农药的细度　对于粉剂农药产品，为了喷撒时均匀，要求具有一定的细度，一般要求至少95%通过 200 目筛（74μm）。

（3）可湿性粉剂的悬浮率　可湿性粉剂类农药应注意其悬浮率的高

低。要求用水稀释后能形成良好的悬浊液。如果悬浮性能不好，大颗粒结块沉下，容易造成喷雾时浓度不一致。一般可湿性粉剂类农药停放30min 的悬浮率不应小于50%。可湿性粉剂的悬浮率可按《农药悬浮率测定方法》（GB/T 14825—2006）进行测定。

（4）湿润时间 将农药分撒水面后，被水润湿的时间一般应大于2min。湿润时间可按《农药可湿性粉剂润湿性测定方法》（GB/T 5451—2001）进行测定。

（5）农药的酸度 农药原药及制剂中的酸度对有效成分的分解起一定的控制作用，同时也要注意酸度过高会对植物产生危害。农药的酸度可按《农药 pH 值的测定方法》（GB/T 1601—1993）进行测定。

（6）农药中的水分 农药原药及制剂中的水分能引起农药的分解，农药粉剂中的水分能影响粉剂的分散性和施用时的均匀性。农药中的水分可按《农药水分测定方法》（GB/T 1600—2001）进行测定。

（7）农药的热稳定性 农药的热稳定性测定是指将农药于（54±2）℃的条件下储存 14 天后分析结果是否符合标准规定。

（8）农药的低温稳定性 农药的低温稳定性是指农药于（0±1）℃的条件下放置 1h，若无固体或油状物析出，则为合格。

三 农药真假的识别方法

1. 问题

目前市场上农药标签主要存在以下四个方面问题：①擅自扩大适用作物和防治对象。按照登记规定，产品登记时的适用作物是小麦，就不能在标签上写成玉米或是添加防治对象——玉米；防治对象是蚜虫，就不能写成菜青虫或添加其他防治对象。②伪造假冒农药登记证号，如标签上擅自乱编登记证号或冒用别人的登记证号。③随意更改商品名，或者标签上的商品名未经登记，或者一个产品同时使用多个商品名。④产品标签中无中文通用名称。根据《农药标签和说明书管理办法》规定，从 2008 年 7 月 1 日起生产的农药，不再用商品名称，只用农药通用名称或简化通用名称，以便于检索和管理。没有中文通用名称的，用英文通用名称表示；没有英文通用名称的，用其化学名称表示。我国境内生产的农药产品，其农药名称三部分顺序为：有效成分含量、通用名称和剂型，如 80% 敌敌畏乳油、25% 多菌灵可湿性粉剂等。

标签上的产品名称应当是中文通用名。但目前市场上农药产品的名称很乱，有的随意取商品名，有的随意加上"王、皇、最、FH、CP、Ⅰ型、Ⅱ型、复方、高效、无毒、无残留"等字样，这些都是非法名称。农药购买者应仔细查看农药标签，凡是不能肯定产品中所含农药成分名称的产品都不要轻易购买。

私自分装的农药产品：国家禁止任何单位和个人未办理农药分装登记证而擅自将大包装产品分成小包装产品。因为，私自分装的农药一般都没有标签，使用不安全，而且分装者容易在分装农药中掺杂使假。使用过程中出了问题，因消费者手中没有产品的原始包装，而难以追究责任。因此，农民不能购买散装农药。

2. 看包装与标识鉴别

（1）包装的鉴别 真品农药的包装一般都比较坚固，商标色彩鲜明，字迹清晰，封口严密，边缘整齐。包装、商标、产品说明书、出厂检验合格证等都是新的，如果发现包装用的材料陈旧、密封不好、有破损或包装大小不一等问题，其质量值得怀疑。

（2）标识的鉴别 根据《农药包装通则》（GB 3796—2006）、《农药乳油包装》（GB 4838—2000）的规定，农药的外包装箱应采用带防潮层的瓦楞纸板。外包装容器要有标签，在标签上标明商标、品名、农药登记证号、组装量、净含量、生产日期或批号和保证期。在最下方还应有一条与底边平行的带颜色的标志条，标明农药的类别。农药包装容器中必须有合格证、说明书。液体农药制剂一般每箱净重不得超过15kg，固体农药制剂每袋净重不得超过25kg。农药制剂内包装上必须牢固粘贴标签，或者直接印刷标识在小包装上。农药标签注明有效期。如果用户按农药标签上的使用方法施药，没有药效，甚至出现药害，厂家应负全部责任。标签内应包括：品名、规格、剂型、有效成分（用我国农药通用名称、用重量百分比表明有效成分的含量）、农药登记号、产品标准代号、许可证号或生产批准书号、净重或净体积、适用范围、使用方法、施用禁忌、中毒症状和急救、药害、安全间隔期、储存要求等，还应标示毒性标志和农药类别，以及生产日期和批号。

1）农药类别：除草剂——绿色；杀虫剂——红色；杀菌剂——黑色；杀鼠剂——蓝色；植物生长调节剂——深黄色。

2）净重表示：通常以字母表示，kg——千克；L——升；g——克；mL——毫升。

3）毒性与易燃：农药标签上以红字明显表明该产品的毒性及易燃性。

4）使用说明：包括适用范围和防治对象，适用时期、用药量和方法，以及限制使用范围等内容。

5）有效期限：一般为2年，从生产日期算起，所以必须注有生产日期及批号。

6）注意事项：注明该产品中毒症状和急救措施，安全间隔期及储存、运输的特殊要求。

7）生产单位：要有生产企业名称、地址、电话、传真、邮编。

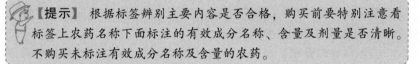

【提示】 根据标签辨别主要内容是否合格，购买前要特别注意看标签上农药名称下面标注的有效成分名称、含量及剂量是否清晰。不购买未标注有效成分名称及含量的农药。

国外农药在我国销售，必须先在我国进行农药登记。进口农药标签上应有我国农药登记号和在我国登记的中文农药商品名，标签上除无标准代号和生产许可证号外，其他内容与国内农药标签要求一致。农药内装材料要坚固、严密、不渗漏、不能影响农药的质量。乳油等液体农药制剂一般用玻璃瓶、金属瓶或塑料瓶盛装，并加内塞外盖，部分采用了一次性防盗瓶盖。粉剂一般用纸袋、塑料袋或塑料瓶、铝塑压膜袋包装。

正规的农药生产厂家对所生产的农药产品都要进行严格的质量检验，对合格产品进行包装，并且在每个农药产品的包装箱内都附有产品出厂检验合格证，我们在购买农药时应当要求查看是否有出厂合格证。合格证是国家农药质检部门证明农药生产厂家产品合格的有效证件，所以颁发的日期应当晚于或等于出厂日期，查看合格证时要特别注意这一点。如果农药合格证上的日期和内在小包装上的日期一致，说明这种农药出厂后经过了质检部门的检查，是合格的产品。

(3) 农药登记号 在购买农药时，可看商品农药内包装上的农药登记号是否符合相关规定要求。为了辨认农药登记号是否符合规定要求，以及农药登记号的真假，应查询最新的农药登记公告。要注意有的农药内包装上虽标有农药登记号，但是假的或过期的。有的临时登记号已过期，但仍在继续使用。

查询时，可与农药登记证或农药登记公告或中国农药信息网核对。国家规定，生产农药必须办理农药登记证或农药临时登记证。作为一个销售农药的销售商，手里应有一份产品的农药登记证复印件。因此，在购买农药时，可要求生产商或经销商出示该产品的登记证复印件。有条件的地方，也可直接上中国农药信息网中核对；或是购买《农药电子手册》的使用权，利用电子手册查询，若发现要买的产品的标签与登记证复印件、农药登记公告或网上公布的内容不一致，尤其是没有查到登记证号，无厂名、无厂址、无产品名称，建议不要购买，应当及时将此情况向当地农业部门等政府部门反映。

3. 看标准代号

如果商品农药标识上采用的是国家标准或行业标准，要查阅有关资料，判断是否符合标准要求；如果标识上采用的是企业标准，应向本省标准处查询是否为已备案的企业标准。

4. 看外观与物理性能

（1）乳油农药 乳油农药一般是浅黄色或深棕色单相透明液体。首先观察有无分层现象，若有分层，加水稀释后形成的乳浊液是不会稳定的。对乳油的乳化性能可做简单试验，一般合格的乳油农药溶解比较快，不合格的农药不易溶于水。用滴管将少许的合格乳油农药滴入已经准备好的清水中，这时可以观察到滴入的农药会在短时间内迅速向下、向四周扩散，稍加搅拌后，会形成白色牛奶状的乳液，静置30s，观察不到油珠和沉淀物；而不合格的乳油农药在滴入水中后会迅速呈油滴状下沉，另外，可以看到有明显的沉淀，而合格的农药溶液却没有。

（2）可湿性粉剂农药 为了喷撒均匀，要求粉剂类农药具有一定的细度，目前一般要求至少95%通过200目筛（孔径74 μm），不结块，流动性良好。可在透明玻璃杯中盛满水，将玻璃杯水平放置，取半勺可湿性粉剂，在距水面1~2cm高度将粉剂一次性倾倒到水中，合格的粉剂类农药能较快地在水中逐步湿润分散，全部湿润时间一般不会超过2s，而且优良的可湿性粉剂在投入水中后，不加搅拌就能形成较好的悬浮液，如果将瓶摇匀，静置半个小时左右，杯中的液体均一，杯底部的沉淀物很少。如果溶液变得混浊，有明显的杂质或沉淀物，那就说明粉剂类农药的质量有问题。

【提示】 灼烧试验：取5g粉剂类农药放在金属铁板上，然后放到酒精灯下用小火灼烧加热，稍等片刻观察，如果有白烟冒出，说明这种农药没有失效，可以使用；如果迟迟没有白烟冒出，说明这种农药很有可能是假农药或已经失效的农药，最好不要再使用了。

（3）悬浮剂农药　悬浮剂是近几年发展起来的农药新剂型，是黏稠状、可流动的液体制剂，经存放允许分层，但经摇动仍能恢复原状，不允许聚结成块。不合格品外观分层，摇动后不易恢复，结块。悬浮剂农药在放置一段时间后容易出现结块现象，合格的悬浮剂农药由于放置时间久了而出现的结块现象能通过摇晃来消除。如果摇晃过后还不能消除结块，可以通过加热法来进行进一步的鉴别。可以将有结块的农药放在热水中，1h后观察，如果结块溶解了，说明这种农药还可以使用；如果结块现象依然严重，那就说明这种农药的质量严重不合格，或者农药已经过期，这样的农药千万不能再使用了。

（4）颗粒剂农药　颗粒剂有三种加工方法，即包衣法、捏合法、浸渍法。包衣法多以一定细度的颗粒为载体，黏附药剂细粉。在外观检查时除应注意其颗粒大小是否符合规格标准（6～19μm）外，还应注意有无药粉从颗粒上脱落下来，脱落率小于或等于5%。捏合法是药剂与填料加水捏合均匀后，挤压成条，经干燥后筛选其中一定粒度范围的颗粒。浸渍法是先将填料制成一定粒度范围的颗粒，在混合器中加入液体药剂或其溶液，使药剂吸收到颗粒中。后两种方法制成的颗粒剂，应注意其颗粒的破粒率小于或等于5%。颗粒剂农药可以根据其溶水后的分解时间来判断其质量的好坏。合格的颗粒剂农药入水后，分解时间短，而且溶解迅速，轻摇后颗粒剂溶于水中没有沉淀；而不合格的颗粒剂农药入水后不易溶解，迅速下沉到底部，即使轻摇过后，不合格的农药也没有溶于水中，而是沉淀到底部。

5. 容量与重量

农药标识上都标有容量（重量）。有的农药质量指标合格，但在容量上达不到标识规定的要求。例如，某厂生产的农药标识的体积为250mL，实测只有180mL，比规定体积少了28%。按国家质量监督检验检疫总局《定量包装商品计量监督管理办法》，250mL单件包装产品的净含量与其标注的体积之差不得超过9mL。

6. 有效成分及其含量

根据商品农药标识的有效成分品种和含量，按农药分析方法中所提供的色谱条件，进行常规农药有效成分的分析，按照测定步骤，进行准确的定量测定和计算。也可以根据商品农药标识的有效成分品种和含量，按各农药快速分析方法所提供的色谱条件，进行快速农药有效成分的分析。

四　如何选购及使用农药

1. 到正规农资部门购买

一些农民存在贪小便宜或图方便心理，经常就近从一些进村入户的流动个体经营者手中购买廉价的农用物资，致使上当受骗，而且上当后往往无法找到经营者。

2. 索要盖有经营单位公章的信誉卡、发票

盖有经营单位公章的信誉卡、发票上，要清楚准确地标明购买时间、产品名称、数量、等级、规格、价格等。一旦发生纠纷，这些都是依法处理的主要证据和依据。

3. 认真阅读说明书

购买作物新品种、农药、化肥后，要认真阅读说明书。特别是对播种时间、药肥含量、有效期限、稀释浓度、使用时间及方式等要严格按照说明书使用，以免导致农药使用不当而造成经济损失。

4. 留取样袋

在使用前应提取样品封存，并贴上标签注明品牌、规格、批号、厂家，与购货发票一同保管好。一旦出现问题，及时向有关部门提供样袋或样品，以便解决问题。

5. 出现问题及时投诉

农民在发现农田有遭受损失的征兆时，要保留证据，保护现场；要及时向政府主管部门反映，主要有各级农业行政管理部门、工商行政管理部门、质量技术监督管理部门等，构成犯罪的可向公安部门报案，可到消费者协会或仲裁机构或人民法院投诉，依法维护自身合法权益，对造成的损失，要求得到合理的赔偿。

6. 及时采取补救措施

一些农民发现使用的种子、化肥、农药等出现了问题，向有关部门投诉后就等待赔偿，不及时采取补救措施，致使损失增加。

五　农产品中禁止和限制使用的农药

国家明令禁止使用的农药（共41种）：六六六、滴滴涕、毒杀芬、二溴氯丙烷、杀虫脒、二溴乙烷、除草醚、艾氏剂、狄氏剂、汞制剂、砷类、铅类、敌枯双、氟乙酰胺、甘氟、毒鼠强、氟乙酸钠、毒鼠硅、甲胺磷、甲基对硫磷、对硫磷、久效磷、磷胺、苯线磷、地虫硫磷、甲基硫环磷、磷化钙、磷化镁、磷化锌、硫线磷、蝇毒磷、治螟磷、特丁

第
一
章

硫磷、氯磺隆，福美肿、福美甲肿、胺苯磺隆单剂、甲磺隆单剂、百草枯水剂、胺苯磺隆复配制剂、甲磺隆复配制剂。

限制使用、撤销登记的农药（共 17 种）：甲拌磷、甲基异柳磷、内吸磷、克百威、涕灭威、灭线磷、硫环磷、氯唑磷 8 种高毒农药不得用于蔬菜、果树、茶叶、中草药材上；三氯杀螨醇、氰戊菊酯不得用于茶树上。撤销氧乐果在甘蓝、柑橘树上的登记；撤销丁酰肼在花生上、水胺硫磷在柑橘上的登记；撤销灭多威在柑橘树、苹果树、茶树、十字花科蔬菜上的登记；撤销硫丹在苹果树、茶树上的登记；撤销溴甲烷在草莓、黄瓜上的登记；撤销氟虫腈除卫生用、玉米等部分旱田种子包衣剂外用于其他方面的登记。

第五节　果园用药的安全科学使用技术

一　施药的靶标和靶区

在我国，农药有效利用率只有 20%～30%，还有许多情况下甚至低于 10%。造成这种现象的原因固然很多，其中，对农药使用过程小的目标物不明确、不了解是主要原因之一。在农药使用中，应该把药物施于预定的目标物上，如有害生物的种群，或者确定它们在农田生物群落中的存在位置或分布范围。这类目标物统称为"靶标"，在施药技术中所采用的"靶标"一词是泛指被农药有目的击中的目标物，如害虫、病菌、杂草、害鼠、作物及土壤、田水等。在生理毒理学中，"靶标"是指农药在生物体内发生致毒作用的生化活性部位，如有机磷杀虫剂作用于害虫体内的胆碱酯酶。

由于农药在田间使用时所面对的情况复杂，必须首先明确有关靶标、靶区和有效靶区等概念，然后才能相应采用合理的施药技术。

1. 靶标的类型

在一个特定的农田环境中喷洒农药，目标物的种类很多，特征各异。有些情况下，有害生物本身就是防治的直接对象，农药可以直接施用在防治对象上，此时的防治对象即成为直接靶标，如杂草、飞蝗。但大多数情况下，目标物与非目标物往往混存在一起，农药不可能直接施用到防治对象上，必须首先把农药施到某种过渡性物体上，如病虫的寄主作物上或病虫的活动范围内（如田水、土壤等），然后使农药通过适当方式再转移到防治对象上，这种过渡性的物体就是农药使用时的间接靶标。间接靶标虽然并不是农药的防治对象，但因为必须通过它们才能让农药进一步转移到有害生物上，所以，在使用农药时必须有目的地把农药喷洒在这种过渡性物体上。

为了科学地设计和制订农药使用计划，应区分清楚这两大类靶标。例如，防治蝗蝻时，若把蝗蝻作为直接靶标，农药的剂型和施药方法的选择应着眼于药剂在蝗蝻身上的黏附效率（或蝗蝻对药剂的捕获能力），无须考虑药剂在地面或植被上的黏附效率。但是，若希望地面和植被成为阻击蝗蝻前进的染毒地带，则应着眼于药剂在地面和植被上的沉积密度、分布均匀性和沉积量，乃至施药的面积和范围，而无须考虑药剂在蝗蝻身上的黏附能力和黏附量，此时的地面和植被就是间接靶标。在植株上喷洒农药时，如果目标病虫害发生在植株基部，农药的剂型和喷洒方法就要设计成为能够把药剂输送到植株基部病虫害发生密集的部分，让药剂在植株上部的沉积量和沉积密度尽量减少，因为此时的植株基部的病原菌和害虫是需要施药的直接靶标；如果目标病虫害发生在叶部，则需要让药剂在植株上部的沉积量和沉积密度尽量增加。

（1）直接靶标　直接靶标就是使用农药时的直接防治对象，包括害虫、病原菌、杂草等，在施药技术研究中这些有害生物也被统称为靶标生物。

1）害虫。害虫可以成为直接靶标，但由于害虫的不同虫态和行为差异很大，有些虫态可以成为直接靶标，而有些虫态则不能。

害虫的成虫形态可成为直接靶标，农药可以直接施用到害虫的成虫躯体上。具有集群飞行习性的成虫，如飞蝗、稻飞虱等，这些害虫成虫飞翔时群体比较密集或容易形成密集飞行，采取适当的用药方法和选用合适的施药器械可以使农药高度有效地击中靶标，它们是典型的直接靶标害虫。把飞翔的害虫作为直接靶标来利用，可以产生很好的技术经济效益。消灭了飞翔中的害虫成虫，可有效控制虫口基数。而且这些害虫成虫的触角是重要的靶标部位。昆虫在飞行中特别容易接收农药雾滴或粉粒和其他化学信息物质，就是借助于前伸的触角还有剧烈扇动的翅。具有神经性接触杀虫作用的化学农药，通过害虫触角极易转移到中枢神经系统而引发中毒反应。从施药技术的角度看，触角一般都是很细的柱形、线形、羽形或短棒形，昆虫触角的直径一般只有 $10 \sim 20 \mu m$，这些独特的触角形状其实就是为了便于昆虫接收化学信息。因为，细而长的物体表面积很大，而且昆虫触角的表面密布大量的化学感受器，更容易被细小农药粉粒或雾滴所击中。所以，若把害虫成虫作为直接靶标，必须选用细雾喷洒法，害虫触角上的感觉器才能捕获农药雾滴，这样才能取得很好的杀虫效果。粗雾喷洒的效果很差。飞翔中的害虫一旦降落在作物上或其他物体上，就不再成为直接靶标，除非在作物上或其他物体上仍然保持相当高的种群密集状态。

集群飞行习性的害虫成虫只有在一种情况下可以作为直接靶标来处理，即害虫种群达到高度密集。蚜虫都有聚集在株梢部为害的习性，只要采取适当的施药方法，都可以把它们作为直接靶标来处理，并可取得很好的效果。混有引诱剂的杀虫剂的使用也可视为把害虫当作直接靶标。因为，此类杀虫剂往往集中使用，专用于诱集特定的害虫，可把此种杀虫剂在农田中与作物种植行间做条带状施用，从而把害虫引诱到施药的条带区中杀死，这样便可避免在作物上喷洒农药。

害虫的幼虫（及若虫）是农业害虫的主要为害形态。一般幼虫不容易成为农药使用的直接靶标，但像蝗蝻、黏虫的幼虫，在大发生时往往形成密集的群体，这种情况下，害虫的幼虫或若虫就可以作为直接靶标来处理，只要选择好适当的施药器械，采取高工效的施药方法，即可获得很好的防治效果，技术经济效益十分显著。

害虫的其他形态还有蛹和卵。蛹是休眠状态，对药剂的抵抗力很强，一般都不作为药剂处理的对象。卵对药剂的抵抗力比较强，专用的杀卵剂也很少，而且卵在作物上的分布比较分散，特别是散产的卵，喷药杀卵的效率很低，农药的浪费比较严重。因此，这两种形态都不宜作为施药的靶标。

2）植物病原菌。植物病原菌寄生在植物上，并与植物体紧密结合在一起，因此一般都不可能作为直接靶标，而是通过沉积在间接靶标上（即病原菌的寄主）的杀菌剂同病原菌接触。但是，在种子或种苗消毒处理过程中，若病原菌是附着在种子、种苗的表面的，则这些病原菌实际上就是消毒液的直接靶标，这种情况下所选用的消毒剂就无须要求具有内吸性或内渗性，只要能够发挥接触杀灭作用即可，这样可以避免药剂进入作物体内而发生不必要的药剂残留问题，并可节省药剂。当然，大多数种子处理剂，如拌种剂、种衣剂等，既可以杀死种子外部附着的病原菌，也能杀死侵入种子内部的病原菌。

3）杂草。杂草是农药使用的典型直接靶标。除草剂一般均需要直接喷洒在杂草上，特别是芽后除草。不过芽前除草时，除草剂通常是施于土壤中的，以消灭土壤中的杂草种子或刚萌动的杂草幼芽，土壤便成为施用除草剂的直接靶标。因为是特意把药剂施用在土壤中的，施药时必须针对土壤的实际情况仔细设计施药量、选择适宜剂型和施药方法。土壤处理的实质是在土壤中建立一个不利于杂草生长的毒力环境。除草剂直接施用在土壤中，是通过土壤再转移到杂草根区的，因此，尽管杂草是靶标生物，但除草剂的使用必须根据农田土壤的性质、构成及有机质、土壤水分和腐殖质等具体情况进行规划，如此才能设计出正确的土壤处理方法。

（2）间接靶标 在农药使用中，多数情况下目标物都是间接靶标，间接靶标是最重要的农药处理对象。杂草是相对独立的目标物，既是防治对象也是除草剂的处理对象。农业害虫和农作物病原菌（包括线虫）则几乎或绝大多数情况下都在作物上栖息寄生、取食（或吸取营养）和生长繁衍，这些害虫和病原菌在大多数情况下还不可能成为直接靶标，施用的农药必须喷洒在作物上或病虫的活动范围内，再通过适当的方式转移到害虫和病原菌上发挥作用。间接靶标可以是生物性的也可以是非生物性的。生物性间接靶标主要是寄主植物，也可能是成为害虫和病原菌的中间寄主的杂草或其他植物。非生物性间接靶标主要是土壤、田水等，以及禽畜厩台、仓房、包装材料等。

1）生物性间接靶标。生物性间接靶标主要是植物的株冠、叶丛。植物的形态特征，如株冠形态和结构、叶片形状和构成对农药的使用影响较大。从株冠和叶丛结构两方面分别把它们区分为若干种类型，这些结构特征同农药有效利用率的关系密切，在施药技术的设计和方法选择中可以作为依据，同时也可以作为评估防治效果的依据。

根据农药雾流和粉尘流的通透性能的要求，植物株冠的形态分为三大类；

① 松散型：叶片间距较大，农药雾流和粉尘流比较容易通透。此类作物的小气候条件也比较适于农药雾流和粉尘流扩散分布，施药时比较容易取得较为满意的农药沉积分布效果。

② 郁密型：叶片间距较小，株冠郁闭度较高，农药雾流和粉尘流所受的阻力比较大，施药时不利于农药雾流和粉尘流在株冠中扩散分布，采取一般的喷洒方法往往不容易取得满意的农药沉积分布。

③ 丛矮型：株冠簇生，叶片间距也比较窄小，植株低矮，株冠郁密，贴近地面。传统施药方法较难实施，一般农药雾流通透相当困难，

而且叶片背面难以施药。

植物株形基本上可以用上述三种类型作为代表。在农药使用过程中必须结合实际情况，根据农药使用的要求，参照相关的原理、原则，制订相应的农药使用方法和技术方案。有些作物的株冠形状还可能由于种种原因而发生变化。例如，许多果树已趋向于发展矮化树型，如柑橘、荔枝等。矮化树型的树冠相对比较紧密，有些已近于郁密型树冠。因此，必须根据当地作物和果树的实际情况制订施药技术方案。

植物的叶片形态特征类型根据施药技术的要求可以区分为四大类型：阔叶型、窄叶型、针叶型、小叶型。阔叶型植物的叶片大多宽大平展，在株冠中往往有较大的冠层空间，有利于农药雾流和粉尘流的通透。具有松散型株冠特征的作物都可能具有阔叶型的叶片特征，具有阔叶型特征的松散型株冠作物对农药雾流和粉尘流的通透性较好。但是采取常规喷洒方法时，农药在叶背部的沉积能力较差，而且上、下层叶片之间容易出现屏蔽现象，妨碍药剂向下层穿透。窄叶型作物多为禾本科单子叶植物，如小麦、水稻等。此类植物的叶片多为直立型，株丛中农药雾流和粉尘流的通透性比较好，采取适当分散度的农药雾流时，叶片的正反两面也都有比较好的农药捕获能力。针叶型作物的叶片对粗大的农药雾滴的捕获能力很差，农药的有效利用率也相应很低。因此，必须根据实际情况选择细雾喷洒技术，选择适当的施药机械类型和农药剂型，以提高农药的有效沉积率。小叶型植物的株冠则多为郁密型结构。

【提示】 许多植物都具有小叶型结构。例如，茶树便属于小叶型作物，豆科植物很多也属于小叶型植物，如花生就是具有丛矮型株冠的小叶郁密型作物。此类作物施药比较困难。

叶片的伸展状态即叶片与植株垂直中心线的夹角，称为叶势。一般而言，对平展叶势类型的作物，农药在叶面上的沉积方式主要是沉降沉积；对直立叶势类型的作物，则主要是撞击沉积。因此，施药器械的类型和喷洒方式需要做相应的选择和调整。

2）非生物性间接靶标。非生物性间接靶标主要是指土壤和田水。在除草剂使用方法中有一种把除草剂预先经过加工涂在地膜上的除草地膜，这种地膜也可以看作农药使用的一种非生物性间接靶标。用除草剂处理土壤防除杂草，土壤是除草剂的中间介质，因此，土壤是间接靶场。

农药土壤处理实际上可以把土壤作为直接目标物来对待。许多农药都可以用于处理土壤，以杀死土传病、害虫和杂草。所以，土壤是农药使用中很重要的靶标。

由于土壤是一种特殊的环境，生物群落复杂，土壤水分和地下水的作用相互影响，因此，把土壤作为靶标来考虑。

土壤是一个整体，包括成土母质、土壤生物群落、土壤水分、土壤空气、腐殖质及多种有机物质和无机物质（包括化肥），形成了非常复杂的土壤环境系统。施药时就是把农药施在这样一个复杂整体中，药剂同土壤的任何部分都是密切联系在一起的，或者药剂同土壤充分混合，或者通过土壤水分、雨水或灌溉水的淋溶作用而扩散分布。所以，施药时的土壤是直接靶标，与地面上施药的情况完全不同。土壤中最上部的耕作层是最重要的一层，土壤处理用的农药也主要分布在这一层中。土壤环境具有一定的 pH、持水能力、物质置换能力和吸附能力，这些性质是土壤肥力的基本条件，对农药使用效果的影响很大。当然，农药对土壤环境的影响同样很重要。

在使用农药时必须仔细选择适用农药品种和剂型及农药使用的适当时期和剂量。因为，土壤中有许多有益生物及其他非有害生物，其中有些是形成土壤肥力的重要因素。有些农药可能对有益生物有害，但也有些农药可能对它们有益。土壤微生物和土壤的 pH 对农药在土壤中的稳定性和持久性往往是主要的破坏性影响因素。另外，土壤的胶粒和腐殖质对某些农药可能产生较强的吸附力，使农药在土壤中的移动受到阻滞而难以扩散分布；而有些农药则不容易被吸附，能够自由扩散，又会成为农药影响土壤环境质量的主要影响因素。

土壤中的地下水、雨水、灌溉水等对农药的使用都有很大影响。土壤中所有的组成部分都是被"绑定"在以土壤和土壤水分为载体所组成的相对固定的环境之中。所以，在土壤中使用农药则必须对当地的土壤性质，包括土壤肥力在内有详细的了解。稻田土壤与旱田土壤有很大差别，其质地、组成、物理化学性质及土壤生物群落都不同。稻田土壤是在一种厌氧状态下，一般呈 pH 为 6 左右的偏酸性，生长期间的水稻有自动调整土壤酸度的能力。

在稻田中，农药的行为受到许多特殊限制。稻田土壤虽然也可以作为农药使用的靶标，但必须考虑农药与田水的关系。因为，田水可能流入周边的水域，发生水环境污染。所以，稻田的农药土壤处理必须慎重选择农药品种和剂型，并需要仔细设计安排施药作业计划。中国的水稻田面积约 3000 万 ha，约占全国耕地面积的 1/4。所以，稻田土壤和田水是农药使用中尤为重要的靶标，施药时必须格外谨慎。

 【注意】 为了预防病原菌和害虫，有时需要在畜厩、禽舍中进行防疫喷洒，在粮仓中进行残效喷洒，以及在设施农业中对装置、设备和其他各种仓房进行杀虫剂残效喷洒和杀菌剂防疫喷洒。此时的处理对象都居于非生物性间接靶标。

2. 有害生物的分布型与农药的靶区和有效靶区

有害生物在农田中的分布是不均匀的，往往呈现各种不同状态的种群分布型。实际上农作物病虫害的发生大多分布在植株的一定部位上，因为，各种农业致病菌和农业害虫在农田中都分别有各自特定的生态位，如小麦长管蚜暴发时集中在小麦穗部为害，在灌浆期，约 96% 的长管蚜聚集在小麦穗部，而小麦植株的其余部分几乎无蚜虫分布。这是典型的害虫密集分布实例。小麦赤霉病也是在麦穗部入侵为害。根据病虫害的分布状态可以区分为枝梢密集分布型、叶面分散分布型、株基部密集分布型、可变分布型等几种类型，作为施药技术的选择设计依据。

枝梢密集分布型是蚜虫的典型分布特征，蚜虫分布为害部位大多在枝梢部，比较有利于施药，是施药的有效靶区，因此，一般只需要向植株冠面层喷洒农药即可。小麦长管蚜也属于这种分布型，因此，只需要对麦穗部喷洒农药即可。水稻蓟马也有群集在水稻叶尖上为害的习性。茶树上多种病虫害分布在茶树冠面 4~6cm 的叶层中为害，也可视为这种分布型，采取有利于在冠面上沉积的施药技术即可取得良好效果。

多数叶部入侵的病原菌的分布属于叶面分散分布型。因为此类病原菌大多是由气流传播，病菌孢子沉降到作物叶片上，然后侵染发病。有人研究过病原菌孢子在农作物上的分散分布规律，发现与农药微粒的分散分布现象十分相似。对于此类病害，必须采取株冠层对靶喷药法。害虫也有类似的分散分布型，但害虫的分散分布行为是由于种群生存发展的要求，而不是由于气流的作用。稻飞虱的迁飞行为受气流的影响极大，降落到为害地区之初也有很强的分散分布特征，这种现象是否可能在施药方法上加以利用，值得研究。大多数害虫在叶背面栖息为害，尤其是白天，同光照和空气湿度有关的白粉虱还有趋嫩性，即主要分布在植株上部较嫩的叶片背面，并随着植株的不断长高而向上层嫩叶迁移。这种行为在使用农药时可加以利用，即农药喷洒的靶标部位应该是植株株冠层上层，特别是叶背部。伏蚜没有这种趋嫩现象，但棉花苗蚜及其他多种蚜虫则大多集中在嫩枝梢上为害。害虫在农田中的生态位也会随着环境的变化而产生较大的差别和发生变化。这与各种害虫的习性和选择性取食有关，也与害虫种群密度的变化有关。例如，现蕾期的棉蚜虫，虫口密度较小时主要分布在嫩叶背面为害，但虫口密度增加以后也会分布到叶正面和鲜嫩的叶柄上为害。又如，烟蓟马的成虫有趋嫩性，会随着植株不断长高而上移，但若虫则主要分布在植株的中部、下部为害。因此，即便防治对象是同一种害虫，也要根据田间的实际情况来确定农药的使用策略，及时调整施药方法。

株基部密集分布型比较典型的是稻飞虱、稻叶蝉、纹枯病等病虫害。稻飞虱为害时全部集中在离水面 3～5cm 高度范围内的稻株基部取食为害，只有在稻飞虱种群密度过大时才向稻株上部扩散转移为害。茶树黑刺粉虱也可划入这种类型，往往集中在茶树下部枝干上为害，与茶树树冠病虫分别属于截然不同的生态位，因此施药方法也完全不同。

可变分布型是指有些病虫的分布部位在作物的不同生长时期会发生变化。例如，稻飞虱、稻叶蝉在发生初期聚集在水稻植株基部为害，所以应把农药施用在稻株基部，稻株上部无须施药。但随着作物植株的生长，虫群向植株上部发展，此时就需要改变为整株施药。施药器械和施药方式也应做相应改变和调整。棉蚜也具有这种特征，特别是与前期棉蚜相比，已变为整株分布，而且又分布在棉叶背部，这也是棉蚜较难防治的原因之一。稻蓟马在水稻苗期和本田幼苗期为害嫩叶，而到穗期则为害穗部。

病虫害在作物上的分布状况复杂多变，对农药的靶标类型和病虫害的分布类型做详细的比较分析，目的是为农药的使用提供一种判别施药目标范围的原则性依据，以便尽量缩小农药施用时的目标范围。施药的基本技术指标是最大限度地提高农药的有效利用率，最大限度地减少农药的浪费和损失。因此，必须确认有害生物是在农药喷洒的有效范围之内，农药最终能有效地喷洒到或转移到有害生物靶标上。"选定靶标"就成为正确施用农药的基础。

根据以上病虫害的各种分布类型，就可以提出靶区与有效靶区这两个术语及其概念。喷洒农药时，靶区通常是指主要的目标区，如植物的根区、株冠上层、株冠下层、树冠的冠面、内膛等。当这些区位中发生了病虫害，它们就成为施药的靶区。选定靶区的含义是可以向靶区集中施药而无须对作物整株施药，目前的施药器械和使用技术水平是完全可以做到的。而这样使用农药可以大幅度提高农药的有效利用率，节省农药。

但是即便病虫害发生在这些靶区中，种群的分布状态也可能有所不同。有些引起病虫害的种群或菌落可能是比较集中的，也可能有些并不集中而是平均分布的。前者就是靶区中的有效靶区。突出"有效靶区"这一点，是为了进一步把农药的喷洒目标集中或相对集中到病虫害密集的部位，这样就可以进一步提高农药的有效利用率，这在使用技术上是可以做到的。例如，对于在树冠冠面发生的病虫害，采取静电喷雾法就可以取得较好的效果。因为防治冠面病虫害并不要求药雾进入树冠内膛，而静电喷雾法恰好能够在冠面上形成良好的雾滴沉积。另外，有效靶区的概念也会为新型施药器械的设计开发提供新的思路，以便农药喷洒器械向精细喷洒方向发展。

也有许多病虫害的施药靶区本身就是有效靶区，如水稻稻飞虱、纹枯病都是集中在稻株茎基部为害，稻株茎基部既是靶区，又是有效靶区。采用手动吹雾器的双向窄幅喷头在水稻下层喷洒可以取得很好的效果，稻株上层不会有农药沉积。我国水稻面积很大，如果都能够充分运用有效靶区的概念指导科学用药，其经济效益和社会效益很可观。

螺旋粉虱是一种近年入侵我国台湾、海南等地的毁灭性害虫，为害多种作物，但主要集中在作物叶片背面，叶片背面是有效靶区，而叶片正面并非有效靶区；但螺旋粉虱又是整株分散分布，靶区就是整株作物。这种情况下的有效靶区往往不容易加以利用，不过有时可以利用植物的习性或行为使农药较多地集中于有效靶区。例如，花生傍晚时叶片直立，可在此时施药，农药可大部分集中在叶片背面；或者选用具有内渗性的农药，也可在农药中加入高效渗透剂，可以明显提高农药的有效利用率。此外，靶区和有效靶区在有些病虫为害的发生发展过程中也会产生变化，这就需要在防治工作实践中注意观察总结，调整施药技术。

从靶区中区分出有效靶区有重要意义，在实际防治工作中只要建立了有效靶区的概念，对于指导我们制定正确的施药技术，提高农药的使用效果意义重大。

二 农药的配制方法

1. 农药取用量的计算

（1）按单位面积上的农药制剂用量计算 如果植保部门推荐的或农药标签、说明书上标注的是单位面积上的农药制剂用量，那么农药制剂用量的计算方法如下：

农药制剂取用量（mL 或 g）＝单位面积上的农药制剂用量（mL/ha、mL/亩、g/亩或 g/ha）×施药面积（ha 或亩）

每喷雾器农药制剂取用量（mL 或 g）＝农药制剂总用量（mL 或 g）×喷雾器容量（mL）/［稀释物总用量（L 或 kg）×1000］

例：用 5% 稻丰散乳油防治水稻稻纵卷叶螟，每亩用药剂量是100mL，每亩用配制的药液量40kg，10.5 亩稻田共需要多少稻丰散制剂？若采用 16L 的喷雾器，每喷雾器需要多少稻丰散制剂？

10.5 亩稻田共需要稻丰散制剂＝100mL/亩×10.5 亩＝1050mL。

稀释水总用量＝40kg/亩×10.5 亩－1050mL÷1000mL/kg＝418.95kg。

每喷雾器农药制剂＝1050×16000÷418.95×1000＝40mL。

（2）按单位面积的农药有效成分用量计算 如果标注或推荐的是单位面积上的农药有效成分用量，农药制剂的取用量的计算方法如下：

农药制剂取用量（mL 或 g）＝［单位面积上的农药有效成分用量（mL/亩、g/亩、mL/ha 或 g/ha）/制剂的有效成分含量］×施药面积（亩或 ha）

例：用百菌清可湿性粉剂防治番茄早疫病，每亩需用农药的有效成分200g，30 亩的番茄需要 75% 百菌清可湿性粉剂多少？

需要 75% 百菌清可湿性粉剂＝200g/亩÷0.75×30 亩＝8000g＝8kg。

（3）按农药制剂稀释倍数计算农药制剂取用量 如果植保部门推荐的或农药标签、说明书上标注的是农药制剂的稀释倍数，农药制剂用量的计算方法如下：

农药制剂取用量（mL 或 g）＝要配制的药液量或喷雾器容量（L）/稀释倍数

例：用 15% 茚虫威悬浮剂 2500 倍液防治蔬菜上的斜纹夜蛾，使用的是 16L（16×1000mL）的手动喷雾器，每喷雾器需要多少 15% 茚虫威悬浮剂制剂？

每喷雾器农药制剂取用量＝16×1000mL÷2500＝6.4mL。

（4）按农药制剂的浓度计算农药制剂用量 如果标签、说明书上标注的为使用浓度（mg/kg），农药制剂取用量按以下方法计算：

农药制剂取用量（g 或 mL）＝［使用浓度（mg/kg）×单位面积（亩或

ha)需配制药液量(kg)/1000]×施药面积(亩或ha)

例：用5%己唑醇悬浮剂防治葡萄白粉病，每亩用15mg/kg浓度的药液喷雾，每亩用药液量为30kg（30000g），需要用多少5%己唑醇悬浮剂？

$$5\%己唑醇悬浮剂用量=15mg/kg×30kg=450mg=0.45g$$

2. 采用母液配制

先按所需药液浓度和药液用量计算出所需制剂用量，加到一容器中（事先加入少量水或稀释液），然后混匀，配制成高浓度母液，然后将母液带到施药地点后，再分次加入稀释剂，配制成使用形态的药液。母液法又称二次稀释法，它比一次稀释法药效好得多，特别是乳油农药，采用母液法可配制出高质量的乳状液。此外，可湿性粉剂、油剂等均可采用母液法配制稀释液。

3. 选用优良稀释剂

常选用含钙、镁离子少的软水来配制药液，因为，乳化剂、湿展剂及原药易受钙、镁离子的影响，发生分解反应，降低其乳化和湿展性能，甚至使原药分解失效。因此，用软水配制液体农药，能显著提高药液的质量。

4. 改善和提高药剂质量

若乳油农药在储存过程中发生沉淀、结晶或结絮时，可以先将其放入温水中溶化，并不断振摇加入一定量的湿展剂，如中性洗衣粉等，可以增加药液的湿展性和乳化性。水剂稀释时，加入有乳化作用和湿展作用的物质，能使施药效果更好。

5. 农药的混配

(1) 优点和缺点 农药混配的优点与缺点如下：

1）优点：省工省时，提高用药效率，合理混用可有效扩大使用范围，提高防治效果和药剂的持效期，延缓病虫害的发生，减少化学药剂的用量。

2）缺点：用户混用不当会造成药效降低、药害风险。

(2) 混配的种类 农药混配的种类有复配制剂、制剂桶混两种。

1）复配制剂。复配制剂是指农药生产企业根据复配原则，按照一定的配比将两种或两种以上的农药有效成分与各种助剂或添加剂混合在一起加工成固定剂型和规格的制剂。例如，瑞士先正达公司生产的68%金雷米尔（代森锰锌＋甲霜灵），复配制剂已有"杀虫剂＋杀虫剂""杀虫剂＋杀菌剂""杀菌剂＋杀菌剂""除草剂＋除草剂""除草剂＋肥料"等多种的两元与三元类型。

2）制剂桶混。制剂桶混特指用户针对田间有害生物发生情况，直接在用药现场（田间）将两种或两种以上的农药制剂加在储药罐（桶）中均匀混合形成混合药液进行使用。例如，在蔬菜上若同时防治小菜蛾、蚜虫、霜霉病，则可选择5%锐劲特、10%吡虫啉及60%氟吗锰锌等药剂进行混用，从而达到一次用药兼治多种病虫害的目的。

(3) 农药的混配效能　农药的混配产生如下效能：

1）扩大防治对象。在生产中，农户进行多种药剂混配往往都是为了实现一次用药防治多种病虫害的目的，甚至还与肥料进行混用来同时补充植物所需要的营养元素。例如，在大棚西瓜伸蔓期出现蔓枯病、疫病、潜叶蝇混发，则可选择10%灵动＋60%氟吗锰锌＋75%潜克＋翠康生力液进行喷雾防治，可同时防治蔓枯病、疫病和潜叶蝇，又可达到促根壮苗的效果。

2）扩大防治虫态。一般害（昆）虫都需要经历卵、幼虫（若虫）、蛹（伪蛹）、成虫等几个发育阶段，但许多杀虫剂往往仅对其中一个虫态有杀灭效果，而如果能扩大防治虫态则可大幅度提高防治效果。例如，在使用哒螨灵防治柑橘红蜘蛛时仅仅对成螨有防效，而如果加入噻螨酮（尼索朗）或矿物油喷淋液绿颖，则可同时杀灭红蜘蛛的卵，从而提高防效、延长持效。

3）速效＋长效。各种防治药剂都具有各自的优势，如单用噻嗪酮（扑虱灵）在防治粉虱等害虫时具有作用速度慢但持效期长的特点，因此在生产中可选择与菊酯类（如高效氯氰菊酯等）、氨基甲酸酯类（如速灭威等）或有机磷类（如敌敌畏等）进行混用，既可提高对害虫的击倒速度，又可延长对害虫的控制时间。

4）治疗＋保护。防治病害时首先应以预防为主，并且在病害发生高峰期间往往采用治疗性杀菌剂＋保护性杀菌剂相结合的方式进行防治，通过对病原菌的作用位点增加从而有效延缓对防治药剂抗药性的产生，并同时达到保护和治疗的双重目的。例如，沈阳化工院生产的氟吗锰锌（防治霜霉病、疫病）就是用保护剂代森锰锌和治疗剂氟吗啉复配而成的。又如，农户在防治大棚西瓜蔓枯病时可将43%嘧霉胺（好力克）与68.75%噁唑菌酮（杜邦易保）两种药剂进行混用来达到防治的目的。

第一章

5）增效作用。增效作用是指两种有效成分混合使用后所产生的控害效应大于该两种有效成分单独作用之和，是药剂混用更经济有效的控害效能。混用时应采取"减量混用"，即相应降低混用药剂的使用浓度（用量）。例如，研究证明霜脲氰与大多数杀菌剂（如甲霜灵、代森锰锌、乙磷铝等）复配增效水平均较高，在生产中可参考使用；再如，施药者通过添加一些农药助剂（如有机硅表面活性剂等）来改善药剂在作物体上的附着、展布或渗透（吸收）作用，从而减少药剂损耗，提高利用率，增加防效。还有植物油助剂、有机硅助剂与苗后除草剂的混配使用，可极大程度地降低有效成分的用量（虽然这两种助剂不是农药）。

（4）农药的混配原则 农药的混配有以下几点原则：

1）保证混用药剂有效成分的稳定性。主要包括以下三个方面：首先，混用药剂有效成分之间是否存在物理化学反应。例如，石硫合剂与铜制剂混用就会发生硫化反应生成有害的硫化铜；多数氨基甲酸酯类、有机磷类、菊酯类农药与波尔多液、石硫合剂混用会发生分解。其次，混用后酸碱性的变化对有效成分稳定性的影响。多数农药对碱性比较敏感，一般不能与强碱性农药混用，反之，一般碱性农药不建议与酸性农药混用；另外，部分农药（如高效氯氰菊酯、高效氟氯氰菊酯等）一般只在很窄的 pH 范围（4~6）稳定，不适合与任何强酸或强碱性药剂混用。再次，值得注意的是大多数农药品种不宜与含金属离子的药剂混用。例如，甲基硫菌灵与铜制剂混用则会失去活性。

2）保证混用后药液良好的物理性状。任何农药制剂加工一般只考虑该制剂单独使用的物理性状标准，而不可能保证该药剂与其他各种药剂混用后各项技术指标的稳定。因此，药剂混用后应注意观察是否出现分层、浮油、沉淀、结块及乳液破乳现象，避免出现降低药效甚至发生药害事故。

3）保证有效成分的生物活性不降低。某些药剂作用机制相反，两者相互混用则会产生拮抗作用，从而使药效降低甚至失效。例如，阿维菌素与氟虫腈作用机理相反，其中阿维菌素是刺激昆虫释放 r-氨基丁酸，而氟虫腈则阻碍昆虫 r-氨基丁酸的形成，应避免混用。又如，定虫隆（抑太保）、氟虫脲（卡死克）等昆虫几丁质合成抑制剂（阻碍蜕皮）不能与虫酰肼（雷通）等昆虫生长调节剂（促进蜕皮）进行混用。

三 农药的安全使用

（1）适时适量用药 根据调查和预测预报，执行"预防为主，综合防治"的植保方针。选择适宜的时间、合理的用量及时用药，才能发挥农药的应有效果。虫要治小，病要早防。例如，防治食心虫等蛀食性害虫，应在幼虫蛀入果实之前喷施药液，如果蛀入果内再防治，效果很差。要按农药标签上的推荐用量和技术人员指导意见适量配药，不得任意增减用量。超过所需的用药量、浓度和次数，不仅会造成浪费，还容易产生药害，以致引起人、畜中毒，加快抗药性的产生，过多杀伤和杀死害虫天敌，加重环境污染和农产品农药残留。

（2）对症用药　应根据不同防治对象的发生规律及为害部位、不同的防治时期和环境条件，选用最有效的品种、剂型，配以合适的浓度、适宜的方法和器械进行科学施药，如此才能收到理想的使用效果；否则，不但效果差，还会浪费农药、延误防治时机，甚至造成药害。例如，用百菌清防治番茄灰霉病、叶霉病采用烟雾法要比喷雾法好；用氧乐果防治棉蚜虫、红蜘蛛等害虫，采用涂茎法具有防效高、用药少、对天敌安全、不污染环境的优点。

（3）交替用药，合理混用农药　如果一个地区长期使用某一种或某一类农药，易使害虫和病菌产生抗药性。合理混用、轮换使用不同种类的农药，不仅能兼治多种病虫害，省工省时，还能防止或减缓害虫或病菌产生抗药性，提高农药的使用寿命。但农药的复配、混用必须遵循以下原则：

1）两种或两种以上农药混用后不能起化学反应。因为，这种反应可能会导致有效成分的分解失效，甚至生成其他有害物质，造成药害。

2）田间混用的农药的物理性状应保持不变。两种农药混合后产生分层、絮状或沉淀，这样的农药不能混用。另外，混合后出现乳剂破坏、悬浮率降低，甚至析出结晶，这些情况也不能混用。因此，农药在混用前必须先做可混性试验。

3）混用农药品种要具有不同的作用方式和兼治不同的防治对象，以达到扩大防治范围，增强防治效果的目的。

4）农药混用应达到降低使用成本，减少农产品农药残留的目的。

（4）杜绝使用国家禁用、限用农药　如六六六、滴滴涕、杀虫脒、敌枯双、毒鼠强、艾氏剂、狄氏剂、汞制剂等都是国家禁用的农药。提倡使用无公害农药。一是选用效果好，对人、畜、自然天敌都没有毒性和毒性极微的生物农药、生物制剂、病毒制剂、农用抗生素，如 AT 制剂、农用链霉素等。二是选用植物性杀虫剂，如从苦楝树、茶树等植物中提取的杀虫制剂，如苦参素、烟碱乳油等。三是选用昆虫生长调节剂，如氟虫脲、定虫隆、灭幼脲等，其机理是抑制或促进昆虫生长发育，使之不能脱皮或加速脱皮，以达到防治效果。四是选用高效、低毒、低残留农药，如氟虫腈（锐劲特）、吡虫啉等。

（5）要按照《农药安全使用标准》等规定用药 在单位使用量、使用浓度、次数、安全间隔期等方面做到安全用药。例如，用低毒农药速灭杀丁防治菜青虫、小菜蛾时，要求用药量不超过 600mL/ha，一季最多喷 3 次，最后一次施药距收获上市不少于 5 天。

（6）综合防治病虫害，减少农药的使用 要选用先进的施药器械，以提高防效，降低农药损耗；要用足水量，喷雾要均匀，以确保防治效果。

第二章
苹果园无公害科学用药

第一节 苹果园病害的诊断及防治

一 苹果树枝干病害

1. 苹果树腐烂病

【症状识别】 枝干受害（见彩图1），病斑有溃疡和枝枯两种类型。

1）溃疡型：病部呈红褐色，水渍状，略隆起，病组织松软腐烂，常流出黄褐色汁液，有酒糟味，后期干缩、下陷，病部有明显的小黑点（即分生孢子器），潮湿时，从小黑点中涌出一条橘黄色卷须状物。

2）枝枯型：多发生在小枝、果台、干桩等部位，病部不呈水渍状，迅速失水干枯造成全枝枯死，上生黑色小粒点。果实受害，病斑为暗红褐色，圆形或不规则形，有轮纹，呈软腐状，略带酒糟味，病斑中部常有明显的小黑点。

【病原】 苹果黑腐皮壳菌，属子囊菌亚门真菌；无性阶段为壳囊孢菌，属半知菌亚门。

【防治方法】

1）农业防治：加强栽培管理，壮树抗病，合理修剪，调整树势；调节树体负载量，克服大小年现象；增施有机肥，合理搭配氮肥、磷肥、钾肥和微量元素；搞好果树防寒工作，减少冻伤，对结果树进行涂白，常用涂白剂为石灰∶食盐∶水∶动物油 = 10∶1∶（30 ~ 35）∶0.2，一般在果树落叶后进行，涂干高度2m。清洁果园减少病菌，修剪时注意清除病枝、残桩、病果台；剪下的病枝条、病死树及时清除烧毁；剪锯口及其他伤口用药剂或油漆封闭，减少病菌侵染途径。

2）物理机械防治：早春将病斑坏死组织彻底刮除、刮净，并刮掉病皮四周一些好皮，刮除的范围应控制到比变色组织和死组织大出0.5 ~

1cm。早春发病盛期要突击刮治，并坚持常年治疗，这样才能收到较好的效果。树皮没有烂透的部位，只需要将上层病皮削除；病变深达木质部的部分，要刮到木质部并连续刮治 3～5 年。

【提示】 5～9月均可进行重刮皮法，以5～6月最好。

用锋利的刮子，对较粗的病干枝刮去老翘皮、干死皮，将主干、主枝基部树皮表层刮去，一般要刮去 1～2mm 表层活皮，露出白绿或黄白色皮层为止。

① 敷泥法：用水和泥拍成泥饼，敷于病疤及其外围 5～8cm 范围，厚 3～4cm，然后用塑料布或牛皮纸扎紧。此法宜在春季进行，次年春季解除包扎物，清除病残组织后涂药剂消毒保护。

② 脚接和桥接：采用脚接和桥接，可以提高树体对营养和水分的运输能力，有利于树势的恢复，并能延长结果年限。此法在老果区应用广泛，新果区可积极推广。

3）化学防治：早春树体萌动前喷杀菌剂，药剂有：45%代森铵水剂 500 倍液、3～5 波美度（°Bé）石硫合剂、5%辛菌胺醋酸盐（菌毒清）水剂 500 倍液等。6～7月可用上述药剂对树体大枝干涂刷，连续几年防治具有明显效果。

【注意】 刮除病斑后要在表面涂10波美度石硫合剂，或甲基硫菌灵（果康宝）50～100 倍液，或菌立灭2号 50～100 倍液以防止复发，一要连续涂药，一般保护性药剂应每月涂 1 次，连续涂4～5次；二要尽量采用渗透性较强的药剂或内吸性药剂。

2. 苹果轮纹病

【症状识别】 枝干发病，秋季先在当年生枝条上，皮孔稍微膨大和隆起（见彩图2）。春季以膨大隆起的皮孔为中心，开始扩大，树皮下产生近圆形或不规则形红褐色小斑点，稍深入白色树皮中，直径为 2～3mm，病斑中心逐渐隆起成瘤状。叶片发病，产生褐色圆形或不规则形病斑，具有同心轮纹，严重时干枯早落。果实发病，皮孔周围形成褐色或黄褐色小斑点，下面浅层果肉稍微变褐、湿腐。病斑扩大后有三种症状：轮纹型表面形成黄褐色与深褐色相间的圆形或近圆形同心轮纹，果肉为褐色，外表渗出黄褐色液体，腐烂时果形不变；云斑型形状不规整，呈黄褐与深褐色交错的云形斑纹，果肉腐烂的范围大，往往从里往外烂，流出茶褐色液体；硬痂型原发点周围形成暗褐色硬痂，硬痂周围稍凹陷。外围病皮为暗褐色，无明显同心轮纹。

【病原】　梨生囊壳孢，属子囊菌亚门；无性世代为贝伦格葡萄座腔菌，属半知菌真菌；大茎点属真菌。

【防治方法】

1）农业防治：加强栽培管理，增强树势，提高树体抗病能力是防病的根本措施，为防止幼树发病需要加强对苗圃的管理，以培育壮苗。芽接苗要在发芽前 15～20 天剪好，用 1%硫酸铜消毒伤口，再涂波尔多液保护。苗木定植时，以嫁接口与地面相平为宜，应避免栽深，并浇足水，以缩短缓苗时间。冬天要合理剪枝，剪枝要有利于果树的通风透光、营养合理分布，冬剪下来的枝条运到距果园 30m 以外处堆放；及时剪除病枝、细弱枝，冬剪时要注意疏枝，培养合理树形。重视夏剪，及时剪除过密枝、直立枝和徒长枝，以保持树冠内通风透光。疏花疏果，合理留果、留单果；冬天要清除果园内的杂草、落叶、病枝、落果及修剪的树枝，深翻地。果园周围 20～30m，不栽杨、柳、刺槐等林木，不与桃树、核桃树混栽；不能用病树枝做果园篱笆。增施有机肥，改善土壤通透性。在果园行间种草，及时割下将草覆盖在树盘上。生长前期追肥应以氮素化肥为主，生长中后期追肥应以磷肥、钾肥为主。选用抗病、抗虫、高产无病虫的苹果树苗。

2）物理机械防治：春季果树萌动至春梢停止生长期，随时刮除树体主干和大枝上的轮纹病瘤、病斑及干腐病病皮，刮到露白程度。集中烧毁，消灭病菌。果实套袋。低温储藏防病效果好，低于 5℃ 基本不发病。

3）化学防治：在病瘤群部位直接涂抹 10% 甲基硫菌灵（果康宝）15～25 倍液，进行杀菌消毒。经过 2～3 年用药防治，诱导树皮产生抗性，促进病组织翘离和脱落。枝干轮纹病，于春天果树芽露绿前，喷洒10% 甲基硫菌灵（果康宝）100～150 倍液，重点喷洒 3～4 年生之内的细枝。果树发芽前，不刮除轮纹病皮，直接涂抹兑 1 倍水的石硫合剂渣滓。开花前、落花后、幼果套袋前，树冠细致喷洒 10% 丙环唑 2000 倍液、25% 嘧菌酯 3000 倍液或有机硅 3000 倍液，套袋后注意及时喷洒石灰多量式波尔多液 200 倍液，每 20～30 天 1 次，连续喷洒 2～3 次。不套袋则喷洒 87% 乙磷铝可溶性粉剂 500 ~ 600 倍液、50% 多菌灵可湿性粉剂 800 倍液。

3. 苹果树粗皮病

【症状识别】　苹果树粗皮病主要发生在枝干上，新梢顶端形成表皮坚硬的疙瘩状子状小突起，逐步蔓延到新梢中部、基部及主干，病斑逐渐扩大，形成典型的粗皮症状。粗皮病叶坏死，嫩叶变小，叶脉间和叶缘失绿。粗皮病较重，则到秋季出现落叶早，枝条细弱，芽不饱满，春季发芽推迟。果实染病，果面现粗糙暗褐色木栓区，果面似长癣状，木栓化斑，有的单个存在，有的呈不完全环状。此外还有伤刺皱缩型、星状曝裂型、扁平苹果型等。

【病因】　主要是生理性锰过量。

【防治方法】

1）对土壤偏酸的果园，撒施熟石灰，每亩撒 100 ~ 200kg，结合浅锄，浇水中和土壤酸性，降低锰的有效性。

2）提高土壤有机质含量，中熟苹果采收后、晚熟苹果采收前，增施优质腐熟有机肥粪，并采用间种三叶草，树盘覆草技术。

3）预防果园积水。新建果园尽量选择背风向阳、地势平坦的地方，不要选在低洼处，在平地果园里应修好排水沟，山地果园中需挖堰下沟。

4）增施硼肥。适宜增加硼可以与过量的锰和酸类物质形成复合物，从而减轻锰过量造成的危害。

5）在进行强拉枝、大改形的基础上，结合枝组更新、回缩、疏除等措施促发中庸偏旺枝来分散树体中多余的锰。

4. 苹果树枝枯病

【症状识别】　苹果树枝枯病主为害苹果大树上衰弱的枝梢，多在结果枝或衰弱的延长枝前端形成褐色不规则凹陷斑，病斑上散生小黑点，即病菌的分生孢子器。发病后期，病部树皮脱落，木质部外露，严重的枝条枯死。

【病原】　朱红丛赤壳菌，属子囊菌亚门真菌；无性世代为干癌瘤座霉，属半知菌亚门。

【防治方法】

1）农业防治：夏季清除并销毁病枝，以减少苹果园内侵染源；修剪时留桩宜短，清除全部死枝。

2) 化学防治：在分生孢子释放期，每半个月喷洒 1 次 40% 多菌灵可湿性粉剂，或 36% 甲基硫菌灵悬浮剂 500 倍液，或 50% 甲基硫菌灵·硫黄悬浮剂 800 倍液，或 50% 混杀硫悬浮剂 500 倍液，或 50% 苯菌灵可湿性粉剂 1000 ~ 2000 倍液。

5. 苹果树干枯病

【症状识别】　苹果树干枯病主要为害树的主干或丫杈处，造成干上树皮坏死。春季在上年 1 年生病梢上形成 2 ~ 8cm 长的椭圆形病斑，这些病斑多沿边缘纵向裂开而下陷，与树分离，当病部老化时，边缘向上卷起，致病皮脱落，病斑环绕新梢一周时，出现枝枯，病斑上产生黑色小粒点，即病菌分生孢子器，湿度大时，从孢子器中涌出黄褐色丝状孢子角。病斑从基部开始变深褐色，向上方蔓延，病斑为红褐色。

【病原】　甜樱间座壳，属半知菌亚门，腔孢纲，球壳孢目。

【防治方法】

1) 加强栽培管理，果园内不与高秆作物间作；冬季涂白，防止冻害及日灼。

2) 修剪时剪除带病枝条，在分生孢子形成以前清除病枝或病斑，以减少侵染源。

3) 在分生孢子释放期，每半个月喷洒 1 次 40% 多菌灵可湿性粉剂，或 36% 甲基硫菌灵悬浮剂 500 倍液，或 50% 甲基硫菌灵·硫黄悬浮剂 800 倍液，或 50% 混杀硫悬浮剂 500 倍液，或 50% 可灭丹可湿性粉剂 800 倍液。

4) 栽植红星、印度等抗病品种。

6. 苹果丛枝病

【症状识别】　苹果丛枝病主要为害枝、叶、果及根。7 ~ 8 片叶部症状明显，叶片小，叶缘呈锯齿状且不规则，叶柄短，托叶细长。病叶往往褪绿色或变成红色。病树开花晚，有些花变成叶状花。由于抑制顶端优势，促使壮枝上部正常枝的侧芽萌生后形成丛枝，二次枝生长直立，在少数旺梢上致叶片簇生或形成丛枝，病树嫩枝发生丛枝时，莲座时及其部叶都具有大的带明显锯齿状缺刻的托叶。因此，丛枝、莲座叶、大托叶是识别该病的重要特征。病树果实小，果柄长，果重减少 1/3 ~ 2/3，并且着色不良，果味差；病叶小且易染白粉病；根系发育不良，大根小且少。

【病原】　苹果丛枝类菌原体。

【防治方法】

1）苹果丛枝病是一种毁灭性病害，目前在中国尚未发生，因而应严防从国外传入。

2）夏季用杀虫剂防治传病介体昆虫。

3）清除根蘖苗，以减少地面栖居的叶蝉介体传染的可能性。

4）苹果丛枝病的病原体对四环素等抗生素敏感，树干内高压注入或渗入土霉素已成功地减轻了该病的发生。处理时间为采收后至落叶前，持续期至少 1～2 年。

7. 苹果树木腐病

【症状识别】　在苹果衰老树的枝干上，苹果树木腐病为害老树皮，造成树皮腐朽和脱落，使木质部露出，并逐渐往周围健树皮上蔓延，形成大型条状溃疡斑，削弱树势，重者引起死树。

【病原】　裂褶菌，属担子菌亚门真菌。

【防治方法】

1）加强苹果园管理，发现病死或衰弱老树，要及早挖除或烧毁。对树势衰弱的苹果树，应采用配方施肥技术，以恢复树势，增强抗病力。

2）见到病树长出子实体以后，应马上去除，集中深埋或烧毁，对病部涂 1% 硫酸铜溶液消毒。

3）保护树体。千方百计减少伤口，是预防该病重要的有效措施，对锯口要涂 1% 硫酸铜溶液消毒后再涂波尔多液或煤焦油等保护，以促进伤口愈合，减少病菌侵染。

二　苹果树叶部病害

1. 苹果斑点落叶病

【症状识别】　苹果斑点落叶病主要为害苹果叶片，是新红星等元帅系苹果的重要病害（见彩图 3）。造成苹果早期落叶，引起树势衰弱，果品产量和质量降低，储藏期还容易感染其他病菌，造成腐烂。该病主要为害叶片，尤其是展叶 20 天内的幼嫩叶片；也为害叶柄、1 年生枝条和果实。新梢的嫩叶上产生褐色至深褐色圆形斑，直径为 2～3mm。病斑周围常有紫色晕圈，边缘清晰。随着气温的上升，病斑可扩大到 5～6mm，呈深褐色，有时数个病斑融合，成为不规则形状。空气潮湿时，病斑背面产生黑绿色至暗黑色霉状物，为病菌的分生孢子梗和分生孢子。发病中后期，病斑常被叶点霉真菌等腐生，变为灰白色，中间长出小黑点，为腐生菌的分生孢子器。有些病斑脱落，穿孔。夏季、秋季高温高湿，病菌繁殖量大，发病周期缩短，秋梢部位叶片病斑迅速增多，一片病叶上常有病斑10～20个，影响叶片正常生长，常造成叶片扭曲和皱缩，病部焦枯，易被风吹断，残缺不全。在徒长枝或1年生枝条上产生病斑，呈褐色或灰褐色，芽周变黑，凹陷坏死，直径为2～6mm，边缘裂开。发病轻时，仅皮孔稍隆起。果面的病斑有4种类型，即黑点锈斑型、疮痂型、斑点型和黑点褐变型。

1）黑点锈斑型：果面上有黑色至黑褐色小斑点，略具光泽，微隆起，小点周围及黑点脱落处呈锈斑状。

2）疮痂型：灰褐色疮痂状斑块，病健交界处有龟裂，病斑不剥离，仅限于病果表皮，但有时皮下浅层果肉可成为干腐状木栓化。

3）斑点型：以果点为中心形成褐色至黑褐色圆形或不规则形小斑点，套袋果摘袋后病斑周围有花青素沉积，呈红色斑点。

4）黑点褐变型：果点及周围变褐，周围花青素沉积明显，呈红晕状。

【病原】 苹果链格孢，属半知菌亚门。

【防治方法】

1）严格检疫：尽量不从病区引进苗木、接穗。

2）严格清园：秋冬认真扫除落叶，剪除病枝，集中烧埋。发芽前喷50%甲基硫菌灵可湿性粉剂100倍液，消灭病源。

3）预测预报：可用孢子捕捉器监测。做法是用载玻片涂凡士林，绳拴悬挂于树枝上，距地面1.3～1.5m，按地块近四角处及中心位置挂5片，每3天换1次，取下于显微镜下检查。孢子高峰日第4天，可见病斑呈小米粒大小；高峰日后第7天，田间发现第1块病斑，即应打药防治。

4）化学防治：重点保护早期叶片，立足于防。第1遍药应在5月中旬喷洒，7天后喷第2遍药。6、7、8月中旬再各喷1遍药。常用的杀菌剂有25%戊唑醇原液800～1200倍液、70%代森锰锌可湿性粉剂400～600倍液、10%多氧霉素可湿性粉剂1000～1500倍液、50%异菌脲（扑海因）可湿性粉剂1000～1500倍液、80%代森锰锌（大生）可湿性粉剂1000～1200倍液，也可用90%三乙磷酸铝可湿性粉剂1000倍液。

【注意】 多药交替使用，效果均较好。

2. 苹果褐斑病

【症状识别】 苹果褐斑病主要为害叶片，导致早期落叶（见彩图4）。病斑呈褐色，边缘呈绿色且不整齐，故有绿缘褐斑病之称。病斑有3种类型，即同心轮纹型、针芒型和混合型。

1）同心轮纹型：病斑呈圆形，四周为黄色，中心为暗褐色，有呈同心轮纹状排列的黑色小点（病菌的分生孢子盘），病斑周围有绿色晕圈。

2）针芒型：病斑似针芒状向外扩展，无一定边缘；病斑小而多。

3）混合型：病斑很大，近圆形或不规则形，暗褐色，中心为灰白色，其上也有小黑点，但无明显的同心轮纹。

有时果实也能受害。病斑为褐色，圆形或不规则形，凹陷，表面有黑色小粒点。病部果肉为褐色，呈海绵状干腐。

【病原】 有性态为苹果双壳，属子囊菌亚门真菌；无性世代为苹果盘二孢，属半知菌亚门真菌。

【防治方法】

1）农业防治：加强栽培管理，增施有机肥，提高树体的抗病力；土壤黏重或地下水位高的果园，需要注意排水，保持适宜的土壤含水量；合理修剪，使树冠通风透光，以减轻病害的发生。秋末冬初或早春发芽前清除树上和落地的病叶，集中烧毁或深埋，消灭侵染源。

2）化学防治：一般于5月中旬开始喷药，隔15天喷洒1次，共3~4次。可喷洒波尔多液200倍液，或锌铜石灰液（硫酸锌:硫酸铜:石灰:水 = 0.5:0.5:2:200）200倍液，或50%甲基托布津800倍液，或25%多菌灵250~300倍液，或65%代森锌500~700倍液，每隔20天左右喷药1次。根据果园发病轻重，1年需要喷药2~4次。

3. 苹果锈病

【症状识别】 苹果锈病为害叶片、新梢、果实。叶片先出现橙黄色、油亮的小圆点。后扩展，中央色深，并长出许多小黑点（性孢子器），溢出透明液滴（性孢子液）。此后液滴干燥，性孢子变黑，病部组织增厚、肿胀。叶背面或果实病斑四周长出黄褐色丛毛状物（锈孢子器），内含大量褐色粉末（锈孢子）。新梢发病，刚开始与叶柄受害相似，后期病部凹陷、龟裂、易折断。幼果染病后，靠近萼洼附近的果面上出现近圆形病斑，初为橙黄色，后变黄褐色，直径为 10～20mm。病斑表面也产生初为黄色、后变为黑色的小点粒，其后在病斑四周产生细管状的锈孢子器，病果生长停滞，病部坚硬，多呈畸形。嫩枝发病时，病斑为橙黄色、梭形，局部隆起，后期病部龟裂，病枝易从病部折断。

【病原】　苹果东方胶锈菌，属担子菌亚门、冬孢菌纲、锈菌目。

【防治方法】

1）农业防治：栽植抗病寄主。发病重的地区栽植红玉、红姣、祝光、黄魁和旭等抗病品种。清除转主寄主。彻底砍除果园周围 5km 以内的桧柏、龙柏等树木，中断锈病的侵染循环，这是防治苹果锈病的根本性措施；在发展新苹果园时，应选择远离转主寄主的区域。早春剪除桧柏上的菌瘿并集中烧毁；新建苹果园，栽植不宜过密，对过密生长的枝条适时修剪，以利于通风透光，增强树势；雨季及时排水，降低果园湿度；晚秋及时清理落叶，集中烧毁或深埋，以减少越冬菌源。

2）化学防治：

①铲除越冬病菌。若不能伐除桧柏，可在苹果树发芽前往桧柏等转主寄主树上喷布药剂，消灭越冬病菌。用 3～5 波美度石硫合剂，或 0.3% 五氯酚钠，或在秋季喷 15% 氟硅唑 SE 300 倍液保护桧柏。苹果落花后是冬孢子萌发产生担子和担孢子的重要时期，此时对桧柏应使用第 2 次药剂进行防治。喷用 50% 甲基硫菌灵可湿性粉剂 600 倍液，或 50% 多菌灵可湿性粉剂 600 倍液。

②花前、花后对果树喷 15% 三唑酮可湿性粉剂 1000 倍液，或 5% 安福 1500 倍液，或 80% 代森锰锌可湿性粉剂 1800 倍液。隔 10～15 天喷 1 次，连续 2～3 次。

4. 苹果白粉病

【症状识别】　苹果白粉病主要为害实生嫩苗，大树芽、梢、嫩叶，也为害花及幼果。病部满布白粉是该病的主要特征。幼苗被害，叶片及嫩茎上产生灰白色斑块，发病严重时叶片萎缩、卷曲、变褐、枯死，后期病部长出密集的小黑点。大树被害，芽干瘪尖瘦，春季发芽晚，节间短，病叶狭长，质硬而脆，叶缘上卷，直立不伸展，新梢满覆白粉。生长期健片被害则凹凸不平，叶绿素浓浅不匀，病叶皱缩扭曲，甚至枯死。花芽被害则花变形、花瓣狭长、萎缩。幼果被害，果顶产生白粉斑，后形成锈斑。

1）枝干：病部表层覆盖一层白粉，病梢节间缩短，发出的叶片细长，质脆而硬，长势细弱，生长缓慢。受害严重时，病梢部位变褐枯死。初夏以后，白粉层脱落，病梢表面显出银灰色。

2）芽：受害芽干瘪尖瘦，春季重病芽大多不能萌发而枯死，受害较轻者则萌发较晚，新梢生长迟缓，幼叶萎缩，尚未完全展叶即产生白粉层。春末夏初，春梢尚未封顶时病菌开始侵染顶芽。夏季、秋季多雨，带菌春梢顶芽抽生的秋梢均不同程度带菌；若春梢顶芽带菌较多而未抽生秋梢，则后期发病重，大多数鳞片封顶后很难紧密抱合，形成灰褐或暗褐色病芽；个别带菌较少、受害较轻的顶芽，封顶后鳞片抱合较为紧密，不易识别，但次春萌芽后抽梢均发病。花芽受害，严重者春天花蕾不能开放，萎缩枯死。

3）叶片：受害嫩叶背面及正面布满白粉。叶背初现稀疏白粉，即病菌丝、分生孢子梗和分生孢子。新叶略呈紫色，皱缩畸形，后期白色粉层逐渐蔓延到叶正反两面，叶正面色泽深浅不均，叶背产生白粉状漏斑，病叶变得狭长，边缘呈波状皱缩或叶片凹凸不平；严重时，病叶自叶尖或叶缘逐渐变褐，最后全叶干枯脱落。

4）花朵：花器受害，花萼洼或梗洼处产生白色粉斑，萼片和花梗成为畸形，花瓣狭长，色浅绿。受害花的雌蕊和雄蕊失去作用，不能授粉坐果，最后干枯死亡。

5）果实：多幼果受害，且多发生在萼的附近，萼洼处产生白色粉斑，病部变硬，果实长大后白粉脱落，形成网状锈斑。变硬的组织后期形成裂口或裂纹。

【病原】 白叉丝单囊壳，属于子囊菌亚门、核菌纲、白粉菌目。无性阶段 *Oidium* sp.，属半知菌类真菌。

【防治方法】

1）农业防治：加强栽培管理，采用配方施肥，避免偏施氮肥，使果树生长健壮，控制灌水。在白粉病常年流行地区采用合理密度栽植抗病品种，淘汰高度感病的品种。增施有机肥和磷钾肥，提高抗病力。清洁田园，结合冬季修剪，剪除病梢、病芽；早春复剪，剪掉新发病的枝梢，集中烧毁或深埋，防止分生孢子传播。

2）化学防治：发芽前喷洒 70% 硫黄可湿性粉剂 150 倍稀释液；春季于发病初期喷施 25% 三唑酮可湿性粉剂、20% 三唑酮乳油 2000 倍液、

12.5% 烯唑醇 2000 倍液中的一种，10～20 天喷施 1 次，共喷 3～4 次。在苗圃中，幼苗发病初期，可以连续喷 2～3 次 0.2～0.3 波美度石硫合剂、70% 甲基托布津可湿性粉剂 1000～1200 倍液、45% 晶体石硫合剂 300 倍液中的一种。

5. 苹果黑星病

【症状识别】　苹果黑星病主要为害叶片或果实，叶柄、果柄、花芽、花器及新梢，从落花期到苹果成熟期均可为害。在枝端十几厘米以内的部位产生黑褐色长椭圆形病斑，枝条长大时病斑会消失。在特别感病品种上，形成泡肿状。

1）叶：病斑先从叶正面发生，也可在叶背面发生，病斑初为浅黄绿色，圆形且为放射状，后渐变为褐色，最后变为黑色，病斑直径为 3～6mm 或更大些，病斑周围有明显的边缘，老叶上更为明显，叶柄也常被侵染，病斑呈长条形。

2）花：病菌侵害花瓣，使其褪色，也可侵染萼片尖端，病斑呈灰色，花梗被害时病斑呈黑色，造成花和幼果的脱落。

3）果实：在果肩或胴部产生黄绿色小斑点，后变成黑褐色或黑色病斑，呈圆形或椭圆形，表面有黑色霉层。随着果实的增大，病部因停止生长而变为凹陷、龟裂状。病果凹凸不平，成为畸形果。后期，病斑上面常有土红色粉菌和浅粉红色镰刀菌腐生。后期新感染的病斑，因果面不再增大，所以病斑不凹陷，上面覆一层放射状黑色霉层。在储藏期，发病果实的病斑逐渐扩大。

【病原】　苹果黑星菌，属子囊菌亚门。

【防治方法】

1）加强检疫工作：苹果黑星病尽管已传播到我国一些省、自治区，但大都在局部发生，故应加强检疫工作，严防带病的苗木、接穗和果实从病区传入无病区。

2）农业防治：清洁果园，秋后清扫果园，收集落叶和病果，并且烧毁或深埋，这样可减少黑星病的侵染来源；或者用 5% 尿素处理，加速微生物对落叶的分解。果树密植园和老果园要进行疏树，适时灌水，增施有机肥、磷钾肥。推广应用套袋技术。

3）化学防治：清园后喷药，药剂可选用五氯酚钠 200 倍液、0.5% 二硝基邻甲酚钠、4∶4∶100 倍式波尔多液等。生长期，喷药时间视发病轻重及当年雨水情况而定，春季雨水多时花期喷第 1 次药；若春旱，可于落花后 10 天左右喷药，每年喷药 3 次。防治苹果黑星病常用的药剂有：1：（1.5~2）：（160~200）倍式波尔多液、40%氟硅唑（福星）乳油 10000 倍液、12.5%烯唑醇可湿性粉剂 800~1000 倍液、70%代森锰锌可湿性粉剂 800 倍液、70%甲基硫菌灵可湿性粉剂 1000 倍液、75%多菌灵可湿性粉剂 1200 倍液、64%噁霜·锰锌可湿性粉剂 400~600 倍液、40%乙磷铝可湿性粉剂 300 倍液等。

6. 苹果圆斑病

【症状识别】 苹果圆斑病主要为害叶片，有时也侵害叶柄、枝梢和果实。染病叶上病斑呈圆形，褐色，边缘清晰，直径为 4~5mm，与叶健部交界处呈紫色，中央有 1 个黑色小点；枝梢和叶柄上的病斑呈卵圆形，浅褐至紫色实染病后，果面产生暗褐色、不规则形的稍突起病斑，其上有黑色小点，病组织坏死硬化。

【病原】 孤生叶点霉，属半知菌亚门、腔孢纲、球壳孢目。

【防治方法】

1）农业防治：发病重的地区选栽祝光、元帅等较抗病的品种；注意剪除病枝，烧毁或深埋；加强管理，增强树势。

2）化学防治：因圆斑病发病较早，需要在谢花后发病前喷药。用 1：2：200 倍式波尔多液，或 64%噁霜·锰锌可湿性粉剂 500 倍液，或丙森锌 500~600 倍液。

7. 苹果白星病

【症状识别】 苹果白星病主要为害叶片。病斑为圆形或近圆形，灰白色至浅褐色，稍凹陷。直径为 1~3mm，具有褐色较细的边缘，后期病部生小黑点，即病菌分生孢子器。病叶上常产生数个病斑，但叶片一般不枯死。

【病原】 仁果盾壳霉，属半知菌亚门真菌。

【防治方法】

1）农业防治：

① 清洁果园：秋末冬初要及时清扫果园落叶，剪除病梢并集中烧毁。

② 夏剪：7 月及时剪除无用的徒长枝、病梢，减少侵染源。及时中耕除草，改善果园通风透光条件，降低空气湿度，减少发病。

2）化学防治：发病初期喷 1：2：200 倍式波尔多液，或 77%可湿性粉剂 500~600 倍液，或 70%甲基硫菌灵可湿性粉剂 1000 倍液，或 50%

多菌灵可湿性粉剂 1000 倍液，或 75% 百菌清可湿性粉剂 500 ~ 600 倍液，或 50% 福美双可湿性粉剂 500 倍液 + 70% 代森锰锌可湿性粉剂 800 倍液。隔 10 ~ 15 天喷 1 次，连续喷 3 ~ 4 次。

8. 苹果银叶病

【症状识别】　主要表现在叶片上，严重时枝条也表现症状。

1）枝干：10 年生以上的大树发病较多。最初出现于某一些枝上，最后扩展到其他枝条上，将发病枝条剥开，基部的木质部变为褐色条纹，较干燥，有腥味，但组织不腐烂。在阴雨连绵的气候条件下，腐朽木上长出紫褐色木耳状物，数层重叠如瓦状；干燥时变为灰黄色，背面有细线状横纹。

2）叶片：在光线的反射作用下，该病表现出两种症状。

①典型银叶：其叶片如同蒙上一层银灰色薄膜，带有光泽，叶片小而脆，用手轻捻，叶肉与表皮容易分离，表皮破裂卷缩，露出叶肉，如果对着太阳光看叶片，似有灰色半透明感觉，后期病叶边缘焦枯，沿主脉出现锈斑，易早期脱落。

②隐性银叶：多发生在新病树或经过治疗的轻病树上，其特点是叶片褪色，上面产生灰色、绿色、黄色相间的斑纹。

3）果实：果实变小，产量降低。

4）全株：主要为害结果树，也能侵染幼树、苗木及病树根蘖苗。苹果树得病后，树势逐渐衰弱，直至死亡。

【病原】　紫色胶革菌，属担子菌亚门、层菌纲、无隔担子菌亚纲、非褶菌目。

【防治方法】

1）农业防治：

① 发病重的地区栽培元帅系、金冠和富士系品种。

② 铲除重病树和病死树，刨净病树根，除掉根蘖苗，锯去初发病的枝干，清除病菌的子实体；清除果园周围的杨树、柳树等病残株；所有病组织都要集中烧毁，或者搬离果园做其他处理，以减少病菌来源。

③ 增施有机肥，低洼积水地注意及时排水，改良土壤，以增强树势；提倡轻修剪，减少伤口；锯除大枝时，最好在树体抗侵染力最强的夏季（7 ~ 8 月）进行。

2）化学防治：

① 发芽前，土施噁霉灵、烯唑醇等杀菌剂，有明显的控制效果。

② 发现伤口，及时消毒并涂涂抹剂，防止病菌侵入。消毒时，先削平伤口，然后用较浓的涂抹剂进行表面消毒。用 1:4:20 倍式波尔多液或松香桐油合剂。

③ 也可从病树枝干钻孔注入 8-羟基喹啉硫酸盐，要把药剂放到病菌繁育的部位。具体方法是用直径 1.5cm 钻孔器钻成 3cm 深的孔，将药埋入树洞内，洞口用软木塞或宽胶带封好。药量视枝干粗细而定。直径 10cm 左右的埋 1 丸；大树可隔 10cm 螺旋状错开打孔，每孔埋 1 丸 8-羟基喹啉硫酸盐。埋丸时间掌握在树体水分上升的时期，早埋效果好。

9. 苹果树小叶病

【症状识别】 病树呈点片或成行分布，春季发芽晚于健树。展叶后，顶梢叶片簇生，枝中下部光秃。叶片边缘上卷、脆硬，呈柳叶状。有的叶脉为绿色，但脉间为黄色。新梢节间短，病枝易枯死。花少而小，果小且畸形。老病树几乎全是小叶，树冠空膛，产量很低。

【病因】 生理性缺锌。

【防治方法】

1）花后喷锌：若发现果树推迟发芽，应及时喷 0.2% 硫酸锌和 0.3%~0.5% 尿素混合液。尿素可促进锌的吸收。

2）根施锌肥：苹果树发芽前，在树下挖放射沟，每株施 50% 硫酸锌粉 1~1.5kg，可根据树冠大小灵活掌握追施量；也可施安泰生 70% 可湿性粉剂 700 倍液。防病的同时达到补锌目的。

3）试用吊针输液法：为每株准备 2 个 250mL 的输液瓶、9 号针头、树干注射机（如徐州树干注射机厂产）和医用输液管，装入硫酸锌 500~1000 倍液。用树干注射机在病树树干基部 2 个侧面，钻进 2 个细孔，直径 0.6cm，深达木质部，然后插入针头，将瓶倒置于孔上方绑吊在枝干上。每次输硫酸锌液 40mL 左右，以 4 月下旬至 5 月上旬及新梢旺长期效果最好。

【提示】 注意针头消毒，并调节输液不宜过快，以 24h 滴 500mL，无液流出为止。输液后为防止雨水流入，可用软木塞塞紧。阴雨天，腐烂病重的树要慎用。

10. 苹果黄叶病

【症状识别】　从新梢的幼嫩叶片开始，叶肉先变黄，叶脉保持绿色，呈绿色网纹状，后期全叶变成黄白色，叶绿焦枯，最后全叶枯死、早落。

【病因】　生理性缺铁。

【防治方法】

1）选用抗性砧木：苹果黄叶病于碱性土壤中易发生，因此，在建园时，要选用抗黄化和抗碱性土壤的砧木，如西府海棠。不要栽植用山定子作为砧木的苹果苗。

2）加强果园土肥水管理：果园间作豆科绿肥、翻压绿肥、增施农家肥以改良土壤。地势低洼或地下水位高的果园，除注意排水外，可种植深根性绿肥，这对于减轻黄叶病有良好的效果。

3）施用铁肥：

① 发病严重的树，在春季发芽前枝干喷 0.3%～0.5% 硫酸亚铁溶液，生长季节喷 0.1%～0.2% 硫酸亚铁溶液，每 15 天左右喷施 1 次，连喷 3 次，有一定的防治效果。

② 叶面喷施 0.1%～0.2% 螯合铁溶液（乙二胺四乙酸合铁）。

③ 在秋施农家肥时，配合施用硫酸亚铁。先把硫酸亚铁溶于水，再与农家肥混合，开沟施入树冠周围土中。10 年生左右的树每株约施硫酸亚铁 0.5kg，施用 1 次，作用可维持 1～2 年。

11. 苹果花叶病

【症状识别】　主要在叶片上形成各种类型的鲜黄色病斑，其症状变化很大，一般可分为 5 种类型。

1）斑驳型：病斑大小不等，形状不定，边缘清晰，鲜黄色，后期病斑处枯死。

2）花叶型：病斑为较大块的深绿色与浅绿色的色变，边缘不清晰。

3）条斑型：沿叶脉失绿黄化，并延及附近的叶肉组织，有时仅主脉及支脉发生黄化，变色部分较宽；有时主脉、支脉、小脉都呈现较窄的黄化，使整叶呈网纹状。

4）环斑型：鲜黄色环状或近环状斑纹，环内仍呈绿色。

5）镶边型：病叶边缘的锯齿及其附近发生黄化，在叶缘形成一条变色镶边。

【病原】　苹果花叶病毒、土拉苹果花叶病毒、李坏死环斑病毒中的苹果花叶株系。

【防治方法】

1）农业防治：

① 拔除病苗。

② 对病树应加强肥水管理，增强树势，对丧失结果能力的重病树和未结果的病幼树，及时刨除。

③ 控制蚜虫和红蜘蛛为害，修剪用具使用后及时消毒。

④ 环剥口过宽的，可进行桥接。

⑤ 将轻型花叶症状植株上的枝条嫁接到为害严重的树上能减轻症状。

⑥ 将带毒苗木和接穗置于37℃恒温下培养28～40天，可获得脱毒苗木；或者将芽条置于70℃热空气中10min，可获得脱毒芽条；也可用种子繁殖砧木。

2）化学防治：春季展叶时喷20%盐酸吗啉胍·铜可湿性粉剂4000倍液，或0.05%～0.1%硝酸稀土，隔15～20天喷1次，连续2～3次，果实采收前再喷1次；也可以在萌芽前后，用0.05%～0.1%稀土溶液树干注射1～2次，每株用0.5～1kg。

三　苹果果实病害

1. 苹果炭疽病

【症状识别】　苹果炭疽病主要为害果实，也可为害枝条和果台等。果实染病，初在果面现针头大小的浅褐色圆形小斑，边缘清晰，病斑渐扩大，呈漏斗状，深入果肉，果肉变褐腐烂（见彩图5），具有苦味，最后表皮下陷，当病斑直径扩大到1～2cm时，病斑中心长出大量轮纹状排列、隆起的黑色小粒点，即病菌分生孢子盘，遇雨季或天气潮湿溢出绯红色黏液——分生孢子团。一个病斑常可扩展到果面的1/3～1/2，病果上的病斑数目不等，从数个到数十个，多者可至上百个，但只有少数病斑扩大，其余的停留在1～2mm大小，呈暗褐色稍凹陷斑，病斑可融合。最后全果腐烂，大多脱落，也有的形成僵果留于树上，成为第2年初侵染的主要来源。在温暖条件下，病菌可在衰弱或有伤的1～2年生枝上形成溃疡斑，多为不规则形，逐渐扩大，到后期病部表皮龟裂，致使木质部外露，病斑表面也产生黑色小粒点。病部以上的枝条干枯。果台受害时自上而下蔓延呈深褐色，致果台抽不出副梢而干枯死亡。

【病原】　围小丛壳菌，属子囊菌亚门、球壳菌目、小丛壳属。

【防治方法】

1）农业防治：

① 发病严重地区，栽植烟嘎 1 号、烟嘎 2 号等耐病品种。

② 加强栽培管理，增强树势。增施有机肥，合理修剪，及时中耕锄草，及时排水，降低果园湿度。彻底清除病原。

③ 结合修剪，去除病僵果、病果台，剪除干枯枝、病虫枝，刮除病皮，摘除未形成分生孢子盘的初发病果，集中深埋或烧毁。

2）物理防治：入库前剔除病果，注意控制库内温度，特别是储藏后期温度升高时，应加强检查，及时剔除病果。

3）化学防治：喷铲除剂：果树发芽前喷洒 5%～10% 重柴油乳剂，以铲除树体上宿存的病菌。落花后每隔半月喷 1 次 75% 百菌清可湿性粉剂 800 倍液或 80% 代森锰锌可湿性粉剂 600～800 倍液，发病前使用对炭疽病有一定的预防作用。发病初期，可选 25% 腈菌唑乳油 4000～5000 倍液、25% 苯醚甲环唑水分散粒剂 2000～3000 倍液、25% 溴菌腈乳油 400～500 倍液、50% 多菌灵可湿性粉剂 1000 倍液等。

2. 苹果疫腐病

【症状识别】　根茎部皮层出现褐色腐烂，最后根茎部出现环状腐烂，病树枯死。枝干皮层出现暗褐色腐烂，严重的烂至木质部，木质部浅层变褐。病斑环绕树干一周，树体枯死。叶片染病，初呈水渍状，后形成灰色或暗褐色不规则形病斑，湿度大时，全叶腐烂。果实染病，果面形成不规则的深浅不匀的褐斑，边缘不清晰，呈水渍状，致果皮与果肉分离，果肉褐变或腐烂，湿度大时病部生有白色绵毛状菌丝体，病果初呈皮球状，有弹性，严重时失水干缩或脱落。

【病原】　恶疫霉，属于鞭毛菌亚门、卵菌纲、霜霉目。

【防治方法】

1）农业防治：加强栽培管理，及时疏果，摘除病果及病叶，集中深埋或烧毁。及时疏除过密的枝条、下垂枝，改善通风透光条件。适当采取提高结果部位和树冠下覆盖地膜或覆草，可防止土壤中的病菌溅射到果实上。发病重的苹果园不要与菜间作，以减少发病条件。

2）化学防治：及时刮治病疤，对根颈部发病的，要在春季扒土晾晒病部，后刮除病组织，涂抹 90% 三乙膦酸铝可湿性粉剂 300 倍液，或10 波美度石硫合剂，再把草木灰拌入土中混匀填平，病斑大的可采用桥接法，同时增施有机肥，增强树势，减轻发病。在发生严重的园区，当

5~6月出现低温高湿气候后，可在地面喷施硫酸铜100倍液，以喷湿地面为准。在套袋前喷药防治，重点是1m以下高度的果实。可使用防治霜霉病的各种药剂。当侵害树体根颈处时，使用硫酸铜100倍液浇灌。

3. 苹果花腐病

【症状识别】 花腐病在叶、花、幼果及嫩枝上都可发生，但以为害花、幼果为主。

1）花腐：一是当花蕾刚出现时，就可染病腐烂，病花呈黄褐色枯萎；二是由叶腐蔓延引起，使花丛基部及花梗腐烂，花朵枯萎。

2）果腐：病菌从柱头侵入，通过花粉管到达子房，而后穿透子房壁到达果面。幼果豆粒大时果面发生褐色病斑，病斑处溢出褐色黏液，并有发酵的气味，很快全果腐烂，失水后变为僵果，但仍长在花丛或果台上。

3）叶腐：在展叶期发病较多，发病初期叶尖、叶缘或中脉两侧产生红褐色小斑点，逐渐扩大呈放射状。病斑沿叶脉向叶柄发展，使叶片枯萎，空气潮湿时于病部产生灰白色霉状物（病菌的分生孢子梗和分生孢子）。

4）枝腐：由病叶、病花、病果继续向下蔓延到新梢，在新梢上产生褐色溃疡病斑，绕枝一周，使病斑上部枝条枯死。

【病原】 苹果链核盘菌，属子囊菌亚门、盘菌纲、柔膜菌目。

【防治方法】

1）农业防治：果实采收后立即清扫果园，将病果、病叶、病枝及僵果彻底清扫干净，集中烧毁；同时施行果园秋后翻耕，掩埋病残体，促使其腐烂分解，从而减少越冬菌源。春季，在子囊盘发生期进行地面喷药（可用3~5波美度石硫合剂），也可消灭越冬菌源。冬季，结合修剪去除病枝。发病初期，及时摘除树上病叶、病果等，也可减轻该病的为害。加强栽培管理，合理整形修剪，使树冠内通风透光良好；增施有机肥料，增强树势，提高抗病力。新建果园要重视品种的合理搭配，避免单一品种的大面积栽培。

2）物理防治：花期进行人工辅助授粉可预防果腐。

3）化学防治：从果树萌芽到开花期（萌芽期、初花期、盛花期）连续喷药2~3次。若这段时间高温干燥，喷2次药即可，第1次在萌芽期，第2次在初花期；若花期低温潮湿，果树物候期延长，可于盛花末期再喷药1次。萌芽前常喷3~5波美度石硫合剂。后2次喷药常用以下药剂：0.5波美度石硫合剂、45%晶体石硫合剂300倍液、70%代森锰锌可湿性粉剂800倍液、50%退菌特可湿性粉剂800倍液、64%杀毒矾

500 倍液和 70% 甲基硫菌灵可湿性粉剂 1200 倍液等。

4. 苹果水心病

【症状识别】 病果内部组织的细胞间隙充满细胞液而呈水渍状,病部果肉的质地较坚硬而呈半透明状。以果心及其附近较多,但也有发生于果实维管束四周和果肉的其他部位的。轻病果的外表不易识别,必须剖开后才见到病变,重病果的水渍状斑一直扩展到果面。病果由于细胞间隙充水而比重大,病组织含酸量特别是苹果酸的含量较低,并有醇的累积,味稍甜,同时略带酒味。储藏期病组织腐败褐变。

【病因】 水心病是一种生理病害。近年来的研究结果表明,水心病可能是由于山梨糖醇积藏室累,钙与氮不平衡而打乱了果实正常代谢所致。

【防治方法】

1) 农业防治:

① 改土和增肥:改良土壤,增施有机质肥料,促进根系发育,有利于增加钙的吸收,改善钾与钙的比例。

② 调整果实负载量:通过修剪和疏花、疏果,使枝果比维持在 (3~5):1,叶果比为 (30~40):1。

③ 适期采收:根据果实的生长期确定采收适期。在我国,元帅系为盛花后 (142±12.5) 天,夏季温度较高的地方,可以少于 142 天,较早采收;夏季温度较低的地方,可长于 142 天,采收期可适当晚一些。乔纳金可在盛花后 160 天左右采收,红富士则应在盛花后 175 天以上采收。

2) 化学防治:花后 3 周和 5 周,以及采收前 8 周和 10 周,对果面喷布 4 次硝酸钙 200 倍液,可将水心病果率由 25.1% 减少到 6.2%。全树喷布养分平衡专用钙、氨基酸钙 300~500 倍液,效果更佳。

5. 苹果锈果病

【症状识别】

1) 叶片:叶片背面反卷,在中脉附近急剧皱缩。病苗中上部茎出现不规则褐色木栓化锈斑,表面粗糙、龟裂,病皮翘起露出韧皮部,韧皮部内有黑色坏死条纹或坏死点。

2) 茎干:枝干中部以上及芽眼周围形成褐色近圆形的突起溃疡斑,严重时在干上形成一块块癞皮,韧皮部有坏死的黑色微细条纹。

3) 果实:表现为 5 种症状。

① 锈果型:果实顶端出现深绿色水渍状病灶,逐渐沿果面扩大,发展成为连片的锈斑。病部逐渐由黄绿色变为铁锈色,很少龟裂,果实畸

小，萎缩易落，果肉僵硬，甜味增加。

② 花脸型：发病轻的病果在成熟时呈红绿相间的花脸状。发病重的果实的着色部分成弧面突出，不着色部分平截致使果面凹凸不平。红色品种成熟后果面呈红色、黄色、绿色相间的花脸症状；黄色品种成熟后的果面表现着色不均或深浅不同的花脸状，严重时病果顶部发生锈条或锈斑。

③ 锈果裂果型：同锈果型病症相似，不同的是锈斑上龟裂。重病果在锈斑上产生许多裂口，纵横交错，几乎扩及整个果面，果面凹凸不平，果实畸小，果肉僵硬。

④ 锈果花脸复合型：着色前病果顶部有明显的散生锈斑，着色后则在未发生锈斑部分或在锈斑的周围发生不着色的斑块。

⑤ 绿点型：果面产生不着色的绿色小晕点，从而形成黄绿相间或浓浅不均的小斑点。

【病原】 苹果锈果类病毒。

【防治方法】

1）农业防治：选栽无毒苹果苗，选用无毒接穗及砧木。新建立苹果园时，应避免与梨树混栽，以免病害从梨树上传到苹果树上。苗木生长期间检查苗圃，发现病苗随时拔除烧毁；发病大树要连根刨掉，土壤经消毒处理后再补栽新株；如果是正值盛果期的果树，锈果又不严重，也必须在病树周围开沟断根，以防与健康树通过根部接触传染。增施有机肥，适时灌水，及时排涝，培壮树势，增强果树自身的抗病能力。

2）化学防治：将果树的韧皮部割开呈"门"形，涂 50 万单位四环素，或 150 万单位土霉素，或 150 万单位链霉素，然后用塑料膜绑好，可减轻病害的发生。病树树冠下面四周各挖 1 个坑，各坑寻找直径 0.5 ~ 1cm 的根切断；插在已装好四环素、土霉素、链霉素或灰黄霉素 150 ~ 200mg/kg 的药液瓶里，然后封口埋土，于 4 月下旬、6 月下旬、8 月上旬各治疗 1 次，共治疗 3 次。

6. 苹果霉心病

【症状识别】 苹果霉心病又名心腐病。病果果心变褐，充满灰绿色或粉红色霉状物，从心室逐渐向外霉烂（见彩图6），果肉味极苦。外观症状不明显，较难识别。幼果受害重的，早期脱落。近成熟果实受害，偶尔果面发黄，果形不整，或者着色较早。

【病原】 多种真菌混合侵染引起的。

【防治方法】

1）农业防治：加强栽培管理，随时摘除病果，收集落果，秋季翻耕土壤，冬季剪去树上各种僵果、枯枝等，均有利于减少菌源。加强储藏期管理；对田间发病较重的果实，应单存单储。采收后 24h 内放入储藏窖中，窖温最好保持在 1～2℃。一般 10℃ 以下发病明显减轻。

2）化学防治：清除病果、僵果和病枝后喷洒 3～5 波美度石硫合剂 + 0.3% 五氯酚钠。套袋前先喷 1:2:200 倍式波尔多液。花前、花后及幼果期喷 1:2:200 倍式波尔多液，或 50% 异菌脲可湿性粉剂 1500 倍液，或 70% 甲基硫菌灵可湿性粉剂 1000 倍液，或 50% 多霉灵可湿性粉剂 1500 倍液，或 50% 苯菌灵可湿性粉剂 1500 倍液，或 10% 多氧霉素可湿性粉剂 1000～1500 倍液，或 15% 三唑酮可湿性粉剂 1000 倍液。

【提示】　杀菌剂与保湿剂混合喷洒，效果更好。

7. 苹果褐腐病

【症状识别】　苹果褐腐病主要为害果实，在近成熟期开始发病。被害果面多以伤口为中心形成浅褐色小斑，湿软腐烂。病斑扩展迅速，在气温为 10℃ 时，10 天左右整个果实即可腐烂，温度越高，病菌扩展越快。在 0℃ 低温下仍可活动扩展。随着病斑的扩大，从病斑中心长出一圈一圈黄褐色至灰褐色绒球状菌丝团，常呈同心轮纹排列，上面覆盖粉状物（子实体），这是褐腐病的典型症状。病果较硬且有弹性，具有土腥味，后期失水干缩，成为黑色僵果。

【病原】　果生核盘菌，属子囊菌亚门、盘菌纲、柔膜菌目；有性阶段在自然界很少发生；无性阶段属半知菌亚门。

【防治方法】

1）农业防治：秋末冬初彻底清除树上和树下的病果、落果和僵果，秋末或早春施行果园深翻，采取掩埋落地病果等措施，可以减少果园中的病菌数量。搞好果园的排灌系统，防止水分供应失调而造成严重裂果。防止果实裂口及其他病虫伤。生长期注意防治害虫，采收、运输和储藏时，应尽量减少伤口，以防止病菌侵染。推广果实套袋，不仅使果实免于尘埃、农药污染，保持果面清洁，而且使果实不受病虫为害，同时由于套塑膜袋，减少水分蒸发，袋内形成 1 个较大湿度的微环境，减轻了裂果的发生。

2）物理防治：储藏库温度应控制在1~2℃，相对湿度应保持在90%左右。

3）化学防治：病害的盛发期前喷化学药剂保护果实是防治该病的关键性措施。用1∶1∶（160~200）倍式波尔多液，或40%多菌灵悬浮剂500~600倍液，或36%甲基硫菌灵悬浮剂800倍液+75%百菌清可湿性粉剂1000倍液，或50%乙烯菌核利可湿性粉剂1000倍液，或50%多霉灵威可湿性粉剂1500~2000倍液。北方果区，中熟品种在7月下旬及8月中旬，晚熟品种在9月上旬和9月下旬各喷1次药，可大大减轻病害。也可在花前喷3~5波美度石硫合剂或45%晶体石硫合剂30倍液。

8. 苹果苦痘病

【症状识别】 在苹果近成熟时开始出现症状（见彩图7），储藏期继续发展。病斑多发生在靠近萼凹的部分，而靠近果肩处则较少发病。病部果皮下的果肉先发生病变，而后果皮出现以皮孔为中心的圆形斑点。这种斑点在绿色或黄色品种上呈浓绿色，在红色品种上则呈暗红色，而且病斑稍凹陷。后期病部果肉干缩，表皮坏死，会显现出凹陷的褐斑，深达果肉2~3mm，有苦味。轻病果上一般有3~5个病斑，重的有60~80个，遍布果面。

【病因】 生理性缺钙。

【防治方法】

1）选用抗病品种和砧木：生产上不同品种、砧木对苦痘病的感病性具有明显差异，所以应当选用抗病品种和砧木，对发病严重的品种，采用高接抗病品种的方法以减轻危害。

2）改善栽培管理条件：合理修剪，适时采收，增施有机肥和绿肥，严防偏施和晚施氮肥，改良土壤，早春注意浇水，雨季及时排水，适时适量施用氮肥，防止过量氨态氮的积累。

3）补钙：一是盛花期后隔2~3周喷1次，直到采收；或者红色品种在往年发病前2~3个月喷氯化钙150~200倍液；黄色、绿色品种喷硝酸钙共4~6次。但应注意，气温高于21℃易发生药害，所以喷洒前应试喷，以确定适当浓度。二是在苹果谢花后30天左右，每隔15~20天喷1次0.3%硝酸钙液，直至采前20天左右，效果较好。该药在气温高时于叶片上易发生药害，需要注意。最好是采用秋施基肥时增施骨粉，既增加有机质又补充钙。

4）加强储藏期管理：入库前用2%～8%钙盐溶液浸渍果实，如8%氯化钙、1%～6%硝酸钙等。储藏期要控制窖内温度不高于2℃，并保护良好的通透性。有条件的采用小型气调库，必要时可把采后的苹果放入1℃的预冷池中冷却，然后进行储藏，这样不仅储藏寿命得到延长，还可减少发病。

四 苹果树根部病害

1. 苹果圆斑根腐病

【症状识别】 苹果圆斑根腐病主要为害植株的根部，多先从须根发病，围绕须根形成红褐色圆斑，后扩展到与须根相连的大根，病斑扩大并互相连接，深入木质部，使整段根变黑枯死。果树地上部在4～5月展叶后发病，表现症状有4种类型：

1）萎蔫型：病株在萌芽后整株或部分枝条生长衰弱，叶簇萎蔫，叶片向上卷缩，形小而色浅，新梢抽生困难，有的甚至花蕾皱缩不能开花，或者开花后不能结果，枝条表现失水状，甚至皮层皱缩或枯死。

2）叶片青干型：在早春或气温较高时，病叶骤然失水青干，多数从叶缘向内发展，或者沿主脉向内扩展，在青干与健全组织分界处有明显的红褐色晕带，严重青干的叶片脱落。

3）叶缘焦枯型：病株叶片的尖端或边缘枯焦，而中间部分保持正常，叶片不会很快脱落，在雨季较多年份，病势发展缓慢，这是该病表现的主要症状。

4）枝枯型：病株上与烂根相应的少数骨干枝坏死，病部变凹陷，并沿枝干向下蔓延，发病后期，坏死皮层极易剥离，是部分大根腐烂呈现的特殊症状。

【病原】 镰刀菌，属半知菌亚门真菌。

【防治方法】

1）加强管理，增强树势，提高植株的抗病能力。在果园增施有机肥，培肥地力，改良土壤的通透性，增施钾肥，促进根系生长，对圆斑根腐病的发生具有良好的预防作用。配方施肥，氮、磷、钾肥合理配合，避免偏施氮肥。合理修剪，控制结果量，加强管理措施，增强树势，减轻发病。果园一旦发现病株，立即在病株周围挖1m以上的深沟，加以封锁，防止病菌向邻健株传播蔓延。

2）病树的栽培管理措施：对发病植株及时采取补救措施，减轻发病，减少损失。一是先剪去已干枯的果枝，减少水分蒸腾。二是减少果树结果量，促进根系生长。三是春季、秋季扒土晾根，晾 7 ~ 10 天。可晾至大根，但晾根期间需避免树穴内灌水或雨淋；刮治病部或清除病根后用药剂灌根，随后选择无病土壤进行覆盖。四是春季发芽前用氨基酸 50 倍液涂主茎，生长季节用氨基酸（含有铁、钙及微量元素）200 倍液 + 0.2% 磷酸二氢钾、0.2% 尿素进行喷雾，连喷 3 ~ 4 次。

2. 苹果树白绢病

【症状识别】 苹果树白绢病主要为害 4 ~ 10 年生幼树或成年树的根茎部。高温多雨季节易发病。初叶小且黄，枝梢节缩短，果多且小。根部染病，根颈部呈多汁液湿腐状。病部变成黄褐色或红褐色，严重的皮层组织腐烂如泥、发出刺鼻酸味，致木质部变成灰青色。病部或近地面土表覆有白色菌丝。湿度大时，生出很多褐色或深褐色、油菜籽状的菌核，叶片染病也可出现水渍状轮纹斑，直径约 2cm，病部中央也能长出小菌核。1 ~ 3 年生幼树染病后很快死亡，成龄树当病斑环茎一周后，地上部也突然死亡。

【病原】 白绢薄膜革菌，属担子菌亚门、层菌纲、非褶菌目。

【防治方法】

1）选用抗病砧木，培育抗病力强的树苗，对病树及时更新或视具体情况在早春进行桥接或靠接，进行挽救。

2）在病区要定期检查病情，有条件的树下种植矮生绿肥，防止地面高湿灼伤根颈部，以减少发病。

3）必要时可用 40% 五氯硝基苯粉剂 1kg 加细干土 40 ~ 50kg 混匀后撒施于病区的根颈基部土壤上，也可喷 20% 甲基立枯磷（利克菌）乳油 800 ~ 1000 倍液，或 50% 混杀硫悬浮剂，或 36% 甲基硫菌灵悬浮剂 500 倍液。

3. 苹果根癌病

【症状识别】

1）根部：主要发生在根茎部，或根系的其他部位，也常见于嫁接处。初期病部形成灰白色大小不等的瘤状物，内部组织松软，外表粗糙不平。随着根系生长，瘤体不断增大，表面由灰白色逐渐变为褐色至暗褐色，表层细胞枯死，内部木质化，往往在癌瘤周围或表面长出一些细根，癌瘤多为球形或扁球形，大小不等，2 年生苗上癌瘤直径可达 5 ~ 6cm。苹果树感染根癌病后，侧根、须根的量会减少，水分和养分的吸收运输受阻。

2）叶片：叶薄色黄。

3）果实：结果少而小。

4）全株：树体矮小，树势衰弱，严重时整株死亡。

【病原】 癌肿野杆菌，是一种细菌。

【防治方法】

1）改良土壤，选择合适的育苗地。土壤性质对该病影响很大，应选择弱酸性土壤育苗或采用技术措施，使苹果园土壤变为弱酸性。选用无菌地育苗，苗木出圃时要严格检查，发现病苗应立即淘汰，建立无病果园。

2）苹果苗嫁接时，应尽可能采用芽接法，芽接法比劈接法嫁接的苗木发病少。砧木苗用抗根癌菌剂浸根后定植，可控制病菌侵染。

3）加强树体和根部保护，加强地下害虫防治，减少各种伤口，以减少被侵染的机会，减少发病。

4）刨除病根，在伤口外涂药保护。若发现大树有根癌病，应该刨走病根和病瘤，在伤口处涂抗菌剂 402 或 1000 倍 50% 波尔多液保护，或直接晾根换土。

4. 苹果树白纹羽病

【症状识别】 苹果树白纹羽病只侵染根部，在根尖形成白色菌丝，老根或主根上形成略带棕褐色的菌丝层或菌丝索，结构比较疏松柔软。菌丝索可以扩展到土壤中，变成较细的菌索，有时还可以填满土壤中的空隙。菌丝层上可生长出黑色的菌核。菌丝穿过皮层侵入形成层并深入木质部导致全根腐烂，病树叶片发黄，早期脱落，以后渐渐枯死。

【病原】 褐座坚壳菌，属子囊菌亚门、核菌纲、球壳目。无性时期属半知菌类。

【防治方法】

1）不在新伐林地开辟果园，若在新伐林地建果园，一定要把烂根拣干净。

2）发现病树应及时挖除，并开沟隔离，以防蔓延。

3）果园内应经常追施有机肥料，注意中耕排水，促进根系发育，提高抗病能力。

4）药剂灌根，早春、夏末、中秋及果树休眠期，以树干为中心开挖 3~5 条辐射沟，进行药剂灌根，然后再覆土或换新土。可用药剂有 70% 甲托可湿性粉剂 1500 倍、0.5 波美度石硫合剂、10% 双效灵水剂

200 倍液、10% 世高 2000 倍液。

5）挖除病株，消毒病土。病穴用 40% 甲醛 100 倍液或五氯酚钠 150 倍液消毒。

第二节　苹果园虫害诊断及防治

一　苹果树枝干害虫

1. 六斑吉丁虫

【症状识别】　成虫取食嫩叶，幼虫取食枝干，多在近地面 25cm 处为害，初龄幼虫在树皮下韧皮部及木质部之间取食为害，老熟幼虫进入木质部内为害，为害处有老皮变暗褐色或黑色，并伴有少量酱褐色胶液及细小粪粒，皮下则形成不规则扁平虫道，内充塞黑褐色粪屑。

【形态特征】

1）成虫：体长约 11mm，体背面黑褐色，每个鞘翅上各有 3 个金属色圆斑。

2）幼虫：体扁平，老熟时体长 16~26mm，前胸特别大，背板具"人"字形沟纹。

【发生规律】　1 年发生 1 代。以幼虫越冬，次年 4 月底化蛹，5~6 月羽化为成虫。

【防治方法】

1）未发生的苹果园应严格实施检疫措施，防止害虫扩散蔓延。

2）已发生此虫的地区，平时加强栽培管理，保持健康树势，及时清除死树和死枝，特别是在成虫出洞前要清除并烧毁六星吉丁虫为害所致的死树和死枝，以减少虫源。

3）药剂防治可采用 3 种方法：

① 在成虫开始大量羽化而尚未出洞前，先刮除树干受害部的翘皮，再用 80% 敌敌畏乳油加黏土 10~20 倍和适量水调成糊状，或者直接用水稀释到 30 倍液，也可用 40% 乐果乳油加等量煤油涂在被害处，使成虫在咬穿树皮时中毒死亡。

② 在成虫出洞高峰期树冠喷药，杀死已上树的成虫。药剂有 40% 乐果乳油、90% 晶体敌百虫、80% 敌敌畏乳油 1000 倍液、2.5% 敌杀死乳油 3000 倍液。

③ 在初孵幼虫盛期，先用刀刮去受害部的胶沫和一层薄皮，再用

80%敌敌畏乳油3倍液或40%乐果乳油5倍液涂抹，可杀死皮层下的幼虫。

2. 苹果小吉丁虫

【症状识别】 幼虫在枝干皮层内串食蛀害，受害部干裂枯死，表皮为黑褐色，凹陷，溢出琥珀色胶滴。为害严重时，全株枯死；大树则遍体鳞伤，大量枝条死亡，树势衰弱。

【形态特征】

1）成虫：体长5.5～10mm，全身紫铜色，有金属光泽。头部扁平，复眼呈肾形，触角呈锯齿状，11节。前胸背板呈横长方形，略宽于头部，与鞘翅等宽。前胸背板中央有一突起伸向后方，与中胸嵌合。腹部腹面第1、2节愈合，分为5节，腹部背面6节，蓝色发亮。

2）卵：椭圆形，长1mm，宽0.3mm。初产时为乳白色，渐变成黄褐色。

3）幼虫：老熟幼虫体长15～22mm，体扁平，念珠状，浅黄白色，无足。头小呈褐色，大部缩入前胸内。前胸宽大，背、腹面中央各有一纵沟，后胸窄小。腹部10节，逐次增宽，第7腹节最宽呈梯形，末节有1对锯齿状褐色尾刺，腹部的气门呈"C"形。

4）蛹：裸蛹，长6～10mm，宽2mm，初化蛹时呈乳白色，接近羽化时为黑褐色。

【发生规律】 内蒙古、黑龙江、山西雁北3年发生2代，辽宁、河北、陕西、甘肃1年发生1代。以幼虫在寄生主枝干、枝条皮层内越冬，个别以蛹越冬。3月下旬开始活动。4～5月是为害盛期，6月上旬以后陆续蛀入木质部。老熟的幼虫做一船形蛹室化蛹，蛹期为15天。此时被害的2～3年生枝条大量枯死。6月下旬出现成虫，7月中旬至8月上旬为发生盛期，8月是幼虫孵化盛期，孵出的幼虫钻入表皮下为害，约于11月上中旬进入越冬。

【防治方法】

1）苗木检疫：苹小吉丁虫是检疫对象，可随苗木传到新区，应加强苗木出圃时的检疫工作，防止传播。

2）保护天敌：苹小吉丁虫在老熟幼虫和蛹期有两种寄生蜂和一种寄生蝇，在不经常喷药的果园，寄生率可达36%。在秋冬两季，约有30%的幼虫和蛹被啄木鸟食掉。

3）人工防治：利用成虫的假死性，人工捕捉落地的成虫；清除死树，剪除虫梢，于化蛹前集中烧毁；人工挖虫，冬春两季，将虫伤处的老皮刮去，用刀将皮层下的幼虫挖出，然后涂5波美度石硫合剂，既保护和促进伤口愈合，又可阻止其他成虫前去产卵。

4）涂药治幼虫：幼虫在浅层为害时，应反复检查，发现树干上有被害状，就在其上用毛刷刷一刷即可。也可用国光必治200倍＋国光毙克200倍混合液涂干，连涂2～3次后用塑料薄膜封包可提高防效。

5）喷药杀成虫：在苹小吉丁虫发生严重的果园，单靠防治幼虫往往还不能完全控制其为害，应在防治幼虫的基础上，在成虫发生盛期连续喷药，如20%杀灭菊酯乳油2000倍液、90%敌百虫1500倍液等。

3. 苹果顶芽卷叶蛾

【症状识别】 以幼虫将苗木及幼树新梢顶端几张嫩叶卷成一团，吐丝作巢，潜伏其中食害叶片，影响幼树树冠形成和结果，也使苗木发育受阻。

【形态特征】

1）成虫：体长6～7mm，翅展12～15mm。头部、胸部和腹部为黑褐色。其他部位为浅灰褐色。触角呈丝状，各节具有褐色环状轮纹，雄触角基部有1个缺口。前翅近长方形，浅灰褐色前翅上有3个深灰褐色斑纹，基部弧形外突，后缘近臀角处有近似三角形褐色斑，在两翅合拢时2个三角斑并成为菱形斑纹。

2）卵：长椭圆形，乳白色至浅黄色，半透明，长径为0.7mm，短径为0.5mm。散产。

3）幼虫：老熟时体长8～10mm，污白色，短粗；头部、前胸部背板和胸足均为黑色。无臀栉。

4）蛹：体长5～8mm，黄褐色，尾端有8条黑褐色平行短纹。

5）茧：黄白色，长椭圆形。

【发生规律】 1年发生4代。以幼虫在枝梢顶端干枯卷叶中越冬，少数在侧芽和叶腋间越冬。早春苹果萌芽，越冬幼虫出蛰，为害嫩叶。4月中、下旬逐渐转移到新梢顶部，吐丝卷缀嫩叶为害。幼虫老熟后在卷叶内作茧化蛹。越冬代成虫于5月上旬发生，即交尾产卵，卵期约7天。5月中、下旬，第1代幼虫出现，为害嫩叶。以后各代幼虫发生期分别为7月上旬、8月上旬和9月上、中旬。9月孵化的幼虫一直为害到10月后逐渐作茧越冬。

【防治方法】

1）冬季，看到顶梢有枯死而叶苞不落的，一律剪除，并集中烧毁或深埋。

2）在生长季节，看到顶梢卷成一团的，用手捏死其中的幼虫。

3）在开花前越冬幼虫出蛰盛期和第 1 代幼虫发生初期，进行药剂防治，以减少前期虫口基数，避免后期果实受害。可用药剂有：90% 敌百虫可溶性粉剂 1200 ~ 1500 倍液、80% 敌敌畏乳油 1000 ~ 1500 倍液、40% 三唑磷乳油 1500 ~ 2000 倍液、10% 溴·马（溴氰菊酯·马拉硫磷）乳油 2000 ~ 2500 倍液、20% 氰戊菊酯（禁止用于茶树）乳油 3000 ~ 3500 倍液、25% 高效氟氯氰菊酯乳油 1000 ~ 1500 倍液、5% 顺式氰戊菊酯乳油 2000 ~ 3000 倍液、20% 虫酰肼悬浮剂 1500 ~ 2000 倍液、20% 杀铃脲悬浮剂 5000 ~ 6000 倍液、5% 氟铃脲乳油 1000 ~ 2000 倍液、24% 甲氧虫酰肼悬浮剂 2400 ~ 3000 倍液、5% 虱螨脲乳油 1000 ~ 2000 倍液。

4. 苹果绵蚜

【症状识别】　苹果绵蚜群集在寄主的枝条、枝干伤口、腐烂病病疤边缘及根部等处，吸食汁液。被害部膨大成瘤，肿瘤破裂后，造成水分、养分输导受阻，从而削弱树势，影响结果。苹果绵蚜还能为害果实的萼注及梗注部分。

【形态特征】

1）成虫：

① 无翅孤雌蚜：体呈卵圆形，长 1.7 ~ 2.2mm，头部无额瘤，腹部膨大，黄褐色至赤褐色。复眼为暗红色，眼瘤为红黑色。口喙末端为黑色，其余为赤褐色，生有若干短毛，其长度达后胸足基节窝。触角 6 节，第 3 节最长，为第 2 节的 3 倍，稍短或等于末 3 节之和，第 6 节基部有一小的圆形初生感觉孔。腹部体侧有侧瘤，着生短毛；腹背有 4 条纵列的泌蜡孔，分泌白色的蜡质和丝质物，群体在苹果树上严重为害时如挂棉绒。腹管环状，退化，仅留痕迹，呈半圆形裂口。尾片呈圆锥形，黑色。

② 有翅孤雌蚜：体呈椭圆形，长 1.7 ~ 2.0mm，体色暗，较瘦。头、胸为黑色，腹部为橄榄绿色，全身被白粉。复眼为红黑色，有眼瘤，单眼 3 个，颜色较深。口喙为黑色。触角 6 节，第 3 节最长，有环形感觉器 24 ~ 28 个，第 4 节有环形感觉器 3 ~ 4 个，第 5 节有环形感觉器 1 ~ 5 个，第 6 节基部约有感觉器 2 个。翅透明，翅脉和翅痣为黑色。前翅中脉有 1 个分枝。腹部的白色绵状物较无翅雌虫少。腹管退化为黑色环状孔。

③ 有性雌蚜：体长 0.6 ~ 1mm，浅黄褐色。触角 5 节，口器退化。

头部、触角及足为浅黄绿色，腹部为赤褐色。

④ 有性雄蚜：体长 0.7mm 左右，为浅绿色。触角 5 节，末端透明，无喙。腹部各节中央隆起，有明显沟痕。

2）若虫：若虫分有翅与无翅两种类型。幼龄若虫略呈圆筒状，绵毛很少，触角 5 节，喙长超过腹部。4 龄若虫体形似成虫。

3）卵：椭圆形，中间稍细，由橙黄色渐变为褐色。

【发生规律】 在华东地区 1 年可发生 12～18 代，在西藏每年可发生 7～23 代。以无翅胎生成虫及 1～2 龄若虫越冬。次年 4 月上中旬平均气温达 9℃ 时，即在越冬部位开始为害。5 月上旬开始胎生繁殖，5 月下旬至 6 月是全年繁殖盛期，1 龄若虫四处扩散，6 月下旬至 7 月上旬将出现全年发生高峰。7～8 月受高温和寄主蜂影响，蚜虫数量大减。

【防治方法】

1）加强检疫：建立苹果苗木、接穗繁育基地，提供健康的苗木和接穗；对苗木、接穗和果实实施产地检疫和调运检疫，严禁从苹果绵蚜疫区调运苗木、接穗。

2）增施有机肥，复壮树势，增强抗病虫能力等措施。

3）细致清园：合理修剪，剪除病虫枝，彻底刨除萌蘖，刮除虫疤。清除枯枝落叶，减少有害虫源，要及时清除杂草和干枯树枝，以减少苹果绵蚜及其他有害虫源，减轻危害。刮除苹果树老、粗翘皮，细致刮治腐烂病，并将刮下的残渣带至园外集中烧毁或深埋，消除苹果绵蚜的生存环境。

4）对树干和主侧枝上的腐烂病伤疤、剪锯口伤疤处涂泥，并用塑料布包严，即可杀死在此处的苹果绵蚜。

5）根部施药：苹果绵蚜发生较重的果园，于 4～5 月若虫变成蚜时，在果树发芽前将树干周围 1m 以内的土壤扒开，露出根部，每株树撒施 5% 辛硫磷颗粒剂 2～2.5kg，用原土覆盖，撒药后再覆盖原土或用钉耙搂一遍，杀灭根部绵蚜。也可结合雨后或灌溉后，选用 40% 安民乐乳油 300～400 倍液地表细致喷雾，再中耕 1 次，药效可达 1 个多月。在 5～6 月和 9～10 月绵蚜发生高峰期，根部施 10% 吡虫啉可湿性粉剂 800～1000 倍也有一定的效果。

6）生长期喷药防治：秋季 11 月苹果树叶片脱落之后、3 月中下旬至 4 月初苹果树发芽开花之前及 6 月中旬至 7 月中下旬为苹果绵蚜树上防治的最适时期。苹果树叶片脱落之后和 3 月中下旬至 4 月初苹果树发芽开花之前这一时期，苹果绵蚜若虫集中于树干和主枝的剪锯口、隙缝等处，果园视野开阔，用药方便、省工、省时、省药、高效，在防治苹果绵蚜的同时，还可兼治其他害虫。喷药时，要喷透树干、树枝的剪锯口、伤疤、隙缝等处。可选用40%安民乐乳油1000～1500倍液、48%乐斯本乳油1000～1500倍液、70%艾美乐水分散粒剂20000倍液、10%吡虫啉2000～3000倍液等全园喷雾防治。实践经验证明，选用40%安民乐乳油1000～1500倍液+10%吡虫啉2000倍液+柔水通4000倍液混合后于苹果绵蚜暴发期全园喷雾，可有效地控制虫害的危害。

7）药剂涂干：将树干基部刮去宽10cm左右的一道环状表皮至露出韧皮部，然后用毛刷涂抹药液（10%吡虫啉乳油30～50倍+柔水通800倍混合液），每株树涂药液5mL，涂药后用塑料布或废报纸包扎，以通过内吸作用达到杀虫目的。

8）注意保护和利用自然天敌：苹果绵蚜的天敌有蚜小蜂、七星瓢虫、龟纹瓢虫、异色瓢虫、各类草蛉和食蚜虻等，为保护和利用天敌，喷药时要尽量选择毒性小的药剂，如吡虫啉、好年冬、毒死蜱等。

9）通过在苹果园种植黑麦草、三叶草和紫花苜蓿，使果园植被多样化，改善生态环境。田间调查表明，果园生草是控制苹果绵蚜为害的一项关键技术措施。

二 苹果树叶部害虫

1. 黑绒金龟

【症状识别】 苹果黑绒金龟以成虫为害嫩芽、新叶和花朵。

【形态特征】

1）成虫：体长7～10mm。体为黑褐色，被灰黑色短绒毛。

2）卵：椭圆形，长径约1mm，乳白色，有光泽，孵化前色泽变暗。

3）幼虫：老熟幼虫体长约16mm，头部为黄褐色，胴部为乳白色，多皱褶，被有黄褐色细毛，肛腹片上约有28根刺，横向排列成单行弧状。

4）蛹：体长6～9mm，黄色，裸蛹，头部为黑褐色。成虫食嫩叶、芽及花；幼虫为害植物地下组织。

【发生规律】 东北、华北、西北各省每年发生1代。以成虫在土中越冬。4月中旬出土活动，4月末至6月中旬为为害盛期。幼虫以腐殖质和嫩根为食，8月中旬羽化为成虫。

【防治方法】

1）农业防治：成虫发生期于傍晚振落捕杀。苗圃或新植果园中，在成虫出现盛期的下午3时左右，插蘸有80%敌百虫100倍液的榆树、柳树枝条诱杀成虫，可收到良好效果。

2）物理防治：在成虫发生期可设置黑光灯诱杀。

2. 苹果全爪螨

【症状识别】 苹果全爪螨主要吸食苹果主芽与叶片，造成主芽不能正常萌发，严重时枯死，叶片被害时，初期呈现灰白色斑点，后期叶片苍白，受害严重的果树远处看去呈现一片银灰色，一般不导致落叶，但严重影响了叶片的光合作用。

【形态特征】

1）成螨：

① 雌成螨：体长约0.45mm，宽约0.29mm。体呈圆形，红色，取食后变为深红色。背部显著隆起。背毛26根，着生于粗大的黄白色毛瘤上；背毛粗壮，向后延伸。足4对，黄白色；各足爪间突具坚爪，镰刀形；其腹基侧具3对针状毛。

② 雄成螨：体长约0.3mm。初蜕皮时为浅橘红色，取食后呈深橘红色。体尾端较尖。刚毛的数目与排列同雌成螨。

2）卵：葱头形，两端略显扁平，直径为0.13～0.15mm，夏卵为橘红色，冬卵为深红色，卵壳表面布满纵纹。

3）幼螨：足3对。由越冬卵孵化出的第1代幼螨呈浅橘红色，取食后呈暗红色；夏卵孵出的幼螨初孵时为黄色，后变为橘红色或深绿色。

4）若螨：足4对。前期若螨体色较幼螨深；后期若螨体背毛较为明显，体形似成螨，已可分辨出雌雄。

【发生规律】 北方果区每年发生6～9代。以卵在短果枝果台和2年生以上的枝条的粗糙处越冬。一般在日平均气温12.3～14.7℃时开始孵化，苹果花蕾膨大时，气温达14.5℃进入孵化盛期，越冬卵孵化十分集中，所以，越冬代成虫的发生也极为整齐。第1代夏卵在苹果盛花期始见，花后一周大部分孵化，此后同一世代各虫态并存，并且世代重叠。7～8月进入为害盛期，8月下旬至9月上旬出现冬卵，9月中下旬进入高峰。

【防治方法】

1）农业措施：果树的耐害能力和补偿能力因树体的营养条件而异。

加强栽培管理，增施优质有机肥，减少氮肥，合理负载，可提高寄主的耐害性和果树的补偿能力。

2）生物防治：在果园生态系中，捕食苹果全爪螨的天敌种类十分丰富，自然控制作用十分显著，只是由于化学农药的干扰，破坏了这种自然调节机制。因此，减少和限制有机合成农药的用量，调整和改变施药方式，选用对天敌安全的选择性农药，是保护天敌的主要途径。为了更好地发挥天敌的有效性，还可在果树行间种植大豆、苜蓿等植物，改善生态环境，为天敌提供生活、栖息场所。据试验，果园种植绿肥植物，可使天敌种类和数量显著增加。

3）化学防治：在螨的越冬量大的果园，首先要做好花前或花后的防治。在生长季必须加强害螨与天敌的数量动态监测，严格按照经济阈值用药的同时，还要注意药剂的轮换使用，以减缓抗性产生的速度。使用的药剂有90%蚧螨灵（机油乳剂）50～100倍液（苹果发芽至花前使用）、20%三氯杀螨醇1000～1500倍液、5%噻螨酮（尼索朗）2000倍液、20%四螨嗪（螨死净）悬浮剂2000～3000倍液、50%阿波罗（Apollo）6000倍液、40%水胺硫磷1500倍液、5%浏阳霉素1000倍液、25%螨烷锡（托尔克）1000倍液。

3. 二斑叶螨

【症状识别】　二斑叶螨直接为害苹果树叶片，造成叶片失水干结、枯白。

【形态特征】

1）成螨：体色多变，有浓绿色、褐绿色、黑褐色、橙红色等，一般常带红或锈红色。体背两侧各有1个暗红色长斑，有时斑中部色浅，分成前后两块。体背有刚毛26根，排成6横排。足4对。雌体长0.42～0.59mm，椭圆形，多为深红色，也有黄棕色；越冬者为橙黄色，较夏型肥大。雄体长0.26mm，近卵圆形，前端近圆形，腹末较尖，多呈鲜红色。

2）卵：球形，长0.13mm，光滑，初产时无色透明，渐变为橙红色，将孵化时现出红色眼点。

3）幼螨：初孵时近圆形，体长0.15mm，无色透明，取食后变为暗绿色，眼为红色，足3对。

4）若螨：前期若螨体长0.21mm，近卵圆形，足4对，色变深，体背出现色斑。后期若螨体长0.36mm，黄褐色，与成虫相似。

【发生规律】 在南方每年发生 20 代以上，在北方每年发生 12~15 代。在北方以受精的雌成虫在土缝、枯枝落叶下或小旋花、夏至草等宿根性杂草的根际等处吐丝结网潜伏越冬。在树木上则在树皮下、裂缝中或在根颈处的土中越冬。当 3 月平均温度达 10℃ 左右时，越冬雌虫开始出蛰活动并产卵。越冬雌虫出蛰后多集中在早春寄主，如小旋花、藜草及菊科、十字花科等杂草和草莓上为害，第 1 代卵也多产于这些杂草上，卵期 10 余天。成虫开始产卵至第 1 代幼虫孵化盛期需要 20~30 天，以后世代重叠。在早春寄主上一般发生 1 代，于 5 月上旬后陆续迁移到蔬菜上为害。由于温度较低，5 月一般不会造成大的危害。6 月上、中旬进入全年的猖獗为害期，于 7 月上、中旬进入全年高峰期，一般可持续到 8 月中旬前后。10 月后陆续出现滞育个体，但如此时温度超出 25℃，滞育个体仍然可以恢复取食，体色由滞育型的红色再变回黄绿色，进入 11 月后均滞育越冬。

【防治方法】

1）8 月下旬在树干上绑草环，宽度为 30cm。早春刮除主干和主枝上的粗皮，连同草环、地上杂草、落叶一起烧掉，降低越冬雌成虫指数。

2）利用天敌，主要有食螨瓢虫类、花蝽类、蓟马类和捕食类。尽量少用菊酯类和有机磷农药，以保护果园的生态环境。

3）出蛰期在树上喷 50% 硫悬浮剂 200 倍液或 1 波美度石硫合剂，可消灭树上活动的越冬成螨。

4）苹果树开花前后温度较低，二斑叶螨繁衍速度慢，虫口密度小，防治容易，是全年防治的最佳时期，此期及时合理用药能收到明显的防治效果，可选用 1% 虫螨克 2000 倍液或 20% 三唑锡悬浮剂 1500 倍液喷雾。

5）麦收前后是二斑叶螨的大量发生期，可选用 1.8% 齐螨素乳油 6000 倍液或 1.8% 爱福丁乳油 1500~2000 倍液喷雾防治。

4. 苹果黑星麦蛾

【症状识别】 苹果黑星麦蛾的幼虫在苹果树新梢上吐丝缀叶作巢，内有白色细长丝质通道，并夹有粪便，虫包松散。幼虫在包内群集为害。严重时全树枝梢叶片受害，只剩叶脉和表皮，枯黄色，并造成发二次叶，严重影响苹果树的生长发育。

【形态特征】

1）成虫：体长 5~6mm，翅展 16mm，全体为灰褐色。胸部背面及前翅为黑褐色，有光泽，前翅靠近外线 1/4 处有 1 条浅色横带，从前缘横贯到后缘，翅中央还有 3 ~ 4 个黑斑，其中 2 个十分明显。后翅为灰褐色。

2）卵：椭圆形，浅黄色，长约 0.5mm，有珍珠光泽。

3）幼虫：体长 10 ~ 15mm，背线两侧各有 3 条浅紫红色纵纹，似黄白色和紫红色相间的纵条纹。头部、臀板和臀足为褐色，前胸盾为黑褐色，腹足趾钩双序环 34 ~ 38 个，臀足趾钩双序缺环 28 ~ 32 个。

【发生规律】 在河北、陕西等省 1 年发生 3 代。以蛹在杂草、落叶和土块下越冬。陕西关中地区 4 月中、下旬越冬代成虫开始羽化，产卵于新梢顶端未伸展开的嫩叶基部，单粒或几粒成堆。第 1 代幼虫于 4 月中旬开始发生。幼龄幼虫潜伏在未伸展的嫩叶上为害。5 月下旬开始在为害的叶苞内化蛹；6 月下旬出现第 1 代成虫。第 2 代幼虫于 7 月上旬出现。7 月下旬化蛹，8 月中旬开始出现第 2 代成虫。第 3 代幼虫约为害至 9 月中、下旬至 10 月老熟落地化蛹越冬。

【防治方法】

1）人工防治：清扫果园中落叶、铲除杂草，集中消灭越冬蛹；生长季摘除卷叶，消灭其中幼虫。

2）化学防治：越冬幼虫出蛰盛期及第 1 代卵孵化盛期后是施药的关键时期，可用 80% 敌敌畏乳油、48% 乐斯本乳油、25% 喹硫磷、50% 杀螟松、50% 马拉硫磷乳油 1000 倍液，或者 2.5% 功夫、2.5% 敌杀死乳油、20% 速灭杀丁乳油 3000 ~ 3500 倍液，或者 10% 天王星乳油 4000 倍液、52.25% 农地乐乳油 1500 倍液，以及其他菊酯类杀虫剂或菊酯与有机磷复配剂。

5. 苹褐卷蛾

【症状识别】 幼虫取食新芽、嫩叶和花蕾，常吐丝缀叶或纵卷 1 片叶，隐藏在卷中、缀叶内取食为害。严重时植株生长受阻，不能正常开花，另外还啃食果面，造成虫疤，降低果品质量。

【形态特征】

1）成虫：黄褐色，体长 8 ~ 10mm，翅展 18 ~ 25mm。前翅为褐色，基部斑纹为浓褐色，中部有 1 条自前缘伸向后缘的浓褐色宽横带，上窄下宽，横带内缘中部凸出，外缘弯曲，超前缘外端半圆形斑为浓褐色。各斑纹边缘有深色细线。后翅为灰褐色。

2）卵：扁椭圆形，长径为 0.9mm，短径为 0.7mm。卵排列成鱼鳞状卵块。

3) 幼虫：末龄幼虫体长 18 ~ 20mm，头壳近似方形，浅绿色。前胸背板为绿色，大多数个体前胸背板后缘两侧各有 1 个黑斑。虫体为深绿色稍带白色。毛片色稍浅；臀栉 4 ~ 5 根。

4) 蛹：长 11 ~ 12mm，全体为浅褐色，唯胸部腹面为绿色。腹部背面各节有两横排刺突。

【发生规律】 辽宁 1 年发生 2 代，河北、山东、陕西 1 年发生 3 代。以幼龄幼虫结白色丝茧内越冬。在辽宁南部地区越冬代成虫于 6 月下旬至 7 月中旬羽化，第 1 代成虫于 8 月下旬至 9 月上旬羽化。在山东越冬代成虫于 6 月初至 6 月下旬羽化，第 1 代 7 月中旬至 8 月上旬羽化，第 2 代 8 月下旬至 9 月中旬羽化。幼龄幼虫于 10 月上旬开始进入越冬。

【防治方法】

1) 农业防治：于果树休眠期彻底刮除树体粗皮、翘皮、剪锯口周围死皮，消灭越冬幼虫。

2) 诱杀防治：在树冠内挂糖醋液诱盆诱集成虫，配液用糖：酒：醋：水为 1:1:4:16。

3) 生物防治：释放赤眼蜂。害虫发生期隔株或隔行放蜂，每代放蜂 3 ~ 4 次，间隔 5 天，每株放蜂 1000 ~ 2000 只。

4) 化学防治：越冬幼虫出蛰盛期及第 1 代卵孵化盛期后是施药的关键时期，可用 80% 敌敌畏乳油、48% 乐斯本乳油、25% 喹硫磷、50% 杀螟松、50% 马拉硫磷乳油 1000 倍液，或 2.5% 功夫、2.5% 敌杀死乳油、20% 速灭杀丁乳油 3000 ~ 3500 倍液，或 10% 天王星乳油 4000 倍液，或 52.25% 农地乐乳油 1500 倍液，以及其他菊酯类杀虫剂或菊酯与有机磷复配剂。

6. 苹果舟形毛虫

【症状识别】 3 龄前群栖在叶背为害，头向外整齐地排成一排，由叶边缘向内取食为害，叶肉被吃掉后只剩下表皮和叶脉，叶片呈网状；幼虫长大后分散为害，将整个叶片全部吃光，仅剩叶柄。

【形态特征】

1) 成虫：体长约 25mm，翅展约 25mm。体为黄白色。前翅有不明显的波浪纹，外缘有黑色圆斑 6 个，近基部中央有银灰色和褐色各半的斑纹。后翅为浅黄色，外缘杂有黑褐色斑。

2) 卵：圆球形，直径约 1mm，初产时为浅绿色，近孵化时变为灰色或黄白色。卵粒排列整齐而成块。

3）幼虫：老熟幼虫体长 50mm 左右。头为黄色，有光泽，胸部背面为紫黑色，腹面为紫红色，体上有黄白色。静止时头、胸和尾部上举如舟，故称"舟形毛虫"。

4）蛹：体长 20 ~ 23mm，暗红褐色。蛹体密布刻点，臀棘 4 ~ 6 个，中间两个大，侧面两个不明显或消失。

【发生规律】　舟形毛虫每年发生 1 代。以蛹在约 7mm 深的土层中越冬，次年 6 月中下旬开始羽化，7 月中下旬为羽化盛期。9 月上旬幼虫老熟后，陆续入土化蛹过冬。

【防治方法】

1）越冬的蛹较为集中，春季结合果园耕作，刨树盘将蛹翻出。

2）在幼虫群集期，人工捕杀。幼虫分散后，利用其吐丝下坠的习性，人工振落捕杀。

3）在卵发生期（7 月中下旬），释放赤眼蜂灭卵。

4）幼虫发生期对树施药防治，防治关键时期是在幼虫 3 龄以前。可喷施药剂有：40% 丙溴磷乳油 800 ~ 1000 倍液、25% 硫双威可湿性粉剂 1000 倍液、50% 杀螟硫磷乳剂 1000 倍液、80% 敌敌畏乳油 1000 倍液、40% 氧乐果乳油 1500 ~ 2000 倍液、25% 喹硫磷乳油 1000 倍液、20% 甲氰菊酯乳油 1000 倍液、20% 氰戊菊酯乳油 2000 ~ 2500 倍液或 10% 联苯菊酯乳油 2000 ~ 3000 倍液。

7. 苹果黄斑卷叶蛾

【症状识别】　第 1 代初孵幼虫主要为害幼芽和嫩叶，花芽受害最重，随虫龄的增加和寄主的展叶转害新叶。一般 1 ~ 2 龄仅食叶肉，残留表皮似箩底状，多不卷叶。3 龄以后开始卷叶为害，先吐丝连接数叶，在卷叶内取食叶片，或者将叶片沿中脉向正面纵折，藏于其中为害和化蛹，常蚕食叶片成孔洞。在苹果树上多单片叶褶合居中为害，桃叶的卷叶数可由 1 ~ 2 片增加至 5 ~ 8 片，严重时可使整个叶簇卷成一团。

【形态特征】

1）成虫：体长 7 ~ 9mm。分冬、夏两型。夏型成虫：前翅为金黄色，有银白色鳞状突起斑，后翅为灰白色。冬型成虫：前翅为暗褐色，后翅为灰褐色。

2）卵：扁椭圆形，长约 0.8mm，浅黄白色，半透明，近孵化时表面有一红圈。卵初产时为乳白色，第 2 天变为浅黄绿色。近孵化时，卵壳色变浅，透过卵壳可见黑色头壳和新月形躯体集中于卵的一侧。

3）幼虫：小时为浅黄色，大时为绿色，体长 20～22cm，头和前胸背板为黑色至黄褐色。

4）蛹：体为黑褐色，长 9～11mm，头顶端有一角状突起，基部两侧各有 2 个瘤状突起。

【发生规律】 黄斑卷叶蛾 1 年发生 3～4 代。以冬型成虫在杂草、落叶上越冬。次年 3 月上旬，越冬成虫在苹果花芽萌动时即出蛰活动，3 月下旬至 4 月初为出蛰盛期，成虫白天活动、交尾。各代成虫发生期：第 1 代为 6 月上旬，第 2 代在 7 月下旬至 8 月上旬，第 3 代在 8 月下旬至 9 月上旬，第 4 代在 10 月，并进入越冬。

【防治方法】

1）农业防治：搞好果园清园工作，将落叶、杂草、病虫果清出园外，消灭越冬虫源。

2）生物防治：释放赤眼蜂。

3）化学防治：参考苹褐卷蛾的化学防治方法。

8. 苹果大卷叶蛾

【症状识别】 幼龄食害嫩叶、新芽，稍大卷叶或平叠叶片或贴叶果面，食叶肉呈纱网状和孔洞，并啃食贴叶果的果皮，呈不规则形凹疤，多雨时常腐烂脱落。

【形态特征】

1）成虫：体长 10～13mm，翅展 24～30mm，体为浅黄褐色至黄褐色，略具有光泽，触角呈丝状，复眼呈球形且为褐色。前翅呈长方形，前缘拱起，外缘近顶角处下凹，顶角突出。后翅为灰褐色或浅褐色，顶角附近为黄色。雄体略小，头部有浅黄褐鳞毛。前翅近四方形，前缘褶很长，外缘呈弧形拱起，顶角钝圆，前翅为浅黄褐色，有深色基斑和中带，前翅后缘 1/3 处有 1 个黑斑，后翅顶角附近为黄色，不如雌虫明显。

2）卵：扁椭圆形，深黄色，近孵化时稍显红色。卵粒排列成鱼鳞状卵块。

3）幼虫：体长 23～25mm。幼龄幼虫为浅黄绿色，老熟幼虫为深绿色而稍带灰白色。毛瘤大，刚毛细长。头、前胸背板和胸足为黄褐色，前胸背板后缘为黑褐色。臀栉 5 根。雄体背色略深。

4）蛹：体长 10～13mm，深褐色，腹部 2～7 节背面两横排刺突大小一致，均明显。尾端有 8 根钩状刺。

【发生规律】　在辽宁、河北、陕西秦岭北麓1年发生2代。以幼龄幼虫在粗翘皮下、锯口皮下和贴枝枯叶下结白色丝茧越冬。在浙江，越冬成虫仍能为害蚕豆、苜蓿等作物，也有少数以蛹越冬。在辽宁南部地区，越冬代成虫发生期在6月上旬至下旬，盛期在6月中旬，第1代成虫在8月发生，8月中旬为盛期。陕西秦岭北麓，越冬代成虫于6月初至6月底发生，第1代于7月下旬至8月下旬发生，各代盛期与辽宁的相仿。第2代幼龄幼虫于10月到越冬场所越冬。

【防治方法】

1）物理防治：以黑光灯、杨树枝把、糖醋液（糖∶酒∶醋∶水为1∶1∶4∶16配制）等，结合防治其他鳞翅目害虫进行成虫的诱杀。

2）农业防治：于休眠期彻底刮除粗皮、翘皮、剪锯口周围死皮，及时摘除卷叶，结合整枝打杈等田间管理摘除卵块；利用性诱剂诱杀，用塑料盆或罐头瓶等固定在铅丝或绳圈内，盆内倒清水，加少量洗衣粉，将其挂在果树外缘树叶较密的第1层主枝上，盆底离地面1.5m以下，将诱芯用细铁丝穿中心，诱芯距水1cm，铁丝两端固定在盆外绳圈上，每亩设置诱芯2～3个。

3）生物防治：释放赤眼蜂，发生期隔株或隔行放蜂，每代放蜂3～4次，间隔5天，每株放有效蜂1000～2000只。

4）药剂防治：越冬幼虫出蛰盛期及第1代卵孵化盛期后是施药的关键时期，可用80%敌敌畏乳油、48%乐斯本乳油、25%喹硫磷、50%杀螟松、50%马拉硫磷乳油1000倍液，或2.5%功夫、2.5%敌杀死乳油、20%速灭杀丁乳油3000～3500倍液，或10%天王星乳油4000倍液，或52.25%农地乐乳油1500倍液，以及其他菊酯类杀虫剂或菊酯与有机磷复配剂。

9. 小黄卷叶蛾

【症状识别】　幼虫先为害嫩芽，影响抽梢开花和坐果，长大后缀连叶片并取食叶肉，常因食料不足转移到新梢卷叶为害，受惊动时即从卷叶中吐丝下坠。

【形态特征】

1）成虫：长6～8mm，黄褐色，静止时呈钟罩形，前翅基斑为褐色，中部的上半部狭窄，下半部向外侧突然增宽，似斜"h"形。

2）卵：扁平，椭圆形，浅黄色，数十粒排成鱼鳞状卵块。

3）幼虫：老熟时体长13～18mm，黄绿色至翠绿色，臀栉6～8根。

4）蛹：长 9 ~ 11mm，黄褐色，腹部 2 ~ 7 节，背面各有两行小刺，后行小而密。

【发生规律】 在我国北方每年发生 3 ~ 4 代，以幼龄幼虫在老树皮裂缝、剪枝口处越冬。孵化后幼虫分散卷叶为害。第 3 代幼虫于 10 月后进入越冬期。

【防治方法】 冬季清园，修剪虫害枝条，减少越冬幼虫；春、夏两季摘除卵块，捕杀幼虫；清除落果；用敌百虫、敌敌畏、拟除虫菊酯喷杀幼虫；施用青虫菌；利用性外激素诱杀，以及保护和利用天敌等。

10. 苹果旋纹潜叶蛾

【症状识别】 幼虫潜叶为害，呈螺旋状串食叶肉，粪便排于隧道中显出螺纹形黑纹，严重时 1 片叶上有数个虫斑，造成落叶，影响树势。

【特征识别】

1）成虫：体长 2 ~ 2.5mm，翅展 6 ~ 6.5mm，体和前翅为银白色。头顶丛生粗毛；触角呈丝状，浅褐色，与体近等长。前翅短阔，呈披针形，端部为金黄色，翅上有 7 条褐色或黑色斜纹，臀角处有 1 个长卵形黑斑，斑中央生银白色小点，称为黑色孔雀斑，缘毛长且为灰色，翅端具有黑缘毛 3 束。后翅为浅褐色，狭长；缘毛为灰白色，甚长。足为银白色，外侧具有金属光泽。

2）卵：椭圆形，略扁平，上有网状脊纹，长 0.27mm，浅绿色至灰白色，半透明，有光泽。

3）幼虫：体长 4.7 ~ 5.5mm，黄白色，微绿，略扁平。头较大，褐色；胴部节间细，貌似念珠状。前胸盾具有 2 个黑色长斜斑，后胸和第 1、2 腹节两侧各有 1 个棒状小突起，上生刚毛 1 根。气门呈圆形，腹足趾钩单序环。

4）蛹：长 3 ~ 4mm，扁纺锤形，初为浅黄色，后变为浅褐色至黑褐色。

5）茧：长 5 ~ 6mm，梭形，于白色"工"字形丝幕中央。

【发生规律】 辽宁、河北、山西晋中 1 年发生 3 代，山西南部、山东、河南、陕西 1 年发生 4 代。以蛹茧在枝、干缝隙处越冬，次年 4 月中旬至 5 月中旬成虫羽化，成虫白天活动，第 1 代卵多散产在树冠内膛中下部光滑的老叶背面，以后各代分散于树冠各部位，成虫寿命为 3 ~ 12 天。每只雌虫产卵 30 粒左右，卵期平均 10 天。初孵幼虫从壳下蛀入叶肉，取食叶片的栅状组织，少数从叶面蛀入为害叶片海绵组织，均不伤及表皮。幼虫期26天左右。老熟幼虫从虫斑一角咬孔脱出，脱出时吐丝下垂到下部叶片或枝条上，结茧化蛹。非越冬代老熟幼虫多在叶上化蛹，越冬代多在枝干粗皮裂缝中化蛹。前蛹期1~4天，非越冬代蛹期15天，越冬代达7~8个月。

【防治方法】

1）及时清除果园落叶，刮除病树皮，可消灭部分越冬蛹。

2）结合防治其他害虫，在越冬代老熟幼虫结茧前，在枝干上束草诱虫进入化蛹越冬，休眠期取下集中烧毁。

3）成虫发生期的化学防治参考苹褐卷蛾的化学防治方法。

11. 金纹细蛾

【症状识别】 幼虫在叶背面潜食叶肉，被害叶仅剩下表皮，外观呈泡囊状，透过下表皮可见幼虫及黑色虫粪（见彩图8）。叶片正面出现网眼状虫疤，1个虫泡内只有1只幼虫，发生严重时，1片叶上有多个虫泡，使叶片扭曲皱缩，影响光合作用，并促使早期落叶。

【形态特征】

1）成虫：体长约2.5mm，金黄色。前翅狭长，黄褐色，翅端前缘及后缘各有3条白色和褐色相间的放射状条纹。后翅尖细，有长缘毛。

2）卵：扁椭圆形，长约0.3mm，乳白色。

3）幼虫：老熟幼虫体长约6mm，扁纺锤形，黄色，腹足3对。

4）蛹：体长约4mm，黄褐色。

【发生规律】 1年发生4~5代。以蛹在被害的落叶内过冬，在华北地区1年发生5代，以蛹在被害叶片中越冬。次年苹果发芽时出现成虫，4月下旬为发生盛期。以后各代成虫发生盛期为：第1代为5月下旬至6月上旬；第2代为7月上旬；第3代为8月上旬；第4代为9月中下旬。后期世代重叠，最后一代的幼虫于10月下旬在被害叶的虫斑内化蛹越冬。

【防治方法】

1）人工防治：果树落叶后清除落叶，集中烧毁，消灭越冬蛹。

2）药剂防治：防治的关键时期是各代成虫发生盛期。其中，在第1代成虫盛发期喷药，防治效果优于后期防治。常用药剂有80%敌敌畏乳剂800倍液、50%杀螟松乳剂1000倍液、20%杀灭菊酯2000倍液、2.5%溴氰菊酯2000~3000倍液、30%蛾螨灵可湿性粉剂1200倍液。另外，25%灭幼脲3号胶悬剂1000倍液也有很好的防治效果。

3）生物防治：金纹细蛾的寄生性天敌很多，其中以金纹细蛾跳小蜂数量最多，其发生代数和发生时期与金纹细蛾相吻合。产卵于寄主卵内，在卵和幼虫体内生活的寄生蜂，应加以保护和利用。

12. 银纹潜叶蛾

【症状识别】 幼虫在新梢叶片上表皮下潜食成线形虫道，由细变粗，最后在叶缘部分形成大块枯黄色虫斑，虫斑背面有黑褐色细粒状虫粪，被害叶仅剩上下表皮。

【形态特征】

1）成虫：体长 3~4mm。夏型成虫，前翅端部都有橙黄色斑纹，围绕斑纹有数条放射状灰黑色纹，翅端有一小黑点。冬型成虫，前翅端部的橙黄色部分不明显，前半部有波浪形黑色粗细纹。

2）卵：球形，直径为 0.3~0.4mm，浅绿色。

【发生规律】 在山东地区 1 年发生 5 代，以成虫在杂草落叶和土石缝内越冬。在胶东地区 5 月上中旬出蛰，同时在苹果顶梢 4~5 个叶片上产卵，产于叶背面，单粒产卵，卵期 5~8 天。幼虫孵化后潜入叶肉内蛀食，蛀叶肉，虫道呈线状，而后及至全叶。3~4 天后，食痕干枯发黄，不规则形，叶背多有半圆形小孔，悬挂细丝小颗粒状黑色粪便，蛀食 5~9 天，咬破叶片表皮，爬出叶外，吐丝下垂到枝条的下部叶片或被害叶片以下的三四个叶片上，在叶背拉 3~4 根白色细丝，悬空做梭形白色小茧，在茧内化蛹，蛹期 6~12 天，后羽化成虫。6 月中下旬出现第 1 代成虫。第 2~5 代成虫分别出现在 7 月上中旬、7 月下旬至 8 月中旬、8 月下旬至 9 月上旬和 9 月中旬至 10 月中旬。

【防治方法】

1）人工防治：秋冬落叶后，要彻底清扫果园落叶，刮除枝干上的越冬蛹和冬型成虫。

2）化学防治：幼虫一旦潜入叶片，化学防治效果很差，因此必须在成虫发生盛期进行喷药防治。常用药剂有：50% 敌百虫乳油 1000 倍液，25% 灭幼脲 3 号悬浮液 1000~2000 倍液，2.5% 功夫乳油或 20% 杀灭菊酯乳油 3000 倍液。

13. 苹果黄蚜

【症状识别】 苹果黄蚜（见彩图 9）主要为害新梢、嫩芽和叶片。被害梢端部叶片开始周缘下卷，以后则向背面横卷，严重时会引起早期落叶，皱缩成团。

【形态特征】

1）有翅胎生雌蚜：头、胸部和腹管、尾片均为黑色，腹部呈黄绿色或绿色，两侧有黑斑。

2）无翅胎生雌蚜：体长 1.4 ~ 1.8mm，纺锤形，黄绿色，复眼、腹管及尾片均为漆黑色。

3）若蚜：鲜黄色，触角、腹管及足均为黑色。

4）卵：椭圆形，漆黑色。

【发生规律】　1 年发生 10 余代。以卵在寄主枝梢的皮缝、芽旁越冬。次年苹果芽萌动时开始孵化，约在 5 月上旬孵化结束。初孵若蚜先在芽缝或芽侧为害 10 余天后，产生无翅和少量有翅胎生雌蚜。5 ~ 6 月继续以孤雌生殖的方式产生有翅和无翅胎生雌蚜。6 ~ 7 月繁殖最快，产生大量有翅蚜并扩散蔓延造成严重危害。7 ~ 8 月气候不适，发生量逐渐减少，秋后又有回升。10 月间出现性母，产生性蚜，雌雄交尾产卵，以卵越冬。

【防治方法】

1）冬季结合刮老树皮进行人工刮卵，消灭越冬卵。

2）苹果萌芽时（越冬卵开始孵化期）和 5 ~ 6 月产生有翅蚜时，喷布 40% 乐果（或氧乐果）乳油 1000 ~ 1500 倍液。

3）果树生长期喷布 50% 抗蚜威（辟蚜雾）可湿性粉剂 2000 ~ 3000 倍液或 20% 灭扫利乳油 2000 ~ 4000 倍液，可兼治红蜘蛛。

4）以 40% 氧乐果等内吸性杀虫剂乳油 10 ~ 20 倍液于树干涂环、注干或浸根防治，既可减少农药对大气、土壤和水质等环境污染，又可保护果园中的害虫天敌。

14. 苹果瘤蚜

【症状识别】　苹果瘤蚜主要为害新芽、嫩叶及幼果。叶片被害后，由边缘向后纵卷，叶片常出现红斑，随后变为黑褐色，干枯死亡。幼果被害后出现许多略有凹陷、不规则的红斑。被害严重的树，新梢、嫩叶全部扭卷皱缩，发黄干枯。

【形态特征】

1）无翅胎生雌蚜：体长 1.4 ~ 1.6mm，近纺锤形，体为暗绿色或褐色，头为漆黑色，复眼为暗红色，具有明显的额瘤。

2）有翅胎生雌蚜：体长 1.5mm 左右，卵圆形。头、胸部为暗褐色，具有明显的额瘤，并且生有 2 ~ 3 根黑毛。

3）若蚜：体小似无翅蚜，浅绿色。有的个体胸背上具有 1 对暗色的翅芽，此型称翅基蚜，日后则发育成有翅蚜。

4）卵：长椭圆形，黑绿色而有光泽，长径约 0.5mm。

【发生规律】 1 年发生 10 多代。以卵在 1 年生枝条芽缝、剪锯口等处越冬。次年 4 月上旬，越冬卵孵化，自春季至秋季均孤雌生殖，发生为害盛期在 6 月中、下旬。10 ~ 11 月出现有性蚜，交尾后产卵，以卵越冬。

【防治方法】 防治苹果瘤蚜的关键是在越冬卵孵化盛期细致喷药。

1）豫西地区苹果瘤蚜的卵在 4 月初开始孵化，4 月中旬为孵化盛期，4 月下旬孵化结束。

2）蚜虫繁殖快、世代多，用药易产生抗性。选药时建议用复配药剂或轮换用药，可用 50% 啶虫脒水分散粒剂（国光崇刻）3000 倍液、10% 吡虫啉可湿性粉剂（如国光毙克）1000 倍液、40% 啶虫脒·毒死蜱乳油（如国光必治）1500 ~ 2000 倍液，或者 50% 啶虫脒水分散粒剂（国光崇刻）3000 倍液 + 5.7% 甲维盐乳油（国光乐克）2000 倍混合液喷雾，均可起到针对性防治的作用。防治时建议在常规用药的基础上缩短用药间隔期，连用 2 ~ 3 次。

三 苹果树果实害虫

苹果树果实害虫中最典型的为苹果桃小食心虫。

【症状识别】 被害果实畸形，果内充满虫粪，俗称猴头果和豆沙馅果（见彩图 10）。

【形态特征】

1）成虫：雌虫体长 7 ~ 8mm，翅展 16 ~ 18mm；雄虫体长 5 ~ 6mm，翅展 13 ~ 15mm。全体为白灰色至灰褐色，复眼为红褐色。雌虫唇须较长并向前直伸；雄虫唇须较短并向上翘。前翅中部近前缘处有近似三角形的蓝灰色大斑，近基部和中部有 7 ~ 8 簇黄褐色或蓝褐色斜立的鳞片。后翅为灰色；缘毛长，浅灰色。雄虫有翅缰 1 根，雌虫有 2 根。

2）卵：椭圆形或桶形，初产卵为橙红色，渐变为深红色，近孵卵顶部显现幼虫的黑色头壳，呈黑点状。卵顶部环生 2 ~ 3 圈 "Y" 状刺毛，卵壳表面具不规则多角形网状刻纹。

3）幼虫：幼虫体长 13 ~ 16mm，桃红色，腹部色浅，头为黄褐色，前胸盾为黄褐色至深褐色，臀板为黄褐色或粉红色。腹足趾钩单序环

10~24个，臀足趾钩9~14个，无臀栉。

4）蛹：长6.5~8.6mm，刚化蛹时为黄白色，近羽化时为灰黑色，翅、足和触角端部游离，蛹壁光滑无刺。

5）茧：分冬茧和夏茧。冬茧，扁圆形，直径为6mm，长2~3mm，茧丝紧密，包被老龄休眠幼虫；夏茧，长纺锤形，长7.8~13mm，茧丝松散，包被蛹体，一端有羽化孔。两种茧外表粘着土沙粒。

【发生规律】 在山东、河北一带每年发生1~2代。以老熟的幼虫作茧在土中越冬。山东、河北越冬代幼虫在5月下旬后开始出土，出土盛期在6月中下旬。越冬代成虫羽化后，经1~3天产卵，绝大多数卵产在果实绒毛较多的萼洼处。第1代幼虫在果实中历期为22~29天。第1代成虫在7月下旬至9月下旬出现，盛期在8月中下旬。第2代卵的发生期与第1代成虫的发生期大致相同，盛期在8月中下旬。第2代幼虫在果实内历期为14~35天，幼虫脱果期最早在8月下旬，盛期在9月中下旬，末期在10月。

【防治方法】

1）地下防治：在越冬幼虫出土化蛹期间，于土面喷洒25%辛硫磷微胶囊剂，每亩250g，兑水25~50kg，然后均匀周密地喷洒在地面上。喷药前应将地面杂草除净，喷药后最好把地面土壤中耕一遍，以延长药效，20天后用同样方法进行第2次处理。此外，用2.5%敌杀死或20%速灭杀丁乳油，每亩用0.3~0.5kg，喷洒地面有良好效果，但残效期短。

2）树上防治：应掌握在卵果率达1%或卵孵化初期喷药防治，药剂可用50%杀螟松乳剂1000倍液、2.5%敌杀死2000~3000倍液、20%杀灭菊酯乳剂2000~3000倍液、2.5%天王星乳油2000倍液等。

3）人工防治：有条件的果园，可在成虫卵前对果实进行套袋保护。幼虫蛀果为害期间，定期摘除虫果，并拾净虫害落果，可降低田间虫源。结合虫情报，利用性诱剂诱捕雄成虫。

四 苹果树根部害虫

苹果树根部害虫中最典型的为苹果根绵蚜。

【症状识别】 苹果根绵蚜主要寄生在须根上，寄生部位有白色蜡质絮状物，被寄生的根变褐、腐烂。

【形态特征】 成虫体长1.5~4.9mm，多数约2mm，有时被蜡粉，但缺蜡片。触角有6节，少数为5节，罕见有4节，感觉圈圆形，罕见有椭圆形,末节端部常长于基部。眼大,多小眼面,常有突出的 3 个小眼面眼瘤。喙末节短钝至长尖。腹部大于头部与胸部之和。前胸与腹部各节常有缘瘤。腹管通常呈管状,常长大于宽,基部粗,向端部渐细,中部或端部有时膨大,顶端常有缘突,表面光滑或有网纹或端部有网纹,罕见生有或少或多的毛,罕见腹管环状或缺。尾片呈圆锥形、指形、剑形、三角形、五角形、盔形至半月形。尾板末端圆。表皮光滑,有网纹或皱纹,或者由微刺或颗粒组成的斑纹。体毛尖锐或顶端膨大为头状或扇状。有翅蚜触角通常为 6 节,第 3 节或第 3~4 节或第 3~5 节有次生感觉圈。前翅中脉通常分为 3 条,少数分为 2 条。后翅通常有肘脉 2 条,罕见后翅变小,翅脉退化。翅脉有时镶黑边。

【发生规律】 1 年发生 1~9 代。苹果根绵蚜有两个繁殖高峰期,第 1 个高峰期在 5 月中旬至 7 月中旬,第 2 个高峰期在 9 月中旬至 10 月下旬。

【防治方法】

1)涂环法:涂环法只适用于果树生长期,一般于 5 月上旬左右进行。具体操作方法是,取一份 40% 蚜灭磷乳油加 4 份水制成 5 倍液体,然后在树干上选择适当的位置进行涂环。若树体是 1~7 年生的幼树,可选择树体主干表皮光滑且便于操作的部位,用配制好的 5 倍液体在主干上均匀地涂成一个 4~5cm 宽的药环,然后用旧报纸包严,最后用塑料薄膜将药环包紧。若树体是 7 年生以上的老树,应将表面粗皮轻轻刮去后再涂药。

2)药剂防治:第 1 次防治适期是苹果落花后,可用防治绵蚜的专用药剂 40% 蚜灭磷乳油兑水成 1500~2000 倍液进行喷雾,或者采用 5 倍药液涂环防治 1 次。第 2 次用药是苹果采收后,10 月下旬或 11 月上旬,再用 40% 蚜灭磷乳油兑水成 1500~2000 倍液喷药 1 次,可有效地杀灭根绵蚜,大大减轻次年 5~6 月的绵蚜危害。

第三章

梨园无公害科学用药

第一节 梨园病害诊断及防治

一 梨树枝干病害

1. 梨轮纹病

【症状识别】 梨轮纹病主要为害枝干和果实，较少为害叶片。侵害果实引致果腐损失严重。侵染枝干，严重时大大削弱树势或整株枯死。枝干染病从皮孔侵入，初现 0.3 ~ 2cm 扁椭圆形略带红色的褐斑，病斑中心突起，质地较硬，边缘龟裂，与健部形成一道环沟状裂缝。病组织上翘，呈马鞍状。若多个病斑连在一起，表皮十分粗糙，果农称其为粗皮病。果实染病多在近成熟和储藏期发病，从皮孔侵入，生成水浸状褐斑，很快呈同心轮纹状向四周扩散，几天内致全果腐烂。烂果多汁，常带有酸臭味。叶片受害产生近圆形病斑，同心轮纹明显，呈褐色，0.5 ~ 1.5cm。后期色泽较浅并现黑色小粒点。叶片上病斑多时，引起叶片干枯早落。

【病原】 贝氏葡萄座腔菌梨专化型，又称梨生囊孢壳菌，属子囊菌门真菌；无性态为轮纹大茎点菌，属半知菌类真菌。

【防治方法】

1）秋冬两季清园，清除落叶、落果。

2）刮除枝干老皮、病斑，用 402 抗生素 50 倍液消毒伤口；剪除病梢，集中烧毁。

3）加强栽培管理，增强树势，提高树体抗病能力。

4）合理修剪，园地通风透光良好。

5）芽萌动前喷布 5 波美度石硫合剂。

6）生长期喷药防治：4月下旬至5月上旬、6月中下旬、7月中旬至8月上旬，每间隔10～15天喷1次杀菌剂。药剂可选用50%多菌灵可湿性粉剂800倍液、50%克菌灵可湿性粉剂500倍液、70%甲基托布津可湿性粉剂1000倍液、50%退菌特可湿性粉剂600倍液、70%代森锰锌可湿性粉剂900～1300倍液、40%杜邦福星8000～10000倍液、30%绿得保杀菌剂（碱式硫酸铜胶悬剂）400～500倍液、50%甲霉灵或多霉灵可湿性粉剂600倍液、12.5%速保利可湿性粉剂3000倍液、80%大生M-45可湿性粉剂600～1000倍液、6%乐必耕可湿性粉剂1000～1500倍液或1:（2～3）:200倍式波尔多液。

7）果实套袋，保护果实。

2. 梨黑斑病

【症状识别】 梨黑斑病主要为害果实、叶和新梢。叶部受害，幼叶先发病，产生褐色至黑褐色圆形斑点，后逐渐扩大，形成近圆形或不规则形病斑，中心为灰白色至灰褐色，边缘为黑褐色，有时有轮纹。病叶焦枯、畸形，早期脱落。天气潮湿时，病斑表面产生黑色霉层，即病菌的分生孢子梗和分生孢子。果实受害，果面出现一至数个黑色斑点，渐扩大，颜色变浅，形成浅褐色至灰褐色圆形病斑，略凹陷。发病后期病果畸形、龟裂，裂缝可深达果心，果面和裂缝内产生黑霉，并常常引起落果。果实近成熟期染病，前期表现与幼果相似，但病斑较大，为黑褐色，后期果肉软腐而脱落。新梢发病，病斑呈圆形或椭圆形、纺锤形，浅褐色或黑褐色，略凹陷，易折断。

【病原】 菊池链格孢，属半知菌。

【防治方法】

1）加强栽培管理：增施有机肥提高树体自身的抗病能力，及时中耕除草，排除果园积水，降低温度，增强通风透光能力。在历年黑斑病发生严重的梨园，冬季修剪宜重。发病后及时摘除病果。

2）消灭越冬菌源：发病前彻底清扫果园，清除园内的落叶和落果，集中销毁，并喷布5波美度石硫合剂，铲除越冬菌源。

3）生长季节树上喷药防治：4月下旬开始喷第1次药，以后可视病情，结合防治黑星病、轮纹病每隔10～15天喷1次药，连喷7～8次，至7月中旬结束。药剂可选用50%扑海因可湿性粉剂1000～1500倍液、80%大生M-45可湿性粉剂600～800倍液或1:2:240倍式波尔多液。

3. 梨干枯病

【症状识别】　病斑多发生在伤口或枝干的分杈处，病部呈椭圆形，黑褐色，边缘为红褐色。病部凹陷与健全组织裂开，四周与健部界线明显，上生黑色小点，即病菌的分生孢子器。

梨干枯病主要为害老龄和衰弱及受冻伤的梨树，也为害苗木。

【病原】　福士拟茎点霉，属半知菌类真菌。

【防治方法】

1）加强肥水管理，增施有机肥料，适时排灌，合理修剪，合理负担，改善光照。

2）在发芽前喷洒 5 波美度石硫合剂；生长期结合防治其他病害，注意树干的喷药保护和防治。

3）冬季结合清园，刮除病斑后用 10 波美度石硫合剂、硫酸铜 100 倍液、50% 退菌特 500 倍液 + 平平加 200 倍液，或者抗菌剂 402 50 ~ 100 倍液涂刷伤口消毒。果树生长期间，发现病斑应立即刮除，消毒保护药剂同上。

4. 梨裂果病

【症状识别】　梨裂果病主要发生在果实和枝干上。染病的幼果，初期仅在向阳面变红，果肉逐渐木质化，后致果实开裂，裂口处果肉干缩变黑，湿度大或多雨时，病菌乘机从伤口侵入，引致果腐。枝干染病，病枝易干梢，梢尖上的叶变紫红色，叶变窄小，叶片皱缩或卷曲，严重者叶缘焦枯或开裂，病枝由褐色转为红褐色，光泽丧失。

【病因】　生理病害。

【防治方法】

1）加强梨园管理，做到水肥均衡供应；科学修剪，如疏剪或缩剪，调节坐果率。

2）及时防治腐烂病、黑星病、日灼病。

5. 梨树腐烂病

【症状识别】　梨树腐烂病多发生在主干、主枝、侧枝及小枝上，有时主根基部也受害。病部树皮腐烂且多发生在枝干向阳面及枝杈部。初期稍隆起，水浸状，按之下陷，轮廓呈长椭圆形。病组织松软、糟烂，有的溢出红褐色汁液，发出酒糟气味，一般不烂透皮层，但在衰弱树及西洋梨上则可穿透皮层达木质部，引起枝干死亡。当梨树进入生长期或活动一段时间后，病部扩展减缓，干缩下陷，病健交界处龟裂，病部表面生满黑色小粒，即子座及分生孢子器。潮湿时形成浅卷丝状孢子角。在健壮树上，伴随愈伤组织的形成，四周稍隆起，病皮干翘脱落，后长出新皮及木栓组织。梨树展叶开花进入旺盛生长期后，有一些春季发生的小溃疡斑停止活动，被愈伤的周皮包围，失水形成干斑，多埋在树皮裂缝下，刮除粗皮可见椭圆形或近圆形干斑，略呈红褐色，较浅，多数未达木质部，组织较松软，病健部开裂，生长期内一般不活动，入冬后继续扩展，穿过木栓层形成红褐色坏死斑，湿润进一步扩展，即导致树皮腐烂。夏秋两季发病，主要产生表面溃疡，沿树皮表层扩展，略湿润，轮廓不明显，病组织较软，只有局部深入，后期停止扩展，稍凹陷；晚秋初冬由于树皮表面死组织中的病菌在树体活力减弱时开始扩展为害，在枝干粗皮边缘死皮与活皮邻接处出现坏死点；入冬后继续扩展，呈溃疡形。春季于 2~4 年生小枝上发病，蔓延很快，也呈现这种症状。枝干树皮发病，当扩展到环绕枝干一周时，全枝及整株逐渐死亡。

【病原】　苹果黑腐皮壳梨变种，属子囊菌门真菌。

【防治方法】

1）加强栽培管理：改善立地条件，深翻改土，促进根系发育，增施有机肥和磷钾肥，避免偏施氮肥。合理修剪和疏花、疏果，控制结果，避免大小年，防止土壤干旱和雨后积水，结合修剪及时清除枯枝、病枝并烧毁。

2）避免和保护伤口：伤口是腐烂病的侵入途径，也是削弱树势的重要原因，避免、减少枝干伤口，并对已有伤口妥为保护、促进愈合，这是防治腐烂病的重要环节。

3）化学防治：以防为主。早春发芽前喷 2% 农抗 120 水剂、腐必清100 倍液或 3 波美度石硫合剂，可有效清除树体上的潜伏病菌，收到良好的防病效果。发病后，剪除病枝或刮除病疤后，用 5% 腐必清水剂30~50 倍液或 2% 农抗 120 水剂 10~20 倍液涂抹伤口，半月后再涂 1 次，发病严重的梨园要全园用药普防 1 次。

6. 梨树冻害

【症状识别】　梨树冻害可使花芽、枝条、枝杈、根颈和主干及果实受害，易诱发腐烂病致整株枯死。

【防治方法】

1）选用抗寒品种，在北方高寒地区应以秋子梨、沙梨系统为主。

2）注意梨园园址的选择，加强垂直主风向的防护林带建设。充分利用小气候的优越性，减轻树体冻害的程度。

3）加强肥水管理，合理施肥浇水。树体养分积累多，抗寒力强。

4）采用高接技术提高树体的抗寒力。

5）越冬保护，清除树盘积雪，减轻冻害。

6）用72%农用链霉素可溶性粉剂4000倍液，可使冰核细菌减少，防止冻害。

梨树早春冻害的防护：

① 喷盐水：晚霜来临前树体喷10%～20%盐水，既可增加树体细胞液浓度，降低冰点，又能增加空气湿度，水遇冷凝结释放潜热，而免受冻害。

② 喷激素：早春喷0.1%～0.2%青鲜素液，抑制萌芽和推迟开花，避免冻害。

③ 涂白、喷白：早春用7%～10%石灰液涂白主干、主枝，并喷白树冠，可延迟发芽和开花。

护理受冻梨树时应加强肥水管理。追施腐熟人粪尿或速效氮肥，叶面喷0.2%尿素和磷酸二氢钾，促其迅速恢复树势。若花期受冻可喷50mg/L赤霉素，以提高坐果率，同时注意病虫害防治，保护叶片；对晚开未受冻花及时进行人工授粉。

7. 梨树火疫病

【症状识别】 叶片发病，先从叶缘开始变黑色，然后沿叶脉发展，最终全叶变黑、凋萎。早期侵染的果实不膨大，呈现水渍状斑，色泽黑暗，有明显的边缘，后病部有凹陷并出现溃疡状，呈现褐色至黑色。在新梢枝条上首先表现为灰绿色病变，随之整个新梢萎蔫下垂，最后死亡。树皮发病后，略凹陷，着色也略深，皮下组织呈水渍状。

【病因】 主要通过无性繁殖传播，芽接、枝接或扦插均可传染，对感病品种是一个毁灭性病害。

【防治方法】

1）严格检疫是目前最根本也是最有效的防治方法。

2）清理果园，花期发现病花及时剪掉，冬季剪除病梢及刮除病干上的病皮并烧毁或深埋。

3）避免在低洼易涝地定植。

4）及时防止昆虫传播。

5）芽前刮除发病树皮，在生长季节每隔7天检查一次各种发病新梢和组织，发现后及时剪除。对因各种农事操作造成的伤口都要进行涂药保护。

8. 梨灰色膏药病

【症状识别】 梨灰色膏药病主要发生在梨树枝干上的介壳虫残体上，先产生白色绵毛状物，中央呈暗色，四周不断地延伸丝状物，圆形，中央厚，周围薄，形似膏药。之后呈紫黑色，干缩龟裂，逐渐剥落。

【病原】 *Septobasidium pedicellatum*（SchwPat），属木耳目，隔担子耳科，隔担子耳属。

【防治方法】 介壳虫是防治膏药病的主要因素。在孢子盛发期间，可喷施 0.7% 石灰等量式波尔多液，保护健康梨树免受侵染。

9. 梨树干枯病

【症状识别】 病斑多发生在伤口或枝干的分杈处。病斑初期呈椭圆形、梭形或不规则形，红褐色、水渍状；后期病斑逐渐凹陷，病健交界处产生裂缝，病斑表面长出许多小黑点；潮湿条件下，小黑点上产生浅黄色丝状物。病斑围茎一半以上时，上部逐渐枯死。另外，病菌还可侵害病斑下面的木质部，呈灰褐色至暗褐色，木质变朽，大风吹刮时易从此处折断。

【病原】 甜樱间座壳，属半知菌亚门真菌。

【防治方法】

1）加强苗木检验，防止苗木带病传播。

2）细致修剪，剪除病枝、病梢，并集中烧毁。

3）加强栽培管理，增施有机肥，增强树势；低洼果园注意排水。

4）梨树发芽前喷施 3~5 波美度石硫合剂或 75% 五氯酚钠可湿性粉剂 100~200 倍液，铲除枝干越冬病菌。

5）治疗枝干病斑。

10. 梨树枝枯病

【症状识别】 梨树枝枯病主要为害大树上衰弱的枝梢，多在衰弱的延长枝前端或结果枝上产生稍凹陷、不规则的褐色病斑，病部生出黑色小粒点，即病原菌的分生孢子座。后期病皮龟裂脱落，严重的露出木质部或枯死。

【病原】 朱红丛赤壳，属子囊菌门真菌。无性态为普通瘤座孢，属半知菌类真菌。

【防治方法】

1）夏季清除并销毁病枝，以减少果园内侵染源。

2）修剪时留桩宜短，清除全部死枝。

3）加强栽培管理，果园内不与高秆作物间作，冬季涂白，防止冻害及日灼。

4）修剪时剪除带病枝条，在分生孢子形成以前清除病枝或病斑，以减少侵染源。

11. 梨树干腐病

【症状识别】　梨树干腐病主要为害枝干和果实。枝干染病，皮层变褐并稍凹陷，后病枝枯死，其上密生黑褐色小粒点，即病菌的分生孢子器。主干染病，初生轮纹状溃疡斑，病斑环干一周后，致病部以上枯死。果实染病，病果上产生轮纹斑，其症状与梨轮纹病相似，需要鉴别病原加以区分。苗木和幼树染病后，树皮现黑褐色长条状微湿润病斑，致叶片萎蔫或枝条枯死。后期病部失水凹陷，四周龟裂，表面密生小黑粒点。

【病原】　桃小穴壳菌，属半知菌类真菌。有性态为茶藨子葡萄座腔菌，属子囊菌门真菌。

【防治方法】

1）确定合理负载量，并加强肥水管理，增强树势。密植园要注意修剪，特别是夏剪，增强下部枝叶光照。

2）结合冬、夏修剪，及时清除病枝、病果，集中烧毁。

3）刮除病斑：此病为害初期一般仅限于表层，应加强病害检查，及时刮治病斑。病部刮治后，使用奥力克溃腐灵原液进行涂抹。

4）喷雾保护：发芽前喷施溃腐灵300倍液＋有机硅，铲除潜伏侵染病菌，预防发病。

5）避免造成各种机械伤口：对已有伤口的树使用溃腐灵原液进行涂药保护，促进愈合，防止病菌侵入。

6）合理施肥和喷施叶肥：打药时，将叶面肥多达素和沃丰素按1000倍稀释并施用，均匀喷施于叶片正反两面，提高光合作用能力，增强植株抗病能力。

12. 洋梨干枯病

【症状识别】　洋梨干枯病主要为害洋梨枝干，是洋梨生产上最主要的病害。果枝和枝梢染病：初生红褐色至黑褐色溃疡斑，向四周扩展，环溢整枝，使整枝变黑枯死。果实染病：变褐后腐烂。枝干染病：春秋两季各有一次发病高峰，初期树皮呈暗褐色湿润性病斑，后扩大、干枯、凹陷变黑，表面密生稍隆起的暗黑色小点，表面粗糙，与健部接缝处裂开，枝条枯死。老树上溃疡斑可随树皮脱落。

【病原】　*Diapothe ambligua*（Sacc.）Nitsch 属子囊菌门真菌。无性态为 Phomopsis sp. 与梨干枯病类似，但后者偶尔产生子囊壳又不同于梨干枯病菌。

【防治方法】

增强树势，减少菌源，刮除树上的溃疡斑；喷洒杀虫剂防治梨树害虫，以减轻危害。具体防治措施参见梨干枯病和梨树害虫防治法。

二 梨树叶部病害

1. 梨灰斑病

【症状识别】　梨灰斑病主要为害叶片，叶受侵染后出现褐色小点，逐渐扩大成近圆形病斑，病部变灰白色并透过叶背，病斑直径一般在 2~5mm，比褐斑病病斑小而规则；后期，病部正面生出黑色小突起，为该病的分生孢子器，病斑表层易剥落。

【病原】　灰梨孢，属半知菌亚门真菌。

【防治方法】

1）彻底清除落叶，避免病菌越冬。

2）加强栽培管理，增强树势，提高树体的抗病能力。

3）发病严重果园，在 7~8 月喷药防治 1~2 次。有效药剂有 80% 大生 M-45 可湿性粉剂 800~1000 倍液、70% 代森锰锌可湿性粉剂1000~1200 倍液、50% 多菌灵可湿性粉剂或胶悬剂 800~1000 倍液、25% 苯菌灵乳油 1000~1500 倍液、70% 甲基托布津可湿性粉剂 1000~1200 倍液及 1:2:200 倍式波尔多液等。

2. 梨叶灼病

【症状识别】　梨叶灼病叶脉间似开水烫过似的急剧变褐，并扩展蔓延到全叶，引起早期落叶；也有的仅叶的一部分变褐，不致引起落叶。由于叶变为黑褐色脱落，削弱了树势，影响来年树体的花芽分化。叶灼病发生部位主要在短果枝、中长果枝，以及新梢和徒长枝的基部或叶上。

【病因】　发病的确切原因尚不明，一般认为是由于高温干燥引起叶片脱水而发生的干燥性病害，与叶片气孔机能钝化使水分过度蒸发有关。

【防治方法】　控制使用氮肥、钾肥。适当控制结果量。栽植叶灼病发生少的品种。

3. 梨树衰退病

【症状识别】 常见有急性、慢性衰退和叶片变红或伴有叶卷曲三种类型。急性衰退主要发生在夏秋两季，常以慢性衰退或叶片变红为前兆，后经几天或几周树体迅速枯萎或死亡。沙梨、秋子梨做砧木的梨树易染病，显急性衰退症状。慢性衰退表现为叶片小或生长缓慢，叶呈浅绿色、革质化，顶梢生长量减少，秋季叶片变为纯黄色或红色，染病枝能存活数年或多年。叶片变红是中间温和类型，有的变红叶片略下卷或沿主脉向上纵卷，叶片皱缩或叶脉变粗，易早落。杜梨砧、豆梨砧、洋梨无性系砧嫁接的梨树易染病。

【病原】 类菌原体。

【防治方法】

1）建梨园时，选栽无病树，并在苗圃5年生以下的果园清除病树。

2）及时防治果树害虫的侵染。

3）加强果园管理，增施有机肥，防止偏施氮肥，种植绿肥，合理灌溉增强树体的抗病能力。秋冬两季进行果树修剪，清理果园，把病枝烧毁或深埋。

4）采收后至落叶期注入四环素或四环素簇衍生物及土霉素等抗生素类杀菌剂，每年注射2~3次。

5）选用抗病和耐病砧木，如杜梨果实生苗、洋梨无性系砧均表现抗病。

4. 梨轮斑病

【症状识别】 梨轮斑病主要为害叶片、果实和枝条。叶片受害，开始出现针尖大的小黑点，后扩展为暗褐色圆形或近圆形病斑，具明显的轮纹。在潮湿条件下，病斑背面产生黑色霉层。新梢染病，病斑为黑褐色，长椭圆形，稍凹陷。果实染病形成圆形的黑色凹陷斑。

【病原】 苹果链格孢，属半知菌亚门真菌。

【防治方法】

1）果树发芽前，剪除病枝，清除落叶、落果，并集中烧毁。

2）果实套袋：南方梨黑斑病流行地区在5月上中旬以前套袋隔绝侵染。黑斑病菌芽管能穿透报纸等制成的纸袋侵染袋内果实，必须用涂桐油的特制纸袋。

5. 梨脉黄病毒病

【症状识别】 梨脉黄病毒病主要为害叶片，致梨树生长量减半。该病初在较小的叶脉上形成界线并不清晰的黄化区。一般仅短小的细脉发病，特别是在接穗第 1 年生长期间最为明显。有些类型则形成红色斑驳状。成年树染病，通常不显症状。

【病原】 黄脉和污环斑病毒。

【防治方法】

1）繁殖材料通过 37℃热处理。

2）选用无病毒的接穗和砧木。

6. 梨树白粉病

【症状识别】 梨树白粉病主要为害叶片，多于秋季为害老叶。7～8月叶片背面产生圆形或不规则形的白粉斑，并逐渐扩大，直至全叶背布满白色粉状物。9～10 月，随着气温的逐渐下降，在白粉斑上会形成很多黄褐色小粒点，后变为黑色（闭囊壳）。发病严重时，造成早期落叶。

【病原】 梨球针壳菌，属子囊菌门真菌。

【防治方法】

1）清除病原：秋季清扫落叶，消灭越冬菌源。结合冬季修剪，剪除病枝、病芽。早春果树发芽时，及时摘除病芽、病梢。

2）改善栽培管理：多施有机肥，防止偏施氮肥。使树冠通风透光良好。

3）药剂防治：建议用 20% 国光三唑酮乳油 1500～2000 倍液、12.5% 烯唑醇可湿性粉剂（国光黑杀）2000～2500 倍液或 25% 国光丙环唑乳油 1500 倍液喷雾防治。连用 2 次，间隔 12～15 天。

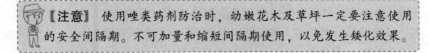

【注意】 使用唑类药剂防治时，幼嫩花木及草坪一定要注意使用的安全间隔期。不可加量和缩短间隔期使用，以免发生矮化效果。

7. 梨树环纹花叶病

【症状识别】 梨树环纹花叶病最明显的症状是，叶片产生浅绿色或浅黄色环斑或线纹斑。此病发生无规律，有时病斑只发生在主脉或侧脉的周围。高度感病品种的病叶往往变形或卷缩。病斑偶尔也发生在果实上，但病果不变形，果肉组织也无明显损伤。有些品种无明显症状，或者仅有浅绿色或黄绿色小斑点组成的轻微斑纹。阳光充足的夏天症状明显，而且感病品种在 8 月叶片上常出现坏死区域。反之，多雨季节或阳光不充足时，症状轻微甚至很多病树不显症状。

【病因】 病毒主要通过嫁接苗木、接穗、砧木等途径传染。病树种子不带毒，因而用种子繁殖的实生苗也是无病毒的。如果从病树上剪取接穗繁殖苗木，或者进行高接换种，苗木和高接后的大树都将受病毒侵染，变成病苗或病树，未发现昆虫媒介，通常在接种后第 1 年即表现症状，洋梨 A20 和榅桲 C7/1 是该病较好指示植物。

【防治方法】

1）栽培无病毒苗木，剪取在 37℃恒温条件下 2~3 周伸长出的梨苗新梢顶端部分，进行组织培养，繁殖无毒的单株。

2）禁止在大树上高接繁殖无病毒新品种，一般杂交育成或从国外引进的新品种，多数是无病毒的。禁止用无病毒的梨接穗在未经检毒的梨树上进行高接繁殖或保存，以免受病毒侵染。

3）加强梨苗检疫，防止病毒扩散蔓延，首先应建立健全无病毒母本树的病毒检验和管理制度，防止病毒侵入和扩散。

8. 梨褐斑病

【症状识别】 梨褐斑病仅为害叶片。病斑为褐色，后期中间呈白色，密生黑色小点。最初在叶片上发生圆形或近圆形的褐色病斑，以后逐渐扩大。发病严重的叶片，往往有病斑数十个之多，以后相互愈合呈不规则形的褐色大斑块，病斑初期为褐色，后期中间褪色呈灰白色。病斑上密生黑色小点，中层为褐色，外层则为黑色。

【病原】 梨球腔菌，属于子囊菌亚门。

【防治方法】

1）做好清园工作：冬季扫除落叶，集中烧毁或深埋土中。因病菌主要在落叶上过冬，所以，清除园内落叶以消灭病原，这是防治褐斑病极为重要而又经济易办的措施。

2）加强梨园管理：在梨树丰产后，应增施肥料，促使树势生长健壮，提高抗病力。雨后注意园内排水，以降低果园的湿度，这样不利于病害发展蔓延。

3）喷药保护：早春在梨树发芽前，约 3 月中、下旬，结合梨锈病防治，喷射 0.6% 石灰倍量式波尔多液。落花后，当病害初发时，约 4 月中、下旬喷射第 2 次药，药剂及浓度同上。在天气多雨，有利于病害盛发的年份，可于 5 月上、中旬再喷射 0.6% 波尔多液 1 次。防治褐斑病，一般喷药2~3次，即能达到良好的防治效果，其中喷药重点为落花后的一次。靓果安300倍液+大蒜油1000倍液+沃丰素600倍液+有机硅喷雾2次，每次间隔10天左右。

4）加强栽培管理：秋季清扫落叶，集中烧毁或深埋，以减少越冬菌源。加强肥水管理，增施有机肥，促使树势生长健壮，提高树体抗病能力。

9. 梨黑星病

【症状识别】　梨黑星病能为害所有幼嫩的绿色组织，以果实和叶片为主。果实发病，病部稍凹陷，木栓化，坚硬并龟裂，不长黑霉。幼果受害为畸形果，成长期果实发病但不产生畸形，有木栓化的黑星斑。叶片受害，沿叶脉扩展形成黑霉斑，严重时，整个叶片布满黑色霉层。叶柄、果梗症状相似，出现黑色椭圆形的凹陷斑，病部覆盖黑霉，缢缩，失水干枯，致叶片或果实早落。

【病原】　梨黑星病菌，属子囊菌门真菌。无性态为梨黑星孢，属半知菌类真菌。

【防治方法】

1）处理越冬病菌，病菌主要集中于病叶、病芽上越冬，为此，秋冬两季清除残枝落叶后喷渗透性强的杀菌剂，消除病源。

2）春芽萌动时，喷1~3波美度石硫合剂或80%大生600~800倍液进行保护。

3）经常注意果园清洁，发现病花、病花、病枝、病果应及时摘除并集中深埋，减少病原菌。

4）药剂防治：根据田间的长势，在花期、幼果期及嫩叶期进行药剂保护，关键是在4月下旬至5月中旬及7月上、中旬注意观察，田间有极少数病斑时用治疗型兼保护型药剂，病斑稍多时应连喷2~3次。

10. 梨树黄叶病

【症状识别】　黄叶病多从新梢顶部嫩叶开始发生。初期叶肉先失绿变黄，叶脉及其两侧仍保持绿色，整叶呈绿色网纹状。随病情加重，黄化程度逐渐加重，全叶变黄甚至变白。后期，从叶缘开始逐渐产生褐色焦枯斑。严重时整个枝条叶片全部变黄，病叶常早期脱落，甚至新梢顶端枯死。

【病因】　生理性病害，由缺铁引起。

【防治方法】

1) 灌水施肥：春季灌水压碱（洗盐），及时排除积水，控制盐分上升。合理施肥，增施有机肥和绿肥，改良土壤结构及理化性质，增加土壤中有机质的含量。

2) 土壤施铁：黄叶病严重的果园，结合秋季土壤施肥施用二价铁盐，可有两年以上的防治效果。根据树龄大小，一般每株施用硫酸亚铁或螯合铁 0.5～2.0kg，若将铁肥与有机肥按 1:（5～10）的比例混合埋施，效果最佳。

3) 药剂防治：萌芽期，枝干喷施 0.3%～0.5% 柠檬酸亚铁或硫酸亚铁，可显著控制黄叶病的发生，但持效期较短。生长期发现黄叶后应及时喷铁治疗，一般 7～10 天喷 1 次，直至叶片转绿为止。常用的有效药剂有：0.2%～0.3% 柠檬酸亚铁、硫酸亚铁 200～300 倍液 + 尿素 300 倍液及黄叶灵 500～600 倍液等。

11. 梨锈病

【症状识别】　梨锈病主要为害叶片、新梢和幼果。叶片受害，叶正面形成橙黄色圆形病斑（见彩图 11），并密生橙黄色针头大的小点，即性孢子器。潮湿时，溢出浅黄色黏液，即性孢子，后期小粒点变为黑色（见彩图 12）。病斑对应的叶背面组织增厚，并长出一丛灰黄色毛状物，即锈孢子器。毛状物破裂后散出黄褐色粉末，即锈孢子。果实、果梗、新梢、叶柄受害，初期病斑与叶片上的相似，后期在同一病斑的表面产生毛状物。

【病原】　梨胶锈菌，属于担子菌亚门。

【防治方法】

1) 清除转主寄主：清除梨园周围 5km 以内的桧柏、龙柏等转主寄主（见彩图 13），是防治梨锈病最彻底有效的措施。在新建梨园时，应考虑附近有无桧柏、龙柏等转主寄主存在，如有应全部清除，若数量较多且不能清除，则不宜建梨园。

2) 铲除越冬病菌：若梨园近风景区或绿化区，桧柏等转主寄主不能清除时，则应在桧柏树上喷药，铲除越冬病菌，减少侵染源。在 3 月上中旬（梨树发芽前）对桧柏等转主寄主先剪除病瘿，然后喷布 4～5 波美度石硫合剂。

3）喷药防治：在梨树上喷药，应掌握在梨树萌芽期至展叶后 25 天内，即担孢子传播侵染的盛期进行。一般梨树展叶后，若有降雨，并发现桧柏树上产生冬孢子角时，喷 1 次 20％ 粉锈宁乳油 1500 ~ 2000 倍液，隔 10 ~ 15 天再喷 1 次，可基本控制锈病的发生。若防治不及时，可在发病后叶片正面出现病斑（性孢子器）时，喷 20％ 粉锈宁乳油 1000 倍液，可控制危害，起到很好的治疗效果。

12. 梨叶疫病

【症状识别】　梨叶疫病主要为害叶和果实，叶片染病，幼叶两面产生略带红色至紫色小点状斑，直径为 1 ~ 3mm，病斑逐渐扩大到融合，颜色变为黑褐色，有的形成褪绿晕圈，最后导致病叶坏死或变黄脱落。梨成熟时，树顶只剩下少量叶片，造成树势削弱，产量大减。果实染病，最初病叶与健叶无明显区别，后随果实长大，病斑凹陷或果实干裂。新梢染病可见到紫黑色小斑点，这些小斑点于次年脱落，因此在二年生枝条上见不到病斑。

【病原】　桃梨叶里盘属子囊菌亚门真菌。

【防治方法】

1）冬季与春季及时清除田间病株残体、枯枝落叶，集中烧毁或深埋。施用有机肥和化肥，避免偏施氮肥，提高果树的抗病能力。深挖、暴晒土壤，减少越冬病菌的传播。

2）株行距适宜，以利于通风降湿。

三　梨树果实病害

1. 梨炭疽病

【症状识别】　梨炭疽病主要为害果实，也能侵害枝条。果实染病，多在生长中后期始发，初果面现浅褐色水浸状小圆斑，后病斑渐扩大，色泽变深，并且软腐下凹，病斑表面颜色深浅交替，具明显同心轮纹。在病部表皮下形成很多小粒点，稍隆起，初褐色，后变黑色，即病原菌分生孢子盘，分生袍子盘多排列成轮纹状，在温暖且湿度大的条件下，孢子盘突破表皮涌出粉红色黏质物，即病菌分生孢子团块。病斑扩展烂入果肉或直达果心，果实变褐有苦味，果实受害常呈圆锥形向果心深入，致使整个果实腐烂或干缩为僵果。枝梢染病多发生在枯枝或生长衰弱的枝条上，初仅形成深褐色小型圆斑，后扩展为长条形或椭圆形，病斑中部凹陷或干缩，致皮层、木质部呈深褐色或枯死。

第三章

【病原】　围小丛壳，属子囊菌门真菌。无性态为胶孢炭疽菌，属半知菌类真菌。

【防治方法】

1）铲除病源：冬季结合修剪，把病菌的越冬场所，如干枯枝、病虫为害破伤枝及僵果等剪除并烧毁。再在梨树发芽前喷二氯萘醌 50 倍液、5% ~ 10% 重柴油乳剂或五氯酚钠 150 倍液。

2）加强栽培管理：多施有机肥，改良土壤，增强树势，雨季及时排水，合理修剪，及时中耕除草。

3）化学防治：北方发病严重的地区，从 5 月下旬或 6 月初开始，每 15 天左右喷 1 次药，直到采收前 20 天止，连续喷 4 ~ 5 次。雨水多的年份，喷药间隔期缩短些，并适当增加次数。药剂可用 200 倍波尔多液，或者 50% 敌菌灵 500 ~ 600 倍液、75% 百菌清 500 倍液、65% 代森锌 500 倍液或 50% 托布津 500 倍液。

4）果实套袋：套袋之前，最好喷一次 50% 退菌特可湿性粉剂 600 ~ 800 倍液。

5）低温储藏：采收后在 0 ~ 15℃ 低温储藏可抑制病害发生。

2. 梨褐烫病

【症状识别】　储藏期间一般果实不表现出明显的症状，当病果转至室温条件时才逐渐发病。转至室温几天后，果面即可出现褐色病斑，严重时，病斑凹陷，病皮可成片撕下，影响外观质量和商品价值。该病斑一般仅限于果实表面，不深入果肉内部。

【病因】　病因还不清楚，有人认为是储藏环境通风不良，果实吸收了本身的新陈代谢产物所导致的中毒现象，也有人认为是生长中后期偏施氮肥、果实采收较早或成熟度不足所致。

【防治方法】

控制储藏环境，加强通风透气，保证储藏温度。

3. 梨青霉病

【症状识别】　果实发病主要由伤口（刺伤、压伤、虫伤、其他病斑）开始。发病部位先局部腐烂，极湿软，表面为黄白色，呈圆锥状，深入果肉，条件适合时发展迅速，发病后 10 余天全果腐烂。空气潮湿时，病斑表面生出小瘤状霉块，初为白色，后变为青绿色，上面被覆粉状物，易随气流扩散，此即病菌的分生孢子梗及孢子。腐烂果肉有特殊的霉味。

【病原】 扩展青霉，属半知菌类真菌。

【防治方法】

1) 防止产生伤口：首先要选择无伤口的果实入储，在采收、分级、装箱、搬运过程中，尽量防止刺伤、压伤、碰伤。伤果、虫果及时处理，勿长期储藏，以减少损失。

2) 果库及包装物消毒：该菌对温度的适应范围较广，并且易于在空气中飞散，故做好果库和包装物的消毒是十分重要的。果库消毒一般用的化学药物有硫黄（SO_2）熏蒸和 50% 福尔马林 30 倍液喷洒。果窖尽量保持清洁，清除烂果。

3) 储果消毒：入储的果实可用 1000~2000mg/kg 抑霉唑洗果，能收到较好的效果；也可喷 500~1000mg/kg 50% 苯菌灵；还可采用 50% 甲基硫菌灵、50% 多菌灵可湿性粉剂 1000 倍液、氨丁烷 200 倍液、45% 特克多（噻菌灵）悬浮剂 3000~4000 倍液等药液浸泡 5min，然后再储藏，有一定的防效。提倡采用气调，控制储藏温度为 0~2℃，氧气含量为 3%~5%，二氧化碳含量为 10%~15%。

4. 梨牛眼烂果病

【症状识别】 初在皮孔周围出现圆形平滑或稍凹陷病斑，浅褐色或中部为黄褐色。开始没有病原菌存在迹象，但时间一久，在老病斑上现出奶油色的分生孢子盘，即病原菌。该病腐烂组织硬挺，不易与健康组织分离，病斑多小于 25mm。此外，伤口、果柄、萼部也可发病。

【病原】 腐皮拟隐孢壳，属子囊菌门真菌。

【防治方法】

1) 采收前一个月开始喷洒 1:2:200 倍式波尔多液或 77% 可杀得可湿性微粒粉剂 500 倍液、50% 琥胶肥酸铜（DT 杀菌剂）可湿性粉剂 500 倍液、14% 络氨铜水剂 300 倍液、36% 甲基硫菌灵悬浮剂 500 倍液，可增加保护效果，尤其是晚春早夏降雨时喷药，效果更明显。

2) 采用杀菌剂处理果实，梨果入窖前用 45% 特克多悬浮剂 4000~5000 倍液浸泡 10min。晾干后装筐或包纸储藏。

5. 梨毛霉软腐病

【症状识别】 梨毛霉软腐病多始于梨梗洼或萼底及表皮的刺伤口，染病组织软化，呈水渍状，浅褐色，病菌的孢囊柄通过破裂的表皮伸出，在 0℃ 条件下冷藏 60 天后，染病果实全部腐烂，秋季放出含有大量病菌孢子的汁液，还能引起再侵染。

【病原】　梨形毛霉，属接合菌门真菌。

【防治方法】

1）落果宜单独存放，不要与采摘的健果放在一起。

2）不要在湿度大或阴雨天采摘果实，以减少传染。

3）用纸单果包装，以减少二次侵染。

4）储藏窖控制在低氧条件下（氧气含量为1%），较常温或低温储藏发病轻。

5）必要时可用杀菌剂处理。具体方法参见梨牛眼烂果病。

6. 梨红粉病

【症状识别】　梨红粉病主要为害果实，发病初期病斑近圆形，产生黑色或黑褐色凹陷斑，直径为1~10mm，扩展可达数厘米，果实变褐软化，很快引起果腐。果皮破裂时上生粉红色霉层，即病菌分生孢子梗和分生孢子，最后导致整个果实腐烂。

【病原】　粉红单端孢，属半知菌类真菌。

【防治方法】

1）生长期，搞好其他病虫害的防治，减少果实表面伤口。

2）储运期，严格挑选，避免病伤果实进入储运场所。

3）储运场所消毒。可用硫黄熏蒸法，每立方米用20kg硫黄密闭24h即可。

4）低温储藏，1~3℃为宜。

7. 梨煤污病

【症状识别】　梨煤污病主要寄生在梨的果实或枝条上，有时也侵害叶片。果实染病在果面上产生黑灰色不规则病斑，在果皮表面附着一层半椭圆形黑灰色霉状物。其上生小黑点，是病菌分生孢子器，初期病斑颜色较浅，与健部分界不明显，后期色泽逐渐加深，与健部界线明显起来。果实染病，初只有数个小黑斑，逐渐扩展连成大斑，菌丝着生于果实表面，个别菌丝侵入到果皮下层，新梢上也产生黑灰色煤状物。病斑一般用手擦不掉。煤污病主要为害苹果梨、香水梨、苹果等。

【病原】　仁果黏壳孢，属半知菌类真菌。

【防治方法】

1）剪除病枝：落叶后结合修剪，剪除病枝并集中烧毁，减少越冬菌源。

2）加强管理：修剪时，尽量使树膛开张，疏掉徒长枝，改善膛内通风透光条件，增强树势，提高抗病力。注意雨后排涝，降低果园湿度。

3）喷药保护：在发病初期，喷50%甲基硫菌灵可湿性粉剂600～800倍液、50%多菌灵可湿性粉剂600～800倍液、40%多·硫悬浮剂500～600倍液、50%苯菌灵可湿性粉剂1500倍液或77%可杀得微粒可湿性粉剂500倍液。间隔10天左右喷1次，共喷2～3次，可取得良好的防治效果。

8. 梨黑蒂病

【症状识别】 梨黑蒂病主要发生在洋梨品种上，又称洋梨顶腐病、尻腐病，主要为害果实。果实罹病，幼果期即见发病，初在梨果萼洼周围出现浅褐色浸润晕环，逐渐扩展，颜色渐深，严重的病斑波及果顶大半部，病部坚硬且为黑色，中央为灰褐色，有时被杂菌感染致病部长出霉菌，造成病果脱落。

【病因】 蒂腐色二孢，属半知菌类真菌。有性态为柑橘囊壳孢，属子囊菌门真菌。

【防治方法】

1）繁育西洋梨苗木时，提倡选用杜梨作为砧木嫁接洋梨，抗病性强，可减少发病。

2）加强果园肥水管理，促树体健壮，提高抗病力。

9. 梨黑皮病

【症状识别】 初期在果皮表面产生不规则形的浅褐色至褐色斑块；随储藏期的延长，病情逐渐加重，许多斑块常相互连成大片，甚至蔓延到整个果面，同时，病斑逐渐加深成褐色至黑褐色。

【病因】 一种生理性病害。

【防治方法】

1）适期采收，不同树龄果实分期采收，采后及时入库。

2）改善储藏条件，注意通风换气和控制湿度变化。

3）用0.1%虎皮灵药液浸过的药纸包装果实储藏，可显著减轻病害的发生。用保鲜纸或单果塑料薄膜袋包装果实，也有一定的防效。

10. 梨黑心病

【症状识别】 沿叶脉长出星状放射的墨绿色至黑色霉状物，与背面黑霉对应的叶片正面开始出现不规则黄斑，之后病斑逐渐变褐枯死（见彩图 14）。叶柄和叶脉也可受害，叶柄受害常造成早期落叶。储藏期发病，先在果实的心室壁和果柄的维管束连接处形成芝麻粒大小的浅褐色病斑，然后向心室里扩展，使整个果心变成黑褐色，并往外扩展，使果肉发生界限不明显的褐变，果肉组织发糠，风味变劣，一般果实外观无明显变化，如用手捏果实表面则有轻度软绵的感觉。严重时，果皮色泽变暗，果肉大片变褐，不堪食用（见彩图 15）。

【病因】 一种生理性病害，病因比较复杂，归纳起来有以下四点：一是冷害；二是缺素；三是果实衰老；四是储藏环境中气体成分不适宜。

【防治方法】

1）生长前期肥水要充足。以有机肥和复合肥为主，促使树体健壮。生长后期忌用大量的氮素肥料并控制灌水量。

2）对入储果实适当提早采收，有利于防治黑心病。

3）果实采收后逐步降温并及时入库。

例如，鸭梨属于对低温敏感的品种，入库始温过低，降温速度过快，对鸭梨黑心病发展影响很大。

11. 梨树细菌性花腐病

【症状识别】 梨树细菌性花腐病主要为害花、果，也可为害叶片。叶片发病后山现赤褐色小病斑，以后逐渐扩大，致病部产生大量的灰白色霉状物。花蕾刚出现时，病花呈黄褐色枯萎；花腐也可由叶腐基蔓引起，使花丛基部及花梗腐烂，花朵枯萎下垂；果腐是病菌从花的柱头侵入后，通过花粉管达胚囊内，当果实长到豆粒大时，果面只有褐色病斑出现，并有褐色黏液溢出，带有一种发酵气味，全果迅速腐烂，最后失水变为僵果。

【病因】 由细菌病源引起。

【防治方法】

1）加强栽培管理，合理修剪，使树内通风透光良好，增施肥料，使树势生长健壮，提高抗病力。

2）消灭越冬病原菌。秋冬两季结合修剪，剪除病枝和病叶，清洁田边杂草和枯枝落叶，集中烧毁，深翻土地。

12. 梨树黑点病

【症状识别】 梨树黑点病主要为害梨萼洼附近，6~7月开始出现不规则的黑色斑点，后期部分斑点生出粉红色菌丝。

【病原】 粉红聚端孢菌。

【防治方法】

1）加强果园清园，清园时使用广谱性杀菌剂猛富利（80％代森锰锌）或纯斑轮（80％戊唑醇）全树喷雾；果园病残枝要清理干净。

2）搞好果园修剪，改善果园的透光性和透气性，降低园内湿度。

3）幼果期补钙，果实套袋前喷施有机钙，7~10天喷1次，连续喷2~3次。

4）搞好药剂预防，花后及时使用猛富利600~800倍液预防；套袋前使用高效杀菌剂，套袋前喷药间隔期不要超过10天，此时可使用叶惠美（25％嘧菌酯）1000~1500倍液，此次喷雾一定要保证质量，均匀周到，果面、叶片正反两面都要喷到。

5）及时套袋。套袋时要选择透气性、透光性好的果袋。

13. 梨细菌果腐病

【症状识别】 梨细菌果腐病主要为害果实。果实染病后，果面上出现水渍状小斑点，后小斑点迅速扩展，中央变为褐色，外围病健交界处仍为水渍状。病部果肉变软，呈稀糊状，稍有触动即下陷，散发臭味。树上病果稍有晃动即落地。

【病原】 大黄欧文氏杆菌，属细菌。

【防治方法】

1）加强梨园桃小食心虫、梨小食心虫、桃蛀螟、梨木虱等害虫的防治，及时锄草，防止杂草中其他害虫滋生，减少害虫造成的伤口。

2）果实膨大期开始喷洒1∶2∶200倍式波尔多液、53.8％可杀得2000干悬浮剂1000倍液、27％铜高尚悬浮剂600倍液、68％农用硫酸链霉素可溶性粉剂3000倍液，隔10~15天喷1次，防治2~3次，重点保护果实。

14. 梨褐心病和心腐病

【症状识别】 梨褐心病发生时，果心部分变褐，形成的褐斑只限于果心，有的延伸到果肉中。有时，组织衰败也可产生空心，致病部组织干缩或中空，有别于果心崩溃（心腐）产生的腐烂。心腐病又叫内部崩溃、果心褐变及果心粉质崩溃、梨果失调等。其特点是果心的部分组织软化变褐，病部也限于果心，致衰败组织软化多水，后变为黑褐色。

【病因】 梨褐心病是由于环境中二氧化碳含量过高，造成伤害。尤其在低氧条件下，伤害更重。心腐病无论是在储藏过程中，还是在市场中，均易染病，尤以巴梨、布斯梨易发病，安久梨较抗病。

【防治方法】

1）采用穿孔的聚乙烯包装箱，在气调储藏中把二氧化碳浓度降低至1%以下。

2）适期采收，采后入库前迅速降温可减少发病。

3）储具消毒，果库、果筐、果箱等储具，用50%多菌灵可湿性粉剂200～300倍液喷洒，后用二氧化硫熏蒸，每立方米空间用20～25g硫黄密闭熏48h后使用。

4）果实处理。在果实储藏前，用50%甲基硫菌灵·硫黄悬浮剂800倍液浸果10min后晾干储存。

15. 梨褐腐病

【症状识别】　梨褐腐病主要为害近成熟的果实，发病初期在梨表面产生褐色圆形水渍状小斑点，扩大后病斑中央长出灰白色至褐色绒状霉层，呈同心轮纹状排列（见彩图16），病果果肉疏松，略具韧性，病害扩展很快，一周左右可致全果腐烂，后期病果失水干缩，成为黑色僵果，大多病果早期脱落，也有个别残留在树上。储藏期，病果呈现特殊的蓝黑色斑块。

【病原】　*Sclerotinia fructigena* Aderh. et Rual，异名为果生链核盘菌，属子囊菌门真菌。无性态为仁果丛梗孢，属半知菌类真菌。

【防治方法】

1）加强果园管理：秋末采果后耕翻土壤，清除病果，生长季节随时采摘病果，集中深埋或烧毁。

2）适时采收，减少伤口，防止储藏期发病。储藏前严格挑选，去掉各种病果、伤果，分级包装。运输时减少碰伤。储藏期注意控制温度和湿度，窖温保持1～2℃，相对湿度为90%。定期检查，发现病果及时处理，减少损失。

3）化学防治：花前喷45%晶体石硫合剂30倍液。花后及果实成熟前喷1:3:（200～240）倍式波尔多液、45%晶体石硫合剂300倍液、50%多菌灵可湿性粉剂600倍液、50%甲基硫菌灵悬浮剂800倍液、50%甲基托布津可湿性粉剂600倍液、50%可灭丹（苯菌灵）可湿性粉剂800倍液、53.8%可杀得微粒可湿性粉剂500倍液。

4）储藏果库及果筐、果箱等储果用具要提前准备，并用50%多菌灵可湿性粉剂300倍液喷洒消毒，然后用二氧化硫熏蒸，每立方米空间用20～25g硫黄密闭熏48h；也可用1%～2%福尔马林或4%漂白粉水溶液喷洒后熏蒸 2~3 天。

5）果实储藏前用 50% 甲基硫菌灵可湿性粉剂 700 倍液或 45% 特克多悬浮剂 3000~4000 倍液浸果 10min，晾干后储藏。

四 梨树根部病害

1. 梨树根癌病

【症状识别】 被害树的根及根颈部形成瘿瘤，瘿瘤大小差异很大，小者如豆粒，大者可如球状，质地坚硬，木质化，表面粗糙。病树发育不良，呈小老头树，叶黄早落，产量低。该病以苗木及幼树为害严重。

【病原】 癌肿野杆菌，属细菌。

【防治方法】

1）加强苗木检疫和处理：应尽量避免调运有病苗圃的苗木。苗木消毒处理可用 2% 石灰水、0.5% 硫酸铜溶液或 50% 代森铵水剂 1000 倍液侵苗 15min。

2）加强栽培管理：采取增施有机肥、挖沟排水等改良土壤的措施，有利于根系的生长，增强树体的抗病性。

3）刮除病斑：挖开根颈部寻找患病部位，用小刀彻底刮除病斑，并在伤口涂抹 2% 石灰水杀菌，刮下的病斑要集中销毁。对于较大的伤口要糊泥或包塑料布加以保护。

2. 梨树白纹羽病

【症状识别】 梨树白纹羽病初发生于细支根，后逐渐向主根方向发展，但极少扩展到主根基部及根茎部。发病后病根表面缠绕有大量白色或灰白色网状菌丝，有时白色菌丝可扩展到病根周围的土壤缝隙中。病根皮层腐烂，木质部腐朽，但栓皮不烂呈鞘状套于根外。有时木质部表面可产生黑色菌核。轻病树树势衰弱，叶黄早落；重病树枝条枯死，甚至全株死亡。病根无特殊气味。

【病原】 褐座坚壳属子囊菌亚门。

【防治方法】

1）经常检查并及时治疗。目前，此病一旦发现，已经很严重并很难挽救。因此，要及时进行检查并治疗。

2）加强梨园管理，增强树势，提高抗病力。一是做好水肥管理，增施有机肥，种植绿肥，适当补充钾肥，有条件的采用配方施肥技术。二是对肥力不足的坡地要修成梯田；对易板结园要及时翻耕，加厚熟土层；对干旱地区梨园，可增加覆盖，以减少水分散失；对地下水位高或土壤黏重易积水的要挖渠或开沟排水防涝。生长季节要及时中耕除草。

3）发现病树后及时清除病部及病残体，并用有效药剂浇灌树穴进行消毒处理。早春刮树皮，刮去表皮，但不要很深，以露出黄色健皮为度。

4）土壤消毒：以树干为中心在树冠下挖 3 ~ 5 条放射状沟，沟深60cm，宽40cm，然后用40%五氯硝基苯粉剂，每株250克，配成150倍的悬浮剂浇施。每年早春或者夏末施2次。此外也可选用50%代森铵水剂，每株500mL，或者70%甲基硫菌灵可湿性粉剂或36%甲基硫菌灵悬浮剂，每株 100 ~ 150g（mL），或者 1 波美度石硫合剂，每株 50 ~ 75L，或者90%以上硫酸铜，每株 50 ~ 75L，或者20%甲基立枯磷乳油1200倍液或15%噁霉灵（土菌消）水剂450倍液浇施。天气晴朗的时候，也可对带有病菌的土壤翻开晾根，晾10余天后可进行消毒，并换成好土埋好。

3. 梨树根腐病

【症状识别】　梨根腐病主要为害根部及根茎部。植株生长势下降，新梢短或无、果实多、个小，单叶面积小、叶片薄、叶色浅、早黄早落，重病株在 8 月初就能全株黄叶并部分脱落。地上部症状首先在主根一侧的主枝上或全株表现，最后植株枯死。病菌侵染成龄梨树的根部，初发部位不定，但能迅速扩展至根茎部并沿主根向下蔓延，发病根茎和主根的皮层腐朽，有明显的蘑菇味。根腐病的主要特征是剥开腐朽的皮层可见呈扇状扩展的白色菌丝层，多雨季节可以在已枯死植株的根颈部长出蜜黄色蘑菇状子实体。

【病原】　发光假蜜环菌，属担子菌亚门，蜜环菌属。

【防治方法】

1）如果在旧林地上新建梨园，应在旧林地砍伐后彻底清除残根，进行局部换土、多施有机肥和铺以土壤消毒处理，经 2 ~ 3 年农业耕作后才能定植梨树。尽量避免使用旧林地及河滩地改造新果园。

2）对于病园，在生长季节注意控制浇水，雨季做好排涝措施，及时进行排涝，能够延缓病害的发展。

3）及时发现和治疗轻病树。将病树于秋季扒土晾根，将病斑刮除后涂以波尔多液或石硫合剂原液保护，对病根周围的土壤进行消毒处理。方法有：根部灌浇 50% 代森锌 200 倍液或 80% 五氯酚钠 250 倍液；

将病根周围的土挖出后，回填以按 80% 五氯酚钠 250 倍液均匀混合的新土。

4）对于病树，首先进行挖沟封锁，然后刮治病斑。重病株尽早挖除并彻底清理残根并烧毁，对病穴土壤进行消毒处理。常用药剂有波尔多液、石硫合剂、代森锌、五氯酚钠。

第二节　梨园虫害诊断及防治

一　梨树枝干害虫

1. 香梨优斑螟

【症状识别】　幼虫蛀食香梨等树木的主干、主枝的韧皮部，在韧皮部与木质部之间蛀成不规则的隧道并排满虫粪，可导致腐烂病的入侵，致使树体衰弱，严重时造成死枝和死树。

【形态特征】

1）成虫：体长 6～10mm，翅展 14～20mm。体大部分呈灰褐色至暗褐色，被鳞光滑。复眼大而圆，呈赤褐色。前翅狭长，呈灰褐色，两条灰白色横线之间颜色较暗。后翅为灰褐色，外缘较深，缘毛为灰白色。

2）卵：椭圆形，长约 0.55mm，初产时为乳白色，孵化前为暗红色。

3）幼虫：老熟幼虫体长 8～17mm，体色为深灰色（灰黑色），头部为棕褐色。

4）蛹：长约 7mm，腹面为黄褐色，背面为褐色。

【发生规律】　1 年发生 3 代。以老熟幼虫在树干的翘皮、裂缝、树洞中结灰白色长形薄茧越冬，也有的在蛀食处或苹果、梨的果实内越冬。越冬代幼虫次年 3 月下旬开始化蛹，4 月上、中旬为化蛹盛期，羽化盛期在 4 月下旬。第 1、2 代成虫羽化高峰分别在 6 月上中旬和 7 月中下旬。幼虫于 10 月逐渐进入越冬状态。

【防治方法】

1）人工防治：可采用刮翘皮、虫斑和裂缝，摘除树上虫果，及时拾落果后深埋的防治措施。

2）诱杀成虫：在发蛾高峰时增加糖醋液（红糖：醋：酒：水 = 6：20：3：80）诱瓶密度，利用糖醋液可诱杀大量雌雄成虫。

3）药剂防治：在成虫羽化高峰期可用杀螟松、辛硫磷及敌杀死、功夫等拟除虫菊酯类农药防治。药剂涂抹蛀孔毒杀幼虫。

2. 梨茎蜂

【症状识别】 新梢生长至 6 ~ 7cm 时，上部被成虫折断，下部留 2 ~ 3cm 短橛。在折断的梢下部有一黑色伤痕，内有卵 1 粒。幼虫在短橛内食害。

【形态特征】

1）成虫：体长 9 ~ 10mm，细长，黑色。前胸后缘两侧、翅基、后胸后部和足均为黄色。翅为浅黄色，半透明。雌虫腹部内有锯状产卵器。

2）卵：长约 1mm，椭圆形，稍弯曲，乳白色，半透明。

3）幼虫：长约 10mm，初孵化时白色渐变为浅黄色。头为黄褐色。尾部上翘，形似"~"形。

4）蛹：全体白色，离蛹，羽化前变为黑色，复眼为红色。

【发生规律】 1 年发生 1 代。老熟幼虫在被害枝橛下 2 年生小枝内越冬，次年 3 月中下旬化蛹，梨树花期时成虫羽化。成虫在晴朗天气 10 时至 13 时活跃，飞翔、交尾和产卵。低温阴雨天及早晨与晚上在叶背静伏不动。当新梢长至 5 ~ 8cm，即 4 月上中旬时开始产卵。产卵前先用锯状产卵器在新梢下部留 3 ~ 4cm，并将上部嫩梢锯断，但一边皮层不断，断梢暂时不落，萎蔫干枯，成虫在锯断处下部小橛 2 ~ 3mm 的皮层与木质部之间产 1 粒卵，然后再将小橛上 1、2 片叶锯掉。成虫产卵为害期很短，前后仅 10 天左右。卵期 1 周。个体产卵量 30 ~ 50 粒。幼虫孵化后向下蛀食，受害嫩枝渐变黑干枯，内充满虫粪。5 月下旬以后蛀入 2 年生小枝继续取食，幼虫老熟调转身体，头部向上做膜状薄茧进入休眠，10 月以后越冬。

【防治方法】

1）梨树落花期，成虫喜聚集，易于发现，可于清晨不活动时振落捕杀。

2）落花后喷布药剂，常用药剂有 90% 敌百虫 1500 倍液或 40% 氧乐果乳油 1000 倍液，防治梨蚜时兼治。

3）幼虫为害的断梢于脱落前易于发现，及时剪掉下部短橛。冬季修剪时，注意剪掉干橛内的老熟幼虫。

3. 梨吉丁虫

【症状识别】 幼虫在梨树枝干皮层串食，破坏输导组织，造成树势衰弱，树干枯死。

【形态特征】

1）成虫：体长 15mm，体为蓝绿色且有金属光泽。复眼为棕褐色。触角呈锯齿状。体背两侧边缘自前胸至翅端各有 1 条金红色纵纹，前胸背板上有 5 条蓝黑色纵纹，翅鞘上有几条蓝黑色断续的纵纹。

2）卵：呈卵圆形，长约 0.2mm。初产时为黄白色，以后颜色稍加深。

3）幼虫：体呈扁平状，长 36mm，乳白色。头小，褐色。前胸显著宽大，背板为黄褐色，圆盘状，中央有"∧"形纵沟，腹部细长，无足。

4）蛹：体长 17~20mm，裸蛹。初为乳白色，后变为深褐色。

【发生规律】 在安徽 1 年发生 1 代。以老熟幼虫在木质部里越冬。次年 4 月底开始化蛹，5 月上旬为化蛹盛期，5 月中旬出现成虫，5 月下旬为羽化盛期。成虫有假死性，出孔后食害树叶。产卵前期为 10 天左右，5 月底开始产卵，6 月中旬为产卵盛期。卵多产在皮缝处，每处产 2~3 粒，每个雌虫产卵 20~40 粒。成虫寿命约 1 个月，卵期 8~10 天。初孵幼虫仅在蛀入处皮层下为害，以后多在形成层处钻横向弯曲隧道。9 月以后，长大的幼虫逐渐转入木质部蛀食、越冬。

【防治方法】

1）人工捕杀：利用成虫的假死性，于清晨露水未干时振动树干，使之落地，进行捕杀。幼树被害部凹陷、变黑，可人工挖除幼虫。

2）树冠喷药：在 5 月中下旬成虫发生期，用 90% 敌百虫 1000 倍液或 50% 马拉松乳剂 1500 倍液喷杀。成虫产卵后可用 50% 杀螟松乳剂 1000 倍液或 50% 敌敌畏乳剂 +40% 乐果乳剂 1500 倍液喷杀。

3）毒杀幼虫：7~8 月幼虫在韧皮部为害时，可用 80% 敌敌畏乳剂 1 份 + 煤油 20 份，制成敌敌畏煤油剂，用刷子蘸药抹虫斑。

4. 大褐木蠹蛾

【症状识别】 大褐木蠹蛾以幼虫在主干皮层下蛀食，蛀道环绕树干呈环剥状，极不规则，然后蛀入木质部，影响果树对水分和养分的输送，使树势衰弱甚至枯死。

【形态特征】

1）成虫：体为灰褐色。雌蛾体长 25~28mm，翅展 45~48mm；雄蛾体长 16~22mm，翅展 35~44mm。头小。复眼大，呈圆形，黑褐色。触角为灰褐色，呈丝状，较长，约为前翅长的 1/2；触角下侧缺鳃状片。

胸腹部背面为灰褐色，腹面色稍暗，满布鳞毛。雌蛾腹部末端较尖，雄蛾腹部末端较宽且多毛。前翅为灰褐色，后翅较前翅颜色稍暗。

2）卵：呈卵圆形，长 1.2mm，宽 0.8mm 左右，表面有纵行，隆脊间具横行刻纹。初产时为乳白色，渐变成暗褐色。

3）幼虫：体呈扁圆筒形。初孵幼虫为粉红色，体长仅 1mm 左右；老熟幼虫体长 25～40mm。头部为黑紫色，宽 5mm 左右。前胸背板宽 7～8mm，上有大型紫褐色斑纹 1 对。胴部各腹节背板及体侧为紫红色，有光泽，各腹节腹板色稍浅，各节间为黄褐色，腹面扁平。气门为深褐色。头、胸、腹各部均生有排列整齐的黄褐色稀疏短毛。足为黄褐色。

4）蛹：暗褐色。雌蛹体长 20～35mm，雄蛹体长 17～30mm，蛹体稍向腹面弯曲。第 2～6 腹节背面均具有两行刺列。第 7～9 腹节背面只具有前刺列。腹末肛孔外围有齿突 3 对。

【发生规律】 2 年完成 1 代。以幼虫越冬，第 1 年在隧道内越冬，第 2 年在隧道内或根茎部的土壤中越冬。第 3 年的 4～5 月，老熟幼虫在隧道口附近的皮层处做蛹室，或者在附近土中作茧化蛹。6～7 月成虫羽化。

【防治方法】

1）在成虫发生期捕杀成虫。

2）在成虫产卵期，经常检查主干，如发现有唾液状胶液，立即用小刀挑出其中的卵粒捏碎，同时细致地在主干四周喷 1 次 50% 辛硫磷乳油 1000 倍液、20% 乳油氰戊菊酯 3000 倍液、功夫 3000 倍液或敌敌畏 1000 倍液，以扑杀卵粒和刚孵化出来而未蛀入树体的幼虫。

3）幼虫蛀入树干后，凡蛀孔外有新鲜粪便的，里面必有活的幼虫，利用细钢丝和竹签捅进蛀孔将虫刺死，刺不着者用棉花球蘸敌敌畏 400 倍液塞入蛀孔，或者将 1 粒克牛灵塞入蛀孔，外面再用软泥涂严，将虫毒死在洞内。

5. 星天牛

【症状识别】 幼虫蛀害树干基部和主根，严重影响到树体的生长发育。幼虫一般蛀食较大植株的基干，在木质部乃至根部为害，树干下有成堆虫粪，使植株生长衰退乃至死亡。成虫咬食嫩枝皮层，形成枯梢。

【形态特征】

1）成虫：漆黑色，略带金属光泽，体长 19～39mm，体宽 6～13.5mm。头部和腹面被银灰色和蓝灰色细毛，足上多蓝灰色细毛；触角第 3 ~ 11 节各节基部有浅蓝色毛环。前胸背板中瘤明显，两侧具尖锐粗大的侧刺突。鞘翅基部有密集的小颗粒，每翅具大小白斑约 20 个，排成 5 横行，从前往后各行白斑数约为 4、4、5、2、3。

2）卵：乳白色至黄褐色，大米粒状，长 5 ~ 6mm，多位于"丁"或"⊥"形产卵痕的下方。

3）幼虫：老熟时体长 45 ~ 60mm，乳白色，圆筒形。前胸背板的"凸"字形锈斑上密布微小刻点，前方左右各有 1 个飞鸟形锈色斑；腹板主腹片两侧各有 1 个黄褐色卵圆形刺突区。

4）蛹：乳白色至黑褐色，触角细长、卷曲，体形与成虫相似。

【发生规律】 2 年完成 1 代。以幼虫在木质部坑道内越冬。次年 3 月间开始活动，4 月幼虫老熟，蛀蛹室和直通表皮的圆形羽化孔，在蛹室化蛹，5 月下旬化蛹结束。蛹期 19 ~ 33 天。5 月上旬成虫开始羽化，5 月末 6 月初为成虫出孔高峰。从 5 月下旬至 7 月下旬均有成虫活动。卵期 9 ~ 15 天，6 月中旬孵化，高峰在 7 月中、下旬。9 月末绝大部分幼虫转而沿原坑道向下移动，至蛀入孔再另蛀新坑道向下部蛀害并越冬。

【防治方法】

1）捕捉成虫：5 ~ 6 月成虫活动盛期，巡视捕捉成虫多次。

2）毒杀成虫和防止成虫产卵：在成虫活动盛期，用 80% 敌敌畏乳油或 40% 乐果乳油等，掺和适量水和黄泥，搅成稀糊状，涂刷在树干基部或距地面 60cm 以下的树干上，可毒杀在树干上爬行及咬破树皮产卵的成虫和初孵幼虫，还可在成虫产卵盛期用白涂剂涂刷在树干基部，防止成虫产卵。

3）刮除卵粒和初孵幼虫：6 ~ 7 月发现树干基部有产卵裂口和流出泡沫状胶质时，即刮除树皮下的卵粒和初孵幼虫，并涂以石硫合剂或波尔多液等进行消毒防腐。

4）毒杀幼虫：树干基部地面上发现有成堆虫粪时，将蛀道内虫粪掏出，塞入或注入以下药剂毒杀：

① 用布条或废纸等蘸 80% 敌敌畏乳油或 40% 乐果乳油 5 ~ 10 倍液，往蛀洞内塞紧；或者用兽医用注射器将药液注入。

② 用 56% 磷化铝片剂（每片约 3g），分成 10 ~ 15 小粒（每约 0.2 ~ 0.3g），每一蛀洞内塞入一小粒，再用泥土封住洞口。

③ 用毒签插入蛀孔毒杀幼虫（毒签可用敌敌畏、桃胶、草酸和竹签自制）。

④ 钩杀幼虫：幼虫尚在根颈部皮层下蛀食或蛀入木质部不深时，及时进行钩杀。

⑤ 简易防治：利用包装化肥等的编织袋，洗净后裁成宽 20～30cm 的长条，在星天牛产卵前，在易产卵的主干部位，用裁好的编织条缠绕 2～3 圈，每圈之间连接处不留缝隙，然后用麻绳捆扎，防治效果甚好。通过包扎阻隔，星天牛只能将卵产在编织袋上，其后卵就会失水死亡。

⑥ 治疗受害树：在清明至立夏期间根系生长高峰期，选择晴天，挖开受星天牛为害树的根颈部土块，用锋利小刀刮除伤口残渣，使伤口呈现新鲜色泽，在伤口处涂上生根粉（不涂也可），然后将肥土堆放在伤口周围，并盖上薄膜块，薄膜块上端紧贴树干用麻绳捆扎牢实，下端铺开在肥土上，最后盖上挖出的泥土并压紧。不久，伤口即产生愈伤组织，重新发出新根，植株恢复生机。

6. 黄蓝眼天牛

【症状识别】 幼虫蛀食枝干木质部为害，坑道一般长 5～6cm，幼虫从坑道爬出取食皮层，造成树皮破裂，在出口下方排出烟丝状木屑纤维粪便，受害严重的树，1m 长的枝条内有 10～15 只幼虫，全树一片狼藉，枝干枯死。

【形态特征】

1）成虫：雌成虫体长 14～61mm，宽 5～6mm。雄成虫体长 22～13mm，宽 4～6mm。体色为橙黄色或橙红色，鞘翅前半部为蓝色且有金属闪光，后半部为橙黄色。触角第 2 节小；第 4 节末端至第 11 节为黑色，第 5、6、7 节基部为黄褐色，有的第 5 节基部为黄褐色且较长，柄节向端部逐渐膨大，其背面端区有深色片状小颗粒。雄虫触角与虫体等长，雌虫触角稍达鞘翅中部之后。复眼上叶和下叶均呈半球形，下叶明显大于上叶。头中央从额至头顶后缘有 1 条纵沟。前胸背板宽度大于长度，两侧缘瘤突，近前后缘各有 1 条横凹沟，两沟之间的中央有一大型瘤突。鞘翅前半部刻点粗深，后半部刻点细弱。全身密布细长竖毛及半卧毛，鞘翅前半部及后胸腹板的毛为黑色，其余部分的毛为金黄色，小盾片周缘及鞘缝前端 1/3 处的黑毛浓密而长。后胸腹板为黑色，腹部第 3、4 节腹板两侧有黑斑，个别的第 2、5 节有黑斑。雌虫的腹部末节腹板有一条细纵沟。

2）卵：长形，两端略尖，呈梭状，长 3.8～4mm，宽 1mm，近孵化时为黄褐色。

3）幼虫：长圆筒形，体长 29～31mm，浅鲜黄色，前胸背板为黄褐色，口器为黑色。全身被稀少细毛，额前缘有 6 个粗刻点，大体排在一条横线上，前胸背板横阔，两侧各有 1 条微弧形的沟，体背面和腹面各节步泡突中区有白色米粒状突起。气门小，圆形。无胸足。

4）蛹：长 18～20mm，初化蛹时体为橙黄色，随着蛹的发育，复眼、触角末几节、后胸腹板及前翅前半部逐渐显黑色。腹部可见 9 节，以第 7 节最长，每节背面原来步泡突处有一平伏的棕色小刺毛。触角通过前中足下伸到后胸然后向内上弯，后足被前后翅盖住，露出附节。

【发生规律】 在昆明地区两年发生 1 代。以幼虫越冬，次年 2 月底化蛹，4 月中旬羽化，4 月下旬产卵，5 月初孵出幼虫。

【防治方法】

1）成虫出现期，捕捉成虫。

2）成虫产卵期和幼虫孵出期，每隔 10 天喷 1 次 80% 敌敌畏乳剂 1000 倍液或 2.5% 敌杀死乳油 2000～3000 倍液，也可喷辛硫磷、灭幼脲、果虫净等农药，以扑杀成虫、卵粒和幼虫。

3）凡发现枝上有烟丝状絮状物，立即用小刀刮开被害部位，刺死幼虫。

7. 梨眼天牛

【症状识别】 幼虫蛀害 2～5 年生枝干。被害处树皮破裂，充满烟丝状木屑。成虫食叶。

【形态特征】

1）成虫：体长 8～10mm，体较小，略呈圆筒形，橙黄色，全体密被长竖毛和短毛，鞘翅为蓝绿色或紫蓝色，有金属光泽。雄虫触角与体长相等或稍长，雌虫稍短。

2）卵：长圆形，初为乳白色，后变为黄白色，略弯曲，尾端稍细，长 2mm 左右。

3）幼虫：老熟幼虫体长 18～21mm，体呈长筒形，略扁平。初孵幼虫为乳白色，随龄期增长体色渐深，呈浅黄色或黄色。

4）蛹：体长 8～11mm，初期为黄白色，渐变为黄色，羽化前翅鞘逐渐变为蓝黑色。

【发生规律】 在陕西关中地区 2 年发生 1 代。以 4 龄以上的幼虫于所蛀的蛀道内越冬。次年 3 月下旬开始活动为害，4 月中旬老熟幼虫开始化蛹，成虫最早出现在 5 月上旬，成虫羽化后，在枝内停留 2～5 天才从坑道顶端一侧咬洞钻出。羽化盛期在 5 月中下旬，末期在 6 月中旬。

【防治方法】

1）防治成虫：成虫羽化期结合防治果树其他害虫，喷施 50% 马拉松乳油及各种菊酯类等药剂的常规浓度，对成虫均有良好的防治效果。

2）防治虫卵：在枝条产卵伤痕处，用煤油 10 份配 80% 敌敌畏乳油 1 份的药液，涂抹产卵部位效果很好。

3）防治幼虫：

① 捕杀幼虫：利用幼虫有出蛀道啃食皮层的习性，于早晨和晚上在有新鲜粪屑的蛀道口，用铁丝钩出粪屑及其中的幼虫，或者用粗铁丝直接刺入蛀道，以刺杀其中幼虫。

② 毒杀幼虫：卵孵化初期，结合防治果园其他害虫，喷洒毒死蜱乳油、马拉松乳油或各种菊酯类农药的常规浓度，毒杀初孵幼虫均有一定效果；或者用蘸 80% 敌敌畏乳油 20 倍液的小棉球，由排粪孔塞入蛀道内，然后用泥土封口，可毒杀其中幼虫。

4）严格检疫、杜绝扩散：带虫苗本不经处理不能外运；新建果园的苗木应严格检疫，防止有虫苗木植入。初发生的果园应及时将有虫枝条剪除烧掉或深埋或及时毒杀其中幼虫，以杜绝扩展与蔓延。

二 梨树叶部害虫

1. 山楂叶螨

【症状识别】 山楂叶螨吸食叶片及幼嫩芽的汁液。叶片严重受害后，先是出现很多失绿的小斑点，随后扩大连成片，严重时全叶变为焦黄色而脱落，严重抑制了果树生长，甚至造成二次开花，影响当年花芽的形成和次年的产量。

【形态特征】

1）成螨：雌成螨呈卵圆形，体长 0.54～0.59mm，冬型为鲜红色，夏型为暗红色。雄成螨体长 0.35～0.45mm，体末端尖削，橙黄色。

2）卵：圆球形，春季产的卵呈橙黄色，夏季产的卵呈黄白色。

3）幼螨：初孵幼螨体呈圆形，黄白色，取食后为浅绿色，3 对足。

4）若螨：4 对足。前期若螨体背开始出现刚毛，两侧有明显墨绿色斑，后期若螨体较大，体形似成螨。

【发生规律】 北方地区 1 年发生 6～10 代。以受精雌成螨在主干、主枝和侧枝的翘皮、裂缝、根茎周围土缝、落叶及杂草根部越冬。次年

第三章

花芽膨大时开始出蛰为害，花序分离期为出蛰盛期。出蛰后一般多集中于树冠内膛局部为害，以后逐渐向外堂扩散。常群集叶背为害，有吐丝拉网习性。9~10月开始出现受精雌成螨越冬。

【防治方法】

1）保护和引放天敌。

2）尽量减少杀虫剂的使用次数或使用不杀伤天敌的药剂以保护天敌，特别是花后大量天敌相继上树，如不喷药杀伤，往往可把害螨控制在经济阈值允许的水平以下；个别树严重时，平均每叶达5只时应进行"挑治"，避免普治大量杀伤天敌。

3）树木休眠期刮除老皮，重点是刮除主枝分杈以上老皮，主干可不刮皮以保护主干上越冬的天敌。

4）山楂叶螨主要在树干基部土缝里越冬，可在树干基部培土拍实，防止越冬螨出蛰上树。

5）发芽前结合防治其他害虫可喷洒5波美度石硫合剂或45%晶体石硫合剂20倍液、含油量3%~5%的柴油乳剂，特别是刮皮后施药效果更好。

6）花前是进行药剂防治叶螨和多种害虫的最佳施药时期，在做好虫情测报的基础上，及时全面地进行药剂防治，可控制在叶螨为害繁殖之前。可用杀螨剂有45%晶体石硫合剂300倍液混35%氧乐氰乳油2000倍液或40%水胺硫磷乳油1500~2000倍液、10%天王星乳油6000~8000倍液、20%灭扫利乳油3000倍液、50%硫黄悬浮剂200倍液、50%乐果乳油1500倍液、50%抗蚜威超微可湿性粉剂3000~4000倍液、25%倍乐霸可湿性粉剂或5%霸螨灵悬浮剂1000~2000倍液、20%托尔克乳油2000倍液、15%扫螨净乳油3000倍液、21%灭杀毙乳油2500~3000倍液、50%三硫磷或乙硫磷1500~2500倍液、20%螨卵酯可湿性粉剂800~1000倍液、50%溴螨酯乳油1000倍液、5%尼索朗（噻螨酮）乳油1000~2000倍液、73%克螨特乳油3000~4000倍液、25%除螨酯（酚螨酯）乳油1000~2000倍液、40%乐杀螨乳油2000倍液等。

> 【提示】 药剂的轮换使用，可延缓叶螨抗药性的产生。对产生抗性的叶螨可选用甲氰碱、速灭畏、百碱1号、功夫乳油等杀虫剂加入等量的消抗液，效果会明显增加。

2. 梨锈壁虱

【症状识别】　梨锈壁虱喜欢在嫩枝和嫩叶上吸取汁液，5～6月以加长生长的长梢受害最烈，所以人们先发现的受害症状是梨树梢头为灰色，缺乏光泽；再过1～2天，梢头变为灰褐色，叶片向下卷缩、变小、变脆，由于叶片卷缩，叶表绒毛增密，此时梢头看上去为银灰色；最后，受害叶片脱落，留下光秃的梢尖，树势变弱，不能分化顶花芽。

【形态特征】

1）成螨：体长0.1～0.2mm，身体前端宽大，后端尖削，呈胡萝卜形，初期为浅黄色，后变为橙黄色。头脑部平滑，具有鄂须及足各2对。腹部背面部分为28环节，腹面环节为背面的2倍，尾端有刚毛1对。

2）卵：圆球形，长0.2mm，灰白色，略透明。

3）若螨：初孵化时为乳白色，蜕皮以后为浅黄色。

【发生规律】　1年发生3代。第1代发生于5月4日～6月9日，第2代发生于7月2日～8月7日，第3代即越冬代，若虫发生于9月初至9月下旬。越冬成虫于梨开花期开始活动，在5月高温干燥季节大量发生为害。

【防治方法】　在萌芽初期喷施1次4～5波美度石硫合剂。冬春两季要进行清园，消灭越冬成虫，5月下旬后，要对梨园勤加检查，若发现有个别梢头受害变灰色，就必须立即喷药。药剂可选唑螨酯、哒螨酮、百满克、代林锌等杀螨剂。防治1～2次，能取得明显效果。

3. 梨叶肿瘿螨

【症状识别】　成虫、若虫均可为害，主要为害嫩叶，严重发生时，也能为害叶柄、幼果、果梗等部位。被害叶初期出现谷粒大小的浅绿色疤疹，而后逐渐扩大，并变为红色、褐色，最后变成黑色。疤疹多发生在主脉两侧和叶片的中部，常密集成行，嫩叶上疤疹多时，使叶正面明显隆起，背面凹陷卷曲，严重时叶片早期脱落。被害严重时，削弱树势，影响花芽的形成。

【形态特征】

1）成螨：体微小，约0.25mm，圆筒形，白色至灰白色，足2对，身体具许多环纹。

2）卵：很小，卵圆形，半透明。

3）若螨：与成螨相似，但体小。

【发生规律】　一年发生多代。以成螨于芽鳞片下越冬；春季展叶后越冬成螨侵入叶片组织内繁殖和为害，引起叶组织肿起；秋季成螨脱叶，潜入芽鳞片下越冬。

【防治方法】

1) 及时摘除虫叶，清除落叶和树上枯枝，集中销毁。

2) 花芽膨大时喷5°Bé石硫合剂或含油量3%的柴油乳剂，有较好的效果。春夏两季发生为害期，可喷布下列药剂：2%阿维菌素乳油2500~3500倍液、5%氟虫脲乳油1500~3000倍液、50%溴螨酯乳油2000倍液、5%噻螨酮乳油1000~2000倍液。发生严重时，可间隔7~10天再喷1次。

4. 梨剑纹夜蛾

【症状识别】 初孵幼虫啃食叶片叶肉残留表皮，稍大食叶成缺刻和孔洞。

【形态特征】

1) 成虫：体长约14mm，头部、胸部为棕灰色，腹部背面为浅灰色且带棕褐色。前翅有4条横线，基部2条颜色较深，外缘有1列黑斑，翅脉中室内有1个圆形斑，边缘色深。后翅为棕黄色至暗褐色，缘毛为灰白色。

2) 卵：半球形，乳白色，渐变为赤褐色。

3) 幼虫：体长约33mm，头为黑色，体为褐色至暗褐色，具大理石样花纹，背面有1列黑斑，中央有橘红色点。各节毛瘤较大，其上生有褐色长毛。

4) 蛹：体长约16mm，黑褐色。

【发生规律】 1年发生3代。以蛹在土中越冬，越冬代成虫于次年5月羽化，成虫有趋光性和趋化性，产卵于叶背或芽上。6~7月为幼虫发生期，初孵幼虫先吃掉卵壳后再取食嫩叶。6月中旬即有幼虫老熟，老熟幼虫在叶片上吐丝结黄色薄茧化蛹。蛹期10天左右。第1代成虫在6月下旬发生，仍产卵于叶片上。8月上旬出现第2代成虫，9月中旬幼虫老熟后入土结茧化蛹。

【防治方法】

1) 人工防治：早春翻树盘，消灭越冬蛹。在成虫发生期，用糖醋液或黑光灯诱杀成虫。

2) 药剂防治：防治的关键时期是各代幼虫发生初期，可选用50%杀螟硫磷乳油、50%辛硫磷乳油1000~1500倍液、80%敌敌畏乳油1000倍液、20%氰戊菊酯乳油2000倍液或其他除虫菊酯类杀虫剂喷雾。

5. 梨木虱

【症状识别】 梨木虱以成虫、若虫刺吸芽、叶、嫩枝梢汁液进行直接为害，分泌黏液，招致杂菌，使叶片因间接危害、出现褐斑而早期落叶（见彩图17），同时污染果实，严重影响梨的产量和品质。

【形态特征】

1）成虫：分冬型和夏型。冬型体长 2.8～3.2mm，体为褐色至暗褐色，具有黑褐色斑纹（见彩图18）。夏型体略小，黄绿色，翅上无斑纹，复眼为黑色，胸背有 4 条红黄色或黄色纵条纹（见彩图19）。

2）卵：长圆形，一端尖细，具一细柄。

3）若虫（见彩图20）：扁椭圆形，浅绿色，复眼为红色，翅芽为浅黄色并突出在身体两侧。

【发生规律】 在东北地区 1 年发生 3～5 代，在冀中南部区 1 年发生 6～7 代。以冬型成虫在落叶、杂草、土石缝隙及树皮缝内越冬。以冀中南部为例，早春 2～3 月出蛰，3 月中旬为出蛰盛期，在梨树发芽前即开始产卵于枝叶痕处，发芽展叶期将卵产于幼嫩组织茸毛内叶缘锯齿间、叶片主脉沟内等处。直接为害盛期为 6～7 月，因各代重叠交错，全年均可为害。到 7～8 月，雨季到来，由于梨木虱分泌的胶液招致杂菌，在相对湿度大于 65% 时发生霉变。

【防治方法】

1）彻底清除树的枯枝落叶和杂草，刮老树皮，严冬浇冻水，消灭越冬成虫。

2）在 3 月中旬越冬成虫出蛰盛期喷洒菊酯类药剂 1500～2000 倍液，控制出蛰成虫基数。

3）防治药剂：使用 50% 啶虫脒水分散粒剂（国光崇刻）3000 倍液、10% 吡虫啉可湿性粉剂（如国光毙克）1000 倍液、40% 啶虫·毒乳油（如国光必治）1500～2000 倍液，或者啶虫脒水分散粒剂（国光崇刻）3000 倍液 +5.7% 甲维盐乳油（国光乐克）2000 倍混合液喷雾均可针对性防治。

6. 梨瘿蚊

【症状识别】 梨瘿蚊以幼虫为害梨蚜和嫩叶，在梨叶正面叶缘吸食汁液，使叶片皱缩、变脆，并纵向向内卷成紧筒状，叶肉组织增厚，变硬发脆，直至变黑，枯萎脱落。

【形态特征】

1）成虫：雄虫很小，体长 1.2~1.4mm，翅展约 3.5mm，体为暗红色，头部小，前翅具蓝紫色闪光，平衡棒（后翅）为浅黄色；足细长，浅黄色，跗节 5 节，第 2 节几乎与胫节等长，足端具黑色爪 2 个。雌虫体长 1.4~1.8mm，翅展 3.3~4.3mm，足较雄虫短，腹末有长约 1.2mm 的管状伪产卵器。

2）卵：很小，初产时为浅橘红色，孵化前为橘红色。

3）幼虫：共 4 龄，长纺锤形，似蛆，1~2 龄幼虫无色透明，3 龄幼虫半透明，4 龄幼虫为乳白色，渐变为橘红色。

4）蛹：为裸蛹，橘红色，蛹外有白色胶质茧。

【发生规律】 1 年发生 2~3 代。以老熟幼虫在树干翘皮裂缝或树冠下 2~6cm 的表土层中越冬。次年 3 月化蛹出土，成虫产卵于嫩叶上。越冬代成虫盛发期为 4 月上旬，第 1 代成虫盛发期为 5 月上旬，第 2 代成虫盛发期为 6 月上旬。4~7 月，由于降雨多、湿度大，闷热天气多，又正值梨树春梢和夏梢抽发，满足了梨瘿蚊的生活条件，有利于此虫的发生和为害。

【防治方法】

1）冬季深翻土地。及时摘除虫叶，集中烧毁。刮除枝干粗糙翘皮。

2）成虫羽化出土前（3 月下旬至 4 月上旬），树冠下地面撒施敌百虫或甲萘威毒土，或者喷洒 40.7% 毒死蜱乳油 600 倍液杀幼虫和成虫。

3）在第 1 代和第 2 代老熟幼虫（4 月下旬或 5 月下旬或 6 月中旬）发生高峰期，特别是降雨后，在树冠下地面喷洒下列药剂：50% 辛硫磷乳油 500 倍液或 48% 毒死蜱乳油 600~800 倍液杀幼虫和成虫。在越冬代和第 1 代成虫产卵盛期（4 月上旬和 5 月上旬），在叶面喷施下列药剂：10% 吡虫啉可湿性粉剂 1500~2000 倍液、52.25% 毒死蜱·氯氰菊酯乳油 1500~2000 倍液、48% 毒死蜱乳油 1000~1200 倍液、25% 联苯菊酯乳油 1000~1500 倍液、2% 阿维菌素乳油 2000~3000 倍液、40% 氧乐果乳油 1000 倍液或 20% 氰戊菊酯乳油 2000 倍液可防治初孵幼虫。

7. 梨二叉蚜

【症状识别】 梨二叉蚜为害梨叶时，群集叶面上吸食，致使被害叶由两侧面纵卷呈筒状，早期脱落，影响产量与花芽分化，削弱树势。

【形态特征】

1）成虫：

① 无翅孤雌胎生蚜：体长 1.9~2.1mm，宽 1.1mm 左右，体为绿、暗绿或黄褐色，被有白色蜡粉。体背骨化，无斑纹，有棱形网纹，背毛尖锐且长短不齐。头部额瘤不明显，口器为黑色，基半部色略浅，端部伸达中足基节；复眼为红褐色；触角呈丝状，6 节，端部为黑色，第 5 节末端具感觉孔 1 个。各足腿节、胫节的端部和跗节为黑色。腹管长，黑色，圆柱状，末端收缩。尾片呈圆锥形，有侧毛 3 对。

② 有翅孤雌胎生蚜：体长 1.4~1.6mm，翅展 5.0mm 左右。头部、胸部为黑色，腹部色浅，额瘤略突出。口器为黑色，端部伸达后足基节。触角呈丝状，6 节，浅黑色，第 3~5 节依次有感觉孔 18~27 个、7~11 个、2~6 个。复眼为暗红色，前翅中脉分 2 条，足、腹管和尾片同无翅孤雌胎生蚜。

2）卵：椭圆形，长径 0.7mm 左右，初产为暗绿色，后变为黑色且有光泽。

3）若虫：类似无翅孤雌胎生蚜，体小，绿色，若蚜胸部发达，有翅芽，腹部正常。

【发生规律】　1 年发生 20 代左右。以卵在芽附近和果台、枝杈的缝隙内越冬。在梨芽萌动时开始孵化。若蚜群集于露绿的芽上为害，待梨芽开绽时钻入芽内，展叶期又集中到嫩梢叶面为害，致使叶片向上纵卷成筒状。落花后大量出现卷叶，半月左右开始出现有翅蚜，5~6 月大量迁飞到越夏寄主狗尾草和茅草上，6 月中下旬于梨树上基本绝迹。秋季 9~10 月，在越夏寄主上产生大量有翅蚜迁回梨树上繁殖为害，并产生性蚜。雌蚜交尾后产卵，以卵越冬。

【防治方法】

1）化学防治：梨二叉蚜应掌握在梨叶未卷曲之前进行防治。梨芽萌动露白至展叶初期是喷药防治的关键时期。药剂可用 40% 乐果乳剂 2000 倍液。若梨二叉蚜对乐果产生抗性，可改喷 20% 菊乐合酯乳剂 2000 倍液。近年来有研究报道，2.5% 联苯菊酯乳油 1000~2000 倍液，10% 氯氰菊酯乳油 1500 倍液防治果树蚜虫效果极佳。若要结合防治病害，可与 50% 多菌灵可湿性粉剂 1000 倍液或 50% 甲基硫菌灵可湿性粉剂 800 倍液混用。

2）梨二叉蚜天敌的种类较多，如瓢虫、草蛉、食蚜蝇、蚜茧蜂等，要充分保护和引放天敌，以抑制梨二叉蚜为害。

8. 梨缩叶壁虱

【症状识别】 成虫、若虫主要为害嫩叶，被害叶边缘上卷或在叶面出现疱疹，红肿皱缩，影响梨叶进行正常光合作用，产量减少，树势衰弱。

【形态特征】

1）成虫：体微小，肉眼不易看到，体长约130μm，宽约49μm，形似胡萝，前端粗且向后渐细，油黄色，半透明。尾端有2根较长刚毛。

2）卵：微小，圆形，半透明。

3）幼虫：似成虫。体较小且细长，黄白色。

【发生规律】 1年发生多代。以成螨在芽鳞片下越冬，在树枝翘皮下、果树脱落层下也有发现。在梨树芽开绽时开始活动，转移到幼嫩组织上取食为害，5月为害最严重，以后发生数量逐渐减少，被害的卷叶和皱叶难以伸展。秋季，成螨转移到芽上并潜入芽鳞片下准备越冬。

【防治方法】

1）早春梨树发芽前，花芽开始膨大时，喷布石硫合剂，防治效果很好。

2）发现有缩叶、皱叶，及时摘除，集中消灭，严防蔓延。

3）展叶期喷石硫合剂或15%唑螨酯2000～3000倍液等，均能取得较好的防治效果。

三 梨树果实害虫

1. 茶翅蝽

【症状识别】 梨果被害后常形成疙瘩梨，果面凹凸不平，受害处变硬、味苦，或者果肉木栓化。

【形态特征】

1）成虫（见彩图21）：体长12～16mm，宽6.5～9.0mm，椭圆形，略扁平，体为浅黄褐色、黄褐色、灰褐色、茶褐色等，均略带紫红色。触角5节，黄褐色至褐色，第4节两端及第5节基部为黄色。前胸背板、小盾片和前翅革质部有密集的黑褐色刻点。前胸背板前缘有4个黄褐色小点。小盾片基部有5个小黄点。

2）卵：短圆筒形，直径为0.7mm左右，初为灰白色，孵化前为黑褐色。

3）若虫：初孵体长为1.5mm左右，近圆形。腹部为浅橙黄色，各腹节两侧节间有 1 个长方形黑斑，共 8 对。腹部第 3、5、7 节背面中部各有 1 个较大的长方形黑斑。老熟若虫与成虫相似，无翅。

【发生规律】 1 年发生 1 代。以成虫在空房、屋角、檐下、草堆、树洞、石缝等处越冬。北方果区一般从 5 月上旬开始陆续出蛰活动，飞到果树、林木及作物上为害，6 月产卵。7 月上旬开始陆续孵化，出孵若虫喜群集卵块附近为害，而后逐渐分散，成虫为害至 9 月寻找适当场所越冬。

【防治方法】

1）越冬期捕杀越冬成虫。

2）受害严重的果园，在产卵和为害前进行果实、果穗套袋。

3）结合管理随时摘除卵块及捕杀初孵群集若虫，并应强调在各种受害较重的寄主上同时进行防治，以降低虫口基数。

4）化学防治：于越冬成虫出蛰结束和低龄若虫期喷 50% 敌敌畏乳油或 90% 敌百虫 800~1000 倍液；40% 氧乐果乳油 1500~2000 倍液等有机磷剂；2.5% 敌杀死（溴氰菊酯）乳油、2.5% 功夫乳油或 20% 甲氯菊酯乳油 3000 倍液等菊酯类药剂；以及 50% 辛敌乳油等有机磷和菊酯类复配药剂均能收到较好的防治效果。

2. 梨黄粉蚜

【症状识别】 梨黄粉蚜喜在果实萼洼、梗洼处为害，梨果受害处产生黄斑并稍下陷，黄斑周缘产生褐色晕圈，最后变为褐色斑，常造成果实龟裂，降低梨的品质，严重时果实腐烂或脱落。

【形态特征】

1）成虫：体呈卵圆形，长约 0.8mm，全体为鲜黄色，有光泽，腹部无腹管及尾片，无翅。行孤雌卵生，包括干母型、普通型，性母均为雌性。口器均发达。有性型，体长，呈卵圆形，体型略小，雌长 0.47mm 左右，雄长 0.35mm 左右，体色鲜黄，口器退化。

2）卵：越冬卵（孵化为干母的卵）呈椭圆形，长 0.25~0.40mm，浅黄色，表面光滑；产生普通型和性母的卵，体长 0.26~0.30mm，初产时为浅黄绿色，渐变为黄绿色；产生有性型的卵，雌卵长 0.4mm，雄卵长 0.36mm，黄绿色。

3）若虫：浅黄色，形似成虫，仅虫体较小。

【发生规律】 1 年发生 8~10 代。以卵在树皮裂缝、果台残樯、剪锯口、梨潜皮蛾幼虫为害的翘皮下或枝干上的伤残处越冬。梨树开花时，卵孵化为干母，若蚜在翘皮下的幼嫩组织处取食树液，生长发育并繁殖。每代若虫逐步向外扩散，6月中下旬后，若蚜开始为害果实，7月中下旬至8月上中旬是为害果实的高峰期，8月下旬至9月上旬出现有性蚜，进入粗皮缝内产卵越冬。

【防治方法】

1）早春，人工刮粗树皮及清除残附物，重视梨树修剪，增强树的通风透光性。

2）梨果被害时可喷施40%氧乐果乳油1500倍液，混配20%甲氯菊酯或氰戊菊酯乳油8000倍液效果好。

3）需转运的苗木，如有此虫，可将苗木泡于水中24h以上，再阳光暴晒，可杀死其上的虫和卵。

3. 梨小食心虫

【症状识别】 幼虫蛀果多从萼洼处蛀入，直接蛀到果心，在蛀孔处有虫粪排出，被害果上有幼虫脱出的脱果孔。

【形态特征】

1）成虫（见彩图22）：体长6～7mm，翅展11～14mm，全体为暗褐色或灰褐色。触角呈丝状，下唇须为灰褐色且上翘。前翅为灰黑色，其前缘有7组白色钩状纹；翅面上有许多白色鳞片，中央近外缘1/3处有1个白色斑点，后缘有一些条纹，近外缘处有10个黑色小斑。后翅为暗褐色，基部色浅，两翅合拢，外缘合成钝角。足为灰褐色，各足跗节末为灰白色。腹部为灰褐色。

2）卵：扁椭圆形，中央隆起，直径为0.5～0.8mm，半透明。刚产的卵为乳白色，后渐变成黄白色稍带红色，近孵时可见幼虫褐色头壳。

3）幼虫：末龄幼虫体长10～14mm，浅红色至桃红色，腹部为橙黄色，头为褐色，前胸背板为黄白色，透明，体背为桃红色。腹足趾钩有30～40个。臀栉有4～7个刺。小幼虫头部、前胸背板为黑色，前胸气门前片上有3根刚毛，体为白色。

4）蛹：长6～7mm，黄褐色。腹部3～7节背面各具2排短刺，8～10节各生一排稍大刺，腹末有8根钩状臀棘。

5）茧：丝质，白色，长椭圆形，长约10mm。

【发生规律】 在北方（如辽宁），单植梨园，梨小食心虫发生2～3代。以老熟幼虫在树干翘皮下、剪锯口处结茧越冬。越冬代成虫发生在4月下旬至6月中旬；第1代成虫发生在6月末至7月末；第2代成虫发生在 8 月初至 9 月中旬。第 1 代幼虫主要为害梨芽、新梢、嫩叶、叶柄，极少数为害果；第 2 代幼虫为害果增多；第 3 代为害果最重。第 3 代卵的发生期为 8 月上旬至 9 月下旬，盛期为 8 月下旬至 9 月上旬。在桃、梨兼种的果园，梨小食心虫第 1 代、第 2 代主要为害桃梢，第 3 代以后才转移到梨园为害。

【防治方法】

1）梨树发芽前，细致刮除老枝干、剪锯口、根颈等处的老翘皮，集中烧毁，消灭越冬幼虫。

2）秋季在越冬幼虫脱果前，在树干或主枝基部绑草，诱集幼虫越冬，冬季前解下烧毁。

3）在第 1 代和第 2 代幼虫发生期，人工摘除被害虫果，并且连续剪除被害梨梢，立即集中深埋。

4）生物防治：在梨小食心虫的卵发生初期，释放松毛虫赤眼蜂，每 5 天放 1 次，共放 5 次，每亩每次放蜂量为 2.5 万只左右。

5）药剂防治：根据田间卵果率调查，当卵果率达到 0.3%～0.5% 时，并有个别幼虫蛀果时，立即喷布 50% 杀螟松 1000 倍液或 20% 杀灭菊酯 2000～3000 倍液，均有良好的防治效果。

6）桃、梨混栽的果园，应加强桃园的防治工作。在卵孵化末期，部分幼虫已蛀入嫩梢时，细致喷布 80% 敌敌畏乳油 1500 倍液，杀死嫩梢中的幼虫及初孵化的幼虫。

4. 梨大食心虫

【症状识别】 幼虫蛀食梨的果实和花芽，从芽基部蛀入，直达芽心，芽鳞包被不紧，蛀入孔里有黑褐色粉状粪便及丝堵塞；出蛰幼虫蛀食新芽，芽基间堆积有棕黄色粉末状物，有丝缀连，此芽暂不死，至花序分离期芽鳞片仍不落，开花后花朵全部凋萎。果实被害时，受害果孔有虫粪堆积，最后一个被害果，果柄基部有丝与果台相缠，被害果变黑，枯干至冬季不落（见彩图 23）。

【形态特征】

1）成虫（见彩图 24）：体长 10～15mm，全体为暗灰色，稍带紫色光泽。距翅基 2/5 处和距端 1/5 处，各有一条灰白色横带，嵌有紫褐色的边，两横带之间靠前处有一个灰色肾形条纹。

2）卵：长 0.9mm，椭圆形，稍扁，初产时为黄白色，1～2 天后变为红色。

3）幼虫（见彩图 25）：体长 17~20mm，头、前胸盾、臀板为黑褐色，胸腹部的背面为暗绿褐色，无臀栉。

【发生规律】 梨大食心虫在吉林 1 年发生 1 代，辽宁 1 年发生 1~2 代，山东、河北大部分地区一年发生 2 代，河南南部 1 年发生 3 代。各地均以小幼虫在被害芽内结茧越冬。花芽前后，开始从越冬芽中爬出，转移到新芽上蛀食，称"出蛰转芽"。被害新芽大多数暂时不死，继续生长发育，至开花前后，幼虫已蛀入果台中央，输导组织遭到严重破坏，花序开始萎蔫，不久又转移到幼果上蛀食，称"转果期"。幼虫可为害 2~3 个果，老熟后在最后那个被害果内化蛹。成虫羽化后，幼虫蛀入芽内为害（多数是花芽），芽干枯后又转移到新芽。1 只幼虫可以为害 3 个芽，在最后那个被害芽内越冬，此芽称"越冬虫芽"。部分幼虫为害 1 个芽后，转移到果上，也有的孵化直接蛀入果中。取食梨果的幼虫发育快，在果内老熟化蛹，羽化出蛾，产卵（第 2 代卵），孵化后，幼虫为害 2~3 个花芽作茧越冬。

【防治方法】

1）梨树发芽前，结合修剪管理，彻底剪除或摘掉虫芽；摘除有虫花簇、虫果；果实套袋以保护优质梨。

2）转果期及第 1 代幼虫期摘除虫果。越冬幼虫出蛰为害芽、幼虫为害果和幼虫越冬前为害芽时，是药剂防治的最佳时期。

3）可用下列药剂：52.25%氯氰菊酯·毒死蜱乳油 1500 倍液、48%毒死蜱乳油 1000~1500 倍液、35%伏杀硫磷乳油 500~700 倍液、50%仲丁威可溶性粉剂 1000 倍液、25%甲萘威可湿性粉剂 400 倍液、25%杀虫双水剂 200~300 倍液、2.5%氯氟氰菊酯水乳剂 4000~5000 倍液、2.5%高效氯氟氰菊酯水乳剂 4000~5000 倍液、10%氯氰菊酯乳油 1000~1500 倍液、4.5%高效氯氰菊酯乳油 1000~2000 倍液、20%氰戊菊酯乳油 2000~4000 倍液、5.7%氟氯氰菊酯乳油 1500~2500 倍液、2.5%高效氟氯氰菊酯乳油 2000~3000 倍液、20%甲氰菊酯乳油 2000~3000 倍液、10%联苯菊酯乳油 3000~4000 倍液、10%氯菊酯乳油 1500~3000 倍液、25%灭幼脲悬浮剂 750~1500 倍液、5%氟苯脲乳油 800~1500 倍液、5%氟啶脲乳油 1000~2000 倍液、5%氟铃脲乳油 1000~2000 倍液、5%氟虫脲乳油 800~1000 倍液、1.8%阿维菌素乳油 2000~4000 倍液等均匀喷施。

桃、李、杏园无公害科学用药

第一节 桃、李、杏园病害诊断及防治

一 桃、李、杏树枝干病害

1. 桃树木腐病

【症状识别】 桃树木腐病又称心腐病,主要为害桃树的枝干和心材,引起心材腐朽。发病树木质部变白且疏松,质软且脆,腐朽易碎。病部表面长出灰色的病原菌子实体,多由锯口长出,少数从伤口或虫口长出,每株形成的病原菌子实体多达数十个。以枝干基部受害重,常引致树势衰弱,叶色变黄或过早落叶,引起产量降低或不结果。

【病原】 暗黄层孔菌,属担子菌亚门真菌。

【防治方法】

1)农业防治:发现病死及衰弱的老树,应及早挖除烧毁。对树势较弱的桃树,应增施有机肥,以增强抗病力。发现病树长出子实体后,应立刻削掉,集中烧毁,并涂抹愈伤防腐膜保护伤口,防止病菌侵染,也可防雨水、灰尘等对伤口造成的伤害,促进伤口愈合。

2)化学防治:桃红颈天牛、吉丁虫等蛀干害虫所造成的伤口是病菌侵染的重要途径,因此减少其危害所造成的伤口,便可减轻病害的发生。在桃树萌芽前全树均匀喷洒护树将军1000倍液,铲除浅层病菌。对锯口涂抹愈伤防腐膜,可保护伤口不受病菌的侵染,有效预防木腐病的发生。

2. 桃树流胶病

【症状识别】 桃树流胶病主要发生在主干、主枝上,又以主干发病最突出,发病初期病部肿胀并不断流出半透明黄色树胶(见彩图26),

特别是雨后，流胶现象更为严重。流出的树胶与空气接触后变为红褐色，3～4个流胶珠连在一起，形成直径为3～10mm圆形不规则流胶病斑，呈胶冻状，干燥后变为红褐色的坚硬胶块。病部易被腐生菌侵染，使其皮层和木质部变褐、腐烂，致使树势衰弱，严重时枝干或全株枯死。

【病因】 桃树流胶病分两种：一是生理性流胶，主要因水分过多、留果过多、施肥不当、冻害等引起；二是病理性流胶，是由多种病菌感染致害。

【防治方法】

1）加强桃园管理，增强树势。增施有机肥，改善土壤团粒结构，提高土壤通气性能。低洼积水地注意排水，酸性或碱性土壤应适当施用石灰或过磷酸钙，改良土壤，盐碱地要注意排盐。合理修剪，减少枝干伤口，避免桃园连作。对已发生流胶病的树，小枝可以通过修剪除去，枝干上的流胶要刮除干净，在伤口处用4～5波美度石硫合剂消毒，在少雨天气，也可用医用紫药水涂抹流胶部位及伤口，隔10天再涂1次效果更显著。

2）调节修剪时间，减少流胶病的发生。桃树生长旺盛，生长量大，生长季节进行短截和疏删修剪，人为造成伤口，遇中温高湿环境，伤口容易出现流胶现象。通过调节修剪时间，将生长期修剪改为冬季修剪，虽然冬季修剪同样有伤口，但因气温较低，空气干燥，很少出现伤口流胶现象。因此，生长期采取轻剪，及时摘心疏删部分过密枝条，主要的疏删、短截、回缩修剪等到冬季落叶后进行。

3）主干刷白，减少流胶病的发生。冬夏两季进行两次主干刷白，防止流胶病的发生。第1次刷白于桃树落叶后进行，用5波美度石硫合剂＋新鲜牛粪＋新鲜石灰涂刷主干，或者用巴德粉调配桐油刷于桃树主干和主枝，减少病虫侵染和辐射热为害，可有效地减少流胶病的发生。

4）及时防治虫害，减少流胶病的发生。4～5月及时防治天牛、吉丁虫等害虫侵害根茎、主干、枝梢等部位，防治桃蛀螟幼虫、卷叶蛾幼虫、梨小食心虫、椿象等为害果实。

5）夏季全园覆盖，减少流胶病的发生。没有种植金边茸或其他绿肥的果园，夏季与秋季高温干旱季节全园覆盖10cm厚的杂草或稻草，不但能够提高果园土壤的含水量，利于果树根系生长，强壮树体，而且能够十分有效地防止地面辐射热导致的日灼病而发生流胶病。

6）药膜防治，减少流胶病的发生。如果是细菌性病原引起的流胶，用农用链霉素或叶青双等进行喷施和涂刷主干。如果是真菌性病原引起的流胶，可用乙蒜素、多菌灵、甲基硫菌灵、异菌脲等喷施或涂刷主干，涂刷主干的浓度比喷施树冠的浓度相对提高。主干涂刷之前，用竹片把流胶部位的胶状物刮除干净后，再涂刷药液，或者用废旧干净的棉布剪成条状浸透药液后包于患处，然后用10cm宽薄膜包扎，具有较好的防治效果。药剂防治可用50%甲基硫菌灵超微可湿性粉剂1000倍液、50%多菌灵可湿性粉剂800倍液、50%异菌脲可湿性粉剂1500倍液或50%腐霉利可湿性粉剂2000倍液，防效较好。

3. 桃树干枯病

【症状识别】 桃树干枯病主要为害主干和大枝，症状较隐蔽，初病部略凹陷，可见米粒大小胶点状物，后逐渐现出椭圆形紫红色凹陷斑，胶点逐渐增多，胶量增大，严重者树干流胶。

【病因】 病原菌以菌丝体、子囊壳及分生孢子器的形式在病部越冬。树势弱、园地湿、土质黏重、冬季枝干受冻及修剪过重、枝干伤口过多且愈合不良以及日灼等，都会引起此病害发生。

【防治方法】 加强果园肥水管理，合理修剪，合理留果，防止树势衰退。

4. 桃霉斑穿孔病

【症状识别】 桃霉斑穿孔病为害桃树叶片、枝梢、花芽和果实。此病对油桃树的为害也如此。叶片上的病斑，初为浅黄绿色，后变为褐色，呈圆形或不规则形，直径为2~6mm。幼叶被害后大多焦枯，不形成穿孔。温度高时，在病斑背面长出黑色霉状物，即病菌的分生孢子梗和分生孢子，有的延至脱落后产生。病斑脱落后，在叶上形成穿孔。枝梢被害，以芽为中心形成长椭圆形病斑，边缘为紫褐色，并发生裂纹和流胶。花梗染病，花未开即干枯脱落。果实上病斑小而圆，初为紫色，逐渐变为褐色，边缘为红色，中央稍凹陷。

【病原】 嗜果刀孢霉，属半知菌亚门真菌。

【防治方法】

1）加强栽培管理，增强树势，合理施肥，增施有机肥，避免偏施氮肥。对地下水位高或土壤黏重的油桃园，要改良土壤，及时排

165

水。合理整形修剪，及时剪除病枝，彻底清除病叶，予以集中烧毁或深埋。

2）实施药剂防治。早春喷洒 50% 甲基硫菌灵可湿性粉剂 500 倍液、50% 苯菌灵可湿性粉剂 1500 倍液、1∶1∶120 倍式波尔多液或 30% 绿得保胶悬剂 400～500 倍液。

5. 桃果腐病

【症状识别】 病原菌为弱寄生菌，侵染衰弱树的枝干。病菌以菌丝体、分生孢子器或子座在枝干的病组织内越冬。桃果近成熟期，枝干上不断产生的分生孢子，随气流或雨水飞溅到果面上，经裂纹、虫口或机械伤口侵入果实引起发病。果实成熟期遇多雨的天气有利于病害的发生。

【病原】 半知菌亚门大茎点属的真菌。

【防治方法】

1）农业防治：疏除过密枝，增施有机肥和磷肥、钾肥，适时施肥浇水，以增强树势，使果实发育良好，减少裂果。

2）人工防治：结合冬剪，彻底清除树上的枯死枝和地面落果，减少越冬菌源。

6. 桃树腐烂病

【症状识别】 桃树腐烂病多发生在主干、主枝、侧枝上，有时主根基部也受害。发病部位多在枝干向阳面及枝杈处。发病初期，病部稍隆起，呈水浸状，有时外部可见米粒大的流胶，按之下陷，轮廓呈长椭圆形；病部初为黄白色，渐变为褐色、棕褐色至黑色；胶点下病组织呈黄褐色湿润腐烂，病组织松软、糟烂，腐烂皮层有酒糟味。后期腐烂组织干缩凹陷，表面产生灰褐色钉头状突起，如撕开表皮，可见许多似眼球状的黑色突起，表面产生小黑点，小黑点上潮湿条件下可溢出橘黄色丝状孢子角。当病斑扩展环绕枝干一周时，即造成枝干枯死甚至全树死亡。

【病原】 核果黑腐皮壳属子囊菌亚门。

【防治方法】

1）农业防治：对主枝、侧枝上的早期病斑应及时用锋利刮刀将树干病皮表层刮去，一般要刮去 1mm 表层活皮，到露出白绿色健皮为止，注意要刮净病变组织，并将刮下的有病组织拿出果园集中烧毁；对严重的病枝或将死亡的主干要及时锯掉，拿出果园烧毁；增施有机肥，适期追肥；合理科学疏果，调节好负载量，增强树势，以提高果树的抗病性；冬前及时将树干涂白，防止发生冻害；注意防治蛀干害虫，避免造成各种伤口。

2）化学防治：落叶后或发芽前，全园喷施 1 次 3～5 波美度石硫合剂，铲除树体上的菌；轻划病皮后涂内吸性较强的药剂，喷施具有渗透性、残效期长的杀菌剂，如甲基托布津 1000 倍液、百菌清 1500 倍液、果富康 500 倍液，杀灭树皮上潜伏的腐烂病菌，防止病菌侵染再次发病；对刮除病组织的伤口要采取涂药杀菌措施，药剂可采用 5～10 波美度石硫合剂、45% 晶体石硫合剂 20 倍液、果富康 10～15 倍液。

7. 油桃疮痂病

【症状识别】　油桃疮痂病主要为害桃树果实，也为害枝条和叶片。果实被害多在顶部发病，受害仅在果皮部分，病部初生暗绿色圆斑，并逐渐扩大成紫黑色或红褐色病斑，稍凹陷，上面着生黑色霉层。随着病部木栓化和果实膨大，病部常龟裂或畸形。枝条被害处先出现浅褐色圆斑，边缘为紫褐色，后变为黑褐色，稍隆起，常有流胶现象发生。叶片被害，初生多角形或不规则灰绿色病斑，逐渐扩大后变成褐色或紫红色，最后病部干枯脱落并穿孔。

【病原】　嗜果枝孢菌。

【防治方法】

1）加强桃园管理，及时进行夏季修剪，改善通风透光条件，防止郁闭，降低湿度。桃园铺地膜、果实套袋都可减轻病害。

2）在花芽期喷施 3 波美度石硫合剂，花蕾微露时喷施 5 波美度石硫合剂。谢花 70% 时喷施 80% 代森锰锌 600～800 倍液或 40% 氟硅唑乳油 8000～10000 倍液 1 次，间隔 15 天再喷 1 次。最好不要重复用单一药品，要交替使用。

8. 李灰色膏药病

【症状识别】　李灰色膏药病主要为害树干和枝梢，也能使叶片和果实受害。灰色膏药病的病斑为灰白色线状菌丝膜，呈圆形扩散，表面较光滑。发病初期，树干和枝梢或叶片出现白色的圆形、半月形或不规则形病菌子实体，表面光滑，随后逐渐变为灰白色，紧贴在枝干上，似膏药状，所以叫膏药病。

【病原】　茂物隔担耳菌，真菌界担子菌门层菌纲隔担菌目隔担菌属。

【防治方法】

1）加强果园管理，合理施肥灌水，增强树势，提高树体的抗病力。科学修剪，剪除病残枝及茂密枝，调节通风透光性。雨季注意果园排水措施，保持果园适当的温度和湿度，结合修剪，清理果园，减少病原菌。

2）因地制宜地选择较抗病品种，防治害虫，尤其是蚜虫和蚧类害虫。

3）刮除菌膜，再涂抹 3~5 波美度石硫合剂或 1∶1∶10 倍式波尔多液。

9. 李树流胶病

【症状识别】 流胶病主要为害李树 1~2 年生枝条，受害后李树枝条皮层呈疱状隆起，随后陆续流出柔软透明的树胶，树胶与空气接触后变成红褐色至茶褐色，干燥后则成硬块，病部皮层和木质部变褐坏死，影响树势，重者部分枝条干枯乃至全株枯死。此病全年均有发生，以高温多雨季节多见。

【病原】 子囊菌亚门葡萄座腔菌。

【防治方法】

1）及时清园，松土培肥，挖通排水沟，防止土壤积水。增施富含有机质的粪肥或麸肥及磷肥和钾肥，保持土壤疏松，以利根系生长，增强树势，减少发病。科学修剪，剪除病残枝及茂密枝，注意不要损伤树干皮层，调节通风透光性，雨季注意果园排水措施，保持适当的温度和湿度。结合修剪，清理果园，减少病原菌。

2）及时防治天牛等蛀干害虫，消除发病诱因。采取人工捕杀幼虫或用毒死蜱 1000 倍液喷杀成虫，减少害虫咬伤和钻伤树皮、树干，保护枝干，减少发病。

3）晚秋枝干涂白，防止日灼。对伤口要及时涂保护剂保护，减少树体伤口。涂 1% 甲紫溶液、75% 百菌清可湿性粉剂 300 倍液、50% 多菌灵可湿性粉剂 300 倍液或 5 波美度石硫合剂。

10. 杏树流胶病

【症状识别】 杏树流胶病主要发生在枝条或干上，尤以丫杈处发病较重，枝条和果实也有发生。发病初期在病部流出浅黄色透明的胶状物，树脂凝聚渐变成红褐色，病部稍肿，皮层或木质部变褐或腐烂，有时腐生其他杂菌，致树势衰弱，严重时枝干枯死。

【病因】 由葡萄座腔菌、桃囊孢菌侵染引起。此外，树干害虫、冻害、霜害、受涝、土壤黏重及各种树皮损伤或环割树皮也会引起流胶。

【防治方法】

1）加强栽培管理，增强树势，提高树体抗性。控制氮肥用量。

2）及时防虫，树干涂白以减少树体伤口。避免使树体造成机械损伤。万一造成了损伤，要及时给伤口涂以铅油等防腐剂加以保护。

3）休眠期刮除病斑后涂赤霉素402 100倍液或5波美度石硫合剂进行保护。

4）生长季节结合其他病害的防治用75%百菌清800倍液、甲基托布津可湿性粉剂1000倍液、异菌脲可湿性粉剂1500倍液、腐霉利可湿性粉剂1500倍液喷布树体。在树体休眠期用胶体杀菌剂（按1kg乳胶、100g 50%退菌特的比例配制而成）涂抹病斑，以杀灭病原菌。

11. 杏黑粒枝枯病

【症状识别】 杏黑粒枝枯病主要为害前一年新生的果枝，染病后花芽未开花即开始干枯，芽的周围生有椭圆形黑褐色波状轮纹，并分泌出树脂状物，发病芽上部的枝条呈枯死状，发病早在2月和3月就形成病斑，4月近开花时病斑已明显，进入盛花期即呈冬枯状，形成褐色至黑褐色病斑，其上具有小黑粒点。发病晚的花后不久就枯死在枝条上，似灰星病引起的花腐，但本病不形成灰霉，有别于灰星病。

【病原】 有性世代为仁果干癌丛赤壳菌，属子囊菌亚门真菌；无性世代为仁果干癌柱孢霉，属半知菌亚门真菌。

【防治方法】

1）选用抗病品种：采收后，冬季彻底剪除被害枝，并集中深埋或烧毁。

2）化学防治：8月下旬至9月上旬喷施下列药剂：77%氢氧化铜可湿性粉剂500~600倍液或50%琥胶肥酸铜可湿性粉剂500~600倍液。间隔10~14天喷1次，连续3~4次。

12. 杏树腐烂病

【症状识别】 杏树腐烂病主要为害枝干。症状分溃疡型和枝枯型两种，多以树干枝杈、剪锯口、果台部位居多，有时也会侵害果实。发病初期，病斑呈圆形或椭圆形，红褐色，水渍状，略隆起，边缘不清晰，逐渐组织松软，手指按压病部下陷，常有黄褐色汁液流出，以后皮层呈湿腐状，嗅之有酒糟味。病皮易剥离，内部组织呈红褐色；后期，病部失水凹陷、硬化，呈灰褐色至黑褐色，病部与健部裂开。病皮上产生很多黑色小粒点（病菌的分生孢子器）。但天气潮湿时，从分生孢子器中涌出的卷须状孢子角呈橙红色，秋季形成囊壳。发病严重时，病斑扩展环绕枝干一周，树体受害部位以上的枝干干枯死亡。

【病原】 有性世代为日本黑腐皮壳，属子囊菌亚门真菌。无性世代为 *Cytospora* sp.，系一种壳囊孢，属半知菌亚门真菌。

【防治方法】

1）加强栽培管理，增强树势，注意疏花疏果，使树体负载量适宜，减少各种伤口。

2）及时治疗病疤：主要有刮治和划道涂治两种方法。刮治是在早春将病斑坏死组织彻底刮除，并刮掉病皮四周的一些好皮。涂治是将病部用刀纵向划 0.5cm 宽的痕迹，然后于病部周围健康组织 1cm 处划痕封锁病菌以防扩展。

3）刮皮或划痕后可涂抹 5% 菌毒清水剂 100 倍液、50% 福美双可湿性粉剂 50 倍液 +2% 平平加（煤油或洗衣粉）、托福油膏、甲基硫菌灵 1 份、黄油 2～8 份混匀）、70% 甲基硫菌灵可湿性粉剂 30 倍液。

13. 杏树干腐病

【症状识别】 小杏树或树苗易染病，呈枯死状。初在树干或枝的树皮上生稍突出的软组织，逐渐变褐腐烂，散发出酒糟气味，后病部凹陷，表面多处出现放射状小突起，遇雨或湿度大时，现红褐色丝状物，拨开病部树皮，可见椭圆形黑色小粒点。壮树病斑四周呈癌肿状，弱树多呈枯死状。小枝染病，秋季生出褐色圆形斑，不久则枝尖枯死。

【病因】 病菌在病树干或病枝条内越冬，次春产生子囊孢子，由冻伤、虫伤或日灼伤口侵入，系一次性侵染，后病部生出子囊壳，病斑从早春至初夏不断扩展，盛夏病情扩展缓慢或停滞，入秋后再度扩展。小树徒长期易发病。

【防治方法】

1）科学施肥，合理疏果，确保树体健壮，提高抗病力。

2）用稻草或麦秆等围绑树干，严防冻害，通过合理修剪，避免或减少日灼，必要时，在剪口上涂药，防止病菌侵入。

二 桃、李、杏树叶部病害

1. 桃细菌性穿孔病

【症状识别】 桃细菌性穿孔病主要为害叶片，也能侵染果实和枝梢。枝干发病时，枝梢上逐渐出现以皮孔为中心的褐色至紫褐色圆形稍凹隐陷病斑。感病严重植株的 1～2 年生枝梢在冬季至萌芽前枯死。叶片发病时出现水渍状小点（见彩图 27），之后逐渐扩大成紫褐色至黑褐色病斑，周围呈水渍状黄绿晕环，随后病斑干枯脱落形成穿孔。果面出现暗紫色圆形的中央微凹陷的病斑；空气湿度大时，病斑上有黄白色黏质，干燥时病斑发生裂纹。

【病原】 甘蓝黑腐黄单胞菌桃穿孔致病型 *Xanthomonas campestris* pv. pruni（Smith）Dye，属黄单胞杆菌属。

【防治方法】

1）选栽临城桃、大久保、大和白桃、中山金桃、仓方早生、罐桃 2 号抗病桃树品种。

2）开春后要注意开沟排水，达到雨停水干，降低空气湿度。增施有机肥和磷钾肥，避免偏施氮肥。

3）适当增加内膛疏枝量，改善通风透光条件，促使树体生长健壮，提高抗病能力。在 10～11 月桃休眠期，也正是病原在被害枝条上开始越冬的时候，结合冬季清园修剪，彻底剪除枯枝、病梢，及时清扫落叶、落果等，集中烧毁，消灭越冬菌源。桃园附近应避免杏树、李树等核果类果树。

4）绿色环保无公害中药防治：早春芽萌动期喷靓果安 300 倍液 + 有机硅；从桃树落花后开始喷施靓果安 400～600 倍液，每 10～15 天喷施 1 次，连喷 3～4 次。

5）发芽前喷 50 波美度石硫合剂或 1：1：100 倍式波尔多液消灭越冬病原菌。发芽后喷 72% 农用硫酸链霉素可湿性粉剂 3000 倍液。幼果期喷代森锌 600 倍液、农用硫酸链霉素 4000 倍液或硫酸锌石灰液（硫酸锌 0.5kg、消石灰 2kg、水 120kg）。6 月末至 7 月初喷第 1 遍，半个月至 20 天再喷 1 次，喷 2～3 次。

2. 桃树红叶病

【症状识别】 桃树红叶病发病主要表现为叶子变红。发病树春季发芽开花晚，果实成熟迟。叶芽萌动后嫩叶呈现红色，从叶尖向下逐渐干枯，不能抽生新梢，引起 1 年生枝局部或全部干枯，影响树冠扩展。5 月中旬至 8 月，显症轻或不显症，到了秋梢期又现春季症状，病叶背面又现红色，叶面为粉红色，黄化或脉间失绿。

【病原】 李坏死环斑病毒

【防治方法】 杜绝从病树上剪取接穗繁育苗木，培育和利用无病苗木；桃蚜可能是传毒的媒介，应加强对果园害虫的防治。

3. 桃树花叶病

【症状识别】 发病初期，病叶上出现斑驳，继而发展成黄绿色的褪绿斑块，严重时褪绿部为黄色甚至黄白色。有时新梢叶片全部染病。该病有高温隐症现象。

【病原】 桃潜隐花叶类病毒。

【防治方法】

杜绝从病树上剪取接穗繁育苗木，培育和利用无病苗木；桃蚜可能是传毒的媒介，应加强对果园害虫的防治。

4. 桃树叶斑病

【症状识别】 桃树叶斑病主要为害叶片，产生圆形或近圆形病斑，茶褐色，边缘为红褐色，秋末出现黑色小粒点，最后病斑脱落形成穿孔。8～9月发生此病。核果穿孔叶点霉菌引起的叶斑病的病斑呈圆形，茶褐色，后变为灰褐色，上生黑色小点，后期也形成穿孔。

【病原】 半知菌类，桃叶点霉菌和核果穿孔叶点霉菌。

【防治方法】 精心养护，增强树势，可减少发病。

5. 桃树煤污病

【症状识别】 桃树煤污病主要为害叶片，也可为害树枝或果实。叶片发病时叶面初呈污褐色圆形或不规则形霉点，后形成煤烟状物，叶、枝及果面布满黑色霉层，影响光合作用，引起桃树提早落叶。

【病原】 引致煤污的病原菌有多种，主要有出芽短梗霉、多主枝孢（草本枝孢）、大孢枝孢，均属半知菌亚门真菌。

【防治方法】

1）改变桃园小气候，使其通透性好；雨后及时排水，防止湿气滞留。

2）及时防治蚜虫、粉虱及介壳虫。

3）实施药剂防治：发病初期，可选用40%多菌灵胶悬剂600倍液、50%多霉灵（乙霉威、万霉灵）可湿性粉剂1500倍液、65%抗霉灵可湿性粉剂1500～2000倍液、40%克菌丹可湿性粉剂400倍液、40%大富丹可湿性粉剂500倍液、50%苯菌灵可湿性粉剂1500倍液等药剂，每15天喷洒1次，共喷1～2次。

6. 桃痘病

【症状识别】 桃痘病沿着第 2 道叶脉和第 3 道叶脉附近的叶肉出现褪绿部分，呈沟蚀状花叶，脉缘为浅绿色，叶片畸形。通常叶的症状在田间是不明显的，只有少数叶片在春天刚展叶时呈现症状，在幼嫩植株和生长旺盛的植株上易见到。黄肉桃品种成熟前在表皮层的表面呈现黄绿色环。成熟的桃也有发生。白肉桃则出现白色环斑、条纹和病部。在油桃上则出现黄色环斑和斑点。

【病原】 李痘病毒，马铃薯 Y 病毒科，马铃薯 Y 病毒属。

【防治方法】 目前我国尚未发生本病，但考虑本病是国际的危险病害，应注意预防。东欧和东南欧是发生本病的主要区域，最好不要从这些国家引种，以免病害传入。如果一定要引种，则要特别注意检疫。两种重要传毒昆虫在我国都有，特别是蚜虫，不好完全控制，一旦发现，则要采取严格的消灭措施。在果园，则对所有的病株及附近四周的病株都要消灭；在被感染的苗圃，应将全部感病品种的苗木移开。新的无病毒材料一定要在非感染区栽植。对不表现症状的野生李属种，特别是黑刺李，要注意检查。这种野生植株是本病毒的贮主。

7. 桃褐锈病

【症状识别】 桃褐锈病主要为害叶片，尤其是老叶及成长叶。叶正反两面均可受侵染，先侵染叶背，后侵染叶面。叶面染病后产生红黄色圆形或近圆形病斑，边缘不清晰；背面染病后产生稍隆起的褐色圆形小疱疹状斑，即病菌夏孢子堆；夏孢子堆突出于叶表，破裂后散出黄褐色粉状物，即夏孢子。后期，在夏孢子堆的中间形成黑褐色冬孢子堆。严重时，叶片常枯黄脱落。

【病原】 刺李疣双孢锈菌，属担子菌亚门。

【防治方法】

1）清除初侵染源，结合冬季清园，认真清除落叶，铲除转主寄主，集中烧毁或深埋。

2）化学防治：建议用 20% 国光三唑酮乳油 1500 ~ 2000 倍液、12.5% 烯唑醇可湿性粉剂（国光黑杀）2000 ~ 2500 倍液或 25% 国光丙环唑乳油 1500 倍液喷雾防治。连用 2 次，间隔 12 ~ 15 天。

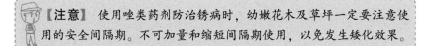
【注意】 使用唑类药剂防治锈病时，幼嫩花木及草坪一定要注意使用的安全间隔期。不可加量和缩短间隔期使用，以免发生矮化效果。

8. 桃树白粉病

【症状识别】 桃树白粉病主要为害叶，影响光合作用，减弱树势。幼苗发病重于成树。发病初期，叶背出现白色小粉斑，扩展后呈近圆形或不规则形粉斑，白粉斑汇合成大粉斑，布满大部分叶片或整个叶片；病重时，叶片正面也有白粉斑。发病后期，叶片褪绿、皱缩。

【病原】 三指叉丝单囊壳和毡毛单囊壳。

【防治方法】

1）农业防治：秋天落叶后及时清洁果园，将落叶集中烧毁，以消灭越冬病原菌。

2）化学防治：发芽前全园喷药，常用药剂有 2～3 波美度石硫合剂、25%三唑酮 3000 倍液、95%精品索利巴可溶性粉剂 150～200 倍液，杀灭越冬树上的病菌；发芽后、开花前、落花后各喷药 1 次，可用62.25%仙生可湿性粉剂 600 倍液、15%三唑酮可湿性粉剂 1500～2000 倍液及 12.5%烯唑醇可湿性粉剂 2000～2500 倍液。

9. 桃树褐斑穿孔病

【症状识别】 发病初期，叶片上出现圆形或近圆形病斑，边缘为紫色，略带轮纹（见彩图 28），病斑直径为 1～4mm；后期病斑上长出灰褐色霉状物，中部干枯脱落，形成穿孔，穿孔的边缘整齐，穿孔多时叶片脱落。此病主要为害桃树叶片，也为害新梢和果实。

【病原】 核果尾孢菌，半知菌亚门。

【防治方法】

1）农业防治：选抗病品种，把果园建在能排能灌的地方，合理密植，科学修剪，使桃园通风透光；配方施肥，避免偏施氮肥；增强树势，提高树体抗病力；清除越冬菌源；秋末冬初结合修剪，剪除病枝、枯枝，清除僵果、残桩、落叶，集中烧毁或深埋；生长期剪除枯枝，摘除病果，防止再侵染；采用果实套袋可以有效减少病果。

2）化学防治：在桃树落叶后及春季发芽前，应全园喷 1 次 3～5 波美度石硫合剂并加入 200～300 倍五氯酚钠；落花后喷药，常用药剂有70%代森锰锌可湿性粉剂 500 倍液、50%超微果菌灵可湿性粉剂 600 倍液、70%甲基托布津可湿性粉剂 800 倍液、40%多丰农可湿性粉剂 500 倍液。以上药剂可轮换用药，每隔 10～15 天用药 1 次。应在发病初期和雨前用药。雨多多喷，雨少少喷，遇雨补喷，无雨定期喷药。

10. 桃树缩叶病

【症状识别】　桃树缩叶病主要为害叶片，也可为害嫩枝和幼果。春天发芽时，感病嫩叶呈卷曲状，发红；叶片长大后增厚且变脆、卷曲，呈红褐色，在叶片表面长出银白色粉状物，病叶变为褐色，焦枯脱落，腋芽再次长出新叶，长出的新叶一般不再受害（见彩图29）。嫩枝发病，呈灰绿色或黄色，节间缩短，略为粗肿，病枝上常簇生卷缩的病叶，严重时病枝渐向下枯死，甚至有的大枝或全株枯死。幼果发病，初生黄色或红色病斑，微隆起；随果实增大，渐变为褐色；后期病果畸形，果面龟裂，有疮疤，易早期脱落。较大的果实受害，果实变为红色，病部肿大，茸毛脱落，表面光滑。

【病原】　畸形外囊菌，子囊菌亚门。

【防治方法】

1）农业防治：新建桃园时，提倡栽植既高产优质又抗病的品种，如安农水蜜桃、雨花珍露、曙光甜油桃等；对于进入结果期的桃园，要做好土壤、肥料、水分管理，精心整形修剪，改善通风透光条件；发病严重的桃园应及时追肥、灌水，增强树势，提高抗病力，以免影响当年和第2年结果；在4～5月结合生长期修剪、防治桃红颈天牛幼虫危害。发现缩叶病叶片立即摘除，集中烧毁，要求在初夏前缩叶病不形成白色粉状物。

2）化学防治：休眠季节喷布3～5波美度石硫合剂，铲除越冬病原菌；春季桃芽开始膨大时，是防治桃缩叶病的关键时期，喷洒的药剂有0.3～0.5波美度石硫合剂、70%甲基托布津可湿性粉剂1000倍液、50%多菌灵胶悬剂1000倍液；在桃树生长季节的3～6月，即展叶后至高温干旱天气到来之前，可选用甲基托布津或多菌灵，或者再与70%代森锰锌可湿性粉剂500倍液、井冈霉素水剂500倍液交替使用；早期缩叶病病斑直径在0.2cm左右，喷施杀菌剂后，病斑受到明显抑制。

11. 李霉斑穿孔病

【症状识别】　叶片染病后，叶上产生紫红色圆形至近圆形病斑，直径为3～5mm，后变褐穿孔。湿度大时，老病斑背面长出灰褐色霉状物，即病原菌的分生孢子梗和分生孢子。

【病原】　*Clasterosporium carpophilum*（Lev.）Aderh.，属于半知菌类真菌。

【防治方法】

1）加强李园管理，增强树势，提高树体的抗病力。从增施有机肥入手，避免偏施氮肥，采用配方施肥技术；对地下水位高或土壤黏重的，要从改良土壤入手，及时排水；合理整形修剪，及时剪除病枝，彻底清除病叶，集中烧毁或深埋，以减少菌源。

2）选用抗耐病品种。

3）于早春喷洒50%甲基硫菌灵可湿性粉剂500倍液、70%代森锰锌干悬粉500倍液、50%可灭丹（苯菌灵）可湿性粉剂800倍液、1∶1∶（100～160）倍式波尔多液、30%绿得保胶悬剂400～500倍液、10%世高水分散粒剂2000～2500倍液、20%龙克菌悬浮剂500倍液。隔10天左右喷1次，连续防治3～4次。

12. 稠李红点病

【症状识别】 稠李红点病主要为害叶片和果实。叶上病斑呈圆形、近圆形，直径为2～8mm，橙红色，病部肥厚，上生小红点，即病原菌子座，内含性子器。后期病部变成黑红色，正面渐凹陷，叶背凸起来呈馒头状，出现黑色小点，即病原菌子囊壳。病情严重的，叶片干枯脱落。果实染病后，果面产生红色圆形病斑，略隆起，边缘不明显，后期变为黑红色，其上散生许多深红色小粒点，病果易落。

【病原】 红疔座霉，属子囊菌亚门真菌。

【防治方法】

1）适时修剪，剪除病枝。

2）发病前喷洒1∶1∶160倍式波尔多液预防。

3）发病初期喷洒50%甲基硫菌灵可湿性粉剂700倍液、70%代森锰锌可湿性粉剂500倍液、25%苯菌灵乳油800倍液。

13. 李细菌性穿孔病

【症状识别】 李细菌性穿孔病主要为害叶片，叶片发病初期，产生多角形水渍状斑点，以后扩大为圆形或不规则形褐色病斑，边缘呈水渍状，后期病斑干枯、脱落，形成穿孔。病叶极易早期脱落。果实发病，先在果皮上产生水渍状小点，后病斑中心变为褐色，最终可形成近圆形、暗紫色、边缘具水渍状的晕环，中间稍凹陷，表面硬化、粗糙的病斑。空气干燥时，病部常发生裂纹，病果易提前脱落。

【病原】 野油菜黄单胞杆菌，属细菌。

【防治方法】

1）合理修剪，使植株通风透光。

2）注意防治蚜虫、介壳虫等刺吸式害虫。

3）加强水肥管理，种植穴内切忌积水。施肥要注意营养平衡，特别注意磷钾肥的施用。

4）化学防治：

① 在芽膨大前，全树喷施下列药剂：1∶1∶100 倍式波尔多液、45% 晶体石硫合剂 30 倍液、30% 碱式硫酸铜胶悬剂 300～500 倍液等药剂杀灭越冬病菌。

② 展叶后至发病前是防治的关键时期，可喷施下列药剂：1∶1∶100 倍式波尔多液、77% 氢氧化铜可湿性粉剂 400～600 倍液、30% 碱式硫酸铜悬浮剂 300～400 倍液、86.2% 氧化亚铜可湿性粉剂 2000～2500 倍液、47% 春雷霉素·氧氯化铜可湿性粉剂 300～500 倍液、30% 琥胶肥酸铜可湿性粉剂 400～500 倍液、25% 络氨铜水剂 500～600 倍液、20% 乙酸铜可湿性粉剂 800～1000 倍液、12% 松脂酸铜乳油 600～800 倍液等，间隔 10～15 天喷药 1 次。

③ 发病早期及时施药防治，可以用下列药剂：72% 硫酸链霉素可湿性粉剂 3000～4000 倍液、3% 中生菌素可湿性粉剂 300～400 倍液、33.5% 喹啉铜悬浮剂 1000～1500 倍液、2% 宁南霉素水剂 200～300 倍液、86.2% 氧化亚铜悬浮剂 1500～2000 倍液等药剂。

14. 杏疔病

【症状识别】 杏疔病主要为害新梢、叶片和果实，也可为害花。新梢受害后，整个新梢的枝、叶发病，病梢生长缓慢，节间短而粗，叶片簇生，初为暗红色，后为黄绿色，其上生有黄褐色突起的小粒点，病梢上叶片变黄、增厚、革质，病叶正反两面有褐色小粒点，6～7 月病叶变赤黄色向下卷曲，潮湿时有橘红色黏液涌出，后期病叶干枯、变黑、易碎、畸形，叶背有小黑点，病叶成簇挂在树上越冬不落。花受害不易开放，花萼和花瓣不易落。果实受害停止生长，果面有红褐色小粒点，干缩脱落或挂在树上。

【病原】 杏疔座霉，属于囊菌亚门真菌。

【防治方法】

1）在秋冬两季结合树形修剪，剪除病枝、病叶，清除地面上的枯枝落叶，并予以烧毁。

2）生长季节出现症状时也进行清除，连续清除 2～3 年，可有效地控制病情。在杏树冬季修剪后到萌芽前（3 月上中旬），对树体全面喷 5 波美度石硫合剂。

第四章

3）对没有彻底清除病枝的地区，可在杏树展叶时喷下列药剂：1：1.5：200 倍式波尔多液、30% 碱式硫酸铜胶悬剂 300 ~ 500 倍液、14% 络氨铜水剂 300 ~ 500 倍液、70% 甲基硫菌灵可湿性粉剂 800 ~ 1000 倍液。间隔 10 ~ 15 天喷 1 次，防治 1 ~ 2 次，效果良好。连续 2 ~ 3 年全面清理病枝、病叶的杏园可完全控制杏疗病。

15. 杏焦边病

【症状识别】 杏焦边病为害杏树叶片，从边缘开始干枯，黄褐色，具体表现有两种：一是感病叶片上病健部分明，有时枯斑脱落并形成残叶，有时枯斑不脱落且待全叶枯死后连叶柄一块脱落；二是病叶边缘枯死，绿色部分的表面出现一层半透明的灰白色膜，似叶片上表皮老化或特化形成的。

【病因】 该病受栽培条件的影响较大，在风沙地上的杏园，连年不施肥、不耕翻、土壤瘠薄、树势弱的发病重。

【防治方法】

1）增施有机肥，加强肥水、土壤管理，可以缓解病情。

2）及时防治病虫害，增强树势。

16. 杏核果假尾孢褐斑穿孔病

【症状识别】 杏核果假尾孢褐斑穿孔病主要为害叶片，为害严重时叶片脱落大半，影响树势和次年的产量。叶片染病，产生近圆形病斑，中央为黄褐色，边缘为褐色，湿度大时病斑背面产生黑色霉状物；病斑最后穿孔，孔径为 0.5 ~ 5mm，有时也为害枝条和果实。

【病原】 核果假尾孢霉，属半知菌类真菌。

【防治方法】 加强桃园管理。桃园注意排水，增施有机肥，合理修剪，增强通透性。

17. 杏树小叶病

【症状识别】 染病树春季发芽时，可见病芽扭曲，叶小、细长呈柳叶状，丛生，后叶片逐渐凋萎，致整株枯死。从表面看不像生理病，也不像病菌引致的病害，呈中心发病型。

【病原】 类立克次体（简称 RLO），也称类立克次体菌（简称 RLB），又称类细菌（简称 BLO）。

【防治方法】 杏树染病后在其树干注入 100mg/mL 青霉素于维管组织中，效果明显。隔半月后再用 1 次基本可控制病情扩展。

18. 杏黑斑病

【症状识别】 叶、叶柄、嫩枝和花梗均可受害，但主要为害叶片。

症状有两种类型：一种是发病初期叶表面出现红褐色至紫褐色小点，逐渐扩大成圆形或不规则形的暗黑色病斑，病斑周围常有黄色晕圈，边缘呈放射状，病斑直径为 3～15mm。后期病斑上散生黑色小粒点，即病菌的分生孢子盘。严重时，植株下部叶片枯黄，早期落叶，致个别枝条枯死。另一种是叶片上出现褐色至暗褐色近圆形或不规则形的轮纹斑，其上生长黑色霉状物。

【病原】 细交链孢菌。

【防治方法】

1）加强果园管理，增施有机肥，合理灌溉，增强树势，科学修剪，调节通风透光度，注意排水，保持果园适宜的温度和湿度，秋末冬初结合修剪清理果园，将枯枝、落叶及时清除且销毁。

2）因地制宜地选用优良抗病品种。

3）在新叶展开时期，喷50%多菌灵可湿性粉剂500～1000倍液、75%百菌清500倍液或80%代森锌500倍液，7～10天喷1次，连喷3～4次。

19. 杏细菌性穿孔病

【症状识别】 杏细菌性穿孔病主要为害叶片、果实和枝条。叶片受害后初呈水浸状小斑点，后扩大为圆形、不规则形病斑，呈褐色或深褐色，病斑周围有黄色晕圈。以后病斑周围产生裂纹病斑，脱落后形成穿孔。果实上病斑凹陷，暗紫色，周缘呈水浸状。潮湿时，病斑上产生黄白色黏性分泌物。枝条发病分春季溃疡和夏季溃疡。春季溃疡发生在上一年长出的新梢上，春季发新叶时产生暗褐色小疱疹，有时可造成梢枯。夏季溃疡于夏末在当年生新梢上产生，开始形成暗紫色水浸状斑点，以后病斑呈椭圆形或圆形，稍凹陷，边缘呈水浸状，溃疡扩展慢。

【病原】 野油菜黄单胞菌桃李致病变种，属薄壁菌门黄单胞杆菌，属细菌。

【防治方法】

1）加强果园管理，增强树势。多施有机肥，合理使用化肥，合理修剪，适当灌溉，及时排水。休眠期清扫落叶、落果，剪除病枝，集中处理。

2）新建果园要选择好品种、地势和土壤。

3）化学防治：发芽前用1:1:120倍式波尔多液或4～5波美度石硫合剂，展叶后喷 0.3～0.4 波美度石硫合剂。5～6 月喷硫酸锌石灰液1:4:240，用前最好做试验，以防药害；也可用65%代森锌可湿性粉剂

500 倍液。

三 桃、李、杏树果实病害

1. 桃腐败病

【症状识别】 桃腐败病主要为害果实，病斑初为褐色水渍状斑点，后迅速扩展，边缘变为褐色，果肉腐烂。后期病果常失水干缩形成僵果，其上密生黑色小粒点。

【病原】 扁桃拟茎点菌，属半知菌亚门真菌。

【防治方法】

1）加强果园管理：合理进行肥水管理，基肥施有机肥，氮肥适量，旱季及时浇水，雨后排水；清理病枝并及时处理；做好树干涂白的工作。

2）化学防护：对病斑进行刮治，涂 5% 菌毒清可湿性粉剂或灭腐 1 号原药等。

2. 桃根霉软腐病

【症状识别】 桃根霉软腐病主要为害果实。熟果或储运期染病，初生浅褐色水渍状圆形至不规则形病斑，扩展很快，病部长出疏松的白色至灰白色棉絮状霉层，致果实呈软腐状，后产生暗褐色至黑色菌丝、孢子囊及孢囊梗。

【病原】 匍枝根霉，属接合菌门真菌。

【防治方法】

1）雨后及时排水，严防湿气滞留，改善通风透光条件。

2）采收过程中一定减少伤口。单果包装。

3）在低温条件下运输或储存。

3. 桃溃疡病

【症状识别】 桃果被病菌侵染后，先是在果面上形成圆形小病斑，病斑稍凹陷，外围为浅褐色，中央为灰白色。以后病斑迅速扩展，凹陷加深。在潮湿条件下，病斑上产生灰白色霉层，此为病菌的分生孢子梗和分生孢子。后期病斑失水，其下的果肉质地绵软，污白色，似朽木。新梢受害，形成暗褐色溃疡斑。叶片受害，病斑近圆形，灰褐色。

【病原】 *Phomopsis amygdali*（Del.）Tuset and Portilla。

【防治方法】

1）壮树防病：

① 合理负担：根据树体的繁育状况和施肥水平，确定合适的结果

第四章

量。不要让树体负担过重，要适当疏花疏果，做到结果和长树两不误。

②增施肥水：对于北方桃区，较普遍的现象是缺肥缺水。在施肥中，要注意增施有机肥，注意增施磷肥、钾肥和微量元素肥料，同时不过多偏施氮肥。

③保叶促根：及时防治造成早期落叶的病虫害，如穿孔病类、缩叶病、锈病，以及红蜘蛛、蚜虫、卷叶蛾等。此外，还要注意防治各种根部病害。

2）避免和保护伤口：避免、减少枝干的伤口，并对已有伤口妥为保护、促进愈合。彻底防治枝干害虫，如吉丁虫、透翅蛾、天牛等。

①防止冻害和日烧：桃树枝干的向阳面昼夜温差较大，容易遭受冻害，如果各阳面没有叶片覆盖，夏季容易因日晒而死皮。防止冻害比较有效的措施：一是树干涂白，降低昼夜温差；二是树干捆草，遮盖防冻。常用涂白剂的配方是生石灰 12～13kg + 石硫合剂原液（约 20 波美度）2kg + 食盐 2kg + 清水 36kg；或者生石灰 10kg + 豆浆 3～4kg + 水 10～50kg。涂白也可防止枝干日烧。

②保护伤口：较大的锯口要削平，然后涂桐油、清漆或托布津油膏、S-921 抗菌剂等保护。较大的病斑治愈后要及时进行桥接并保护。

3）及时治疗病斑：

①刮树皮：在桃树发芽前刮去翘起的树皮及坏死的组织，然后喷布 50% 甲基硫菌灵可湿性粉剂 300 倍液或 1～3 波美度石硫合剂。

②药剂治疗病斑：刮去病组织后，用 70% 甲基托布津可湿性粉剂 1 份 + 植物油 2.5 份，或者 50% 多菌灵可湿性粉剂 1 份 + 植物油 1.5 份混合均匀涂抹病部，对治愈病斑有较好的效果。也可涂抹 S-921 抗生素 20～30 倍液、40% 甲基硫菌灵 50 倍液、843 康复剂原液等，以防止病疤复发。

4. 桃树疮痂病

【症状识别】　桃树疮痂病主要为害果实，其次为害枝梢和叶片。果实发病开始出现褐色小圆斑，以后逐渐扩大为 2～3mm 黑色点状斑，病斑多时汇集成片。由于病菌只为害病果表皮，使果皮停止生长，并木栓化，而果肉生长不受影响，所以，病情严重时经常发生裂果。枝梢发病初期产生褐色圆形病斑，后期病斑隆起，颜色加深，有时出现流胶现象。病菌只为害病枝表层，次年树液流动时会产生小黑点，即病菌的分生孢子。

【病原】 嗜果枝孢菌，属半知菌亚门真菌。

【防治方法】

1）农业防治：

① 加强栽培管理：增施有机肥，控制速效氮肥的用量，适量补充微量元素肥料，以提高树体抵抗力。据试验，在谢花后和硬核期分别用宁南霉素 600 倍液 + 弘蕊氨基酸 100 倍液灌根，可显著提高树体的抗病能力，有效预防病害的发生。

② 清除菌源：结合修剪清园，彻底清除园内树上的病枝、枯死枝、僵果、地面落果，集中处理，以减少初侵染源。

③ 温室大棚：注意通风，控制湿度。

2）药剂防治：

① 在芽萌动前结合清园工作，用贝博 600 倍液 + 40% 禾本杀扑磷 1000 倍液，细喷枝干，消灭越冬菌源。

② 从落花后 7 天，每隔半个月开始进行喷药保护，可与杀虫剂、调节剂、叶面肥配合，交替使用以下杀菌剂：70% 丙森锌 800 倍液、3% 宁南霉素 800 倍液、3% 中生菌素 800 倍液、20% 异菌·多菌灵 800 倍液、甲基硫菌灵 800 倍液，每隔 15 天喷 1 次，连喷 3 ~ 4 次。

③ 发病后可采用生物杀菌剂 + 治疗性杀菌剂 + 生长调节剂 + 氨基酸微肥的方法综合调理。例如，3% 中生菌素 800 倍液 + 43% 中化戊唑醇 4000 倍液 + 益微 1500 倍液 + 奇蕊氨基酸 400 倍液。

5. 李黑霉病

【症状识别】 李黑霉病主要为害果实。熟果或储运期染病，初生浅褐色水渍状圆形至不规则形病斑，扩展很快，病部长出疏松的白色至灰白色棉絮状霉层，致果实呈软腐状，后产生暗褐色至黑色菌丝、孢子囊及孢囊梗。

【病因】 真菌。

【防治方法】

1）雨后及时排水，严防湿气滞留，改善通风透光条件。

2）采收过程中注意减少伤口。单果包装。

3）在低温条件下运输或储存。

6. 李果实褐腐病

【症状识别】 李果实褐腐病为害花、叶、枝梢及果实等部位，果实常受害最重，花受害后变褐、枯死，常残留于枝上，长久不落。嫩叶受害,自叶缘开始变褐,很快扩展全叶。病菌通过花梗和叶柄向下蔓延到嫩枝,形成长圆形溃疡斑,常引发流胶。空气湿度大时,病斑上长出灰色霉丛。当病斑环绕枝条一周时,可引起枝梢枯死。果实自幼果至成熟期都能受侵染,但近成熟果受害较重。

【病原】 美澳型核果褐腐病菌、核果褐腐病菌、欧洲种仁果褐腐病菌。

【防治方法】

1)加强果园管理:合理施肥灌水,增强树势,提高树体抗病力。科学修剪,剪除病残枝及茂密枝,调节通风透光性。清理果园,减少病原菌。

2)消灭越冬菌源:冬季对树上及树下病枝、病果、病叶应彻底清除,集中烧毁或深埋。

7. 李褐腐病

【症状识别】 李褐腐病为害花叶、枝梢及果实,其中以果实受害最重。花部受害自雄蕊及花瓣尖端开始,先产生褐色水渍状斑点,后逐渐延至全花,随即变褐而枯萎。天气潮湿时,病花迅速腐烂,表面丛生灰霉,若天气干燥时则萎垂干枯,残留枝上,长久不脱落。嫩叶受害,自叶缘开始,病部变褐萎垂,最后病叶残留枝上。在新梢上形成溃疡斑。病斑呈长圆形,中央稍凹陷,灰褐色,边缘为紫褐色,常发生流胶。果实被害后,最初在果面上产生褐色圆形病斑,若环境适宜,病斑在数日内便可扩及全果,果肉也随之变褐软腐。继后在病斑表面生出灰褐色绒状霉丛,常成同心轮纹状排列,病果腐烂后易脱落,但不少失水后变成僵果,悬挂枝上经久不落。

【病原】 有性态为粒果链粒盘菌,属子囊菌亚门真菌。无性态为灰丛梗孢菌,属半知菌亚门真菌。

【防治方法】

1)农业防治:合理修剪,适时夏剪,改善园内通风透光条件。雨季及时排除园内积水,以降低果园湿度。

2)人工防治:结合冬剪对树上僵果做一次彻底清除,春季清扫地面落叶、落果,生长季节随时清理树上、树下的僵果,以消灭菌源。

3)化学防治:李树发芽前(芽萌动期),全树均匀喷布4~5波美度石硫合剂、1:1:100倍式波尔多液、40%甲基硫菌灵可湿性粉剂100倍液,铲除在枝条上越冬的菌源。从小李脱萼开始,每隔10~14天喷布

1 次 50% 多菌灵可湿性粉剂 600 倍液、70% 甲基托布津可湿性粉剂 600 ~ 800 倍液、65% 代森锌可湿性粉剂 500 倍液、70% 代森锰锌可湿性粉剂 700 倍液、75% 百菌清可湿性粉剂 500 ~ 600 倍液、50% 异菌脲可湿性粉剂 1500 倍液。

8. 李袋果病

【症状识别】 李袋果病主要为害果实，也为害叶片、枝干。在落花后即显症，初呈圆形或袋状，后变狭长略弯曲，病果表面平滑，浅黄色至红色，失水皱缩后变为灰色、暗褐色至黑色，冬季宿留树枝上或脱落。病果无核，仅能见到未发育好的雏形核。叶片染病，在展叶期变为黄色或红色，叶面皱缩不平，叶片变脆。枝梢受害，呈灰色，略膨胀，弯曲畸形、组织松软；病枝秋后干枯死亡，发病后期湿度大时，病梢表面长出一层银白色粉状物。次年在这些枯枝下方长出的新梢易发病。

【病原】 李外囊菌（李囊果病菌），属子囊菌亚门真菌。

【防治方法】

1）注意园内通风透光，栽植不要过密。合理施肥、浇水，增强树体的抗病能力。

2）在病叶、病果、病枝梢表面尚未形成白色粉状层前及时摘除，集中深埋。

3）冬季结合修剪等管理，剪除病枝，摘除宿留树上的病果，集中深埋。

4）李树开花发芽前，可喷洒下列药剂：3 ~ 4 波美度石硫合剂、1:1:100 倍式波尔多液、77% 氢氧化铜可湿性粉剂 500 ~ 600 倍液、30% 碱式硫酸铜胶悬剂 400 ~ 500 倍液、45% 晶体石硫合剂 30 倍液，以铲除越冬菌源，减轻发病。

5）自李芽开始膨大至露红期，可选用下列药剂：65% 代森锌可湿性粉剂 400 倍液 + 50% 苯菌灵可湿性粉剂 1500 倍液；70% 代森锰锌可湿性粉剂 500 倍液 + 70% 甲基硫菌灵可湿性粉剂 500 倍液等，每 10 ~ 15 天喷 1 次，连喷 2 ~ 3 次。

9. 李疮痂病

【症状识别】 李疮痂病主要为害果实，也为害枝梢和叶片。果实发病初期，果面出现暗绿色圆形斑点，逐渐扩大，至果实近成熟期，病斑呈暗紫色或黑色，略凹陷。发病严重时，病斑密集，聚合连片，随着果实的膨大，果实龟裂。新梢和枝条被害后，出现长圆形的浅褐色病斑，继后变为暗褐色，并进一步扩大，病部隆起，常发生流胶。病健组织界限明显。叶片受害，在叶背出现不规则形或多角形灰绿色病斑，后转暗色或紫红色，最后病部干枯脱落而形成穿孔，发病严重时可引起落叶。

【病原】　嗜果枝孢菌，属半知菌亚门真菌。

【防治方法】

1）秋末冬初结合修剪，认真剪除病枝、枯枝，清除僵果、残桩，集中烧毁或深埋。注意雨后排水，合理修剪，使果园通风透光。

2）早春发芽前将流胶部位病组织刮除，然后涂抹45%晶体石硫合剂30倍液，或者喷石硫合剂 + 80%五氯酚钠200～300倍液或1:1:100倍式波尔多液，铲除病原菌。

3）生长期于4月中旬至7月上旬，每隔20天用刀纵、横划病部，深达木质部，然后用毛笔蘸药液涂于病部。可用下列药剂：70%甲基硫菌灵可湿性粉剂600～800倍液 + 50%福美双可湿性粉剂300倍液；或者80%乙蒜素乳油50倍液；或者1.5%多抗霉素水剂100倍液处理。

10. 李树炭疽病

【症状识别】　炭疽病主要为害果实，也能为害新梢和叶片。幼果受害时，先出现水渍状褐色病斑，逐步扩大呈圆形或椭圆形红褐色病斑，病斑处有明显凹陷。气候潮湿时长出粉红色的小点，果实成熟期最明显的症状是病斑呈同心环状皱缩。病果绝大多数腐烂脱落，少数呈僵果挂在枝上，枝条受害后，产生褐色凹陷的长椭圆形病斑，表面也长出粉红色小点，枝条一边弯曲，叶片下垂纵卷呈筒状。叶片发病产生圆形或不规则形病斑，有粉红色小点长出。最后，病斑干枯脱落形成穿孔。

【病原】　由小丛壳属病菌侵染所致；无性阶段为半知菌亚门的炭疽病盘长孢菌。

【防治方法】

1）加强果园管理，合理施肥灌水，增强树势，提高树体的抗病力。科学修剪，疏花、疏叶，剪除病残枝及茂密枝，调节通风透光性，雨季注意果园排水，保持适度的温度和湿度，结合修剪，清理果园，将病残物集中深埋或烧毁，减少病源。

2）选择较抗病品种。

3）化学防治：在春季萌芽前喷3～4波美度石硫合剂，萌芽后喷1次65%福美特可湿性粉剂。

4）进行果实套袋。

11. 杏褐腐病

【症状识别】 杏褐腐病主要为害果实，也为害花和枝梢。果实发病初期产生圆形褐色斑，后扩展到全果，使果肉变褐、软腐。病斑有圆圈状灰白色霉层，为分生孢子丝。病果少数脱落，大部分腐烂失水而干缩成黑色僵果，挂在果枝上不落。烂果往往散发出特殊香气。花器感染此病时，起初在花瓣上或柱头上产生褐色斑点，后整个花器变成黑褐色，枯萎或软腐，干枯后也残留在枝上。

【病原】 有两种：一种是仁果丛梗孢，属半知菌亚门真菌；有性世代为果生链核盘菌，属子囊菌亚门真菌；另一种病原菌为灰丛梗孢，属半知菌亚门真菌；有性世代为核果链核盘菌，属子囊菌亚门真菌。

【防治方法】

1）农业防治：通过平衡施肥、合理修剪、适量负载，保持树体生长健壮，提高抗病能力。

2）减少病源：结合冬剪，彻底清除树上的僵果，春季清扫地面落叶、落果，集中烧毁。

3）化学防治：早春萌芽前喷 1 次 5 波美度石硫合剂；在杏树落花80%时开始用药，常用药剂有 80% 代森锰锌 800 倍液、68.75% 苯醚甲环唑水分散剂 1000 倍液、50% 多菌灵可湿性粉剂 600 倍液、70% 甲基托布津 800 倍液、50% 异菌脲可湿性粉剂 1500 倍液、50% 速克灵可湿性粉剂1500 倍液等。褐腐病在采果前均可为害果实，并且病害主要发生在果实生长中后期，所以采果前还需要防治 2 ~ 3 次。上述药剂中，前 2 种药剂以防为主，后 4 种药剂以治为主，可根据气候条件交替施用。

12. 杏炭疽病

【症状识别】 杏炭疽病主要为害果实。果实上初生褐色小点，扩展后略凹陷，红褐色，常数个病斑融合，致病果腐烂变褐或干缩变韧，上生粉红色小点，即病菌分生孢子盘及分生孢子。

【病原】 胶孢炭疽菌，属半知菌亚门真菌。

【防治方法】

1）清除病枝和病果，结合冬剪，剪除树上的病枝、僵果及衰老细弱枝组；结合春剪，在早春芽萌动到开花前后及时剪除初发病的枝梢，对卷叶症状的病枝也应及时剪掉，然后集中深埋或烧毁，以减少初侵染来源。

2）加强栽培管理，搞好开沟排水工作，防止雨后积水，以降低园内湿度。

3）果树萌芽前，喷3～5波美度石硫合剂＋80％五氯酚钠200～300倍液、1:1:100倍式波尔多液，间隔1周再喷1次（展叶后禁喷），铲除病原菌。开花前，喷布下列药剂：70％甲基硫菌灵可湿性粉剂1000～1500倍液、50％多菌灵可湿性粉剂600～800倍液、75％百菌清可湿性粉剂800～1000倍液、50％克菌丹可湿性粉剂400～500倍液，每隔10～15天喷洒1次，连喷3次。

4）落花后的喷药保护中，幼果是防治关键，常用药剂有：65％代森锌可湿性粉剂500～600倍液、50％多菌灵可湿性粉剂500～600倍液、65％福美锌可湿性粉剂300～500倍液、80％福美双·福美锌可湿性粉剂800～1000倍液，间隔10～15天喷药1次，共3～4次。

13. 杏疮痂病

【症状识别】　杏疮痂病主要为害果实，造成果面龟裂，使果皮粗糙，不能食用。同时，此病也为害叶片和新梢，使叶片早落，新梢枯死，严重时整株树死亡。

【病原】　杏疮痂病菌，为半知菌亚门芽枝霉属果疮痂芽枝霉。

【防治方法】

1）芽前喷布3～5波美度石硫合剂或五氯酚钠500倍液。花后喷2～4波美度石硫合剂、0.5:1:100硫酸锌石灰液及65％代森锌600～800倍液，生长后期结合其他病害的防治对病果喷70％百菌清600倍液或70％甲基托布津可湿性粉剂1000倍液。

2）结合冬剪剪除病枝，集中处理。合理修剪，防止树体郁闭。

3）加强栽培管理，提高树体抗性。

四　桃、李、杏树根部病害

1. 桃树根癌病

【症状识别】　初生癌瘤为灰色或略带肉色，质软、光滑，以后逐渐变硬呈木质化，表面不规则、粗糙，尔后龟裂。瘤的内部组织紊乱，起初呈白色，质地坚硬，但以后有时呈瘤朽状。根癌病对桃树的影响主要是削弱树势、产量减少、早衰，严重时引起果树死亡。

【病原】　根癌土壤杆菌。

【防治方法】

1）农业防治：选择无病土壤作为苗圃，已发生根癌病的土壤或果园不可以作为育苗地；碱性土壤的园地应适当施用酸性肥料；采用芽接的嫁接方法，避免伤口接触土壤诱发病害；发现病瘤应及时切除或刮除，并将刮切下的病皮带出果园烧毁，以防病原的扩散。

2）化学防治：桃的实生砧木种用5%次氯酸钠处理5min后，再进行层积处理，同时层积处理要用新沙子。苗木定植前应对根进行仔细检查，剔除有病瘤苗木，然后用0.3%～0.4%硫酸铜浸泡苗木根系1h，或者用1%硫酸铜浸根5min，然后冲干净，或者用3～5波美度石硫合剂进行全株喷药消毒，或者用抗癌菌剂K84 5倍混合液蘸根系，防治效果可达90%以上；在栽植前，每平方米可施硫黄粉50～100g或5%福尔马林60g或漂白粉100～150g；及时防治地虫，可以减轻发病；病瘤刮后的伤口可用100倍的硫酸铜溶液或农用链霉素400～500mg/L或5波美度石硫合剂涂抹消毒，消毒后用1：2：100倍式波尔多液保护或抗癌菌剂K84 5倍混合液涂抹，然后用100倍硫酸铜溶液浇灌土壤。

2. 桃树紫纹羽病

【症状识别】 植株地上部树势衰弱，新梢生长量少，叶小型，色浅，夏天时萎蔫、变黄，早脱落，连续2～3年表现同样症状，数年后树死。地上部分症状显著，约3/4的根表被侵染，根颈表面有紫褐色物。有的植株生长很正常，突然叶变黄、落叶，植株随即枯死。根状物沿根表面向上蔓延。地上部分植株生长茂盛和高湿度条件下，树干的很多部位出现紫褐色物。

【病原】 紫卷担菌，属担子菌亚门真菌。

【防治方法】

1）清除园内的残留植物根，减少病原的侵入。

2）不在林迹地建果园；果园不要用刺槐作为防风林带。

3. 李树根癌病

【症状识别】 根癌病即根部肿瘤病，多发生在表土下根颈部和主根与侧根连接处或接穗和砧木愈合处。发病初期病部形成灰白色瘤状物，表面粗糙，内部组织松软。随着树体的生长和病情的扩大，瘤状物不断增大，表皮枯死且变为褐色至暗褐色，内部组织坚硬、木质化。病树根系发育受阻，细根少，树势衰弱，植株矮小，叶片黄化，严重的植株干枯死亡。

【病原】 根癌细菌。

【防治方法】

1）选择无病菌土壤做苗圃：已发生过根癌病的土壤，如果前茬为蔬菜、林地或林业苗圃，不可做育苗地。用毛桃种子培育砧木苗时，应将毛桃核用抗根癌菌剂1号1倍液浸种。浸种后的种子不可在日光下暴晒，要在晾干前播种，以防菌剂失效。

2）加强肥水管理，增强树体抗性：适当增施硫酸铵、硫酸钾等生理酸性肥料，降低土壤的pH，制造不利于该菌生长的土壤环境。及时排水，防止土壤积水。

3）防治地下害虫：蛴螬、蝼蛄等可造成根部伤口，增加发病机会。及时防治地下害虫，可有效地减少发病机会，降低病株率。

4）改革耕作方式：变果园土壤清耕为果园覆盖有机物，减少耕作对根系的伤害。宜在树冠投影外围施肥，以减少伤根，尤其是尽量避免伤粗根。

5）加强苗木检疫：严禁从根癌病发生区调苗。对本地所育苗木进行认真检疫，发现带瘤苗木，立即销毁。

6）及时治疗病株：初夏经常检查，对刚出现白色或略带肉红色初生癌瘤的植株，可在刮除癌瘤后，用10%农用链霉素或1%波尔多液消毒杀菌，对周围土壤用0.2%硫酸铜液或0.2%～0.5%农用链霉素或0.2%～0.5%抗菌剂液消毒，隔10～15天再消毒1次。也可采取生物防治法，即用K84菌悬液浸种育苗、浸根定植及切瘤浇根等，均有显著效果。

第二节 桃、李、杏园虫害诊断及防治

一 桃、李、杏树枝干害虫

1. 桃球坚蚧

【症状识别】 桃球坚蚧以成虫、若虫、幼虫用刺吸口器为害枝条。受害枝条长势减弱，叶小而少，芽瘦小。常和桑白蚧、杏球坚蚧混合发生，即在一个枝段上几种介壳虫同时存在并为害。

【形态特征】

1）成虫：雌成虫体近球形，长约6.7mm，宽约6mm，高约5mm。雌成虫性成熟期体壁较软，黄褐色，体表布白色蜡粉并有深褐色斑纹，体背后侧分泌水滴状蜜露珠，招引雄虫交尾；中后期体色逐渐加深，变赤褐色或暗枣红色，背中央有两纵行凹陷的点刻，每行5～6个，行成3条纵隆起。雄虫有翅会飞，头和眼均为黑色触角10节，前翅近卵圆形且为白色，虫体为红褐色，腹部8节，腹末生浅紫色性刺，基部两侧各

有一条白色蜡毛。雄虫羽化前介壳呈长扁圆形，由蜡质层和蜡毛组成，表面呈毛毡状。

2）卵：橘红色，卵圆形，背面隆起，腹面凹陷。

3）若虫：刚从卵里孵出的幼虫为橘红色，有足，会爬行，从雌虫壳下爬行分散，此阶段为仔虫期或叫幼虫期；过后即变若虫，定位为害取食，此期背中央纵轴稍隆起，体周缘有若干细横皱纹，体表覆一层白色蜡质壳，并有少量白色蜡丝。

【发生规律】　华北每年发生1代。以2龄若虫在枝条上越冬，常几个或几十个群集在一起。在枝条上或芽腋间固定为害一段时间即越冬，一般不再转移。芽萌动期吸食树体汁液进行为害。雌性若虫发育时将越冬蜡壳胀裂，但仍附在体背上，4月上旬再蜕一次皮即变为成虫，虫体迅速膨大，体表形成较软的红褐色蜡壳，近球形。体背后侧分泌出水珠状透明的体液，招引雄虫来交配。雄虫交尾后即死亡。4月下旬，雌虫体壁硬化，体色加深渐变为暗紫红色，雌虫在壳下产卵，边产卵虫体渐变小变瘪，每雌约产卵2500粒；5月中旬开始孵化，雌虫体和枝条间开一小缝，刚孵化的仔虫即可爬出扩散，先在叶背为害；9～10月爬到枝条上选适当位置固定为害。蜕一次皮后即以2龄若虫越冬。

【防治方法】

1）芽萌动期喷5波美度石硫合剂，以杀死越冬若虫。

2）仔虫孵化转移期喷药防治：可喷2000倍杀灭菊酯、敌杀死、功夫菊酯、灭扫利等菊酯类农药，或者喷1000倍蚧灵、介壳速杀、速杀蚧、杀蚧灵等混配农药。

3）老桃园各种介壳虫严重，应该区域化更新。

4）保护和利用天敌：黑缘红瓢虫是桃球坚蚧的主要天敌，应加强保护。

2. 桃白蚧

【症状识别】　桃白蚧以群集固定为害为主，以其口针插入新皮，吸食树体汁液。卵孵化时，发生严重的桃园，植株枝干随处可见片片发红的若虫群落，虫口难以计数。介壳形成后，枝干上介壳密布重叠，枝条灰白，凹凸不平。被害树树势严重下降，枝芽发育不良，甚至引起枝条或全株死亡。

【形态特征】

1）成虫：雌成虫为橙黄色或橙红色，体扁平，卵圆形，长约1mm，腹部分节明显。雌介壳呈圆形，直径为 2 ~ 2.5mm，略隆起，有螺旋纹，灰白色至灰褐色，壳点为黄褐色，在介壳中央偏旁边位置。雄成虫为橙黄色至橙红色，体长 0.6 ~ 0.7mm，仅有翅 1 对。雄介壳细长，白色，长约 1mm，背面有 3 条纵脊，壳点为橙黄色，位于介壳的前端。

2）卵：椭圆形，长径仅为 0.25 ~ 0.3mm。初产时为浅粉红色，渐变为浅黄褐色，孵化前为橙红色。

3）若虫：初孵时为浅黄褐色，扁椭圆形，体长 0.3mm 左右，可见触角、复眼和足，能爬行，腹末端具尾毛两根，体表有绵毛状物遮盖。脱皮之后，眼、触角、足、尾毛均退化或消失，开始分泌蜡质介壳。

【发生规律】　1 年发生 4 ~ 5 代。以受精雌成虫在桃树枝干上越冬。次年 2 月下旬越冬成虫开始取食为害，虫体迅速膨大并产卵，卵产于雌介壳下，每只雌虫可产卵数百粒。4 月上旬产卵结束。第 1 代若虫于 3 月下旬始见，初孵若蚧先在壳下停留数小时，后逐渐爬出分散活动，1 ~ 2 天后固定在枝干上为害。5 ~ 7 天后开始分泌灰白色和白色蜡质，覆盖体表并形成介壳。5 月下旬始见第 2 代若虫。6 月上旬为第 2 代若虫盛发高峰期，6 月下旬进入成虫期。7 月中旬始见第 3 代若虫，7 月下旬至 8 月上旬为第 3 代若虫高峰期，8 月中旬进入成虫期，由于世代重叠，成虫期可延续到 9 月初。9 月中旬始见第 4 代若虫，9 月下旬至 10 月上旬为第 4 代若虫发生高峰期，10 月中旬陆续进入成虫期，10 月下旬始见第 5 代若虫，但发生极不整齐，高峰期不明显，多以第 4 代成虫进入越冬状态。

【防治方法】

1）冬季结合修剪，剪除受害枝条，刮除枝干上的越冬雌成虫，并喷 1 次 3 ~ 5 波美度石硫合剂消灭越冬虫源，减少次年虫口基数。

2）抓住第 1 代若蚧发生盛期，趁虫体未分泌蜡质时，用硬毛刷或细钢丝刷刷掉枝干上的若虫。

3）化学防治：在第 1 代卵孵化盛期和各代若虫分散转移、分泌蜡粉、形成介壳之前喷药。药剂有：48% 乐斯本乳油 1000 ~ 2500 倍液、10% 吡虫啉可湿性粉剂 1500 倍液、溴氰菊酯乳油 1200 倍液。喷药时采取淋洗式喷雾，保证树体上下、枝干四周和树冠内外喷匀喷透，不留死角。同时，可在药液中适当添加中性洗衣粉，增加药剂的展布性和渗透性，提高防治效果。

4）保护和利用天敌：桃白蚧的天敌主要有红点唇瓢虫、黑缘红瓢虫、异色瓢虫、深点食螨瓢虫、日本方头甲、软蚧蚜小蜂和丽草蛉等，应注意保护和利用。

3. 桃红颈天牛

【症状识别】 桃红颈天牛主要为害木质部，卵多产于树势衰弱的枝干树皮缝隙中，幼虫孵出后向下蛀食韧皮部。次年春天幼虫恢复活动后，继续向下由皮层逐渐蛀食至木质部表层，初期形成短浅的椭圆形蛀道，中部凹陷。6月以后由蛀道中部蛀入木质部，蛀道不规则。随后幼虫由上向下蛀食，在树干中蛀成弯曲无规则的孔道，有的孔道长达50cm。

【形态特征】

1）成虫（见彩图30）：体为黑色，有光亮；前胸背板为红色，背面有4个光滑疣突，具角状侧枝刺；鞘翅翅面光滑，基部比前胸宽，端部渐狭；雄虫触角超过体长4～5节，雌虫超过1～2节。一般体长28～37mm。

2）卵：卵圆形，乳白色，长6～7mm。

3）幼虫：老熟幼虫体长42～52mm，乳白色，前胸较宽广。身体前半部各节略呈扁长方形，后半部稍呈圆筒形，体两侧密生黄棕色细毛。前胸背板前半部横列4个黄褐色斑块，背面的两个各呈横长方形，前缘中央有凹缺，后半部背面色浅，有纵皱纹；位于两侧的黄褐色斑块略呈三角形。胴部各节的背面和腹面都稍微隆起，并有横皱纹。

4）蛹：体长35mm左右，初为乳白色，后渐变为黄褐色。前胸两侧各有一刺突。

【发生规律】 桃红颈天牛2年发生1代，以幼虫在寄主枝干内越冬。河北地区7月中旬至8月中旬为成虫羽化盛期，羽化后的成虫在蛀道内停留几天，再外出活动。成虫多在每日中午于枝条上栖息与交尾，卵产于枝干上皮缝隙中，卵期7天左右。幼虫孵化后蛀入韧皮部，当年不断蛀食到秋后，并越冬。次年惊蛰后活动为害，直至到木质部，逐渐形成不规则的迂回蛀道。蛀屑及排泄物红褐色，常大量排出树体外，老龄幼虫在秋后越第2个冬天。第3年春季继续为害，于4～6月化蛹，蛹期20天左右。成虫于5～8月出现；各地成虫出现期自南至北依次推迟。福建和南方各省于5月下旬成虫盛见；湖北于6月上中旬成虫出现最多；成虫终见期在7月上旬。河北的成虫于7月上中旬盛见；山东的成虫于7月上旬至8月中旬出现；北京7月中旬至8月中旬为成虫出现盛期。

【防治方法】

1）人工捕捉成虫：6～7月成虫发生盛期，可进行人工捕捉。用绑有铁钩的长竹竿钩住树枝，用力摇动，害虫便纷纷落地，逐一捕捉。人工捕捉速度快、效果好、省工省药、不污染环境。桃红颈天牛蛹羽化后，在 6～7 月成虫活动期间，可利用从中午到下午 3 时前成虫有静息于枝条上的习性，组织人员在果园进行捕捉，可取得较好的防治效果。

2）涂白主要枝干：4～5 月，即在成虫羽化之前，可在树干和主枝上涂刷"涂白剂"。把树皮裂缝、空隙涂实，防止成虫产卵。利用桃红颈天牛惧怕白色的习性，在成虫发生前对桃树主干与主枝进行涂白，使成虫不敢停留在主干与主枝上产卵。涂白剂可用生石灰、硫黄、水按 10：1：40 的比例进行配制；也可用当年的石硫合剂的沉淀物涂刷枝干。

3）提前杀死幼虫：9 月前孵化出的桃红颈天牛幼虫即在树皮下蛀食，这时可在主干与主枝上寻找细小的红褐色虫粪，一旦发现虫粪，即用锋利的小刀划开树皮将幼虫杀死。也可在次年春季检查枝干，一旦发现枝干有红褐色锯末状虫粪，即用锋利的小刀将在木质部中的幼虫挖出杀死。

4）化学防治：根据害虫的不同生育时期，采取不同的方法。6～7 月成虫发生盛期和幼虫刚刚孵化期，在树体上喷洒 50% 杀螟松乳油 1000 倍液或 10% 吡虫啉 2000 倍液，7～10 天 1 次，连喷几次。大龄幼虫蛀入木质部，喷药对其已无作用，可采取虫孔施药的方法除治。清理一下树干上的排粪孔，向蛀孔填敌敌畏棉条，用一次性医用注射器向蛀孔灌注 50% 敌敌畏 800 倍液或 10% 吡虫啉 2000 倍液，然后用泥封严虫孔口。

4. 桑白盾蚧

【症状识别】　若虫和雌成虫刺吸枝干汁液，偶有为害果、叶者，削弱树势，重者枯死。

【形态特征】

1）成虫：雌虫体长 0.9～1.2mm，浅黄色至橙黄色；介壳为灰白色至黄褐色，近圆形，长 2～2.5mm，略隆起，有螺旋形纹，壳点为黄褐色，偏生一方。雄虫体长 0.6～0.7mm，翅展 1.8mm，橙黄色至橘红色，触角 10 节，念珠状，有毛；前翅呈卵形，灰白色，被细毛，后翅特化为平衡棒；性刺针刺状；介壳细长 1.2～1.5mm，白色，背面有 3 条纵脊，壳点为橙黄色且位于前端。

2）卵：椭圆形，长 0.25～3mm，初为粉红，后变为黄褐色，孵化前为橘红色。

3）幼虫：初孵若虫为浅黄褐色，扁椭圆形，长 0.3mm 左右，眼、触角、足俱全，腹末有 2 根尾毛。两眼间具 2 个腺孔，分泌绵毛状蜡丝覆盖身体，2 龄幼虫的眼、触角、足及尾毛均退化。

4）蛹：橙黄色，长椭圆形，仅雄虫有蛹。

【发生规律】 广东 1 年发生 5 代，浙江 3 代，北方地区 2 代。以受精雌虫于枝条上越冬。寄主萌动时越冬雌虫开始吸食，虫体迅速膨大，4 月下旬开始产卵，5 月上中旬为盛期，卵期 9 ~ 15 天。成虫羽化交配后雄虫死亡，雌虫为害至 9 月下旬开始越冬。初孵若虫多分散到一年发生枝上固着取食，以分叉处和阴面较多，6 ~ 7 天开始分泌绵毛状蜡丝，渐形成介壳。

【防治方法】

1）农业防治：结合修剪剪除被害严重的有虫枝条，消灭枝条上的越冬成虫。冬春两季采用硬毛刷或钢刷刷掉并捏杀枝干上的虫体，可大大降低虫口基数。

2）生物防治：防治桑白盾蚧时要注意保护其自然天敌，尽量选用生物农药，不用广谱杀虫剂，减小对瓢虫、寄生蜂、草蛉等的杀伤，充分利用自然天敌的控制能力。

5. 朝鲜球坚蚧

【症状识别】 朝鲜球坚蚧主要以雌成虫和若虫刺吸 1 ~ 2 年生枝条汁液为害，并且为害期分泌黏液，影响叶片光合作用，导致树体生长衰弱，甚至造成枝条枯死（见彩图 31）。

【形态特征】

1）成虫：雌虫体近球形，长 4.5mm，宽 3.8mm，高 3.5mm；前面、侧面上部凹入，后面近垂直；初期介壳软且为黄褐色，后期硬化且为红褐色至黑褐色，表面有极薄的蜡粉，背中线两侧各具 1 纵列不甚规则的小凹点，壳边平削与枝接触处有白蜡粉。雄虫体长 1.5 ~ 2mm，翅展 5.5mm；头和胸为赤褐色，腹部为黄褐色；触角呈丝状，10 节，生黄白短毛；前翅发达，白色，半透明，后翅特化为平衡棒；性刺基部两侧各具 1 条白色长丝。

2）卵：椭圆形，附有白蜡粉，初为白色，后渐变为粉红。

3）若虫：初孵时呈长椭圆形，扁平，长 0.5mm，浅褐色至粉红色，被白粉；触角呈丝状，6 节；眼为红色；足发达；体背面可见 10 节，腹面 13 节，腹末有 2 个小突起，各生 1 根长毛，固着后体侧分泌出弯曲的白蜡丝覆盖于体背，不易见到虫体。越冬后雌雄分化，雌体呈卵圆形，背面隆起呈半球形，浅黄褐色，有数条紫黑色横纹；雄体瘦小，椭圆形，背稍隆起，赤褐色。

4）茧：长椭圆形，灰白色半透明，扁平且背面略拱，有2条纵沟及数条横脊，末端有一横缝。

【发生规律】　每年发生1代。以2龄若虫在枝上越冬，外覆有蜡被。3月中旬开始从蜡被里脱出另找固定点，而后雌雄分化。雄若虫4月上旬开始分泌蜡茧化蛹，4月中旬开始羽化交配，交配后雌虫迅速膨大。5月中旬前后为产卵盛期，卵期7天左右；5月下旬至6月上旬为孵化盛期。初孵若虫分散到枝、叶背为害，落叶前叶上的虫转回枝上，以叶痕和缝隙处居多，此时若虫发育极慢，越冬前蜕1次皮，10月中旬后以2龄若虫于蜡被下越冬。全年4月下旬至5月上旬为害最盛。

【防治方法】

1）人工防治：4月中旬为虫体介壳膨大期，对枝条上的介壳用手或木棒挤压抹杀。结合冬春两季修剪及时剪除有虫枝条，带出田外集中销毁。

2）化学防治：果树发芽前喷5波美度石硫合剂或3%~5%柴油乳剂。若虫孵化盛期，喷0.2~0.5波美度石硫合剂、50%杀螟松乳油1000倍液或50%辛硫磷乳600~800倍液。使用40%速扑杀1000~2000倍液于低龄幼蚧期用药有特效。全年任何时候用速扑杀防治介壳虫都有很好的效果。

3）保护和利用天敌：朝鲜球坚蚧的重要天敌是黑缘红瓢虫，应尽量不喷或少喷广谱性杀虫剂。

6. 粒肩天牛

【症状识别】　成虫食害嫩枝皮和叶；幼虫于枝干的皮下和木质部内蛀食，向下蛀食，隧道内无粪屑，隔一定距离向外蛀1个通气排粪屑孔，排出大量粪屑，削弱树势，重者枯死。

【形态特征】

1）成虫：雌虫体长31~44mm，宽9~12mm，雄虫略小。黑褐色，体密被铁锈色绒毛。头、胸及鞘翅基部颜色较深。触角10节，1~4节下方具毛，第4节中部以后各节为黑褐色。前胸背板宽大于长，有不规则的粗大颗粒状突起，前、后横沟均为3条，侧刺突发达，先端尖锐。中胸明显，直达头后缘。鞘翅肩角略突，无肩刺，翅端切状，内外端角刺状，缘角小刺短而钝，缝角小刺长而尖，翅基角1/5密布黑褐色光滑瘤状突起。中、后胸腹面两侧各有 1~2 个白斑。腹部可见 5 节，每节两侧各有 1 个明显的白斑，1~2 腹节中央各有 1 个"八"字形白斑。雌虫腹末端 1/2 露出翅鞘之外，腹板端部平截，背板中央凹陷较深。雄虫腹末节稍露翅鞘之外，背板中央凹入较浅。本种的相近种是灰绿粒肩天牛，主要区别是后者体背被褐绿色绒毛。

2）卵：卵呈长椭圆形，乳白色，长 5.5~6mm，宽 1.5~2mm。卵外覆盖不规则草绿色分泌物，初排时呈鲜绿色，后变为灰绿色。

3）幼虫：幼虫体呈扁圆筒形，乳白色，具棕黄色细毛。老熟幼虫体长 56~76mm，前胸背板宽 10~14mm。头扁，后端呈圆弧形，1/2 以上缩入前胸内。口器呈框形，口上毛 6 根。上额为黑褐色，额区为浅黄褐色，额缝明显。唇基呈梯形，端部密被粗毛。上唇呈半圆形，上腭粗短，凹切形，基半部着生刚毛约 10 根；下唇颏与亚颏分界明显。触角 3 节，顶部透明的主感器大而显著。单眼 1 对，圆形，凸出。前胸背板近方形，侧沟明显，中沟不明显，背板中部有 1 条倒"八"字形凹陷纹，前方有 1 对略向前弯的黄褐色横斑，其两侧各有 1 个同色长形纵斑。前胸腹面主腹片与前腹片分界不明显，中前腹片后区和小腹片褶密布凿刺状小颗粒。胸足极小。腹部背面 1~7 节步泡突由 4 横列刺突组成，其两侧有向内弯的弧形刺突，略呈横阔的"回"字形。腹面步泡突简化为 2 条横刺列，有一横沟，两侧各有 1 条弧形纵沟。各腹节上侧片突出，第 3~8 节成突边，侧瘤突明显，两端骨化坑大而明显，具粗长刚毛 2 根，腹气门呈椭圆形，气门片为黄褐色。第 9 腹节向后伸，超过尾节。本种幼虫与桑天牛幼虫相似，但后者前胸腹板中前腹片的后区和小腹片上的小颗粒较稀，并且突起成瘤状。

4）蛹：蛹呈纺锤形，长 45~50mm，宽 12~15mm。初为乳白色，渐变为浅黄色。头部中沟深陷，口上毛 6 根，触角向后背披，末端卷曲于腹面两侧。翅超过腹部第 3 节，腹部背面每节后缘有横列绿色粗毛。

【发生规律】 北方 2~3 年发生 1 代，广东 1 年发生 1 代。以幼虫在枝干内越冬，寄主萌动后开始为害，落叶时休眠越冬。北方幼虫经过 2 个或 3 个冬天，于 6~7 月老熟，在隧道内两端填塞木屑做蛹室化蛹。蛹期 15~25 天。羽化后于蛹室内停 5~7 天后咬羽化孔钻出，7~8 月为成虫发生期。成虫多晚间活动取食，以早晚较盛，经 10~15 天开始产卵。2~4 年生枝上产卵较多，多选直径 10~15mm 的枝条于中部或基部，先将表皮咬成 U 形伤口，然后产卵于其中，每处产 1 粒卵，偶有 4~5 粒者。每只雌虫可产卵 100 ~ 150 粒，产卵 40 余天。卵期 10 ~ 15 天，孵化后于韧皮部与木质部之间向枝条上方蛀食约 1cm，然后蛀入木质部内向下蛀食，稍大即蛀入髓部。开始每蛀 5 ~ 6cm 长向外蛀 1 个排粪孔，随虫体增长而排粪孔距离加大，小幼虫的粪便为红褐色且呈细绳状，大幼虫的粪便为锯屑状。幼虫一生蛀隧道长达 2m 左右，隧道内无粪便与木屑。

【防治方法】

1）果园内及附近最好不种植桑树，以减少虫源。

2）结合修剪除掉虫枝，集中处理。

3）成虫发生期及时捕杀成虫，消灭在产卵之前。

4）成虫发生期结合防治其他害虫，喷洒残效期长的触杀剂，如 25% 毒死蜱 1000 倍液，枝干上要喷。

5）成虫产卵盛期后挖卵和初龄幼虫。

6）刺杀木质部内的幼虫，找到新鲜排粪孔用细铁丝插入，向下刺到隧道端，反复几次可刺死幼虫。

7. 杏球坚蚧

【症状识别】 杏球坚蚧虫口密度大，终生吸取寄主汁液。受害后，寄主生长不良，受害严重的致死，因而能招致吉丁虫等的为害。

【形态特征】

1）成虫：雌成虫具花椒粒状的半球形介壳，密集附着在枝条上，初期柔软、棕黄色，后变为硬壳、紫褐色，表面有光泽及小刻点，直径为 3mm 左右；雄成虫体长 1.2mm，翅展约 2mm，头部为赤褐色，腹部为浅黄褐色，末端有交尾器 1 根，介壳呈长椭圆形。

2）卵：椭圆形，白色，半透明，近孵化时为粉红色，长 0.3mm。

3）若虫：长椭圆形，背面为深褐色，有黄白色花纹，腹面为浅褐色，触角、足完全，有尾毛 2 根。

【发生规律】 1 年发生 1 代。以 2 龄若虫在枝条上越冬。5 月上旬开始产卵于母体下面，产卵约历时 2 周。每只雌虫平均产卵 1000 粒左右，最多达 2200 粒，最少产卵 50 粒。卵期 7 天，5 月中旬为若虫孵化盛期，初孵化若虫从母体臀裂处爬出，在寄主上爬行 1 ~ 2 天，寻找适当地点，以枝条裂缝处和枝条基部叶痕中为多。固定后，身体稍长大，两侧分泌白色丝状蜡质物覆盖虫体背面，6 月中旬后蜡质又逐渐溶化出色蜡层，包于虫体四周，此时发育缓慢，雌雄难分，越冬前蜕皮 1 次，蜕皮包于 2 龄若虫体下，到 10 月，随之进入越冬。

【防治方法】

1）早春发芽前，喷 5 波美度石流合剂或 5% 柴油乳剂，要求喷布均匀周到。

2）注意保护天敌，尽量不喷或少喷广谱性杀虫剂。

二 桃、李、杏树叶部害虫

1. 山楂红蜘蛛

【症状识别】 成螨、若螨、幼螨刺吸芽、果的汁液，叶受害初呈现很多失绿小斑点，渐扩大连片。严重时全叶苍白枯焦早落，常造成二次发芽开花，削弱树势，不仅当年果实不能成熟，还影响花芽形成和次年的产量。

【形态特征】

1）成螨：雌螨有冬型、夏型之分。冬型体长 0.4 ~ 0.6mm，朱红色有光泽；夏型体长 0.5 ~ 0.7mm，紫红色或褐色，体背后半部两侧各有 1 个大黑斑，足为浅黄色。体呈卵圆形，前端稍宽有隆起，体背刚毛细长且有 26 根，横排成 6 行。雄体长 0.35 ~ 0.45mm，纺锤形，第 3 对足基部最宽，末端较尖，第 1 对足较长，体为浅黄绿色至浅橙黄色，体背两侧出现深绿色长斑。乳白色至橙黄色。

2）幼螨：足 3 对，体呈圆形，黄白色，取食后呈卵圆形且为浅绿色，体背两侧出现深绿色长斑。

3）若螨：足 4 对，浅绿色至浅橙黄色，体背出现刚毛，两侧有深绿色斑纹，后期与成螨相似。

【发生规律】 每年发生代数因各地气候而异，一般 5 ~ 9 代。以受精的雌虫在枝干树皮的裂缝中及靠近树干基部的土块缝里越冬。当平均气温达到 9 ~ 10℃ 时即出蛰，正是桃芽露出绿顶之时。出蛰约 40 天开始产卵，7 ~ 8 月繁殖最快，8 ~ 10 月产生越冬成虫。越冬雌虫出现的早晚与桃树的受害程度有关，受害严重时，7 月下旬即产生越冬成虫。

【防治方法】

1）加强果园管理：清扫落叶，翻耕树盘，消灭部分越冬雌虫。

2）生物防治：保护和利用天敌——东方植绥螨。

3）化学防治：发芽前喷洒 2 ~ 5 波美度石硫合剂。发生时喷 1% 阿维菌素乳油 5000 倍液、0.3% 苦参碱水剂 800 ~ 1000 倍液或 10% 浏阳霉素乳油 1000 倍液。

2. 苹小卷叶蛾

【症状识别】 幼虫为害果树的芽、叶、花和果实,小幼虫常将嫩叶边缘卷曲,以后吐丝缀合嫩叶;大幼虫常将 2~3 张叶片平贴,或者将叶片食成孔洞或缺刻,将果实啃成许多不规则的小坑洼。

【形态特征】

1) 成虫(见彩图 32):体长 6~8mm。体为黄褐色。前翅的前缘向后缘和外缘角有两条浓褐色斜纹,其中一条自前缘向后缘达到翅中央部分时明显加宽。前翅后缘肩角处及前缘近顶角处各有一条小的褐色纹。

2) 卵:扁平,椭圆形,浅黄色,半透明,数十粒排成鱼鳞状卵块。

3) 幼虫:身体细长,头较小,浅黄色。小幼虫为黄绿色,大幼虫为翠绿色。

4) 蛹:蛹为黄褐色,腹部背面每节有刺突两排,下面一排小而密,尾端有 8 根钩状刺毛。

【发生规律】 一般 1 年发生 3~4 代,辽宁、山东地区发生 3 代,黄河故道和陕西关中一带可发生 4 代。以幼龄幼虫在粗翘皮下、剪锯口周缘、裂缝中结白色薄茧越冬。次年苹果树萌芽后出蛰,盛花期为出蛰盛期,并吐丝缠结幼芽、嫩叶和花蕾为害,长大后则多卷叶为害,老熟幼虫在卷叶中结茧化蛹。3 代发生区,6 月中旬越冬代成虫羽化,7 月下旬第 1 代羽化,9 月上旬第 2 代羽化;4 代发生区,越冬代为 5 月下旬发生,第 1 代为 6 月末至 7 月初发生,第 2 代在 8 月上旬发生,第 3 代在 9 月中羽化。

【防治方法】

1) 物理防治:在树冠下挂糖醋液、性诱剂、杀虫灯诱杀成虫。

2) 生物防治:在苹小卷叶蛾 1 代卵发生初期释放赤眼蜂。

3) 化学防治:药剂防治卷叶蛾的最佳时期是越冬代幼虫出蛰盛期和第 1 代幼虫初期。可使用 3.2% 金色甲维盐微乳剂 2500 倍液、48% 毒死蜱 1500 倍液或 52.25% 农地乐 2000 倍液,未封闭好、卷叶较重的果园可使用 24% 雷通 6000 倍液。

3. 大青叶蝉

【症状识别】 成虫和若虫为害叶片,刺吸汁液,造成褪色、畸形、卷缩,甚至全叶枯死。此外,还可传播病毒病。

【形态特征】

1) 成虫:体长 7~10mm,雄虫较雌虫略小,青绿色。头为橙黄色,左右各具1个小黑斑；单眼2个，红色，单眼间有2个多角形黑斑。前翅革质，绿色微带青蓝色，端部色浅近半透明；前翅反面、后翅和腹背均为黑色，腹部两侧和腹面为橙黄色。足为黄白色至橙黄色，胫节3节。

2）卵：长卵圆形，微弯曲，一端较尖，长约1.6mm，乳白色至黄白色。

3）若虫：共5龄，初龄为灰白色；2龄为浅灰色微带黄绿色；3龄为灰黄绿色，胸腹背面有4条褐色纵纹，出现翅芽；4龄、5龄同3龄，老熟时体长6~8mm。

【发生规律】 北方每年发生3代。以卵在树木枝条表皮下越冬。4月孵化，于杂草、农作物及蔬菜上为害，若虫期30~50天，第1代成虫发生期为5月下旬至7月上旬。各代发生期大体为：第1代发生于4月上旬至7月上旬，成虫于5月下旬开始出现；第2代发生于6月上旬至8月中旬，成虫于7月开始出现；第3代发生于7月中旬至11月中旬，成虫于9月开始出现。每只雌虫可产卵30~70粒，非越冬卵期9~15天，越冬卵期达5个月以上。前期主要为害农作物、蔬菜及杂草等植物，至9月、10月农作物陆续收割、杂草枯萎，则集中于秋菜、冬麦等绿色植物上为害，10月中旬第3代成虫陆续转移到果树、林木上为害并产卵于枝条内，10月下旬为产卵盛期，直至秋后。以卵越冬。

【防治方法】

1）夏季灯火诱杀第2代成虫，减少第3代的发生。

2）成虫、若虫集中在谷子等禾本科植物上时，及时喷撒2.5%敌百虫粉剂、1.5% 1605粉剂或2%叶蝉散（异丙威）粉剂，每亩2kg。

3）必要时可喷洒2.5%保得乳油2000~3000倍液、10%大功臣可湿性粉剂3000~4000倍液。

4. 桃小绿叶蝉

【症状识别】 成虫、若虫吸食芽、叶和枝梢的汁液，被害叶初期叶面出现黄白斑点，之后渐扩成片，严重时全树叶苍白早落。

【形态特征】

1）成虫：体长3.3~3.7mm，浅黄绿至绿色。前翅半透明，略呈革质，浅黄白色。

2）卵：长椭圆形，一端略尖。乳白色。

3）若虫：全体为浅绿色，复眼为紫黑色。

【发生规律】 1年发生4~6代。以成虫在常绿树叶中或杂草中越冬。次年 3~4 月开始从越冬场所迁飞到嫩叶上刺吸为害。被害叶上最初出现黄白色小点，严重时斑点相连，使整片叶变成苍白色，使叶提早脱落。成虫产卵于叶背主脉内，以近基部为多，少数在叶柄内。雌虫一生产卵 46~165 粒。若虫孵化后，喜群集于叶背面吸食为害，受惊时很快横行爬动。第 1 代成虫开始发生于 6 月初，第 2 代发生于 7 月上旬，第 3 代发生于 8 月中旬，第 4 代发生于 9 月上旬。第 4 代成虫于 10 月间在绿色草丛间、越冬作物上或在松柏等常绿树丛中越冬。

【防治方法】

1）加强果园管理：秋冬两季，彻底清除落叶，铲除杂草，集中烧毁，消灭越冬成虫。

2）化学防治：5 月下旬针对第 1 代若虫发生期虫口密度不大、易群集为害的特点，及时喷洒 90% 敌百虫 1500 倍液或 40% 水胺硫磷乳油 1500 倍液防治。6 月下旬害虫开始大量发生，结合防治其他害虫喷洒 20% 速灭杀丁乳油 2000 倍液或 30% 赛虫净 1500~2000 倍液，效果均佳。

5. 茶翅蝽

【症状识别】 成虫和若虫吸食嫩叶、嫩梢和果实的汁液，果实被害后呈凸凹不平的畸形果，近成熟时的果实被害后，受害处果肉变空，木栓化。

【形态特征】

1）成虫：体长 15mm 左右，宽约 8mm，体扁平，茶褐色，前胸背板、小盾片和前翅革质部有黑色刻点，前胸背板前缘横列 4 个黄褐色小点，小盾片基部横列 5 个小黄点，两侧斑点明显。

2）卵：短圆筒形，直径为 0.7mm 左右，周缘环生短小刺毛，初产时为乳白色，近孵化时变为黑褐色。

3）若虫：分 5 龄，初孵若虫近圆形，体为白色，后变为黑褐色，腹部为浅橙黄色，各腹节两侧节间有 1 个长方形黑斑，共 8 对。老熟若虫与成虫相似，无翅。

【发生规律】 华北地区每年发生 1 代，华南地区每年发生 2 代。以成虫在墙缝、屋檐下、石缝里越冬。有的潜入室内越冬。在北方 5 月开始活动，迁飞到果园取食为害。6 月上旬田间出现大最初孵若虫，小若虫先群集在卵壳周围成环状排列，2 龄以后渐渐扩散到附近的果实上取食为害。9 月中旬，当年成虫开始寻找场所越冬，到 10 月上旬达入蛰高峰。上年越冬成虫在 6 月上旬以前产卵，到 8 月初以前羽化为成虫，可继续产卵，经过若虫阶段再羽化为成虫越冬。

【防治方法】

1）捕杀成虫：春季越冬成虫出蛰时，清除门窗、墙壁上的成虫。

2）灭除若虫：若虫发生期是药剂防治的有利时机，可喷洒 40% 氧乐果 1500 倍液、20% 杀灭菊酯 2000 倍液或 80% 敌敌畏 1500 倍液。

6. 中华金带蛾

【症状识别】　中华金带蛾以幼虫食害寄主的叶片，轻者把寄主的叶片啃咬出许多孔洞缺刻，严重的能把叶片吃光或啃咬嫩枝树皮。影响寄主的生长发育和开花结果，给药用植物和果树生产造成相当大的损失。

【形态特征】

1）成虫：雌蛾体长 22 ~ 28mm，翅展 67 ~ 88mm。全体为金黄色。触角为深黄色，丝状。胸部及翅基密生长鳞毛。翅宽大，前翅顶角有不规则的赤色长斑，长斑表面散布灰白色鳞粉；长斑下具 2 枚圆斑，后角的 1 枚圆斑较小；翅面有 5 ~ 6 条断断续续的赤色波状纹，前缘区的斑纹粗而明显。后翅中间有 5 ~ 6 个斑点，排列整齐，斑列外侧有 3 个大的斑点；顶角区是大小各 1 个，相距较近；后缘区有 4 条波状纹，粗而明显。雄蛾体长 20 ~ 27mm，翅展 58 ~ 82mm。体翅为金黄色。触角为黄褐色，羽毛状，羽枝较长。胸部具金黄色鳞毛，腹部为黄褐色。前翅前缘脉为黄褐色，顶角区有三角形赤色大斑；大斑下半部有不明显的银灰色小点；亚缘斑为 7 ~ 8 个长形小点，内侧后角有 1 个较大的斑点，整个翅面有 5 条断断续续的波状纹；前缘区粗而明显。后翅亚缘呈波状纹，内侧有 2 行小斑点，翅的内半部有 4 条断断续续的波状纵带。

2）卵：圆球状，接触物一面稍平，直径 1.2 ~ 1.3mm，浅黄色，有光泽，不透明，接近孵化时卵顶有一黑点。

3）末龄幼虫：体长 46 ~ 71mm，圆筒形，腹面略扁平，全身为黑褐色，每一腹节的背面正中有 1 个凸字形黑斑，腹部背面共有黑斑 8 个，斑内生黄白色浅毛，头壳为黑褐色。体背及两侧生有许多次生性小刺和长短不一的束状长毛，胸背和尾节上的略长，分别向前和向后伸。束状长毛有棕色、褐色和灰白色之分，但常混杂在一起。胸足 3 对，尾足 1 对。腹足趾钩为双序半环，每足有趾钩 80 ~ 92 个。

4）蛹：纺锤形，头端钝，尾端略尖，有细小的棘刺。长 21 ~ 28mm，粗 8 ~ 9mm。黑褐色，有光泽。

5）茧：蛹外有薄茧，长椭圆形，比蛹体大1/3。

【发生规律】　四川1年发生1代。以蛹越冬，越冬蛹期长达7～8个月。7月初始见成虫，7月下旬至8月上旬为成虫羽化盛期，8月中下旬还可捕到少数成虫，成虫羽化期很长，前后跨越2～3个月。幼虫集中出现在石榴、桃、梨、苹果等果树采后的9～10月。10月中下旬至11月上旬，老熟幼虫就在翘皮、树洞或树下落叶中、卷叶里、枯枝上、草丛内、石缝、土堆等处作茧化蛹。

【防治方法】

1）清洁田园：冬春两季，把园内的枯枝、落叶、卷叶、翘皮、杂草、石块等清除干净，消灭越冬蛹，减少来年虫源。

2）灯光诱杀：成虫有较强的趋光性，7～8月，结合其他害虫的防治，安装黑光灯或其他白炽灯，可以诱杀部分成虫。

3）保护和利用天敌：中华金带蛾在卵期和蛹期有寄生蜂寄生，幼虫期有螳螂捕食，在整个防治过程中应很好地保护和利用天敌。

4）人工摘除虫卵：中华金带蛾的卵是成片集中在叶片上的，初孵幼虫又有群集性，在成虫产卵后或幼虫初孵时，人工及时摘除有卵或有幼虫的叶片。

5）清除幼虫：9～10月，3龄后的幼虫白天常下移群集于树干基部或大枝上，很容易被发现，发现后可用火烧，一次可烧死几十只到数百只，用火过程中要注意安全；也可用器械刮除幼虫集中踩死，也可将幼虫埋入土坑内，覆盖的土壤要压实。

7. 桃蚜

【症状识别】　桃蚜以成虫和若虫在叶片上吸汁为害，受害叶变黄，向背面不规则卷缩。发生严重时，叶干枯早落。桃蚜同时还是菊花和香石竹等花卉病毒病的重要传播媒介昆虫。

【形态特征】

1）成虫：无翅胎生雌蚜，体为黄绿色或赤褐色，长2.2mm，卵圆形。腹部较长，圆筒形，有瓦纹，端部为黑色；尾片呈圆锥形，有6～7根曲毛。有翅胎生雌蚜，体型和大小似无翅蚜，头部、胸部为黑色，腹部为绿色、黄绿或褐色；触角第3节小圆次生感觉圈9～11个；腹管、尾片形状如无翅型。

2）卵：椭圆形，初为绿色，后变为黑色。

3）若虫：蚜体小，与无翅胎生蚜相似，浅绿色或浅红色。

【发生规律】 1年发生20～30代。在寒冷地区以卵在枝梢、芽腋等处越冬；在温暖地区以无翅胎生雌蚜在三色堇等十字花科植物上越冬。次年春，卵孵化为若虫为害或无翅胎生蚜开始活动繁殖为害，先群集在芽上，后转移到花和叶。初夏进行孤雌生殖，产生有翅蚜，到处扩散为害。夏季高温且降雨多，不适宜蚜虫生长繁殖，虫口数量下降。以卵越冬的桃蚜，可于秋季雌雄交尾产卵越冬。

【防治方法】

1）农业防治：在病毒病多发区，选用抗虫、抗病毒的高产、优质品种，在网室内育苗，防止蚜虫为害菜苗、传播病毒病，是经济有效的防虫防病措施。夏季可少种或不种十字花科蔬菜，以减少或切断秋菜的蚜源和毒源。蔬菜收获后，及时处理残株落叶；保护地在种植前做好清园杀虫工作；种植后做好隔离，防止蚜虫迁入繁殖为害。在露地菜田夹种玉米，以玉米作为屏障阻挡有翅蚜迁入繁殖为害，可减轻和推迟病毒病的发生。

2）物理防治：根据蚜虫对银灰色的负趋性和对黄色的正趋性，采用覆盖银灰色塑料薄膜以避蚜防病，采用黄板诱杀有翅蚜。

3）保护和利用天敌：菜田中有多种天敌对蚜虫有显著的抑制作用，在喷药时要选用对天敌杀伤力较小的农药，使田间天敌数量在总蚜量的1%以上。保护地栽培模式中在蚜虫发生初期释放烟蚜茧蜂，有一定的控制效果。

4）化学防治：每公顷可用2%绿星乳油750～1400mL，1.8%阿维菌素乳油、5%阿锐克乳油、5%氯氰菊酯乳油、2.5%溴氰菊酯乳油、25%阿克泰乳油375mL，0.5%印楝素可湿性粉剂500～750g，10%吡虫啉可湿性粉剂、50%抗蚜威可湿性粉剂375g，25%吡嗪酮可湿性粉剂250g，10%大功臣可湿性粉剂150g，加水750L喷雾。可按药剂稀释用水量的0.1%加入洗衣粉或其他展着剂，以增药效。

8. 桃粉蚜

【症状识别】 成虫、若虫群集于新梢和叶背刺吸汁液，被害叶失绿并向叶背对合纵卷，卷叶内积有白色蜡粉，严重时叶片早落，嫩梢干枯。排泄蜜露常致煤污病发生。

【形态特征】

1）成虫：有翅胎生雌蚜，体长2～2.1mm，翅展6.6mm左右，头部和胸部为暗黄色至黑色，腹部为黄绿色，体被白蜡粉。触角呈丝状，

6 节；腹管短小，黑色，基部 1/3 收缩；尾片较长较大，有 6 根长毛。无翅胎生雌蚜，体长 2.3 ~ 2.5mm，体为绿色，被白蜡粉；复眼为红褐色；腹管短小，黑色；尾片较长较大，黑色，圆锥形，有曲毛 5 ~ 6 根。

2）卵：椭圆形，长 0.6mm，初为黄绿，后变为黑色。若蚜体小，绿色，与无翅胎生雌蚜相似，被白粉；有翅若蚜胸部发达，有翅芽。

【发生规律】 1 年生 10 ~ 20 代，江西南昌发生 20 多代，北方发生 10 余代，生活周期类型属乔迁式。以卵在杏等冬寄主的芽腋、裂缝及短枝杈处越冬。冬寄主萌芽时孵化，群集于嫩梢、叶背为害繁殖。5 ~ 6 月繁殖最盛且为害严重，大量产生有翅胎生雌蚜，迁飞到夏寄主（禾本科等植物）上为害繁殖；10 ~ 11 月产生有翅蚜，返回冬寄主上为害繁殖，产生有性蚜并交配产卵越冬。

【防治方法】

1）保护和利用天敌：如异色瓢虫、横斑瓢虫、大草蛉、丽草蛉、大灰食蚜蝇、黑带食蚜蝇等。

2）化学防治：药剂可选用 20% 菊杀乳油 2000 倍液、50% 辛硫磷乳剂 2000 倍液、50% 马拉松乳剂 1000 倍液或 50% 灭蚜松可湿性粉剂 1000 倍液，喷雾防治，都有良好的防治效果。

9. 桃瘤蚜

【症状识别】 成虫、若虫群集叶背刺吸汁液，致叶缘向背面纵卷呈管状，被卷处组织肥厚且凹凸不平，初为浅绿色，后为桃红色，严重时全叶卷曲很紧似绳状，终致干枯或脱落。

【形态特征】

1）成虫：有翅胎生雌蚜，体长 1.8mm，翅展 5.1mm，浅黄褐色，额瘤显著，向内倾斜；触角呈丝状，6 节，略与体等长，第 3 节有 30 多个感觉圈；第 6 节鞭状部为基部长的 3 倍。腹管呈圆柱形，中部略膨大，有黑色覆瓦状纹，尾片呈圆锥形，中部溢缩。翅透明，脉为黄色。各足腿节、胫节末端及跗节色深。无翅胎生雌蚜，体长约 2mm，头部黑色，复眼为赤褐色；中胸两侧具小瘤状突起。腹部背面有黑色斑纹。体为深绿色、黄绿色、黄褐色等，额瘤、腹管、尾片同有翅胎生雌蚜。

2）卵：椭圆形，黑色。

3）若蚜：与无翅胎生雌蚜相似，体较小，浅黄色或浅绿色，头部和腹管为深绿色，复眼为朱红色；有翅若蚜胸部发达，有翅芽。

【发生规律】 北方每年发生 10 余代，江西发生 30 代。生活周期类型属乔迁式。华北、江苏、江西以卵在桃、樱桃等枝条的芽腋处越冬。南京 3 月上旬开始孵化，3 ~ 4 月大发生，4 月底产生有翅蚜并迁至夏寄主艾草上，10 月下旬重返桃等果树上为害繁殖，11 月上中旬产生有性蚜并产卵越冬。北方果区 5 月始见蚜虫为害，6 ~ 7 月大发生，并产生有翅胎生雌蚜迁飞到艾草上，晚秋 10 月又迁回桃、樱桃等树上，产生有性蚜，产卵越冬。

【防治方法】

1）农业防治：冬季修剪虫卵枝，早春要对被害较重的虫枝进行修剪，夏季桃瘤蚜迁移后，要对桃园周围的菊花科寄主植物等进行清除，并将虫枝、虫卵枝和杂草集中烧毁，减少虫、卵源。

2）保护天敌：桃瘤蚜的自然天敌很多，在天敌的繁殖季节，要科学使用化学农药，不宜使用触杀性广谱型杀虫剂。

3）化学防治：根据桃瘤蚜的为害特点，防治宜早，在芽萌动期至卷叶前为最佳防治时期。萌芽期天敌较少，可选用 5.7% 百树菊酯乳油 2500 倍液、2.5% 功夫乳油 2000 倍液、90% 万灵粉剂 4000 倍液、70% 艾美乐水分散颗料剂 5000 倍液、48% 乐斯本乳油 1000 倍液，萌芽期，用 5% 高效氯氰菊酯乳油 2000 倍液、20% 速灭杀丁乳油 3000 倍液、5% 来福灵乳油 3000 倍液、30% 菊马乳油 2000 倍液喷布，消灭初孵若蚜。喷雾时每桶药水加神效王 1.5mL，可破坏桃瘤蚜的蜡质层，促进农药迅速进入蚜虫体内，能提高防治效果。上述药剂必须交替使用，以防桃瘤蚜产生抗药性。在卷叶后，天敌较多时要选用内吸性强的农药进行防治，避免卷叶对药效的影响。若采用 40% 氧乐果涂干防治桃瘤蚜，既能提高防治效果，又能保护自然天敌。具体方法是先围绕树干括 3 ~ 4cm 宽的树皮，将 40% 氧乐果加 5 倍的水，涂在括好的树皮上，用废报纸将树干包好，使药通过桃树组织传导到叶片，达到防治桃瘤蚜的目的。

10. 草履蚧

【症状识别】 草履蚧的发生也较常见，受害叶片常呈现黄色小斑点，提早脱落；幼芽、嫩枝受害后，生长不良以致枯萎，同时蚧虫在为害时大量排蜜露，诱发煤污病，使叶片生长减弱或不能进行光合作用，导致树势衰弱，严重者最后枯死。

【形态特征】

1）成虫：雌成虫体长达 10mm 左右，背面为棕褐色，腹面为黄褐色，被一层霜状蜡粉。触角8节，节上多粗刚毛；足为黑色，粗大。体扁，沿身体边缘分节较明显，呈草鞋底状；雄成虫体为紫色，长5～6mm，翅展10mm左右。翅为浅紫黑色，半透明，翅脉2条，后翅小，仅有三角形翅茎；触角10节，因有缢缩并环生细长毛，似有26节，呈念珠状。腹部末端有4根体肢。

2）卵：初产时为橘红色，有白色絮状蜡丝粘裹。

3）若虫：初孵化时为棕黑色，腹面较浅，触角为棕灰色，唯第3节为浅黄色，很明显。

4）蛹：雄蛹为棕红色，有白色薄层蜡茧包裹，有明显翅芽。

【发生规律】 1年发生1代。以卵在土中越夏和越冬；次年1月下旬至2月上旬，在土中开始孵化，能抵御低温，在"大寒"前后的堆雪下也能孵化，但若虫活动迟钝，在地下要停留数日，温度高，停留时间短，天气晴暖，出土个体明显增多。孵化期要延续1个多月。若虫出土后沿茎干上爬至梢部、芽腋或初展新叶的叶腋刺吸为害。雄性若虫4月下旬化蛹，5月上旬羽化为雄成虫，羽化期较整齐，羽化后即觅偶交配，寿命2～3天。雌性若虫3次蜕皮后即变为雌成虫，自茎干顶部继续下爬，经交配后潜入土中产卵。卵由白色蜡丝包裹成卵囊，每囊有卵100多粒。

【防治方法】

1）加强检疫：草履蚧营固着生活，容易随苗木调运传播至他处，所以在调运种植苗木时，应加强植物检疫。

2）园林防治：可利用冬季、早春对红叶李进行整形修剪，结合修剪，剪去部分有虫枝集中烧毁，以减少越冬虫口基数。改善通风透光性，改变介壳虫的栖息条件，从而减轻介壳虫的危害，剪下的枝条集中烧毁。3月若虫上树前，在树干基部围上黏虫胶塑料环，围塑料环前需要刮树皮或在环下口的缝隙用湿泥封严，以防止虫从缝隙钻过，在树干1m左右处缠绕塑料环约20cm宽，使塑料膜与树干吻合，表面光滑，然后在环上均匀涂抹粘胶。

3）化学防治：若虫上树前，在树干基部紧贴树干周围撒25%西维因可湿性粉剂药环，也可在树干基部涂刷有机磷1000倍液溶剂至树干1m处，阻止若虫上树。对于上树若虫，于孵化盛期喷洒，每隔7～10天1次，连喷2～3次。常用的效果较明显的药剂为蚧杀1500倍液、锐煞3000倍液、顺利1500倍液、巧手2000倍液，喷药时，必须周密、细致地使药液充分接触虫体。冬季可喷洒 3~5 波美度石硫合剂，松脂合剂 10~15 倍液来消灭越冬雌虫、若虫。

11. 褐刺蛾

【症状识别】 幼虫取食叶肉，仅残留表皮和叶脉。大龄幼虫将叶片食成缺刻状。

【形态特征】

1）成虫：复眼为黑色，头部和胸部为绿色。雌虫触角呈丝状，褐色；雄虫触角基部 2/3 为短羽毛状；胸部中央有 1 条暗褐色背线，前翅大部分为绿色，基部为暗褐色，外缘部为灰黄色，其上散布暗紫色鳞片，内缘线和翅脉为暗紫色，外缘线为暗褐色；后翅为灰黄色。

2）卵：椭圆形，初产时为乳白色，渐变为黄绿色至浅黄色，数粒排列成块状。

3）末龄幼虫：体呈圆柱状，略呈长方形。初孵化时为黄色，长大后变为绿色；头为黄色，甚小，常缩在前胸内；前胸盾上有 2 个横列黑斑，腹部背线为蓝色；胴部第 2 节至末节每节有 4 个毛瘤，其上生 1 丛刚毛，第 4 节背面的 1 对毛瘤上各有 3~6 根红色刺毛，腹部末端的 4 个毛瘤上生蓝黑色刚毛丛，呈球状；背线为绿色，两侧有深蓝色点。

4）蛹：椭圆形，肥大，黄褐色。

【发生规律】 每年发生 2~4 代。以老熟幼虫在树干附近土中结茧越冬。越冬幼虫于 5 月上旬开始化蛹，5 月底、6 月初开始羽化产卵。6 月中旬开始出现第 1 代幼虫，至 7 月下旬老熟幼虫结茧化蛹。8 月上旬成虫羽化，8 月中旬为羽化产卵盛期。8 月下旬出现幼虫，大部分幼虫于 9 月底、10 月初老熟结茧越冬，10 月中、下旬还可见个别幼虫活动。如果夏天气温过高，气候过于干燥，则有部分第 1 代老熟幼虫在茧内滞育。到 6 月再羽化，出现一年 1 代的现象。4 龄以前幼虫取食叶肉，留下透明表皮，以后可咬穿叶片形成孔洞或缺刻。4 龄以后多沿叶缘蚕食叶片，仅残留主脉；老熟后，沿树干爬下或直接坠下，然后寻找适宜的场所结茧化蛹或越冬。

【防治方法】

1）结合冬季修剪，如发现枝干上越冬茧，要及时采集。

2）冬季土壤深翻，挖除土壤中越冬茧，清除干基周围表土等处越冬茧并集中烧毁。

3）低龄幼虫喜群集为害，结合桃园中田间作业，及时剪除群集在一起的低龄幼虫，集中销毁幼虫。

4）大部分刺蛾成虫具较强的趋光性，可在成虫羽化期于 19～21 时用灯光诱杀。

5）低龄期及时喷施下列药剂：8000 国际单位/mg 苏云金杆菌可湿性粉剂 1000 倍液、25% 灭幼脲悬浮剂 2000 倍液、45% 氯氟氰菊酯乳油 3000 倍液、20% 氰戊菊酯乳油 3000 倍液或 10% 联苯菊酯乳油 4000～5000 倍液。

12. 盗毒蛾

【症状识别】　初孵幼虫群集在叶背面取食叶肉，叶面现成块透明斑，3 龄后分散为害形成大缺刻，仅剩叶脉。

【形态特征】

1）成虫：雄虫体长 12～18mm，翅展 30～40mm。体翅均为白色。雌虫体长 35～45mm。头、胸、足及腹部均为白色带微黄，触角呈双栉齿状，黑色，前翅后缘近臀角处和近基部各有 1 个黑褐色斑。雌虫腹部肥大，末端有金黄色毛丛，雄虫腹部第 3 节后各节有稀疏的黄色短毛。

2）卵：直径为 0.6～0.7mm，圆锥形，中央凹陷，橘黄色或浅黄色。

3）幼虫：体长 25～40mm，第 1、2 腹节宽。头为褐黑色，有光泽；体为黑褐色，前胸背板为黄色，具 2 条黑色纵线；体背面有 1 条橙黄色带，在第 1、2、8 腹节中断，带中央贯穿一红褐间断的线；亚背线为白色；气门下线为红黄色；前胸背面两侧各有一向前突出的红色瘤，瘤上生黑色长毛束和自褐色短毛，其余各节背瘤为黑色，生黑褐色长毛和白色羽状毛，第 5、6 腹节瘤为橙红色，生有黑褐色长毛，腹部第 1、2 节背面各有 1 对愈合的黑色瘤，上生白色羽状毛和黑褐色长毛；第 9 腹节瘤为橙色，上生黑褐色长毛。

4）蛹：长 12～16mm，长圆筒形，黄褐色，体被黄褐色绒毛，腹部背面 1～3 节各有 4 个瘤。

5）茧：椭圆形，浅褐色，附少量黑色长毛。

【发生规律】　内蒙古大兴安岭每年发生 1 代，辽宁、山西每年发生 2 代，上海发生 3 代，华东、华中每年发生 3～4 代，贵州发生 4 代，珠江三角洲发生 6 代。主要以 3 龄或 4 龄幼虫在枯叶、树杈、树干缝隙及落叶中结茧越冬。2 代区次年 4 月开始活动，为害春芽及叶片。1 代、2 代、3 代幼虫为害高峰期主要在 6 月中旬、8 月上中旬和 9 月上中旬，

10月上旬前后开始结茧越冬。

【防治方法】

1）人工防治：夏、秋两季经常观察盆栽桃树，毒蛾刚孵化的低龄幼虫开始为害叶片时一般集中在一起，可人工捕捉杀灭。

2）生物防治：毒蛾的天敌有螳螂、寄生蜂等，盆栽桃树上如发现天敌活动时要保护和利用。

3）化学防治：低龄幼虫期可用90%敌百虫1000倍液或用25%灭幼脲3号胶悬剂1500倍液喷雾防治。

13. 黄刺蛾

【症状识别】 幼虫食叶。低龄幼虫啃食叶肉，稍大食成缺刻和孔洞，严重时食成光杆。

【形态特征】

1）成虫：体长13～17mm，翅展30～40mm。体为黄色，前翅内半部为黄色，端部为褐色，内面有一条深褐色斜纹伸到中室，为黄色与褐色的分界线，中室部分有一大黄褐色圆纹，后翅为灰黄色。雌性触角呈丝状，雄性呈双栉齿状，喙退化。

2）卵：扁平，椭圆形，长约1.5mm，浅黄色。

3）幼虫：老熟幼虫体长19～25mm，体肥大，头小，缩入前胸。体为绿色，背面有"8"字形紫褐色斑。每节有4个疣状突起，上生枝刺，其中胸部背上的3对及臀节背上的1对特大。气门为红褐色。气门上线为黑褐色，气门下线为黄褐色。臀板上有2个黑点，胸足极小，腹足退化，第1～7腹节腹面中部各有1个扁圆形"吸盘"。

4）蛹：长11～13mm，椭圆形，黄褐色。

5）茧：椭圆形，似鸟卵，石灰质，表面光滑，长约12mm，灰白色，上有数条褐色条纹。

【发生规律】 东北及华北多每年发生1代，河南、陕西、四川发生2代。以前蛹在枝干上的茧内越冬。1代区5月中、下旬开始化蛹，蛹期15天左右。6月中旬至7月中旬出现成虫，成虫昼伏夜出，有趋光性，羽化后不久交配产卵，卵产于叶背，卵期7～10天，幼虫发生期为6月下旬至8月，8月中旬后陆续老熟，在枝干等处结茧越冬。2代区5月上旬开始化蛹，5月下旬至6月上旬羽化，第1代幼虫6月中旬至7月上中旬发生，第1代成虫7月中下旬始见，第2代幼虫为害盛期在8月上中旬，8月下旬开始老熟结茧越冬。7～8月高温干旱，黄刺蛾发生严重，田四周越冬的寄主树木多，利于刺蛾发生。

【防治方法】

1）人工防治：夏秋两季经常观察盆栽桃树，刺蛾刚孵化的低龄幼虫开始为害叶片时一般集中在一起，可人工捕捉杀灭。另外，黄刺蛾越冬茧一般粘在枝条上，比较醒目，冬季修剪时可摘除虫茧踩死。

2）生物防治：刺蛾的天敌有螳螂、寄生蜂等，盆栽桃树上如发现天敌活动时要保护和利用。

3）化学防治：低龄幼虫期可用90%敌百虫1000倍液或用25%灭幼脲3号胶悬剂1500倍液喷雾防治。

14. 双齿绿刺蛾

【症状识别】 双齿绿刺蛾以低龄幼虫多群集叶背取食下表皮和叶肉，残留上表皮和叶脉呈半透明斑，数日后干枯脱落；3龄后陆续分散食叶成缺刻或孔洞，严重时将叶片吃光。

【形态特征】

1）成虫：体长7～12mm，翅展21～28mm，头部、触角、下唇须为褐色，头顶和胸背为绿色，腹背为苍黄色。前翅为绿色，基斑和外缘带暗灰褐色，其边缘色泞，基斑在中室下缘呈角状外突，略呈五角形；外缘带较宽与外缘平行内弯，其内缘在Cu2处向内突利呈一大齿，在M2上有一较小的齿突，故得名，这是本种与中国绿刺蛾区别的明显特征。后翅为苍黄色。外缘略带灰褐色，臀色为暗褐色，缘毛为黄色。足密被鳞毛。雄触角呈栉齿状，雌触角呈丝状。

2）卵：扁平，椭圆形，黄绿色，数十粒排成鱼鳞状。

3）幼虫：老熟时体为黄绿色；前胸背面有1对黑斑，胸部、腹部各节亚背线及气门上线均着生瘤状枝刺，其中以中胸、后胸及腹部第6、7节亚背线上着生的枝刺较大，前3对枝刺上着生黑色刺毛；腹部第1～5节气门上线上着生的枝刺比亚背线上的枝刺大；腹部末端有4簇黑色毛丛。

4）蛹：体呈椭圆形，肥大；初为乳白色至浅黄色，后颜色渐深，羽化前胸部背面为浅黄绿色，触角、足及腹部为黄褐色，前翅为暗绿色，翅脉为暗褐色。

5）茧：椭圆形，扁平，浅褐色。

【发生规律】 每年发生1代。以老熟幼虫在枝条上结茧越冬。7月上旬至7月下旬羽化。7～8月是幼虫发生期。

【防治方法】

1）结合果树冬剪，彻底清除或刺破越冬虫茧。

2）在发生量大的年份，还应在果园周围的防护林上清除虫茧。夏季结合农事操作，人工捕杀幼虫。

3）幼虫发生初期喷施下列药剂：20%虫酰肼悬浮剂1500倍液、5%丁烯氟虫腈乳油1500倍液、20%丁硫克百威乳油2000～3000倍液、25%灭幼脲悬浮剂1500～2000倍液。

15. 褐边绿刺蛾

【症状识别】 幼虫取食叶片。低龄幼虫取食叶肉，仅留表皮，老龄时将叶片吃成孔洞或缺刻，有时仅留叶柄，严重影响树势。

【形态特征】

1）成虫：体长16mm，翅展38～40mm。触角为棕色，雄虫呈栉齿状，雌虫呈丝状。头部、胸部、背部为绿色，胸背中央有1条棕色纵线，腹部为灰黄色。前翅为绿色，基部有暗褐色大斑，外缘为灰黄色宽带，带上散有暗褐色小点和细横线，带内缘内侧有暗褐色波状细线。后翅为灰黄色。

2）卵：扁椭圆形，长1.5mm，黄白色。

3）幼虫：体长25～28mm，头小，体短粗，初龄为黄色，稍大为黄绿色至绿色，前胸盾上有1对黑斑，中胸至第8腹节各有4个瘤状突起，上生黄色刺毛束，第1腹节背面的毛瘤各有3～6根红色刺毛；腹末有4个毛瘤丛生蓝黑刺毛，呈球状；背线为绿色，两侧有深蓝色点。

4）蛹：长13mm，椭圆形，黄褐色。

5）茧：长16mm，椭圆形，暗褐色酷似树皮。

【发生规律】 北方每年发生1代，河南和长江下游发生2代，江西发生3代。均以前蛹于茧内越冬，结茧场所于干基浅土层或枝干上。1代区5月中下旬开始化蛹，6月上中旬至7月中旬为成虫发生期，幼虫发生期为6月下旬至9月，8月为害最重，8月下旬至9月下旬陆续老熟且多入土结茧越冬。2代区4月下旬开始化蛹，越冬代成虫5月中旬始见，第1代幼虫于6～7月发生，第1代成虫8月中下旬出现；第2代幼虫8月下旬至10月中旬发生。10月上旬陆续老熟于枝干上或入土结茧越冬。成虫昼伏夜出，有趋光性，卵数十粒成块做鱼鳞状排列，多产于叶背主脉附近。每只雌虫产卵150余粒，卵期7天左右。幼虫共8龄，少数9龄，1～3龄群集，4龄后渐分散。天敌有紫姬蜂和寄生蝇。

【防治方法】

1）农业防治：结合整枝、修剪、除草和冬季清园、松土等，清除枝干上、杂草中的越冬虫体，破坏地下的蛹茧，以减少下代的虫源。

2）物理防治：利用成蛾有趋光性的习性，可结合防治其他害虫，在 6 ~ 8 月盛蛾期，设诱虫灯诱杀成虫。

3）生物防治：秋、冬两季摘虫茧，放入纱笼，保护和引放寄生蜂；用每克含孢子 100 亿个的白僵菌粉 0.5 ~ 1kg，在雨湿条件下防治 1 ~ 2 龄幼虫。

4）化学防治：幼虫发生期及时喷洒 90% 晶体敌百虫、80% 敌敌畏乳油、50% 马拉硫磷乳油、25% 亚胺硫磷乳油、50% 杀螟松乳油、90% 巴丹可湿性粉剂等 900 ~ 1000 倍液。此外还可选用 50% 辛硫磷乳油 1400 倍液、10% 天王星乳油 5000 倍液、2.5% 鱼藤酮 300 ~ 400 倍液、52.25% 农地乐乳油 1500 ~ 2000 倍液。

16. 桃天蛾

【症状识别】 幼虫食害叶片，严重发生时常将叶片食成缺刻或仅残留粗叶脉和叶柄。

【形态特征】

1）成虫：体长 36 ~ 46mm，翅展 82 ~ 120mm，体肥大，深褐色，头细小，触角呈栉齿状，米黄色，复眼为紫黑色。前翅狭长，灰褐色，有暗色波状纹 7 条，外缘有 1 条深褐色宽带，后缘角有 1 块黑斑，由断续的 4 小块组成，前翅下面具紫红色长鳞毛。后翅近三角形，上有红色长毛，后缘角有 1 个灰黑色大斑，后翅下面为灰褐色，有 3 条深褐色条纹。腹部为灰褐色，腹背中央有 1 条浅黑色纵线。

2）卵：扁圆形，绿色，似大谷粒，孵化前转为绿白色。

3）幼虫：老熟幼虫体长 80mm，黄绿色，体光滑，头部呈三角形，体上附生黄白色颗粒，第 4 节后每节气门上方有黄色斜条纹，有 1 个尾角。

4）蛹：长 45mm，纺锤形，黑褐色，尾端有短刺。

【发生规律】 天津、河北、山西、陕西、山东等地 1 年发生 2 代。以蛹在地下 5 ~ 10cm 深处的蛹室中越冬。越冬代成虫于 5 月中旬出现，白天静伏不动，傍晚活动，有趋光性。卵产于树枝阴暗或树干裂缝内或叶片上，散产。每只雌蛾的产卵量为 170 ~ 500 粒，卵期约 7 天。第 1 代幼虫在 5 月下旬至 6 月发生为害。6 月下旬，幼虫老熟后入地作穴化蛹，

7月上旬出现第1代成虫，7月下旬至8月上旬第2代幼虫开始为害，9月上旬幼虫老熟，入地4~7cm作穴（土茧）化蛹越冬。

【防治方法】

1）结合冬季果园翻耕，深翻树冠周围表土，深埋蛹茧。

2）生长季节根据树下幼虫排泄的粪粒，在树上寻找幼虫捕杀。

3）在幼虫发生初期抓紧喷药防治，药剂可用90%晶体敌百虫1500倍液、20%杀灭菊酯乳油3000倍液、75%辛硫磷乳剂2000倍液或10%安绿宝乳油3000倍液。

4）桃天蛾天敌的寄生率较高，如绒茧蜂、寄生菌等，应加以保护和利用。

17. 桃潜叶蛾

【症状识别】 桃潜叶蛾以幼虫潜入桃叶为害，在叶组织内串食叶肉，造成弯曲的隧道，并将粪粒充塞其中，造成早期落叶（见彩图33）。

【形态特征】

1）成虫（见彩图34）：体长3mm，翅展6mm，体及前翅为银白色。前翅狭长，先端尖，附生3条黄白色斜纹，翅先端有黑色斑纹。前、后翅都具有灰色长缘毛。

2）卵：扁椭圆形，无色透明，卵壳极薄而软，大小为0.33~0.36mm。

3）幼虫：体长6mm，胸部为浅绿色，体稍扁。有黑褐色胸足3对。

4）茧：扁枣核形，白色，茧两侧有长丝粘于叶上。

【发生规律】 每年发生约7代。以成虫在桃园附近的梨树等树皮缝内及落叶、杂草、石块下过冬。次年4月桃展叶后，成虫羽化，夜间活动并产卵于叶下表皮内，幼虫孵化后在叶组织内潜食为害，串成弯曲隧道，并将粪粒充塞其中，叶的表皮不破裂，可由叶面透视。叶受害后枯死脱落。幼虫老熟后在叶内吐丝结白色薄茧化蛹。5月上中旬发生第1代成虫，以后每月发生1代，最后一代发生在11月上旬。

【防治方法】

1）化学防治：在越冬代和第1代雄成虫出现高峰后的3~7天内喷药，可获得理想效果。第1次用药一般在桃落花后，然后每隔15~20天喷1次药。所用药物及其剂量分别有25%灭幼脲3号悬浮剂1500~2000倍液或20%杀铃脲悬浮剂6000~8000倍液及90%万灵可湿性粉剂4000倍液。

2）消灭越冬虫体：冬季结合清园，刮除树干上的粗老翘皮，连同清理的桃叶、杂草集中焚烧或深埋。

3）运用性诱剂杀成虫：选一个广口容器，盛水至边沿 1cm 处，水中加少许洗衣粉，然后用细铁丝串上含有桃潜叶蛾成虫性外激素制剂的橡皮诱芯，固定在容器口中央，即成诱捕器。将制好的诱捕器挂于桃园中，高度距地面 1.5m，每亩挂 5～10 个。夏季气温高，蒸发量大，要经常给诱捕器补水，保持水面的高度要求。挂诱捕器不但可以杀雄性成虫，并且可以预报害虫的消长情况，指导化学防治。

18. 桃剑纹夜蛾

【症状识别】　桃剑纹夜蛾以低龄幼虫群集叶背啃食叶肉呈纱网状，幼虫稍大后将叶片食成缺刻，并啃食果皮，大发生时常啃食果皮，使果面上出现不规则的坑洼。

【形态特征】

1）成虫：体长 18～22mm。前翅为灰褐色，有 3 条黑色剑状纹，1 条在翅基部呈树状，2 条在端部。翅外缘有 1 列黑点。

2）卵：表面有纵纹，黄白色。

3）幼虫：体长约 40mm，体背有 1 条橙黄色纵带，两侧每节有 1 对黑色毛瘤，腹部第 1 节背面为一突起的黑毛丛。

4）蛹：体长 19～20mm，棕褐色，有光泽，1～7 腹节前半部有刻点，腹末有 8 个钩刺。

【发生规律】　每年发生 2 代。以蛹在地下土中或树洞、裂缝中作茧越冬。越冬代成虫发生期在 5 月中旬至 6 月上旬，第 1 代成虫发生期在 7～8 月。卵散产在叶片背面叶脉旁或枝条上。

【防治方法】

1）秋后深翻树盘和刮粗翘皮及灭越冬蛹有一定效果。

2）虫量少时不必专门防治。发生严重时，可喷洒下列药剂：5% 顺式氰戊菊酯乳油 5000～8000 倍液、30% 氟氰戊菊酯乳油 2000～3000 倍液、10% 醚菊酯悬浮剂 800～1500 倍液、20% 抑食肼可湿性粉剂 1000 倍液、8000 国际单位/mL 苏云金杆菌可湿性粉剂 400～800 倍液、0.36% 苦参碱水剂 1000～1500 倍液或 10% 硫肟醚水乳剂 1000～1500 倍液等。

19. 大蓑蛾

【症状识别】　大蓑蛾主要是以幼虫取食叶片为害，还嚼食茎干表皮，吐丝缀叶成囊，躲藏其中，头伸出囊外取食。

【形态特征】

1）成虫：雌成虫呈纺锤形，蛆状，乳白色至乳黄色。头极小。雄成虫翅展 35～44mm，体翅为暗褐色，密披绒毛。触角呈羽状。前、后翅为褐色，近外缘有 4～5 个透明斑。

2）卵：近圆球形，初为乳白色，后变为浅黄棕色。虫囊内的卵堆呈圆锥形，上端呈凹陷的球面状。

3）幼虫：初孵幼虫体扁且呈圆形。老熟幼虫，雌虫为黑色，体粗大；雄虫为黄色，较小。

4）虫囊：纺锤形，取食时囊的上端有 1 条柔软的颈圈。雄囊的下部较细，雌囊则较大。

【发生规律】　每年发生 1 代，少数发生 2 代。以老熟幼虫在虫囊内越冬。5 月上旬化蛹，5 月中下旬羽化，成虫有趋光性，昼伏夜出，雌成虫经交配后在囊内产卵，6 月中、下旬幼虫孵化，随风吐丝扩散，取食叶肉。该虫喜高温、干旱的环境，所以在高温干旱的年份里，该虫为害猖獗，幼虫耐饥性较强。

【防治方法】

1）冬季整枝修剪时，摘除虫囊，消灭越冬幼虫。

2）利用成虫有趋光性，可用黑光灯诱杀。

3）保护和利用天敌：主要有伞裙追寄蝇、寄生蜂等。

4）化学防治：在幼虫低龄盛期喷洒 90% 晶体敌百虫 800～1000 倍液、80% 敌敌畏乳油 1200 倍液、50% 杀螟松乳油 1000 倍液、50% 辛硫磷乳油 1500 倍液、90% 巴丹可湿性粉剂 1200 倍液或 2.5% 溴氰菊酯乳油 4000 倍液。

5）提倡喷洒每克含 1 亿个活孢子的杀螟杆菌或青虫菌进行生物防治。

20. 李枯叶蛾

【症状识别】　幼虫食嫩芽和叶片，食叶造成缺刻和孔洞，严重时将叶片吃光，仅残留叶柄。

【形态特征】

1）成虫：体长 3～45mm，翅展 60～90mm，雄虫较雌虫略小，全体为赤褐色至茶褐色。头部颜色略浅，中央有 1 条黑色纵纹；复眼呈球形，黑褐色；触角呈双栉状，蓝褐色，雄虫栉齿较长；下唇须发达前伸，蓝黑色。前翅外缘和后缘略呈锯齿状；前缘颜色较深；翅上有 3 条波状黑褐色带蓝色荧光的横线，相当于内线、外线、亚端线；近中室端有 1 个黑褐色斑点；缘毛为蓝褐色。后翅短宽，外缘呈锯齿状；前缘部分为橙黄色；翅上有 2 条蓝褐色波状横线，翅展时略与前翅外线、亚端线相接；缘毛为蓝褐色。雄虫腹部较细瘦。

2）卵：近圆形，直径 1.5mm，绿色至绿褐色，带白色轮纹。

3）幼虫：体长 90 ~ 105mm，稍扁平，暗褐色至暗灰色，短毛。头部为黑色并生有黄白色短毛。各体节背面有 2 个红褐色斑纹；中后胸背面各有 1 明显的黑蓝色横毛丛；第 8 腹节背面有 1 个角状小突起，上生刚毛；各体节生有毛瘤，以体两侧的毛瘤较大，上丛生黄色和黑色长毛或短毛。

4）蛹：长 35 ~ 45mm，初为黄褐色，后变暗褐色至黑褐色。

5）茧：长椭圆形，长 50 ~ 60mm，丝质，暗褐色至暗灰色，茧上附有幼虫体毛。

【发生规律】 东北、华北 1 年发生 1 代，河南发生 2 代，均以低龄幼虫伏在枝上和皮缝中越冬。次年春天寄主发芽后出蛰食害嫩芽和叶片，常将叶片吃光，仅残留叶柄；白天静伏枝上，夜晚活动为害；8 月中旬至 9 月发生。成虫昼伏夜出，有趋光性，羽化后不久即可交配、产卵。卵多产于枝条上，常数粒不规则地产在一起，也有散产者，偶有产在叶上者。幼虫孵化后食叶，发生 1 代者幼虫达 2 ~ 3 龄（体长 20 ~ 30mm）便伏于枝上或皮缝中越冬；发生 2 代者幼虫为害至老熟结茧化蛹，羽化，第 2 代幼虫达 2 ~ 3 龄便进入越冬状态。幼虫体扁，体色与树皮色相似，故不易发现。

【防治方法】

1）结合果园管理或修剪，捕杀幼虫，就地消灭。

2）悬挂黑光灯，诱捕成蛾。

3）化学防治。越冬幼虫出蛰盛期及第 1 代卵孵化盛期后是施药的关键时期，可用下列药剂：50% 马拉硫磷乳油 1000 ~ 1500 倍液、20% 菊·马（氰戊菊酯·马拉硫磷）乳油 2000 ~ 3000 倍液、20% 甲氰菊酯乳油 2000 ~ 2500 倍液、20% 氰戊菊酯乳油 2000 ~ 3000 倍液等。

21. 甜杏蚜虫

【症状识别】 若虫先群集在芽上为害，展叶后成虫及小若虫转到叶片背面为害。

【发生规律】 1 年可发生 10 余代。以卵在树枝的腋芽、枝干皮缝和小枝杈等处越冬。次年春天气候转暖后越冬卵即开始孵化，若虫先群集在芽上为害，展叶后成虫及小若虫转到叶片背面为害。成虫不断进行孤

第四章

雌生殖，胎生小蚜虫，繁殖速度很快。露地栽培时，5 月上旬繁殖速度最快，为害最重，并产生有翅胎生雌蚜并迁飞到烟草、小白菜等作物上为害，到 10 月复生有翅胎生雌蚜，又飞回桃树、杏树等果树上产卵越冬。

【防治方法】

1）萌芽前喷 3 ~ 5 波美度石硫合剂，可杀死虫卵，降低虫口基数，同时可防治多种病害。

2）花芽膨大期全树喷布吡虫啉 4000 ~ 5000 倍液、5% 蚜虱净 3000 倍液、速灭杀丁 1000 倍液进行涂环防治。

3）发芽后全树喷布吡虫啉 4000 ~ 5000 倍液 + 氯氰菊酯 2000 ~ 3000 倍液可兼治杏仁蜂，或者喷一遍净或蚜虱净 3000 ~ 5000 倍液防治。

4）坐果后蚜虫发生期可用蚜灭净 1500 倍液或 5% 蚜虱净 3000 ~ 4000 倍液防治。

5）揭膜后有蚜虫可喷 10% 一遍净 3000 倍液防治。

22. 舟形毛虫

【症状识别】　初孵幼虫常群集为害，小幼虫啃食叶肉，仅留下表皮和叶脉呈网状，幼虫长大后多分散为害，但往往是一个枝的叶片被吃光，老幼虫吃光叶片和叶脉而仅留下叶柄。一株树上有 1 ~ 2 窝舟形毛虫常将全树的叶吃光，致使被害枝秋季萌发。

【形态特征】

1）成虫：体长 25mm 左右，翅展约 25mm。体为黄白色。前翅有不明显的波浪纹，外缘有黑色圆斑 6 个，近基部中央有银灰色和褐色各半的斑纹。后翅为浅黄色，外缘杂有黑褐色斑。

2）卵：圆球形，直径约 1mm，初产时为浅绿色，近孵化时变为灰色或黄白色。卵粒排列整齐而成块。

3）幼虫：老熟幼虫体长 50mm 左右。头为黄色，有光泽，胸部背面为紫黑色，腹面为紫红色，体上有黄白色。静止时头部、胸部和尾部上举如舟，故称"舟形毛虫"。

4）蛹：体长 20 ~ 23mm，暗红褐色。蛹体密布刻点，臀棘 4 ~ 6 个，中间 2 个大，侧面 2 个不明显或消失。

【发生规律】　1 年发生 1 代。以蛹在树冠下 1 ~ 18cm 土中越冬。次年 7 月上旬至 8 月上旬羽化，7 月中、下旬为羽化盛期。成虫昼伏夜出，趋光性较强，常产卵于叶背，单层排列，密集成块。卵期约 7 天。8 月上旬幼虫孵化，初孵幼虫群集叶背，啃食叶肉呈灰白色透明网状，长大后分散为害，白天不活动，早晚取食，常把整枝、整树的叶子蚕食光，仅留叶柄。幼虫受惊有吐丝下垂的习性。8 月中旬至 9 月中旬为幼虫期。幼虫 5 龄，幼虫期平均 40 天，老熟后，陆续入土化蛹越冬。

【防治方法】

1）冬春两季结合树穴深翻松土挖蛹，集中收集处理，减少虫源。

2）灯光诱杀成虫。因成虫具强烈的趋光性，可在 7 月和 8 月成虫羽化期设置黑光灯，诱杀成虫。

3）利用初孵幼虫的群集性和受惊吐丝下垂的习性，少量树木且虫量不多，可摘除虫叶、虫枝和振动树冠杀死落地幼虫。

4）化学防治：低龄幼虫期喷 20% 灰幼虫脲悬剂 1000 倍液。树多虫量大，可喷每毫升含孢子 100 亿个以上的 BT 乳剂 500～1000 倍液杀较高龄幼虫。虫量过大，必要时可喷 80% 敌敌畏乳油 1000 倍液、90% 晶体敌百虫 1500 倍液或 20% 菊杀乳油 2000 倍液均有效。

5）人工释放卵寄生蜂。

23. 杏芽瘿病

【症状识别】 杏树仅芽苞受害。由于瘿螨的刺激为害，芽苞初变为黄褐色，芽尖略红，鳞片增多，质地较软，包被不紧。以后芽苞周围芽丛不断增多，形成大小不等的刺状瘿瘤。一个瘿瘤内可有多个芽丛。瘿螨在幼嫩的鳞片间隙为害，晚期瘿瘤变褐，质地变脆，用手触压易破碎，瘿瘤形成后，多年不易死亡。瘿瘤的直径多为 1～2cm，在一些大枝及主干上，最大可达 8.3cm。重病株上瘿瘤密集，绕茎而生，在直径约 7cm、长 60cm 的大枝上，可产生 26 个直径为 5～6cm 的瘿瘤。树势显著衰弱，开花迟，枝叶稀疏，结果很少。更重者整株枯死。

【病因】 由梅下毛瘿螨为害引起，隶属蜱螨亚纲螨目瘿螨科。

【防治方法】

1）选用发病轻的品种。

2）修剪或采收时随手刮除瘿瘤，这是一种有效的防治方法。

三 桃、李、杏树果实害虫

1. 桃仁蜂

【症状识别】 桃仁蜂主要以成虫产卵造成落果和幼虫蛀食正在生长发育的果仁造成危害，被害果逐渐干缩呈黑灰色僵果，大部分早期脱落。

【形态特征】

1）成虫：体为黑色，前翅部分透明，中间为褐色，翅脉简单，近前缘有 1 条褐色粗脉，后翅无色透明，前半翅有起伏且不光滑，后半翅较光滑。

2）卵：长椭圆形，略弯曲，乳白色，近透明，近孵化时呈浅黄色。

3）幼虫：乳白色，纺锤形，略扁，稍弯曲。

4）蛹：纺锤形，乳白色，后变为黄褐色，羽化前为黑褐色。

【发生规律】 1 年发生 1 代。以老熟幼虫在被害果里越冬。在山西晋中 4 月中旬至 5 月上旬化蛹，4 月下旬至 5 月初为盛期，蛹期 15 天，田间 5 月中旬成虫始见，5 月下旬盛发，卵产于核尚未硬化的幼果内，每个果中只产 1 粒，每只雌虫可产百余粒卵。幼虫蛀食桃仁 40 余天，至 7 月中下旬老熟，幼虫即在果核里越冬。

【防治方法】

1）人工防治：秋季至春季桃树发芽时，彻底清理桃园，清除地上的落叶和落果并集中深埋。

2）化学防治：防治桃仁蜂成虫所用药液加入的农药缓释剂，能延长杀虫持续效期，在桃仁蜂成虫出现始见期至高峰期（一般在 4 月底至 5 月上旬）防治桃仁蜂成虫均可取得理想的防治效果，最佳防治适期应在桃仁蜂成虫始见期后的 5~8 天，即成虫出现始盛期至高峰期。2.5% 溴氰菊酯 150~600 倍液加入 0.5% 的农药长效缓释剂有效成分、1.2% 苦烟乳油 100~300 倍液加入 0.5% 的农药长效缓释剂有效成分。具体配药方法：按 1 份 5% 农药长效缓释剂 +9 份水的比例将农药长效缓释剂和水混配均匀，再按农药使用浓度（2.5% 溴氰菊酯 150~600 倍液、1.2% 苦烟乳油 100~300 倍）和药液总量计算并加入适量农药即可进行常量喷雾。

2. 桃蛀果蛾

【症状识别】 幼果受害多呈畸形"猴头"；对核果类和枣树为害，多于果核周围蛀食果肉，排粪于其中。

【形态特征】

1）成虫：体灰白色至浅灰褐色，雌虫体长 7~8mm，翅展 16~18mm，雄虫体长 5~6mm，翅展 13~15mm，复眼为红褐色至深褐色，触角呈丝状，前翅前缘中部有 1 个蓝黑色近三角形的大斑，并有 7 簇黄褐色或蓝褐色的斜立鳞片，顶角显著，缘毛为灰褐色。

2）卵：近椭圆形或桶形，初产时为橙色，后渐变为深红色，以底

第四章

部黏附于果实上，卵壳具有不规则略呈椭圆形刻纹，端部环生 2~3 圈"Y"形外长物。

3）幼虫：老龄幼虫体长 13~16mm，桃红色，腹部色浅，幼龄幼虫体为浅黄白色，无臀栉，前胸背板为红褐色，体肥胖。

4）蛹：体长 6.5~8.6mm，初为黄白色，后变为黄褐色，羽化前为灰黑色，翅、足和触角部游离。

5）茧：分两种，羽化茧又称夏茧，纺锤形，质地疏松，一端留有羽化孔；越冬茧呈扁圆形，直径约 6mm，高 2~3mm，由幼虫吐丝缀合土粒而成，质地紧密。

【发生规律】 北方 1 年发生 1 代。以老熟幼虫在土中结冬茧越冬，树干周围 1m 范围内 3~6cm 以上土层中占绝大多数，在堆果场等处也有部分越冬。越冬幼虫因地区、年份、寄主的不同而出土期有所不同，一般在 6 月中旬至 7 月上旬，有时延续 2 个月，雨后土壤含水量达 10% 以上进入出土高峰，干旱则推迟出土。越冬幼虫出土后在土石块或草根旁，1 天即可做成夏茧并在其中化蛹，于 7 月上旬陆续羽化，至 9 月上旬结束。羽化交尾后 2~3 天产卵，成虫昼伏夜出，无明显趋光性。卵孵化后多自果实中部、下部蛀入果内，不食果皮，为害 20~30 天后老熟脱果，入土结冬茧越冬。

【防治方法】

1）在越冬幼虫出土盛期，树冠下培土或覆盖地膜，防止幼虫出土及羽化为成虫。

2）药剂处理土壤，用 50% 辛硫磷乳油 50 倍液均匀喷于树冠下，或者上述药剂加水 5 倍拌 250 倍细土，将毒土均匀撒于树冠下，可取得一定防治效果。

3）在幼虫出土前，于 5 月进行果实套袋，减少其危害。

4）当卵果率达 1%~2% 时，树上进行药剂防治。常用药剂及浓度：10% 天王星 2500~3000 倍液、30% 桃小灵 1500~2000 倍液、20% 灭扫利 2000~2500 倍液、1.8% 阿维虫清 2500~3000 倍液、2.5% 功夫菊酯 1500~2000 倍液、20% 速灭杀丁 1500~2000 倍液、25% 灭幼脲 3 号 1500 倍液、20% 除虫脲 4000~6000 倍液等药剂，同时加入农药助剂，防治效果更明显。

3. 桃柱螟

【症状识别】 初孵幼虫在萼筒内或果面啃食果皮组织，2 龄后蛀入果内食害幼嫩籽粒，蛀孔外围堆积有大量虫粪。幼虫取食时，始终将身体隐藏在用丝网连接的虫粪残渣物下面。

【形态特征】

1）成虫：体长 12mm，翅展 25～28mm。全体为橙黄色，体背和前翅、后翅散生大小不一的黑色斑点。雌蛾腹部末端呈圆锥形，雄蛾腹部末端有黑色毛丝。

2）卵：椭圆形。长径 0.6～0.7mm，短径约 0.3mm。初产时为乳白色、米黄色，后渐变为桃红色。卵面有细密而不规则的网状纹。

3）幼虫：老熟时体长 18～25mm。体背为暗紫红色，腹面为浅绿色。头部、前胸背板和臀板为褐色，身体各节有明显的黑褐色毛疣。

4）蛹：长 11～14mm。纺锤形。初化蛹时为浅黄绿色，后变为深褐色。头部、胸部和腹部 1～8 节背面密布细小突起，第 5～7 腹节近前缘有一条由小刺状突构成的突起线。腹部末端有 6 个细长、卷曲的勾刺，外被灰褐色丝茧。

【发生规律】　北方每年发生 2～3 代，陕西关中发生 3～4 代，江苏、南京发生 4 代，湖北、江西发生 5 代。主要以老熟幼虫在树干被害干、僵果内、树枝杈、裂缝、树洞、朽木、翘皮下及筐缝、杂物、乱石缝隙、玉米穗轴、高粱秸秆、向日葵花盘、蓖麻种子等处结厚茧越冬。陕西临潼越冬代成虫始蛾期在 4 月下旬，盛期在 5 月下旬至 6 月上旬。

【防治方法】

1）物理防治：

① 清除越冬幼虫：在每年 4 月中旬，越冬幼虫化蛹前，清除玉米、向日葵等寄主植物的残体，并刮除苹果、梨、桃等果树翘皮，集中烧毁，减少虫源。

② 果实套袋：在套袋前结合防治其他病虫害喷药 1 次，消灭早期桃蛀螟所产的卵。

③ 诱杀成虫：在桃园内点黑光灯或用糖醋液诱杀成虫，可结合诱杀梨小食心虫进行。

④ 捡拾落果和摘除虫果，消灭果内幼虫。

2）化学防治：

① 不套袋的果园，要于第 1、2 代成虫产卵高峰期喷药。用 50% 杀螟松乳剂 1000 倍液、BT 乳剂 600 倍液、35% 赛丹乳油 2500～3000 倍液或 2.5% 功夫乳油 3000 倍液。

②在高粱抽穗始期要进行卵与幼虫数量调查，当有虫（卵）株率在20%以上或100穗有虫20只以上时即需要防治。施用药剂：40%乐果乳油1200~1500倍液、2.5%溴氰菊酯乳油3000倍液喷雾。

③在产卵盛期喷洒BT乳剂500倍液、50%辛硫磷1000倍液、2.5%大康（高效氯氟氰菊酯）或功夫（高效氯氟氰菊酯），或者爱福丁1号（阿维菌素）6000倍液、25%灭幼脲1500~2500倍液。或者在玉米果穗顶部或花丝上滴50%辛硫磷乳油等药剂300倍液1~2滴，对蛀穗害虫防治效果好。

3）生物防治：喷洒苏云金杆菌75~50倍液或青虫菌液100~200倍液。

4. 桃小食心虫

【症状识别】　幼虫蛀果为害最重，幼虫入果后，从蛀果孔流出泪珠状果胶，干后呈白色透明薄膜，幼虫在果内串食果肉并排粪，形成"豆沙"果，幼果受害呈畸形。果实被害后，不能食用，失去商品价值，使得不少果农蒙受较大的经济损失。

【形态特征】

1）成虫（见彩图35）：体为灰白色或灰褐色，雌虫体长5~8mm，翅展16~18mm，雄虫略小。前翅前缘中部有1个蓝黑色三角形大斑，翅基和中部有7簇黄褐色或蓝褐色斜立鳞毛。后翅为灰白色。

2）卵：椭圆形，深红色。

3）幼虫：体长13~16mm，桃红色。

4）蛹：长6.5~8.6mm，浅黄褐色。

5）茧：越冬茧呈扁椭圆形，质地紧密；蛹化茧呈纺锤形，疏松。

【发生规律】　在中国北方每年发生1~2代。以幼虫在树干周围浅土内结茧越冬，3cm深左右的土中虫数最多。次春平均气温约16℃、地温约19℃时开始出土，在土块或其他物体下结蛹化茧化蛹。6~7月成虫大量羽化，夜间活动，趋光性和趋化性都不明显。6月下旬产卵于苹果、梨的萼洼和枣的梗洼处。初幼虫先在果面爬行并啃咬果皮，但不吞咽，然后蛀入果肉纵横串食。蛀孔周围果皮略下陷，果面有凹陷痕迹。7~8月为第1代幼虫为害期，8月下旬幼虫老熟，结茧化蛹，8~10月初发生第2代。年发生1代地区，脱果幼虫随即滞育，结越冬茧越冬。中、晚熟品种采时仍有部分幼虫在果内，随果带入储存场所。

【防治方法】

1）人工防治：在早春越冬幼虫出土前，将树根颈基部土壤扒开

13~16cm，刮除贴附表皮的越冬茧。于第1代幼虫脱果时，结合压绿肥进行树盘培土压夏茧。果实受害后，及时摘除树上虫果和拾净落地虫果。

2）地面化学防治：当越冬幼虫连续出土3~5天，并且出土数量激增时，可利用桃小性诱剂诱到第1只成虫时，向树盘及树冠下的梯田壁喷施药剂，杀死出土越冬幼虫。药剂有：75%辛硫磷乳油、50%地亚农乳油300倍液，每亩用商品药500g。或者用上述药剂配制药土（药：水：细土为1：5：30）撒施。施药前应先除去杂草，施药后用锄头轻耙表土，以利提高防治效果。

3）树上药剂防治：用药液主要消灭虫卵和初孵化的幼虫。当性诱剂诱捕器连续诱到成虫，树上卵果率0.5~1%时，开始进行树上喷药。药剂有50%杀螟硫磷乳油1000倍液，效果较好，但对高粱、玉米有药害，使用时应予以注意。2.5%溴氰菊酯2000倍液、10%氯氰菊酯1000~2000倍液、20%尔灭菊酯2000~4000倍液，杀虫率较高，但此药剂为广谱性杀虫剂，对天敌有杀伤力，故在一年中不宜连续使用2次以上。

5. 桃象甲

【症状识别】　桃象甲以成虫咬食桃树的花和幼果及嫩芽、幼叶，并易传播褐腐病；幼虫则蛀食果肉和果核，使果面蛀孔累累、流胶。受害轻者品质降低，重者引起腐烂，造成落果。对产量影响很大。

【形态特征】

1）成虫：体长10mm，紫红色，有金属光泽，体较小，前胸背板有"小"字形凹陷，鞘翅有刻点，较细。

2）卵：椭圆形，乳白色。

3）幼虫：成熟幼虫体长12.5mm左右，乳黄白色，背面扒起，无胸、腹足。

4）蛹：长6mm，椭圆形，密生细毛，尾端具褐色刺1对。初为乳白色，渐变为黄褐色，羽化前为红褐色。

【发生规律】　1年发生1代。主要以成虫在土中越冬，也有的以幼虫越冬。次年春季桃树发芽时开始出土上树为害，成虫出现期很长，可长达5个月，产卵期3个月。因此，早期各虫态发生很不整齐。3~6月是主要为害期，以4月初幼果期成虫盛发后为害最严重，落果最多。

【防治方法】

1）捕捉成虫：利用成虫的假死性，于早晨振动树枝，捕杀成虫。

2）摘除并捡拾虫果：在果实生长期间及时摘除树上的虫果和捡拾落地虫果，杀灭果内幼虫。

3）地面洒药：在成虫出土前，在树下撒50%西维因粉或2%杀螟松粉，每亩1.5~2kg，或者于地面喷洒50%辛硫磷乳油2000倍液，喷后划锄表土。

4）树上喷药：在成虫出现期结合防治蚜虫等其他害虫，树上喷50%辛硫磷1000~1500倍液、20%灭扫利乳油3000倍液或90%敌百虫1000倍液等进行防治。

6. 李小食心虫

【症状识别】 幼虫蛀果为害，蛀果前常在果面吐丝结网，于网下蛀入果内排出少许粪便，后流胶，粪便排于果内，幼果被蛀脱落，成长果被蛀部分脱落，对产量与品质影响极大。

【形态特征】 成虫体长4.5~7mm，翅展11~14mm，体背为灰褐色，腹面为灰白色。

【发生规律】 北方每年发生1~4代，大部分地区发生2~3代。均以老熟幼虫在树干周围围土中、杂草等地下及皮缝中结茧越冬。李树花芽萌动期于土中越冬者多破茧上移至地表1cm处再结与地面垂直的茧，于内化蛹，在地表和皮缝内越冬者即在原茧内化蛹。

【防治方法】

1）越冬代成虫羽化前即李树落花后，在树冠下地面撒药，重点为干周半径1m范围内，毒杀羽化成虫，可喷洒50%地亚农、20%杀灭菊酯、2.5%敌杀死乳油等，每亩0.3~0.5kg均有良好效果。若药剂缺乏，可压土6~10cm厚拍实，使成虫不能出土，羽化完毕应及时撒土防止果树翻根。

2）卵盛期至幼虫孵化初期进行药剂防治，参考桃小食心虫树上施用药剂。

3）有条件的可用黑光灯、糖醋液诱杀成虫。可用性诱剂测报成虫发生动态，指导树上药剂防治。

7. 李实蜂

【症状识别】 李实蜂以幼虫蛀食幼果，受害果实不但核全部食尽，果肉也多被食空，并且堆积着虫粪，果实很小便停止生长。

【形态特征】

1）成虫：雌虫体长4~6mm，雄虫略小，黑色，触角9节，丝状，

第 1 节为黑色，第 2 ~ 9 节为暗棕色（雌）或浅黄色（雄）。翅透明，雌虫翅为灰色，翅脉为黑色，雄虫翅为浅黄色，翅脉为棕色。

2）幼虫：体长 8 ~ 10mm，向腹面弯曲呈 C 状，头部为浅褐色，胸腹部为乳白色。

3）蛹：裸蛹，乳白色。

【发生规律】 1 年发生 1 代。以老熟幼虫在土壤内结茧越冬，休眠期达 10 个月。次年 3 月下旬，李萌芽时化蛹，李树花期成虫羽化，成虫产卵于李树花托或花萼表皮下。幼虫孵出后爬入花内，蛀入果核内部为害，无转果习性，果内被蛀空，堆积虫粪，幼虫老熟后落地结茧越夏并越冬休眠。

【防治方法】

1）加强果园管理：合理施肥灌水，增强树势，提高树体的抵抗力。科学修剪，调节通风透光性；雨季注意果园排水措施，保持适当的温度与湿度；结合修剪，清理果园，结合冬耕深翻园土，促使越冬幼虫死亡。减少虫源。李实蜂的防治关键时期是花期。

2）做好预测预报，准确掌握害虫在本地区本园的活动规律，进行防治。

3）于成虫产卵前，喷洒 50% 敌敌畏乳油或 50% 杀螟硫磷乳油 1000 倍液，毒杀成虫。

4）李树始花期和落花后，各喷施 1 次，可用下列药剂：5% 顺式氯氰菊酯乳油 2000 ~ 3000 倍液、10% 氯氰菊酯乳油 2000 ~ 2500 倍液、20% 氰戊菊酯乳油 2500 ~ 3000 倍液，注意喷药质量，只要均匀、周到、细致，就会收到很好的防治效果。

8. 嘴壶夜蛾

【症状识别】 以成虫口管刺入果实吸取汁液，后以刺孔为中心出现软腐或黑色干腐，被害果极易脱落，并有一股臭气，果肉变成海绵状。

【形态特征】

1）成虫：体长 16 ~ 19mm，翅展 34 ~ 40mm，头部和足为浅红褐色，腹部背面为灰白色，其余大部分为褐色。口器为深褐色，角质化，先端尖锐，有倒刺 10 余枚。雌蛾触角呈丝状；前翅为茶褐色，有"N"形花纹，后缘呈缺刻状。雄蛾触角呈栉齿状；前翅色泽较浅。

2）卵：扁球形，底面稍平，直径为 0.7 ~ 0.75mm，高约 0.68mm。初产时为黄白色，1 天后出现暗红色花纹（未出现暗红色花纹者为未受精卵，不能孵化），卵壳表面有较密的纵向条纹。

3）幼虫：共 6 龄，老熟时长 30~52mm。全体为黑色，各体节由 1 个大黄斑和数目不等的小黄斑组成亚背线，另有不连续的小黄斑及黄点组成的气门上线。

4）蛹：红褐色，体长 18~20mm，体宽 5~6mm。

【发生规律】　在浙江黄岩和江西双金 1 年发生 4 代。以蛹和老熟幼虫越冬。在广州 1 年发生 5~6 代，无真正的越冬期。田间发生极不整齐，幼虫全年可见，但以 9~10 月发生量较多。在浙江黄岩为 8 月下旬，广州为 9 月上旬，四川 9 月下旬。为害的高峰期基本上都在 10 月上旬至 11 月上旬，以后随着温度的下降和果实的采摘，为害减少和终止。

【防治方法】
山区和半山区应成片大面积栽植，并尽量避免混栽不同成熟期的品种或多种果树。开始为害时喷洒 5.7% 百树得乳油或 2.5% 功夫乳油 2000~3000 倍液。此外，用果实浸药（敌百虫 20 倍液）诱杀或夜间人工捕杀成虫也有一定效果。

9. 白星金龟子

【症状识别】　成虫为害嫩芽和叶，大量发生时可将树叶吃光。

【形态特征】
1）成虫：体长 18~24mm，体宽 10~14mm，椭圆形，背部扁平，全体为铜绿色，具光泽。头部呈矩形，前缘稍凹，两边向前弯，前胸背板似钟形，有白纹斑数枚，中胸背板向外突出。翅鞘上有白色斑点或由斑点所组成的条纹，腹部末端露于翅鞘外，并有白色斑点，腹部腹面各节前缘两侧有 1 条白斑组成的条纹。

2）卵：圆形或椭圆形，乳白色，长 1.7~2mm。

3）幼虫：老熟幼虫体长 24~39mm，体肥胖而多皱纹，弯曲呈"C"字形，头部为褐色，胴部为乳白色，腹末节膨大，肛腹片上的刺毛呈倒"U"字形两纵行排列，每行刺毛 19~22 根。

4）蛹：体长 20~23mm，裸蛹，卵圆形，黄白色，蛹外包以土室，土室长 30~36mm，椭圆形。

【发生规律】　1 年发生 1 代。以幼虫在土中越冬。次年 5 月化蛹，5 月下旬至 9 月中旬成虫出现，6~7 月为发生盛期。

【防治方法】
1）种植向日葵诱杀法：在果园里以单株分散种植的方法，每亩种向日葵4~6株。在6~8月期间，利用向日葵香味诱集，每天早晨用一个袋子套住向日葵的花盘翘击，使成虫落入袋中，然后集中杀灭。每天每株可诱杀20只以上。

2）果醋液诱杀法：利用白星金龟子喜好果醋液的特性诱杀。果醋液的配制方法为：落地果1份、食醋1份、食糖1.5~2份，水0.5份。将果实切碎，与醋、糖、水混合加热煮沸呈粥状，装入广口瓶中，半瓶较好。然后再加入少半瓶敌敌畏500倍液混合均匀。在白星金龟子成虫发生盛期，于果园中，每间隔20~30m挂一瓶果醋液，挂瓶高度为1.2~1.5m。瓶要靠近枝干，以便成虫飞落进去，每天早晨清除白星金龟子死虫。

3）以虫诱虫法：利用成虫具有群聚性的特点诱杀。在果园里，分散均匀地按照每亩挂6~8个啤酒瓶的标准，把啤酒瓶挂在果树1.5m左右的高处，捉2个或3个活的白星金龟子成虫放入啤酒瓶中，就会招其他成虫飞到瓶中。成虫发生量大时3~5天即可诱满啤酒瓶，注意及时清理瓶中的成虫。

10. 杏象甲

【症状识别】 成虫食芽、嫩枝、花、果实，产卵时先咬伤果柄造成果实脱落。幼虫孵化后于果内蛀食。

【形态特征】

1）成虫：体长7~8mm，紫红色，有金属光泽。触角着生于头管中部。乳白色至浅黄白色，体弯曲有皱纹。头部为浅褐色，前胸盾及气门为浅黄褐色。各腹节后半部生有1横列刚毛。

2）卵：长1mm，椭圆形，乳白色。

3）幼虫：老熟时长约10mm，乳白色至浅黄白色，体变弯曲有皱纹。头部为浅褐白色，前胸盾及气门为浅黄褐色。各腹节后半部生有1横列刚毛。

4）蛹：体长约6mm，椭圆形，密生细毛，初乳白色，后变黄褐色。

【发生规律】 1年发生1代。以成虫在土中、树皮缝、杂草内越冬。次年杏花、桃花开时成虫出现，江苏为4月中旬、山西为4月底、辽宁为5月中旬。

【防治方法】

1）成虫出土期清晨振树，下接布单捕杀成虫，每5~7天进行1次。

2）及时捡拾落果，集中处理消灭其中幼虫。

3）成虫发生期树上喷洒90%敌百虫600~800倍液或80%敌敌畏乳油1000倍液均有良好的效果。隔10~15天喷1次，2~3次即可。

4）成虫出土盛期地面喷洒25%辛硫磷，20年生大树每株用药50g，加水5kg稀释，喷洒树冠下地面毒杀出土成虫。

四 桃、李、杏树根部害虫

李树根部害虫主要为黑蚱蝉。

【症状识别】 雌虫产卵时，其产卵瓣刺破枝条皮层与木质部，造成产卵部位以上枝梢失水枯死，严重影响苗木生长。成虫刺吸枝条汁液。

【形态特征】

1）成虫：体长38~48mm，翅展125mm。体为黑褐色至黑色，有光泽，披金色细毛。头部中央和平面的上方有红黄色斑纹。复眼突出，浅黄色，单眼3个，呈三角形排列。触角呈刚毛状。中胸背面宽大，中央高突，有"X"形突起。翅透明，基部翅脉为金黄色。前足腿节有齿刺。雄虫腹部第1~2节有鸣器，雌虫腹部有发达的产卵器。

2）卵：长椭圆形，稍弯曲，长2.4~2.5mm，浅黄白色，有光泽。

3）若虫：末龄若虫体长约35mm，黄褐色或棕褐色。前足发达，有齿刺，为开掘式。

【发生规律】 4年或5年发生1代。以卵在枝条内或以若虫于土中越冬。成虫6~9月发生，7~8月盛发，产卵于当年枝条木质部内，8月为产卵盛期，卵期10个月。6月若虫孵化落地入土为害树根，秋后转入深土层中越冬。

【防治方法】

1）彻底清除园边寄生植物：黑蚱蝉最喜于苦楝、香椿、油桐、桉树等树上栖息，园边寄主树必须彻底消除，避免招惹入园或断绝该虫迁徙转移，便于集中杀灭。

2）结合冬季和夏季修剪，剪除因被产卵而枯死的枝条，以消灭其中大量尚未孵化入土的卵粒，剪下枝条并集中烧毁。由于其卵期长，利用其生活史中的这个弱点，坚持数年，收效显著。此方法是防治此虫最经济、有效、安全简易的方法。

3）老熟若虫具有夜间上树羽化的习性，然而足端只有锐利的爪，而无爪间突，不能在光滑面上爬行。在树干基部包扎塑料薄膜或是透明胶，可阻止老熟若虫上树羽化，滞留在树干周围可人工捕杀或放鸡捕食。

4）在6月中旬至7月上旬雌虫未产卵时，夜间人工捕杀。振动树冠，成虫受惊飞动，由于眼睛夜盲和受树冠遮挡，闯落地面。另外，用稻草或布条缠裹长的果柄（如沙田柚）或是果实套袋可避免成虫产卵为害。

5）化学防治：

① 5月上旬用50%辛硫磷500~600倍液浇淋树盘，毒杀土中幼虫。

② 成虫高峰期树冠喷雾20%甲氰菊酯2000倍，杀灭成虫。

第五章

葡萄园无公害科学用药

第一节　葡萄园病害诊断及防治

一　葡萄枝干病害

1. 葡萄蔓割病

【症状识别】　葡萄蔓割病主要发生在蔓上，也为害新梢、果实和叶片。

1）枝干：在蔓基部4~5个节的地方发病。发病初期产生暗紫褐色斑，逐渐变黑、变硬，表面纵裂，周围癌肿，容易折断。在表面产生许多黑色小粒点，即病原的分生孢子器或子囊壳，在老蔓上发病较慢。病菌侵入木质部横切病部，可见暗紫色病变组织，呈腐朽状，要两三年才发生枯死。病蔓生长衰弱，叶片色浅而小，卷缩变黄，多在冬季枯死，或者春季发生黄绿叶丛死去。此病常在新梢抽出两周后发生，引起在绿枝叶中突然出现叶片枯黄的死蔓，被害状十分显著。

2）叶片：新梢发病时，叶色迅速变黄，叶缘卷缩，新梢全部萎缩，叶柄、叶脉、卷须常有紫黑色条斑。感染的叶肉出现细小、浅绿色或褪绿的形状不规则或圆形病斑，病斑具有黑色中心。沿叶脉边缘的叶肉皱褶或边缘下垂。沿主脉和第2道叶脉的叶肉出现深褐色或黑色坏死斑点，叶柄也出现同样症状。坏死斑点最后脱落，引起穿孔。感染的叶组织变黄，然后变为褐色。严重感染的病叶或叶柄引起树叶早落。

3）果实：幼果发病生灰黑色病斑，果穗发育受阻。果实后期发病与房枯病相似，唯黑色小点粒更为密集。

【病原】　葡萄生小隐孢壳菌，属子囊菌亚门。无性世代为葡萄拟茎点霉，属半知菌亚门。

【防治方法】

1）加强田间管理措施，改良土壤，增施磷钾肥，提高树体的抗病能力和增强染病树体的愈合能力。

2）做好埋土防寒工作，保护树体，防止枝蔓扭伤和减少伤口，以减少病菌侵染途径。

3）减少传染源，及时剪除和刮治病蔓。较粗病蔓，可进行刮治，用锋利的小刀将病部刮除干净，直刮至健康组织为止，并将刮下的病部组织深埋或烧掉，在伤口上涂 5 波美度石硫合剂、石硫合剂渣子或 30 倍 S921 抗生素。

4）葡萄出土后，喷布 5 波美度石硫合剂或 3 波美度石硫合剂 + 200 倍五氯酚钠混合液，也可兼治其他病害。喷布时主要喷地面及枝蔓，防止病害蔓延。也可用 800 倍多菌灵或用 800 倍五氯酚钠，于休眠期喷布枝蔓。在生长季节禁用五氯酚钠。

5）在 5 ~ 7 月喷布 1∶0.7∶200 倍式波尔多液或退菌特 500 倍液，以保护枝蔓及蔓基部，防止病菌侵入。

2. 葡萄茎痘病

【症状识别】 葡萄染茎痘病后长势差，病株矮，春季萌动推迟月余，表现严重衰退，产量锐减，不能结实或死亡。此病的主要特征是砧木和接穗愈合处茎膨大，接穗常比砧木粗，皮粗糙或增厚，剥开皮可见皮反面有纵向的钉状物或突起纹，在对应的木质部表面出现凹陷的孔或槽。

【病原】 葡萄 A 病毒，简称 GVA。

【防治方法】

1）加强检疫。

2）建立无病母园，繁殖无病母本树，生产无病无性繁殖材料。建园时，应选择 4 年以上未栽植过葡萄的土地，以防止残留在土中的线虫成为感染源，用 5% 克线磷颗粒剂浸根，处理浓度为 100 ~ 400mg/L；园址应离其他葡萄园在 20m 以上，以防止粉蚧等媒介从带毒葡萄园中传带病毒。

3）进行热处理脱毒的方法是，用 1 年生盆栽葡萄，在 38 ~ 40℃ 的温度条件下处理 60 天或 150 天，然后进行嫩梢扦插或微型嫁接或分生组织培养，以获得无毒苗木。

4）对已染病的葡萄园，若发现病株，应即时拔除。在拔除病株时，应将所有根系清除干净，并用草甘膦等除草剂处理，防止根蘖的产生。

3. 葡萄白粉病

【症状识别】 葡萄白粉病主要为害叶片、枝梢及果实等部位，果实受害，停止生长，有时变畸形。在多雨时感病，病果易纵向开裂、果肉外露，极易腐烂。叶片受害，当粉斑蔓延到整个叶面时，叶面变褐、焦枯。新梢受害，表皮出现很多褐色网状花纹，有时枝蔓不易成熟。果梗、穗轴受害，质地变脆，极易折断。

【病原】 由子囊菌亚门、钩丝壳属 *Uncinula necater*（Schw.）Burr. 侵染所致。无性世代为半知菌亚门、粉孢属。

【防治方法】

1）冬剪后，清除田间病虫枝和杂草，集中深埋或烧毁，并用 3 ~ 5 波美度石硫合剂全园喷雾，以便减少葡萄白粉病的越冬病原菌。

2）加强栽培管理，增施有机肥，提高抗病力；及时摘心，剪除过密枝、病叶、病果，认真整理穗、粒，加强通风透光条件，能有效地减轻病害的发生。

3）在葡萄白粉病的高发田块，套种作物不选用豌豆等易染白粉病的品种，可套种大蒜、小葱、绿肥等作物，避免作物相互感染白粉病。

4）在病害发生前可选用 70% 甲基硫菌灵 800 倍液、50% 保倍福美双粉剂 1500 倍液等保护剂预防葡萄白粉病。白粉病发生后，可选用 30% 醚菌酯 2000 倍液、37% 苯醚甲环唑 5000 倍液、43% 戊唑醇 2000 倍液，5 ~ 7 天跟进 1 次，连续用 2 ~ 3 次，所选药剂应交替轮换使用。药剂防治葡萄白粉病时应结合灌水进行，有条件的地方安装滴灌。

4. 葡萄枝干溃疡病

【症状识别】 葡萄枝干溃疡病主要为害葡萄枝干、果实，发病后引起果实腐烂、枝条溃疡，严重时会导致裂果烂果和枝干枯死。

【病原】 葡萄座腔菌属的真菌。

【防治方法】

1）及时清除田间病组织，集中销毁；田间病枝条和果穗应带出园外集中销毁。

2）剪除病枝条及剪口涂药：剪除病枝条统一销毁，对剪口进行涂药，可用溃腐灵原液涂抹，杀菌剂加入黏着剂等涂在伤口处，防治病菌侵入。如果病情严重，可以同时进行青枯力克 300 倍液加 15mL 大蒜油灌根。

3）加强栽培管理，严格控制产量，合理肥水，提高树势，增强植

第五章

233

株的抗病力；棚室栽培的要及时覆盖薄膜，避免葡萄植株淋雨；加强管理，合理肥水，提高树势，增强植株的抗病能力，并严格控制产量。

4）拔除死树，对树体周围土壤进行消毒；用健康的枝条留作种条，禁用病枝条留作种条。

5. 葡萄黑痘病

【症状识别】 葡萄黑痘病主要为害葡萄的新梢、幼叶和幼果等幼嫩绿色组织。新梢、蔓、叶柄、叶脉、卷须及果柄受害时呈暗色，出现不规则凹陷斑，病斑可连成片形成溃疡，环切而使上部枯死。幼叶受害呈多角形，叶脉受害停止生长，使叶片皱缩以至畸形。叶片受害生浅黄色圆形斑，中央灰白色，边缘暗褐色或紫色，干燥时破裂穿孔。幼果受害，呈褐色圆斑，外围为紫褐色，中央为灰白色似鸟眼状。后期病斑开裂，病果小而味酸。

【病原】 无性世代为葡萄痂圆孢，属半知菌亚门；有性世代为葡萄痂囊腔菌，属子囊菌亚门。

【防治方法】

1）农业防治：结合秋冬两季的清园工作，仔细修剪病枝，清除老树皮，摘除僵果，清扫落叶和落果。搞好果园卫生，修剪、清除病叶、病果及病蔓等。根据栽植目的，选择抗病品种。

2）化学防治：冬季清园后，萌发前喷洒 3～5 波美度石硫合剂。发芽前进行树体消毒，可喷施 0.5% 五氯酚钠和 3 波美度石硫合剂混合液或 1 波美度石硫合剂 +0.3%～0.5% 五氯酚钠，或者 10% 硫酸铵。在葡萄生长期，自展叶开始至果实 1/3 成熟为止，每隔 15～20 天喷药 1 次，药剂可用 50% 多菌灵可湿性粉剂 1000 倍液、80% 代森锌可湿性粉剂 600 倍液或 75% 百菌清 750 倍液。发病时用杜邦公司的"福星" 7500 倍液或"腈菌唑" 1500 倍液来治疗，交替使用 2～3 次。或者发芽后至果实着色前，每隔 10～15 天喷 1 次药，4 月底至 5 月初进行第 1 次喷药，开花前和花谢 2/3 时的第 2 次喷药最为重要。每年第 1 次喷药选用 1:0.7:240 倍式波尔多液，其他喷药可使用 50% 退菌特 800～1000 倍液、75% 百菌清 700 倍液、80% 敌菌丹 600 倍液或 70% 代森锰锌 800～1000 倍液。

3）苗木消毒：葡萄黑痘病远距离传播主要是通过苗木。因此，对苗木、插条要进行严格检查，对有带菌嫌疑的苗木插条必须进行消毒。消毒可用：3%～5% 硫酸铜液、10%～15% 硫酸铵溶液或硫酸亚铁硫酸液（10% 硫酸亚铁 +1% 粗硫酸）。

6. 葡萄花叶病毒病

【症状识别】　新梢萎缩，染病株植株矮小。

【病原】　番茄斑萎病毒。

【防治方法】

1）清除发病树，种植无病毒苗木。

2）在建立新葡萄园时，选种无病毒苗木并结合中热处理是有效的防治措施。

3）因为剑线虫在土中传播病毒，所以，如果葡萄园有这种线虫，就要进行土壤熏蒸处理。

二　葡萄叶部病害

1. 葡萄大褐斑病

【症状识别】　葡萄大褐斑病主要发生在叶片上。其症状常因葡萄品种不同而异。病斑直径一般为 3～10mm。在美洲种葡萄的叶片上，病斑呈圆形或不规则形，边缘为红褐色，中部为暗褐色，有时病斑外围呈黄绿色，病斑背面为浅褐色，后期产生灰色至褐色霉层，即病原菌的分生孢子梗及分生孢子。病斑多时，易干枯破裂，引起早期落叶。

【病原】　大褐斑病，属半知菌亚门、拟尾孢属。

【防治方法】

1）秋后彻底清除果园落叶，集中烧毁或深埋，以减少或消灭越冬病源。

2）在葡萄生长期间，要注意果园排水，及时打顶、剪副梢，加强通风透光条件，降低果园湿度，并适当增施有机肥料，促使树势生长健壮，提高植株的抗病能力，以减轻病害的发生。

3）合理施肥，科学整枝。增施多元素复合肥。增强树势，高抗病力的采取科学留枝，及时摘心整枝，通风透光。

4）发病初期，使用靓果安 200～300 倍液＋大蒜油等内吸性药剂复配进行喷雾，3～5 天 1 次，连用 2～3 次。

5）生长期结合防治黑痘病、霜霉病等可喷 1:1:200 倍式波尔多液和 70% 代森锰锌 600 倍液或 50% 多菌灵 800 倍液便能控制住该病的发生和蔓延。

2. 葡萄灰斑病

【症状识别】　葡萄灰斑病主要为害叶片。叶片发病初出现细小的褐色圆点，呈轮纹状，干燥时病情扩展慢，病斑边缘呈暗褐色，中间为浅灰褐色；湿度大时出现灰绿色至灰褐色水浸状病斑，扩展迅速，病斑相连形成大型斑，严重时 3～4 天扩至全叶，病斑上长满病原菌形成白色霉层，引起叶片早落。受害严重的叶脉边缘可见黑色菌核。

【病原】 桑生冠毛菌，属半知菌亚门真菌。

【防治方法】

1）消灭越冬病原菌：清除病叶并集中烧毁或深埋。

2）化学防治：可选用 50% 速克灵可湿性粉剂 2000～2500 倍液、50% 扑海因可湿性粉剂 1500 倍液、50% 农利灵可湿性粉剂 1500 倍液、45% 特克多悬浮剂 3000～4500 倍液，10～15 天 1 次，连续施用 3～4 次，对灰斑病有较好的防治效果。

3. 葡萄卷叶病

【症状识别】 从结果枝基部起，叶片从叶缘向下反卷，在红色品种上，主脉间变红；在白色品种上，主脉间变黄，显出绿色脉带。反卷叶片变皱缩、发脆。严重时，叶片坏死呈灼焦状。得病后红色品种的果实颜色变浅，白色品种的果实颜色变黄变暗，并且果实含糖量都会明显下降，果粒变小，着色不良，成熟期延长，植株萎缩。在某些鲜食品种上，如无核白，叶片边缘变黄或灼伤焦枯，但不反卷。

【病原】 由复杂的病毒群侵染引起，其成员大多属黄化病毒组。

【防治方法】

1）农业防治：选育具有抗病毒病的砧木是防治病毒病的根本措施。

2）化学防治：在造成葡萄病毒病污染的地块重新栽种葡萄时，可在栽前进行土壤熏蒸。较好的土壤熏蒸剂有甲基溴和二氯丙烷。二氯丙烷用量为每亩用 90～160kg，施用深度为 75～90cm；甲基溴用量为每亩用 30kg，施用深度为 50～75cm。施后用薄膜覆盖。土壤熏蒸后最好间隔 1 年以上再种葡萄，但这种方法非常昂贵，并且并非十分安全，不宜推广使用。

4. 葡萄霜霉病

【症状识别】 葡萄霜霉病主要为害叶片，也为害新梢、叶柄、卷须、幼果、果梗及花序等幼嫩部分，叶正面形成多角形的黄褐色病斑，叶背产生白色的霜霉状物。

1）叶片：受害后病部呈角形，浅黄色至红褐色，限于叶脉（见彩图 36）。发病四五天后，病斑部位叶背面形成幼嫩密集的白色似霜物，这是本病的特征，霜霉病因此而得名。病叶是果粒的主要侵染源。严重感染的病叶会造成叶片脱落，从而降低果粒糖分的积累和越冬芽的抗寒力，从而影响来年产量。

2）新梢：上端肥厚、弯曲，由于形成孢子变白色，最后变褐色而枯死。

3）果粒：幼嫩的果粒感病后果色变灰，表面满布霜霉（见彩图37）；较大的果粒感病后保持坚硬，提前着色变红，霉层不太明显，成熟时变软，病粒脱落。

【病原】 由葡萄生单轴霉属真菌鞭毛菌亚门。

【防治方法】

1）在生长季节和秋季修剪时，都要彻底清除病枝、病叶和病果并集中烧毁。

2）及时剪除多余的副梢枝叶，创造通风透光条件。

3）发病前，每10天左右喷1次少量波尔多液进行保护。发病后立刻喷50%克菌丹500倍液、65%代森锌500倍液或25%甲霜灵800～1000倍液。

5. 葡萄扇叶病

【症状识别】 葡萄及野葡萄发病后主要叶片受害（见彩图38）。春天新梢上的新生叶皱缩畸形，出现深绿色缺刻，有时深达主脉。叶脉不对称，锯齿不规则。叶柄开张角度大，呈扇叶状，有时具浅绿色斑点。叶脉扭曲、明脉。枝条畸形，节间短或长短不一。染病植株落花、落果严重，果穗、果粒变小，降低产量。整株生机衰退，发育不良。

【病原】 球状病毒。

【防治方法】

1）土壤消毒：用溴甲烷或二硫化碳等消毒剂处理土壤，消灭线虫。

2）茎尖培养脱毒。

3）热处理脱毒：将准备繁殖的葡萄品种苗木置于35℃条件下，经20天可脱去扇叶病毒。

6. 葡萄褐斑病

【症状识别】 褐斑病有两种：褐斑病和小褐斑病。此病主要为害叶片，侵染点发病初期出现浅褐色的不规则角状斑点（见彩图39），之后病斑逐渐扩展，直径可达1cm，病斑由浅褐色变为褐色，进而变为赤褐色，周缘为黄绿色，严重时数斑连成大斑，边缘清晰，叶背面周边模糊，后期病部枯死，多雨或湿度大时产生灰褐色霉状物。有些品种的病斑带有不明显的轮纹。小褐斑病为束梗尾孢菌寄生引起，侵染点发病后出现黄绿色小圆斑点并逐渐扩展为 2～3mm 的圆形病斑。病斑部逐渐枯死变褐进而变为茶褐色，后期叶背面病斑生出黑色霉层。

【病原】　大褐斑病病原菌为葡萄假尾孢，属半知菌亚门真菌。小褐斑病病原菌为座束梗尾孢，属半知菌亚门真菌。

【防治方法】

1）加强葡萄园管理：清除落叶，集中烧毁，减少菌源；葡萄生长期应注意排水，适当增施有机肥，增强树势，提高植株的抗病力；生长中后期摘除下部黄叶和病叶，以利通风透光，降低湿度。

2）化学防治：在发病初期结合防治其他病害喷洒 1∶0.7∶200 倍式波尔多液、70%代森锰锌可湿性粉剂 500～600 倍液、50%甲基硫菌灵超微可湿性粉剂 800 倍液、50%多菌灵可湿性粉剂 700 倍液、75%百菌清可湿性粉剂 600～700 倍液。隔 10～15 天喷 1 次，连喷 3～4 次。由于该病从植株下部叶片开始发生，逐渐向上蔓延，因此要注重植株下部的叶片，注意正面和反面都要喷到。

7. 葡萄轮斑病

【症状识别】　葡萄轮斑病只为害叶片，中下部叶片发生较多。发病初期先出现红褐色不规则的斑点，后扩大成圆形病斑，直径约为 2cm。病斑正面有明显的深浅不一的同心环纹，而病斑反面在天气潮湿时覆盖一层浅褐色的霉层。严重的也造成叶片早枯脱落。

【病原】　葡萄生扁棒壳。

【防治方法】

1）农业防治：认真清洁田园，加强田间管理；发病严重的葡萄园宜尽快淘汰美洲种葡萄，改种欧亚杂交种。

2）化学防治：发病初期喷药 50%消菌灵可溶性粉剂 1500 倍液、200 倍式波尔多液、30%碱式硫酸铜悬浮剂 400～500 倍液、70%代森锰锌可湿性粉剂 500～600 倍液、75%百菌清可湿性粉剂 600～700 倍液、50%甲基硫菌灵悬浮剂 800 倍液或 50%多菌灵可湿性粉剂 700 倍液。每隔 10～15 天喷 1 次，连续防治 3～4 次。

8. 葡萄黄脉病

【症状识别】　因株系不同，葡萄黄脉病所表现的症状有所差异。加利福尼亚株系在叶上生小斑点，沿叶脉分布，春季先呈黄色，夏季变为浅白色，初期症状与扇叶病相似，果穗上部分果粒僵化，病株产量低；纽约株系引起植株矮化，叶小而不规则，有时呈扇形，幼叶上有褪绿点，低产；安大略株系致叶片黄化、卷曲，茎丛生，节间短，造成严重减产。

【病原】　番茄环斑病毒。

【防治方法】

1）加强检疫。

2）茎尖组织培养脱毒。

3）挖出病株并销毁。

4）土壤消毒，杀灭线虫。用5%克线磷颗粒剂浸根，处理浓度为100～400mg/L。

三　葡萄果实病害

1. 葡萄白腐病

【症状识别】　葡萄白腐病主要为害果粒和穗轴，引起穗轴腐烂。病果粒很容易脱落（见彩图40），严重时地面落满一层，这是白腐病发生的最大特征。果穗发病时，先在小果梗或穗轴上发生浅褐色水渍状不规则病斑，后逐渐向果粒蔓延。严重发病时造成全穗腐烂，果梗穗轴干枯缢缩，振动时病穗极易落粒。新梢发病时，往往出现在受损伤部位，如摘心部位或机械伤口处。开始时，病斑呈水渍状，后上下发展呈长条状，暗褐色，凹陷，表面密生灰白色小粒点，病斑环绕枝蔓一周时，其上部枝、叶由黄色变褐色，逐渐枯死，后期病斑处表皮组织和木质部分层呈乱麻丝状纵裂。一般在穗部发病后，叶片才出现症状（见彩图41），多从叶尖和叶缘开始，初呈水渍状褐色近圆形或不规则斑点，逐渐扩大成具有环纹的大斑，上面密生灰白色小粒点，病斑后期常常干枯破裂。

【病原】　葡萄钩丝壳菌，属子囊菌亚门真菌。无性阶段称托氏葡萄粉孢霉，属半知菌亚门真菌。

【防治方法】

1）因为白腐病病菌主要以菌丝体分生孢子器在病果和病梢中越冬，所以结合修剪，做好果园清洁是减少菌源、控制病害的有效措施。近年报道，在发病初期用地膜覆盖防止病菌侵染果穗的效果也很好。

2）病菌主要从伤口侵入，而且高温高湿的气候条件最易发病，特别是暴风雨或雹灾后，造成大量伤口更易发病，所以，改善架面和通风透光条件，以及及时整枝、打叉、摘心和尽量减少伤口、提高果穗离地距离和注意排水以降低地面湿度等一系列措施，都可抑制病害的发生和流行。

3）由于该病流行性强，因此在预测预报指导下做好药剂防治是非常必要的措施。通常在发病始期（6月中、下旬）喷第1次药，以后每隔8~15天左右喷1次，共喷3~5次即可。常用药剂有：50%福美双可湿性粉剂600~800倍液，或者50%福美双+65%福美锌可湿性粉剂800倍液，或者50%托布津可湿性粉剂500倍液、75%百菌清可湿性粉剂500~800倍液，或者使用速净50mL+细截50mL+多达素25mL兑水15kg，进行全株叶片喷施，连续使用2次，间隔期为3天。

2. 葡萄穗轴褐枯病

【症状识别】 葡萄穗轴褐枯病主要为害葡萄果穗幼嫩的穗轴组织。发病初期，先在幼穗的分枝穗轴上产生褐色水浸状斑点，迅速扩展后致穗轴变褐坏死，果粒失水萎蔫或脱落。

【病原】 葡萄生链格孢霉，属半知菌亚门真菌。

【防治方法】

1）选用抗病品种。

2）结合修剪，搞好清园工作，清除越冬菌源。葡萄幼芽萌动前喷3~5波美度石硫合剂或45%晶体石硫合剂30倍液、0.3%五氯酚钠1~2次保护鳞芽。

3）加强栽培管理：控制氮肥用量，增施磷钾肥，同时改善果园通风透光条件，搞好排涝降湿工作，也有降低发病的作用。

4）化学防治：葡萄开花前后喷75%百菌清可湿性粉剂600~800倍液、70%代森锰锌可湿性粉剂400~600倍液、40%克菌丹可湿性粉剂500倍液、50%扑海因可湿性粉剂1500倍液。在开始发病时或花后4~5天，喷洒比久（禁用于花生）500倍液，可加强穗轴木质化、减少落果。

3. 葡萄溃疡病

【症状识别】 葡萄溃疡病引起果实腐烂、枝条溃疡，果实出现症状是在其转色期，穗轴出现黑褐色病斑，向下发展引起果梗干枯致使果实腐烂脱落，有时果实不脱落，逐渐干缩；在田间还可观察到大量当年生枝条出现灰白色梭形病斑，病斑上着生许多黑色小点，横切病枝条维管束变褐；有时叶片上也表现症状，叶肉变黄色并呈虎皮斑纹状；也有的枝条病部出现红褐色区域，尤其是分支处比较普遍。

【病原】 葡萄座腔菌，属真菌。

【防治方法】

1）及时清除田间病组织，集中销毁。

2）加强栽培管理，严格控制产量，合理肥水，提高树势，增强植株的抗病力；棚室栽培的要及时覆盖薄膜，避免葡萄植株淋雨。

3）拔除死树，对树体周围土壤进行消毒；用健康枝条留作种条，禁用病枝条留作种条。

4）剪除病枝条及剪口涂药。剪除病枝条并统一销毁，对剪口进行涂药，可用甲基硫菌灵、多菌灵、噁霜·菌酯等杀菌剂加入黏着剂等涂在伤口处，防治病菌侵入。

5）使用溃腐灵 30 ~ 60 倍液 + 有机硅喷雾枝干或使用原液涂抹枝干。然后，使用靓果安 300 倍液、沃丰素 600 倍液、大蒜油 1000 倍液进行全株喷雾，每次间隔 10 天左右。

4. 葡萄炭疽病

【症状识别】　葡萄炭疽病能侵染果实、枝蔓、叶和卷须等部位。被侵染处发生褐色小圆斑点，逐渐扩大并凹陷，病斑上产生同心轮纹状近圆形线纹，并生出排列整齐的小黑点。这些黑点是分生孢子盘，潮湿天气分生孢子盘并溢出粉红色胶状分生孢子团，这是该病特征。病斑可扩展到整个果面，病果逐渐干缩成僵果，有时整穗干缩成整穗僵果。

【病原】　由半知菌亚门、炭疽菌属胶孢炭疽菌侵染引起。

【防治方法】

1）秋季彻底清除架面上的病残枝、病穗和病果，并及时集中烧毁，消灭菌源。

2）加强栽培管理，及时摘心、绑蔓和中耕除草，为植株创造良好的通风透光条件，同时要注意合理排灌，降低果园湿度，减轻发病程度。

3）喷药防护：将奥力克（速净）300 倍液稀释，进行植株全面喷施。用药次数根据具体情况而定，一般间隔期为 7 ~ 10 天喷施 1 次。发现初期，使用速净 50mL + 大蒜油 15mL，兑水 15kg 进行喷雾，连用 2 天。发病中后期：使用速净 75mL + 大蒜油 15mL + 内吸性强的化学药剂，兑水 15kg 进行喷雾，3 天 1 次，连用 2 ~ 3 次，即可控制病情。

4）果穗套袋：这是防葡萄炭疽病的特效措施，套袋的时间宜早不宜晚，以防早期幼果的潜伏感染。尤其对于不抗病的优质鲜食葡萄实行套袋，可除免于炭疽病的侵染，还可使葡萄无农药污染，是一项很有价值的措施。

5）喷洒 40% 福美双 100 倍液、3 波美度石硫合剂 + 200 倍五氯酚钠药液或 38% 噁霜·嘧酮菌酯 800 ~ 1000 倍液，铲除越冬病原体。6 月下旬至 7 月上旬开始，每隔 15 天喷 1 次药，共喷 3 ~ 4 次。常用药剂有：50% 退菌特 800 ~ 1000 倍液、净果精 600 倍液、70% 兴农征露 750 倍液、56% 嘧菌百菌清 600 ~ 800 倍液或多菌灵·井岗霉素 800 倍液。对结果母枝上要仔细喷布。退菌特是一种残效期较长的药剂，采收前 1 个月应停止使用。

5. 葡萄灰霉病

【症状识别】 葡萄灰霉病为害葡萄花穗、幼小及近成熟果穗或果梗、新梢及叶片（见彩图 42）。枝干：发病冬芽和幼梢可能坏死。新梢二发病的绿色新梢产生浅褐色的不规则病斑，病斑有时出现不太明显的轮纹，也长出鼠灰色霉层。成熟后的新梢为黄白色，并带有黑色的菌核。叶片：在 4 ~ 6 月为害叶片。发病叶片首先在边沿形成红褐色病斑，初呈水渍状，上生灰色霉层，然后逐渐引起整个叶片坏死、脱落。病害严重时，可引起全部落叶。病害的这种早期侵染与以后在果实上的侵染没有联系。果实：花穗和刚落花后的小果穗易受侵染，发病初期被害部呈浅褐色水渍状，很快变为暗褐色，整个果穗软腐，潮湿时病穗上长出一层鼠灰色的霉层，细看时还可见到极微细的水珠，此为病原物分生孢子梗和分生孢子，晴天时腐烂的病穗逐渐失水萎缩、干枯脱落。成熟果实及果梗被害，果面出现褐色凹陷病斑，很快整个果实软腐，长出鼠灰色霉层，果梗变为黑色，不久在病部长出黑色块状菌核。葡萄灰霉病带来的危害是双重性的：一方面由于果穗的减少而引起产量的降低；另一方面它还会给葡萄酒带来不良味感，同时使葡萄酒不耐陈酿，降低葡萄酒的质量。全株：苗床上湿度大时，灰霉病菌可布满葡萄扦插苗枝条，引起扦插苗不能发芽，或者发芽后随即死亡，发病率高达 30%。

【病原】 灰葡萄孢霉，属半知菌亚门；有性世代为富氏葡萄核盘菌。

【防治方法】

1）农业防治：选择抗病品种，如玫瑰香、黑汉等；出现徒长的葡萄应控制氮肥，轻剪长放，喷生长抑制剂，增强抗病能力；畅通排水，清除杂草，避免枝叶过密，及时绑扎枝蔓，使架面通风透光，降低田间温度，以减少发病；塑料大棚中空气湿度控制在 80% 以下；晴天当棚温升至 33℃ 时开始放风，下午棚温保持 20 ~ 25℃，傍晚棚温降至 20℃ 左右关闭风口；上午尽量保持较高棚温，使棚顶露水雾化；夜间棚温应保持

15℃左右，不要太低，尽量减少或避免叶面结露，阴天也应注意通风；采用地膜覆盖，膜下暗灌，用喷粉或熏烟方式施药，采用无滴膜均可有效地降低棚内空气湿度；在南方改篱架为棚架，对减少葡萄灰霉病及其他病害的发生有显著效果；葡萄园不宜间作草莓，以免该病交叉感染。

2）化学防治：花前10天及始花前1~2天是药剂防治的关键时间，常用药剂有30%苯甲·丙环唑（爱苗）乳油5000倍液、50%腐霉利可湿性粉剂1000倍液、50%多菌灵800倍液、25%咪鲜胺可湿性粉剂1000倍液、80%代森锰锌可湿性粉剂800倍液、50%嘧菌环胺800倍液（防效达93%以上）、65%甲硫·乙霉威可湿性粉剂1000~1500倍液。棚室栽培的葡萄在扣棚前，结合整地土壤喷洒50%福美双400倍液或咪鲜胺或异菌脲1000倍液进行消毒。

6. 葡萄黑腐病

【症状识别】　葡萄黑腐病主要为害果实，也能侵染新梢、叶片、叶柄等。果粒受害先呈现细小的浅褐色斑点，扩大后边缘为紫褐色，中央为灰白色，稍凹陷，后变软腐烂，最后失水皱缩、干枯变成蓝灰色的僵果，常挂在树上不落，表皮下密生黑色小粒点，即病原菌的分生孢子器。叶片发病，病斑近圆形，浅黄色，扩大后为红褐色、圆形或不规则形的病斑，中间为灰白色，外围为暗褐色。新梢、叶柄发病，病斑呈椭圆形或梭形，微凹陷，其上也生黑色小粒点。

【病原】　无性世代为葡萄黑腐茎点霉，属半知菌亚门；有性世代为葡萄球座菌，属子囊菌亚门。

【防治方法】

1）清除越冬病原菌。

2）及时排水，增施有机肥。

3）6~9月可喷百菌清600倍液、50%多菌灵或托布津800倍液及1:1:200倍式波尔多液。在南方，在喷药防治上要抓住花前、花后和果实生长期3个关键时间，药剂以波尔多液为主。

7. 日灼病

【症状识别】　日灼病主要发生在果穗上。果粒发生日灼时，果面出现浅褐色近圆形斑，边缘不明显，果实表面先皱缩后逐渐凹陷，严重的果实变为干果，失去商品价值。卷须、新梢尚未木质化的顶端幼嫩部位也可遭受日灼伤害，致梢尖或嫩叶萎蔫并变为褐色。

【病因】　树体缺水，供应果实水分不足。

【防治方法】

1）增施有机肥，合理搭配氮、磷、钾和微量元素肥料。生长季节结合喷药补施钾、钙肥。葡萄浆果期遇到高温干旱天气应及时灌水，降低园内温度，减轻日灼病的发生。雨后或灌水后及时中耕松土，保持土壤良好的透气性，保证根系正常生长发育。

2）搞好疏花疏果，合理负载。夏剪时，果穗附近适当多留些叶片，及时转动果穗于遮阴处。在无果穗部位，适当去掉一些叶片，适时摘心、减少幼叶数量，避免叶片过多，与果实争夺水分。

3）应于坐果稳定后尽早套袋。选择防水、白色、透气性好的葡萄专用纸袋，纸袋下部留通气孔。套袋前全园喷 1 次优质保护性杀菌剂，药液晾干后再开始套袋。注意避开雨后的高温天气和有露水时段，并要将袋口扎紧封严。果实采收前 10 天去袋，不要将果袋一次性摘除，应先把袋底打开。去袋时间宜在晴天上午 10 时以前和下午 4 时以后，阴天可全天进行。

8. 葡萄水罐子病

【症状识别】 葡萄水罐子病一般于果实近成熟时开始发生。发病时先在穗尖或副穗上发生，严重时全穗发病。有色品种果实着色不正常，颜色暗浅、无光泽，绿色与黄色品种表现出水渍状。果实含糖量低、酸度大、含水量多，果肉变软，皮肉极易分离，成一包酸水，用手轻捏，水滴溢出。果梗与果粒之间易产生离层，病果易脱落。

【病因】 因树体内营养物质不足所引起的生理性病害。

【防治方法】

1）注意增施有机肥料及磷钾肥料，控制氮肥的使用量，加强根外喷施磷酸二氢钾和天达 2116 等叶面肥，增强树势，提高抗性。

2）适当增加叶面积，适量留果，增大叶果比例，合理负载。

3）果实近成熟时，应加强设施的夜间通风，降低夜温，减少营养物质的消耗。

4）果实近成熟时停止追施氮肥与灌水。

5）加强果园管理，增施有机肥和磷钾肥，适时适量施氮肥，增强树势；及时中耕锄草，避免土壤板结，是减少水罐子病的基本措施。

6）合理调节果实的负载量，增加叶片数，尽量少留二次果。

7）合理进行夏季修剪，处理好主梢与副梢之间的关系。适当多留主梢叶片，因主梢叶片是一次果所需养分的主要来源，在保证产量的前提下，采用"一枝留一穗果"的办法，以减少发病，提高果实品质。

8）干旱季节及时灌水，低洼园子注意排水，勤松土，保持土壤适宜湿度。

9）在幼果期，叶面喷施磷酸二氢钾200～300倍液，增加叶片和果实的含钾量，可减轻发病。

9. 葡萄房枯病

【症状识别】　葡萄房枯病发病初期，先在果梗基部产生浅褐色病斑，逐渐扩大后变为褐色，并且蔓延到果粒与穗轴上，使穗轴萎缩干枯；果粒发病，先以果蒂为中心形成浅褐色同心轮纹状病斑，有时轮纹并不明显，后病斑扩展，果蒂失水皱缩，果粒腐烂变褐色，病斑表面散生黑色小点粒（分生孢子器），后果粒干缩成灰褐色僵果。病果穗挂在树蔓上可长期不落。叶片发病，先是在叶面上产生红褐色圆形小斑点，后逐渐扩大，病斑边缘为褐色，中心为灰白色，后期病斑中央散生黑色小点粒。

【病原】　有性阶段为葡萄囊孢壳菌，属真菌子囊菌亚门；无性阶段为大茎点菌，属真菌半知菌亚门。

【防治方法】

1）彻底清扫葡萄园，收集带病的果、叶，集中烧毁。

2）加强管理，改善通风透光条件，注意园地排水，增强植株的抗病力。

3）化学防治：生长季节每隔20天喷雾1次240～200倍半量式波尔多液，以保护树体，并在两次之间交替使用高效、低残留杀菌剂。药剂可选用50%代森锰锌可湿性粉剂500倍液、80%喷克可湿性粉剂800倍液、80%甲基托布津可湿性粉剂1000倍液、70%克露可湿性粉剂700～800倍液、75%百菌清可湿性粉剂600～800倍液、50%退菌特可湿性粉剂600～800倍液、80%炭疽福美可湿性粉剂600倍液或20%银果可湿性粉剂600倍液。

10. 葡萄裂果病

【症状识别】　在接近采收时，葡萄裂果病可使果皮开裂，随即果粒腐烂。发病轻者，穗形不整齐，降低商品价值。

【病因】　葡萄裂果病属于生理性病害，其原因是在果实生长后期土壤水分变化过大，久旱逢雨或大水漫灌，根从土壤中吸收大量水分，输送到果实内，使果实膨压骤增，果皮纵向裂开。葡萄裂果病与品种特性、栽培技术有关。

【防治方法】

1）保持浆果生长期，特别是果实着色至成熟期，土壤水分处于充足而稳定的状况，降雨多时注意及时排水，保证排水通畅。

2）做好树体管理。留枝过多、叶面积过大及留穗、留果过多等都将影响到对果实的营养供给水平，果实成熟后果皮薄而脆，易导致裂果。所以，管理中必须通过合理的疏枝调整群体结构，改善光照条件；通过疏穗，调节树体的负载量。生产中留蔓、留穗的一般基准为：葡萄枝蔓梢距保持在10cm左右，叶果穗为（15～20）∶1，壮枝或果穗较小的品种可留2穗果，中庸枝留1穗果，弱枝不留果穗。及时去副穗、掐穗尖节约树体养分，提高果实的营养供给水平，使果穗大小适宜。

3）合理用药，防治病虫害：搞好病虫测报，抓住防治关键，及时喷药，防治白腐病、黑痘病，可喷布50%多菌灵可湿性粉剂800倍液或甲基托布津1000倍液；防治红蜘蛛可喷布螨死净1000倍液；防治蚜虫可喷布扑虱蚜1500倍液等。

4）喷施植物生长调节剂：在浆实采收前2～3周，喷0.2%二氯化钙、硝酸钙5000倍液、0.2%氨基酸钙或0.5%高能钙，可有效防止葡萄裂果。

四 葡萄根部病害

1. 葡萄圆斑根腐病

【症状识别】 葡萄圆斑根腐病一般先从植株须根（吸收根）发病，使病根变褐腐烂，逐渐蔓延到肉质侧根，并围绕须根基部形成一个红褐色圆斑；病斑不断扩大，常腐烂深达木质部，并且数斑融合在一起，使皮层极易与木质部分离，病根逐渐变成黑褐色而死亡。由于植物本身愈伤能力强，病根死后还会萌发出新根，致使病害此起彼伏。通常，葡萄植株根部发病后早春地上部萌发推迟，萌芽后的部分枝条或全株生长也较衰弱，叶小而色浅；根部发病严重时，新梢4～7片叶会突然萎蔫，以后干枯死亡。剥离结果母枝的皮层时，可发现皮层已变褐坏死。

【病原】 半知菌亚门，镰孢霉菌的几个不同种。

【防治方法】

1）田块的选择：新葡萄园要避免在涝洼地和土壤黏重的地方建园。

2）苗木消毒处理：栽植前将苗木根部用甲基托布津或多菌灵800倍

液浸泡 10~20min，晾干后再定植，对防治根部病害效果明显。

3）精细管理：多施有机肥，合理确定植株负载量；做好蔓、叶、果管理，避免产生伤口。

4）勤检查，早治疗：发病后，应将根部腐烂部位剪除干净，然后在伤口处涂上 1% 硫酸铜溶液消毒，外涂波尔多液浆保护。刮下或剪下的病残体应予以烧毁。为防治病害扩散蔓延，可对土壤进行灌根消毒。常用消毒剂有：10% 双效灵 200~300 倍液、50% 代森铵 400~500 倍液、70% 甲基托布津 800~1000 倍液或 50% 苯莱特 1000 倍液，每株用药 10kg 左右。

2. 葡萄根腐线虫病

【症状识别】 根腐线虫以 4 龄幼虫和成虫趋向活寄主的根系，破坏根的皮层部分；有的种在某些寄主上也可为害维管束组织。根腐线虫侵染根部，在侵染点附近形成小的枯斑，许多根腐线虫集结时，病斑联合形成 1 个较大复合病斑，长而窄，黑色。寄主被破坏到一定程度时，根腐线虫从受病组织中游出，向新的寄主根靠拢。

【病原】 根腐线虫。

【防治方法】 栽种前用化学药剂处理土壤或处理播种材料，或者蘸化学药剂，是有效的防治措施。用内吸杀线虫剂克线磷颗粒剂，可随播种时施于种植沟中或穴中，也可在幼苗出土后直施于株行间。用 10% 灭克磷土壤触杀剂或 10% 克线丹颗粒剂苗床撒施、种植时带施、松土时带施或侧施也可。

3. 葡萄白纹羽病

【症状识别】 感病植株可能很快枯死，也可能年内慢慢枯死。迅速枯死的树，叶片仍附着在树上；逐渐枯死的树，卷须和叶片均生长衰弱、瘦小，通常是枯萎，但新梢尚能从基部抽出。由于根系的严重恶化，病株很容易从土内拔出。通常病株在地平线处断开，地平线以下的树皮变黑，容易脱落，在根头出现黑色的胶状溢出物。

【病原】 褐座坚壳菌；无性时期为 *Dematophora necatrix* Hart.，属子囊菌亚门。

【防治方法】

1）农业防治：培育和利用无病苗是预防发病的根本措施，要在未种过树的地块育苗，并在育苗前对土壤进行消毒；出现病树后要开挖封锁沟，防止病根与健根接触，避免病情扩散。加强水肥管理，增强树势。

2）化学防治：在葡萄根区范围内浇灌药液，常用药剂有 50% 甲基托布津可湿性粉剂 800 ~ 1000 倍液、50% 苯菌灵可湿性粉剂 1000 ~ 1500 倍液、50% 多菌灵可湿性粉剂 600 ~ 800 倍液。

4. 葡萄根癌病

【症状识别】

1）根部：葡萄根癌病主要为害根颈、主根和侧根，2 年生以上的主蔓近地面处也常受害。苗木则多发生在接穗和砧木愈合的地方。肿瘤从根的皮孔处突起。瘤的大小变化很大，直径为 0.5 ~ 10cm，球形、椭圆形或不规则形；幼嫩瘤为浅褐色，表面旋卷、粗糙不平，柔软如海绵状；若继续发展，瘤的外层细胞死亡，颜色逐年加深，内部组织木质化，成为坚硬的瘤。

2）茎部：感染 2 年生以上的枝蔓，90% 以上的病害发生在距地表1.2m 以内的高度，60% ~ 70% 的病害集中于距地表 5cm 以内的枝蔓根部，冬剪后延长枝顶芽以上的干桩、龙爪均可发病。此病主要为害形成层及新生幼嫩韧皮部，表现为枝蔓局部隆起，呈瘤状。瘤的大小不一，初发时稍带绿色和乳白色，质地嫩脆，多汁，以后表面龟裂、坚硬，变为深褐色。葡萄蔓纵向整体肿大，呈棒槌状，长度可达 2 ~ 3cm，表面粗糙、旋卷，坏死组织逐年向外扩展，里面仍可见新增生组织。

3）叶片：叶色黄化，提早落叶。

4）果实：成年葡萄发病后，结果量少，果实小，严重的无花无果。

5）全株：患病的苗木，早期地上部的症状不明显。病情不断发展，根系发育受阻，细根极少，树势衰弱。病株矮小，树龄缩短，终致植株枯死。

【病原】 癌肿野杆菌。

【防治方法】

1）严格检疫和苗木消毒。苗木在 1% 硫酸铜中浸泡 5min，或者于2% 石灰液中浸泡 1 ~ 2min，消毒后定植。

2）加强管理，减少伤口。

3）病瘤处理：扒开根部土壤，用小刀彻底刮除病瘤，病组织集中烧毁，刮治部位涂高浓度石硫合剂或波尔多浆（硫酸铜 1 份、石灰 3 份、动物油 0.4 份、水 15 份），保护伤口。必要时用甲醇 50 份、冰醋酸 25 份、冰片 12 份混合并均匀涂在根瘤表面及周围 3cm 处，可杀死肿瘤表层细菌。

5. 葡萄根朽病

【症状识别】　葡萄根朽病主要为害植株的根颈部、主根和侧根。该病病菌侵染皮层组织后分泌果胶酶，分解皮层组织细胞间的果胶质，使皮层组织崩解、腐烂。以后病菌逐渐扩展至木质部，也可以引起木质部腐烂。此病最主要的特点是在被害根的皮层内及皮层与木质部之间长出一层白色至浅黄色、呈扇形扩展的菌丝层，该菌丝层在黑暗处能显出蓝绿色的荧光。在高温多雨的季节，病树根颈周围的土面上常常长出成丛的、蜜黄色的蘑菇，为该病菌的子实体。

【病原】　担子菌亚门蜜环菌。

【防治方法】

1) 加强果园管理：增施有机肥料，每年冬季前要施足有机肥料，促使根系发育良好，提高根系的抗病力。加强果园的排灌工作，干旱时及时灌水，也要防止果园积水，根系受淹。做好土壤管理工作，细致进行土壤耕作，加深熟土层，保证土壤通气性良好，创造有利于根系生长而不利于病菌生长发育的条件；防治地下害虫，冬季搞好防寒保护工作，尽可能减少根部伤口的产生。

2) 治疗病株：发现可疑病株应及时检查，及时剪除病根，根茎处的病斑可以用刀刮除。刮、剪后的伤口可以用1%硫酸铜液或波尔多液涂抹保护；刮、剪下来的病组织要集中烧毁。

3) 土壤消毒：为防止病害继续蔓延扩展，对发病的植株可以进行药剂灌根，以杀死土壤中的病菌，使植株恢复健康。常用的土壤消毒剂有：70%甲基托布津800倍液、50%苯来特1000倍液、50%退菌特250～300倍液、70%五氯硝基苯1:（50～100）的药土、1%硫酸铜溶液、3波美度石硫合剂等，以上药剂用量为每株葡萄浇灌10kg左右。采用此法可以使病株症状完全消失，生长显著转旺。

6. 葡萄根结线虫

【症状识别】　根结线虫为害葡萄植株后，引起吸收根和次生根膨大和形成根结。单条线虫可以引起很小的瘤，多条线虫的侵染可以使根结变大。严重侵染可使所有的吸收根死亡，使根系生长不良，发育受阻，侧根、须根短小，输导组织受到破坏，吸水和吸肥能力降低。线虫还能侵染地下主根的组织。

【形态特征】

1) 幼虫：线形，体长0.4mm，宽约0.02mm。

第五章

2）成虫：雌成虫后端膨大，呈梨形，长 0.5～0.8mm，卵块在雌成虫膨大部分形成并排出体外。雄成虫细长，长 0.8mm，宽 0.04mm。

【发生规律】 每年可发生数代。在山东多数地方每年 4 月开始发育，10 月底进入休眠。

【防治方法】

1）选择园地时，前作作物避开番茄、黄瓜、落叶果树等线虫良好寄主。

2）使用抗性品种或砧木，已选出的有 Dogridge、Ramsey、1613C 等。

3）严格检疫，不从病区引种苗木，确实需要引种应严格消毒，一般用 50℃ 的热水浸泡 10min。也可通过引种种条避开危害。

4）植前土壤熏蒸，常用的有二溴甲烷、1,3-D 等。

5）植后发病，可用灭线灵、克线磷、克线丹等杀线虫药，也能起到控制进一步蔓延的效果。每公顷施药量为 45～90kg，先与 3～5 倍细土混匀，在树根集中分布区开沟施入，覆土后浇少量水。

第二节　葡萄园虫害诊断及防治

一　葡萄枝干害虫

1. 葡萄透翅蛾

【症状识别】 葡萄透翅蛾以初孵幼虫从叶柄基部及叶节蛀入嫩茎再向上或向下蛀食；蛀入处常肿胀膨大，有时呈瘤状，枝条受害后易被风折而枯死；主枝受害后会造成大量落果，失去经济效益。

【形态特征】

1）成虫：体长约 20mm，翅展 30～36mm，体为蓝黑色。头顶、颈部、后胸两侧及腹部各节连接处为橙黄色，前翅为红褐色，翅脉为黑色，后翅膜质透明，腹部有 3 条黄色横带，雄虫腹部末端有一束长毛。

2）卵：长椭圆形，略扁平，红褐色，长约 1.1mm。

3）幼虫：共 5 龄。老熟幼虫体长 38mm 左右，全体略呈圆筒形。头部为红褐色，胸部与腹部为黄白色，老熟时带紫红色。前胸背板有倒"人"形纹，前方色浅。

4）蛹：体长 18mm 左右，红褐色，圆筒形。

【发生规律】 1 年发生 1 代。以老熟幼虫在葡萄枝蔓内越冬。次年 4 月底至 5 月初，越冬幼虫开始化蛹。5～6 月成虫羽化。在 7 月上旬之前，幼虫在当年生的枝蔓内为害；7月中旬至9月下旬，幼虫多在2年生以上的老蔓中为害。10月以后幼虫进入老熟阶段，继续向植株老蔓和主干集中，在其中短距离地往返蛀食髓部及木质部内层，使孔道加宽，并刺激为害处膨大成瘤，形成越冬室，之后老熟幼虫便进入越冬阶段。

【防治方法】

1）结合冬季修剪，将被害枝蔓剪除，集中烧毁，以消灭越冬幼虫。6~8月剪除被害枯梢和膨大嫩枝进行处理。大枝受害可直接注入50%敌敌畏乳剂500倍液，然后用黄泥封闭。

2）化学防治：在透翅蛾产卵孵化期，喷布50%三硫磷1500倍液、50%敌敌畏乳油1500倍液、2.5%敌杀死乳油2000倍液、20%速灭杀丁乳油2000倍液或5%来福灵乳油2000倍液。

2. 葡萄虎天牛

【症状识别】 幼虫蛀枝蔓。初孵幼虫多从芽基部蛀入茎内，多向基部蛀食，被害处变黑，隧道内充满虫粪而不排出，受害枝梢枯萎且易风折。

【形态特征】

1）成虫：体长16~28mm，体为黑色。前胸为红褐色，略呈球形；翅鞘为黑色，两翅鞘合并时基部有X形黄色斑纹。近翅末端又有一条黄色横纹。

2）幼虫：末龄体长约17mm，浅黄白色。前胸背板为浅褐色。头甚小，无足。

【发生规律】 每年发生1代。以幼虫在葡萄枝蔓内越冬。次年5~6月开始活动，继续在枝内为害，有时幼虫将枝横行啮切，使枝条折断。7月间，幼虫老熟并在枝条的咬折处化蛹。8月间羽化为成虫，将卵产于新梢基部芽腋间或芽的附近。

【防治方法】

1）冬季修剪时，将为害变黑的枝蔓剪除烧毁，以消灭越冬幼虫。

2）成虫发生期，注意捕杀成虫。

3）幼虫生长期，根据出现的枯萎新梢，在折断处附近寻杀幼虫。

4）发生量大时，在成虫盛发期喷布50%杀螟松乳油1000倍液或20%杀灭菊酯3000倍液。或者用棉花蘸50%敌敌畏乳油200倍液堵塞虫孔。

5）成虫产卵期喷90%敌百虫500倍液或50%敌敌畏乳油1000

倍液。

3. 康氏粉蚧

【症状识别】 康氏粉蚧以成虫和若虫吸食葡萄嫩芽、嫩叶、嫩梢及果实的汁液。套袋前主要为害嫩芽、嫩梢，造成叶片扭曲、肿胀、皱缩，致使枯死。套袋后钻入袋内为害果实，群居在萼洼和梗洼处，分泌白色蜡粉，污染果实，吸取汁液，造成组织坏死，出现大小不等的黑点或黑斑，甚至腐烂。若虫分泌黏液，引起果实的煤污病，使果实失去商品价值和食用价值。

【形态特征】 雌成虫体长 5mm，扁椭圆形，浅粉红色，体表被有白色蜡粉，体缘具 17 对白色蜡丝，疏生刚毛。肛环呈椭圆形，上有 2 列小圆孔和 6 根刚毛。雄成虫体长 1mm 左右，紫褐色，触角和胸背中央色浅，单眼为紫褐色，前翅发达透明，后翅退化为平衡棒。

【发生规律】 1 年发生 3 代，以卵和若虫在葡萄树干粗皮裂缝，散落在园内的套袋病虫果及根际周围的杂草、土块、落叶等隐蔽场所越冬。葡萄萌芽时，越冬卵开始孵化，若虫出蛰活动，第 1 代若虫的发生盛期在 5 月中下旬，第 2 代若虫的发生盛期在 7 月中旬，第 3 代若虫的发生盛期在 8 月下旬。

【防治方法】

1）农业防治：康氏粉蚧发生严重的园区，在其 9 月上旬越冬产卵前，对树干进行绑草绳作业，引诱雌虫产卵，在上冻前解下集中烧毁。

2）彻底清园：在秋季对树干进行涂白。冬季结合清园细致刮除粗老翘皮，清理旧纸袋、病虫果、残叶及干伤锯口，消灭越冬虫卵以降低虫口密度。春季发芽前喷布 3~5 波美度石硫合剂或斯博锐 1500 倍液 + 歌润 1500 倍液全园喷雾。

3）化学防治：生长期抓住各代若虫孵化盛期适时进行防治。一般 5 月上旬是防治第 1 代康氏粉蚧的关键时期，此时需要用药 2 次，每次间隔 7 天。药剂选用 2.5% 溴氢菊酯（敌杀死）乳油、2.5% 氯氟氢菊酯（功夫）乳油或 40% 毒死蜱 20% 阿维菌素。对已开始分泌蜡粉的康氏粉蚧可以在使用以上药剂时加入一定量的有机硅来增强农药的附着性即渗透性，以提高杀虫效果，如用含油量 0.3%~0.5% 柴油乳剂或黏土柴油乳剂混用，也有良好的杀虫作用。

4. 东方盔蚧

【症状识别】 东方盔蚧以若虫和成虫为害枝叶与果实，为害期间可排出分泌物，招致煤污菌。

【形态特征】

1）成虫：雌成虫为黄褐色或红褐色，扁椭圆形，体长 3.5~6mm，体背中央有 4 列纵排断续的凹陷，凹陷内外形成 5 条隆脊。体背边缘有横列的皱褶且排列较规则，腹部末端具臀裂缝。

2）卵：长椭圆形，浅黄白色，长径为 0.5~0.6mm，短径为 0.25mm，近孵化时为粉红色，卵上微覆蜡质白粉。

3）若虫：将越冬的若虫体为赭褐色，眼为黑色，椭圆形，上下较扁平，体外有 1 层极薄的蜡层；触角、足有活动能力。越冬若虫的外形与上同，但失去活动能力；口针囊长达肛门附近，虫体周缘的锥形刺毛增至 108 条。越冬后若虫沿纵轴隆起颇高，呈现黄褐色，侧缘为浅灰黑色，眼点为黑色。体背周缘开始呈现皱褶，体背周缘内重新生出放射状排列的长蜡腺，分泌出大量的白色蜡粉。

【发生规律】 每年发生 2 代。以 2 龄若虫在枝蔓的老皮下、大干枝、裂皮缝处、剪锯口处越冬。3 月出蛰，转移到枝条上取食为害，固着一段时间后，可反复多次迁移。4 月上旬虫体开始膨大，以后逐渐硬化。5 月初开始产卵，5 月末为第 1 代若虫孵化盛期，爬到叶片背面及新梢上固着为害。第 2 代若虫于 8 月间孵化，8 月中旬为盛期，10 月迁回，在适宜场所越冬。

【防治方法】

1）葡萄萌动出土后，喷布 5 波美度石流合剂，也可结合刮除老翘皮，消灭越冬若虫。

2）若虫孵化盛期和虫体膨大前喷布 0.3 波美度石硫合剂、80% 敌敌畏乳油 1500 倍液或 40% 氧乐果 1000 倍液或 50% 西维因可湿性粉剂 1000 倍液。

3）保护并利用天敌，进行生物防治。

二 葡萄叶部害虫

1. 绿盲蝽

【症状识别】 葡萄叶形成很多孔洞（见彩图 43）。

【形态特征】

1）成虫：体长 5mm，宽 2.2mm，绿色，密被短毛。头部呈三角形，黄绿色；复眼为黑色且突出。前胸背板为深绿色，上有许多小黑点，前缘宽。小盾片为黄绿色，中央具 1 条纵纹。足为黄绿色，胫节末端和跗节色深。

2）卵：长 1mm，黄绿色，长口袋形，卵盖为奶黄色，中央凹陷，两端突起，边缘无附属物。

3）若虫：5 龄，与成虫相似。初孵时为绿色，复眼为桃红色。2 龄为黄褐色，3 龄后全体为绿色。

【发生规律】 1 年发生 3～5 代，主要以卵在各种果树树皮内、芽眼间、枯枝断面、棉花枯断枝茎髓内及杂草或浅层土壤中越冬。在烟台、平度等地，每年 4 月上、中旬温度达 20℃ 以上，相对湿度在 60% 以上时，越冬卵孵化为若虫。以成虫或若虫为害葡萄嫩芽、幼叶，随着芽的生长，为害逐渐加重。5 月底至 6 月初，成虫从树上迁飞到园内外杂草或其他果树及棉花上为害繁殖，8 月下旬出现第 4 代或第 5 代成虫，10 月上旬产卵越冬。

【防治方法】

1）经常清除园内外杂草，消灭虫源。

2）葡萄展叶后，发现若虫为害，要立即喷药防治，一般喷 40% 氧化乐果 1500 倍液、50% 三硫磷乳油 2000 倍液或 50% 敌敌畏乳油 1500 倍液。

2. 葡萄二星叶蝉

【症状识别】 葡萄二星叶蝉为害叶片。被害叶片出现失绿小白点，以后小白点连片成白斑，严重时叶片变白、脱落，并使果穗和枝蔓不易成熟。

【形态特征】

1）成虫：体长 2.5mm，连同前翅 3.5mm，浅黄白色，复眼为黑色，头顶有两个黑色圆斑。前胸背板前缘有 3 个圆形小黑点。小盾板两侧各有 1 个三角形黑斑。翅上或有浅褐色斑纹。

2）卵：黄白色，长椭圆形，稍弯曲，长 0.2mm。

3）若虫：初孵化时为白色，后变为黄白色或红褐色，体长 0.2mm。

【发生规律】 在河北北部 1 年发生 2 代，山东、山西、河南、陕西发生 3 代。以成虫在果园杂草丛、落叶下、土缝、石缝等处越冬。次年 3 月葡萄未发芽时，气温高的晴天，成虫即开始活动，先在小麦、毛叶苕等绿色植物上为害。葡萄展叶后即转移到葡萄上为害，喜在叶背面活

第五章

动，产卵在叶背叶脉两侧表皮下或茸毛中。第 1 代若虫发生期在 5 月下旬至 6 月上旬，第 1 代成虫在 6 月上中旬。以后世代交叉，第 2、3 代若虫期大体在 7 月上旬至 8 月初，8 月下旬至 9 月中旬。9 月下旬出现第 3 代越冬成虫。

【防治方法】

1) 冬季清除杂草、落叶，并且翻地消灭越冬虫。夏季加强栽培管理，中耕、锄草、管好付梢，保持良好的通风透光条件。合理修剪，整枝和支架，保持通风透光条件。秋后清除杂草、落叶，集中处理，消灭越冬成虫。

2) 第 1 代若虫发生期比较整齐，掌握好时机，防治有利。常用农药有 80% 敌敌畏乳油、50% 辛硫磷乳油、50% 马拉硫磷乳油、50% 杀螟硫磷乳油等 2000 倍液喷雾。虫口密度较高时，可喷施 10% ~20% 合成菊酯类农药 1000 ~ 2000 倍液、25% 西维因可湿性粉剂 300 ~ 400 倍液或 25% 速灭威可湿性粉剂 300 ~ 400 倍液，均有良好效果；另外，可结合防病应用波尔多液，也有杀伤作用。

3. 葡萄斑衣蜡蝉

【症状识别】 葡萄斑衣蜡蝉以成虫、若虫、幼虫为害，以刺吸口器吸食汁液，一般不造成灾害，但其排泄物可造成果面污染，嫩叶受害常造成穿孔或叶片破裂。

【形态特征】

1) 成虫：体长约 20mm，翅展约 50mm，触角为红色，前翅革质为灰褐色，翅基部有 20 多块黑斑，后翅基部 1/3 处为红色，中部为白色，端部为黑色，体、前翅常披有白色蜡粉。

2) 若虫：初孵化时为白色，蜕皮后变为黑色并有许多小白点。4 龄后体背变红色并生出翅芽。

【发生规律】 在北方每年发生 1 代。以卵越冬。4 ~ 5 月孵化为幼虫，蜕皮后变为若虫，若虫常群集在幼枝和嫩叶背面为害，若虫期约 40 天，经 4 次蜕皮变为成虫。成虫和若虫均可跳跃，爬行较快，可迅速躲开人的捕捉。7 ~ 8 月发生较多，成虫多在夜间交尾活动，寿命可达 4 个月之久。

【防治方法】

1) 结合冬剪，清理园内落叶和杂草，刮除越冬卵块，集中烧毁。

2) 人工捕捉若虫。

3）化学防治：成虫及若虫期，可喷溴氰菊酯1000～2000倍液、功夫菊酯1000～2000倍液、速灭杀丁1000～2000倍液、70%吡虫啉4000倍液、联苯菊酯1000～2000倍液、菊马乳油1000～2000倍液、辛硫磷1000～2000倍液、90%晶体敌百虫1500倍液、2.5%吡虫啉可湿性粉剂1000～2000倍液、3%啶虫脒乳油2000～2500倍液、50%敌敌畏乳油1000倍液或90%敌百虫乳油1500倍液。

4. 葡萄白粉虱

【症状识别】　成虫和若虫吸食植物汁液，被害叶片褪绿、变黄、萎蔫，甚至全株枯死。

【形态特征】

1）成虫：体长1～1.5mm。翅及胸背披白色粉，停息时翅合拢呈屋脊状，翅脉简单。

2）卵：长0.2mm，长椭圆，基部有柄，初产为浅绿色，披有白色粉，近孵化时变褐。

3）若虫：体长0.8mm，浅绿色，体背有长短不齐的蜡丝。

【发生规律】　在温室中，白粉虱每年发生10余代，世代重叠现象严重。白粉虱冬季在露地不能生存，但能在温室内继续存活。春季葡萄萌芽后，白粉虱开始为害葡萄，初孵化的若虫伏在叶背不动，吸食叶片液汁，使叶片褪色变黄，生长衰弱。白粉虱在叶片上产卵，卵孵化成若虫后，在叶片上找到适当的吸食部位后便伏定在叶片背面吸食，虫口密度大时，中下部叶片会布满若虫。若虫、成虫分泌大量黏液，污染葡萄叶片和果实，分泌液常常诱发煤污病，影响叶片的光合作用和果实外观。

【防治方法】

1）化学防治：在白粉虱发生初期喷25%扑虱灵乳油1000～2000倍液。若虫量过大，可在扑虱灵乳油1000倍液中加入少量菊酯农药，早期喷洒1～2次即可，或者用2.5%天王星乳油3000倍液进行喷杀。

2）生物防治：在温室内可引入丽蚜小蜂，每隔两周1次，共引入3次。也可在白粉虱发生初期的3～4个月，每平方米释放10只草蛉，病害可基本得到控制。

3）成虫对黄色有较强的趋性，可用黄色板上涂粘虫胶诱捕成虫。

5. 葡萄二斑叶螨

【症状识别】　若螨和成螨群聚叶背吸取汁液，使叶片呈灰白色或枯黄色细斑，严重时叶片干枯脱落，影响生长，缩短结果期，造成减产。

【形态特征】

1）成螨：雌成螨体长 0.42 ~ 0.59mm，椭圆形，体背有刚毛 26 根，排成 6 横排。生长季节为白色、黄白色，体背两侧各具 1 块黑色长斑，取食后为浓绿、褐绿色；当密度大或种群迁移时，前体颜色变为橙黄色。在生长季节绝无红色个体出现。滞育型体为浅红色，体侧无斑。雄成螨体长 0.26mm，近卵圆形，前端近圆形，腹末较尖，多呈绿色。

2）卵：球形，长 0.13mm，光滑，初产为乳白色，渐变为橙黄色，将孵化时现出红色眼点。

3）幼螨：初孵时近圆形，体长 0.15mm，白色，取食后变为暗绿色，眼为红色，足 3 对。

4）若螨：前若螨体长 0.21mm，近卵圆形，足 4 对，色变深，体背出现色斑。后若螨体长 0.36mm。

【发生规律】　在南方每年发生 20 代以上，在北方发生 12 ~ 15 代。在北方以受精的雌成虫在土缝、枯枝落叶下或小旋花、夏至草等宿根性杂草的根际等处吐丝结网潜伏越冬。在树木上则在树皮下、裂缝中或在根颈处的土中越冬。3 月后平均温度达 10℃ 左右时，越冬雌虫开始出蛰活动并产卵。越冬雌虫出蛰后多集中在早春寄主，如小旋花、藜草、菊科、十字花科等杂草和草莓上为害，第 1 代卵也多产在这些杂草上，卵期 10 余天。成虫开始产卵至第 1 代幼虫孵化盛期需要 20 ~ 30 天，以后世代重叠。在早春寄主上一般发生 1 代，于 5 月上旬后陆续迁移到蔬菜上为害。由于温度较低，5 月一般不会造成大的危害。随着气温的升高，其繁殖也加快，在 6 月上、中旬进入全年的猖獗为害期，于 7 月上、中旬进入年中高峰期。据研究，二斑叶螨猖獗发生期持续的时间较长，一般可持续到 8 月中旬前后。10 月后陆续出现滞育个体，但如果此时温度超出 25℃，滞育个体仍然可以恢复取食，体色由滞育型的红色再变回黄绿色，进入 11 月后均滞育越冬。

【防治方法】

1）农业防治：铲除田边杂草，清除残株败叶。

2）生物防治：

① 以虫治螨：应注意保护和发挥天敌的自然控制作用。此螨天敌有 30 多种，如深点食螨瓢虫，幼虫期每只可捕食二斑叶螨 200 ~ 800 只，其他还有食螨瓢虫、暗小花蝽、草蛉、塔六点蓟马、小黑隐翅虫、盲蝽等。

② 以螨治螨：保护和利用与二斑叶螨几乎同时出蛰的小枕绒螨、拟长毛纯绥螨、东方纯绥螨、芬兰纯绥螨等捕食螨，以控制二斑叶螨为害。

③ 以菌治螨：藻菌能使二斑叶螨的致死率达 80% ~85%；白僵菌能使二斑叶螨的致死率达 85.9% ~100%，与农药混用，可显著提高杀螨率。

6. 葡萄短须螨

【症状识别】 嫩梢受害表面呈黑褐色突起，嫩梢基部较重。被害叶片有许多黑褐色斑块，严重时焦枯脱落。果穗受害，果梗、穗轴为黑褐色，组织变脆，易折断。果粒受害后，果面有锈斑，表皮粗糙，有时龟裂。

【形态特征】

1）成虫：雌成螨体微小，一般为 0.32mm×0.11mm，体为褐色，眼点为红色，腹背中央为红色，体背中央呈纵向隆起，体后部末端上下扁平，4 对足皆粗短多皱纹，刚毛数量少。

2）卵：0.04mm×0.03mm，卵圆形，鲜红色，有光泽。

3）幼螨：(0.13 ~ 0.15)mm×(0.06 ~ 0.08)mm，体鲜红色；有足 3 对，白色体两侧前后足各有 2 根叶片状的刚毛；腹部末端周缘有 8 条刚毛，其中第 3 对为长刚毛，针状，其余为叶片状。

4）若螨：(0.24 ~ 0.30)mm×(0.1 ~ 0.11)mm，体为浅红色或灰白色；有足 4 对，体后部上下较扁平；末端周缘刚毛 8 条，全为叶片状。

【发生规律】 1 年发生 6 ~ 7 代。以雌成螨在老皮裂缝内、叶腋部及芽鳞茸毛内群集越冬。越冬雌成虫春季 4 月中下旬出蛰，15 天左右开始产卵。7 ~ 8 月的温度、湿度最适合短须螨繁殖生长，此时发生量最多。10 月中下旬开始转移到越冬部位越冬。

【防治方法】

1）冬季清园，剥除枝蔓上的老粗皮烧毁，以消灭在粗皮内越冬的雌成虫。

2）春季葡萄发芽时，用 3 波美度石流合剂 +0.3% 洗衣粉进行喷雾。

3）葡萄生长季节喷 0.2 ~0.3 波美度石硫合剂、40% 乐果乳油 1000 ~1500 倍液、50% 敌敌畏乳油 1500 ~2000 倍液或 40% 三氯杀螨醇乳油 800 倍液。

7. 葡萄瘿螨

【症状识别】 成螨、若螨在叶背刺吸汁液，初期被害处呈现不规则的失绿斑块。斑块处表面隆起，叶背面产生灰白色茸毛，后期斑块逐渐变成锈褐色，称毛毡病（见彩图44），被害叶皱缩变硬、枯焦。葡萄瘿螨发生严重时也能为害嫩梢、嫩果、卷须和花梗等，使枝蔓生长衰弱。

【形态特征】　雌虫体长 0.1 ~ 0.3mm，白色，圆锥形似胡萝卜，密生 80 余条环纹。近头部有足 2 对，腹部末端两侧各生 1 条细长刚毛。雄虫体形略小。卵为椭圆形，浅黄色。

【发生规律】　每年发生多代。成螨群集在芽鳞片内茸毛处或在枝蔓的皮孔内越冬。次年春季随着芽的萌动，从芽内爬出，随即钻入叶背茸毛间吸食汁液，并不断扩大繁殖为害。全年以 6 ~ 7 月为害最重，秋后成螨陆续潜入芽内越冬。

【防治方法】

1）做好清园工作：冬春彻底清扫果园，收集被害叶片深埋。在葡萄生长初期，发现有被害叶片时，也应立即摘掉烧毁，以免继续蔓延。

2）早春防治：早春葡萄芽萌动时，喷 3 ~ 5 波美度石硫合剂，以杀死潜伏在芽内的瘿螨。这次喷施是防治瘿螨的关键。在历年发生严重的园区，可在发芽后喷 0.3 ~ 0.5 波美度石硫合剂 + 0.3% 洗衣粉的混合液，进行淋洗式喷雾，效果很好。

3）生长季节防治：葡萄生长季节，发现有瘿螨为害时，可喷 0.2 ~ 0.3 波美度石硫合剂、40% 氧乐果乳油 1200 倍液或 50% 溴螨酸乳油 2000 ~ 2500 倍液，效果显著。也可喷 40% 水胺磷乳油 1500 倍 + 3000 倍 6501 黏着剂，全株喷洒，使叶片正反面均匀着药，防效在 95% 以上。

4）苗木处理：苗木、插条均能传播瘿螨，应注意检查。定植前，最好进行消毒。消毒有两种方法：一是温汤消毒，将插条或苗木放入 30 ~ 40℃ 热水中浸 5 ~ 7min，然后移入 50℃ 热水中再浸 5 ~ 7min，即可杀死潜伏的瘿螨；二是药剂消毒，用 3 波美度石硫合剂浸泡 3 ~ 5min，也可杀死苗木上的害螨。

8. 葡萄天蛾

【症状识别】　葡萄天蛾以幼虫蚕食叶片，呈不规则状。若在幼龄期不加注意，到老熟暴食期能将整枝、整株树叶吃尽，只残留叶柄和枝条，严重影响产果。

【形态特征】

1）成虫（见彩图45）：体长 45mm 左右，翅展 85 ~ 100mm，体翅为茶褐色。触角背面为黄色，腹面为棕色。体背自前胸至腹部末端有红褐色纵线1条，腹面色浅呈红褐色。前翅顶角较突出，顶角有1块较宽的三角形斑；后翅为黑褐色，外缘及后角附近各有1条茶褐色横带，缘毛色稍红；前后翅反面为红褐色，各横线为黄褐色，前翅基半部为黑灰色，外缘为红褐色。

2）卵：球形，直径1.5mm，浅绿色。

3）幼虫（见彩图46）：体长70～80mm，绿色，体表有横纹和黄色颗粒，胴部背面末端有向后上方翘起的尾角。

4）蛹：长45～55mm，纺锤形，棕褐色。

【发生规律】 1年发生2代。以蛹在土中越冬。次年5月下旬至6月上旬羽化为成虫；成虫白天潜伏，晚间活动，有趋光性，交尾后产卵在枝叶上，均单粒散产于叶背，每只雌蛾可产卵400～500粒，成虫寿命7～10天；卵期7天左右；幼虫6月上、中旬出现，一般晚上活动取食，受惊时，常头部、胸部左右摇动，口流绿水，幼虫历期40～50天；蛹期10多天；第2代幼虫于9月下旬起陆续入土，化蛹越冬。

【防治方法】

1）园林技术防治：

① 冬季翻土，蛹期可在树木周围耙土、锄草或翻地，杀死越冬虫蛹。

② 利用幼虫受惊易掉落的习性，在幼虫发生时将其击落，或者根据地面和叶片的虫粪、碎片，人工捕杀树上的幼虫。

③ 幼虫入土后或成虫羽化前，在寄主周围地面喷施50%辛硫磷，以毒杀土中虫蛹。

2）物理防治：利用天蛾成虫的趋光性，在成虫发生期用黑光灯、频振式杀虫灯等诱杀成虫。

3）生物防治：幼虫3龄前，可施用含量为16000国际单位/mg的BT可湿性粉剂1000～1200倍液，让天蛾幼虫中毒后在树上慢慢死亡腐烂，不直接往下掉到地面，既保护各种天敌，又防止污染环境卫生。幼虫易患病毒病，在田间取回自然死亡的幼虫，制成200倍液喷布枝叶，效果良好。

4）化学防治：3～4龄前的幼虫，可喷施20%除虫脲悬浮剂3000～3500倍液、25%灭幼脲悬浮剂2000～2500倍液或20%米满悬浮剂1500～2000倍液等仿生农药。虫口密度大时，可喷施50%辛硫磷2500倍液、2.5%功夫菊酯乳油2500～3000倍液或2.5%溴氰菊酯2000～3000倍液等药物，均有较好的防治效果。

9. 葡萄虎蛾

【症状识别】 幼虫食害葡萄、常春藤、爬山虎的叶成缺刻与孔洞，严重时仅残留叶柄和粗脉。

【形态特征】

1）成虫：体长 18～20mm，翅展 44～47mm，头部、胸部为紫褐色，足与腹部为杏黄色，腹背中央有 1 纵列棕色毛丛组成的条纹且长达第 7 节后缘，前翅中央有紫色肾形纹和环状纹各 1 个，并围有灰黑色边，后缘及外缘有紫褐色宽带，翅基部 1/3 处有 1 条灰黄色内缘横线，在 1/3 处有 2 条外缘横线，灰黄色，其他部分有灰黄色并带紫色的散生斑点。后翅为杏黄色，外缘有紫褐色宽带，臀角有 1 个橙黄色大斑，中部有星点。

2）幼虫：体长约 40mm，头部为橘黄色，密布黑点，胴体为灰白色，前端胸节较细、后部粗，前脑盾板和臀板为橘黄色，胸部各节散布黑色毛瘤数十个且大小不等，大瘤上着生白色毛，腹部每节两侧各有较大杏色圆斑 1 块。尾部第 2 节有黄色横带。

3）蛹：蛹长 18～20mm，暗红褐色。

【发生规律】 北方每年发生 2 代。以蛹在根部及架下土内越冬。5 月羽化为成虫，傍晚和夜间交尾并产卵，卵散产于叶片及叶柄等处。6 月发生第 1 代幼虫，常将叶片啃成孔洞，老幼虫将叶片吃成大缺口或将叶片吃光。7～8 月发生第 2 代成虫，8～9 月发生第 2 代幼虫，9～10 月以老幼虫入土作茧化蛹越冬。幼虫受惊时头翘起并吐黄色液体自卫。

【防治方法】

1）消灭越冬蛹：在北方埋土防寒的地区，于秋末和早春结合葡萄的埋土和出土上架，拣拾越冬蛹进行消灭。

2）杀幼虫：结合田间管理，利用幼虫白天静伏叶背的习性，进行人工捕杀幼虫。

3）化学防治：尽量选择在低龄幼虫期防治。此时虫口密度小，危害小，并且虫的抗药性相对较弱。防治时用 45% 丙溴辛硫磷（国光依它）1000 倍液，或者国光乙刻（20% 氰戊菊酯）1500 倍液 + 乐克（5.7% 甲维盐）2000 倍液混合，或者 40% 啶虫·毒死蜱（必治）1500～2000 倍液喷杀幼虫，可连用 1～2 次，间隔 7～10 天。可轮换用药，以延缓抗性的产生。

4）加强管理：冬剪下来的枝叶集中烧毁。

10. 雀纹天蛾

【症状识别】 低龄幼虫将叶食成缺刻与孔洞，稍大常将叶片吃光，残留叶柄和粗脉。

【形态特征】

1）成虫：体长 27～38mm，翅展 59～80mm，体为绿褐色，体背略为棕褐色。头部、胸部两侧及背部中央有灰白色绒毛，背线两侧有橙黄色纵线；腹部两侧为橙黄色，背中线及两侧有数条不甚明显的灰褐色至暗褐色平行的纵线。后翅为黑褐色，臀角附近有橙黄色的三角形斑；外缘为灰褐色，有不明显的黑色横线；缘毛为暗黄色。

2）卵：短椭圆形，约 1.1mm，浅绿色。

3）幼虫：体长 70mm，有褐色与绿色两种色型。初龄幼虫全体为绿色，头部呈长三角形，尾角长大，褐色。

4）蛹：长 36～38mm，茶褐色，被细刻点。第 1、2 腹节背面和第 4 腹节以下的节间为黑褐色；臀刺较尖，黑褐色。气门为黑褐色。

【发生规律】 1 年发生 1～4 代，因地区而异。以蛹在土中越冬。上海 1 年发生 1 代。次年 6～7 月羽化成蛾，成蛾有趋光性；幼虫于 7～8 月陆续发生并为害。

【防治方法】

1）挖除越冬蛹：结合冬季埋土和春季出土挖除越冬蛹。

2）捕捉幼虫：结合夏季修剪等管理工作，寻找被害状和地面虫粪捕捉幼虫。

3）诱杀成虫：利用成虫具有趋光的特性，在成虫盛发期悬挂黑光灯或频振式杀虫灯，诱捕成蛾。

4）消灭幼虫：幼虫易患病毒病，在田间取回自然死亡的幼虫，制成 200 倍液喷布枝叶。

5）化学防治：尽量选择在低龄幼虫期防治。此时虫口密度小，危害小，并且虫的抗药性相对较弱。防治时用 45% 丙溴辛硫磷（国光依它）1000 倍液，或者国光乙刻（20% 氰戊菊酯）1500 倍液 + 乐克（5.7% 甲维盐）2000 倍液混合，40% 啶虫·毒死蜱（必治）1500～2000 倍液喷杀幼虫，可连用 1～2 次，间隔 7～10 天。可轮换用药，以延缓抗性的产生。

11. 白雪灯蛾

【症状识别】 幼虫食叶成缺刻或孔洞。

【形态特征】

1）成虫：雄蛾翅展 55 ~ 70mm，雌蛾 70 ~ 80mm，体白色，下唇须基部为红色，第 3 节为黑色；触角呈栉齿状，黑色。前足基节为红色且有黑斑，前、中、后足腿节上方为红色，前足腿节具黑纹，翅为白色且无斑纹，腹部为白色，侧面除基部及端节外具红斑，背面、侧面各具 1 列黑点。

2）卵：浅绿色。

3）幼虫：体为红褐色，节间处颜色较暗，密被灰黄色长毛；气门为白色；胸足、腹足为赭色；头为赭黄黑色，有 V 形斑。

4）蛹：纺锤形，暗褐色。

5）茧：丝质，椭圆形，黑褐色。

【发生规律】　在我国华北地区、华东地区每年发生 2 ~ 3 代。以蛹在土中越冬。次年春季 3 ~ 4 月羽化，以第 2 代幼虫在 8 ~ 9 月为害较重。第 2 代老熟幼虫从 9 月开始向沟坡、道旁等处转移化蛹越冬。

【防治方法】

1）利用诱虫灯诱杀成虫。

2）于产卵盛期或幼虫孵化期喷洒 0.2% 苦皮藤素乳油 1000 倍液。

3）喷洒 90% 晶体敌百虫 800 倍液、5% 氟氯氰菊酯乳油 1500 倍液、2.5% 溴氰菊酯 3000 倍液、20% 甲氰菊酯乳油 3000 倍液或 5% 虱螨脲乳油 1000 倍液。

12. 盗毒蛾

【症状识别】　初孵幼虫群集在桑叶背面取食叶肉，叶面现成块透明斑，3 龄后分散为害形成大缺刻，仅剩叶脉。

【形态特征】

1）成虫：雄虫体长 12 ~ 18mm，翅展 30 ~ 40mm，体翅均为白色。雌虫体长 35 ~ 45mm。头部、胸部、腹部基半部和足为白色且微带黄色，腹部其余部分和脏毛簇为黄色；前翅后缘近臀角处有 1 ~ 2 个褐色斑纹，有的个体内侧褐色斑不明显。前翅前缘为黑褐色。雌蛾腹部末端具金黄色毛丛。

2）卵：直径 0.6 ~ 0.7mm，扁圆形，中央稍凹陷，灰黄色，卵块呈长带状，被黄色毛丛。

3）幼虫：老熟幼虫体长 25 ~ 40mm。体为黑褐色，第 1、2 腹节宽。头部为褐黑色，有光泽；臀部为黄色，背线为红褐色，体背各节具黑毛瘤 2 对，瘤上生黑色长毛束和自褐色短毛，腹部第 6、7 节背面中央各具橙红色盘状翻缩腺。亚背线为白色，第 9 腹节瘤为橙色，上生黑褐色长毛。

4）蛹：体长 12～16mm，圆筒形，黄褐色，腹部背面 1～3 节各有 4 个瘤。臀棘较长，约 30 根，排列紧密，弯曲。

5）茧：长 13～18mm，浅褐色，长椭圆形，被附幼虫脱落的体毛，黑色。

【发生规律】 华北、东北、西北 1 年发生 2 代。以 3 龄幼虫在枝干裂缝和落叶层内作薄茧越冬。次年春季 4 月下旬，花木萌芽后，越冬幼虫活动为害。于 5 月下旬至 6 月中旬化蛹。6 月下旬成虫羽化并交尾，一般将卵产在叶背或枝干上。成虫有趋光性。第 2 代成虫在 7 月下旬至 8 月上旬成虫羽化，交尾产卵。10 月初进入越冬期。

【防治方法】

1）冬季及早春刮除缝隙中越冬的幼虫，清除枯枝落叶及田垄间的杂草并烧毁，减少虫源。

2）在成虫期，利用成虫趋光性，用黑光灯诱杀。

3）保护和利用天敌。

4）化学防治：尽量选择在低龄幼虫期防治。此时虫口密度小，危害小，并且虫的抗药性相对较弱。防治时用 45% 丙溴辛硫磷（国光依它）1000 倍液，或者国光乙刻（20% 氰戊菊酯）1500 倍液＋乐克（5.7% 甲维盐）2000 倍液混合，40% 啶虫·毒死蜱（必治）1500～2000 倍液喷杀幼虫，可连用 1～2 次，间隔 7～10 天。可轮换用药，以延缓抗性的产生。

13. 铜绿丽金龟

【症状识别】 铜绿丽金龟以成虫为害果树叶片，使被害叶片残缺不全，受害严重时整株叶片全被食光，仅留叶柄。幼虫食害果树根部，但危害性不大。

【形态特征】

1）成虫：体呈长卵形，16～22mm，铜绿色，中等大小。头部、前胸背板色泽较深，鞘翅色泽较浅而泛铜黄色，有光泽，两侧边缘为黄色。

2）卵：椭圆形，乳白色。

3）幼虫：乳白色，头部为褐色。体长 30～33mm，头宽 4.9～5.3mm，头部为黄褐色，体为乳白色，肛腹片的刺毛两列近平行，每列由 11～20 根刺毛组成，两列刺毛尖多相遇或交叉。

4）蛹：长椭圆形，长 18～22mm，宽 9.6～10.3mm，浅褐色。

【发生规律】　每年发生 1 代。以幼虫在土中越冬。春季土壤解冻后，幼虫开始由土壤深层向上移动。4 月中下旬，当平均地温达 14℃ 左右时，大部分幼虫上升到地表，取食植物的根系。4 月下旬至 5 月上旬，幼虫做土室化蛹。6 月上旬出现成虫。成虫发生盛期在 6 月下旬至 7 月上旬。

【防治方法】

1）化学防治：在成虫发生期于树冠喷布 50% 杀螟硫磷（杀螟松）乳油 1500 倍液。喷布石灰过量式波尔多液，对成虫有一定的驱避作用。也可于表土层施药。在树盘内或园边杂草内施 75% 辛硫磷乳剂 1000 倍液，施后浅锄入土，可毒杀大量潜伏在土中的成虫。

2）人工防治：利用成虫的假死习性，早晚振落捕杀成虫。

3）诱杀成虫：利用成虫的趋光性，当成虫大量发生时，于黄昏后在果园边缘点火诱杀。有条件的果园可利用黑光灯大量诱杀成虫。

14. 葡萄缺节瘿螨

【症状识别】　被害的主要部位是叶片，发生特别严重时，葡萄缺节瘿螨也能为害嫩梢、嫩果、花梗和果梗。嫩叶被害时，叶表出现浅红色凸起，叶背则有凹陷浅窝，窝中密生灰白色茸毛。随着叶片长大，病情加重，叶背的茸毛变成褐色至深褐色，好像一层毛毯。发病严重时，叶面也可能有茸毛增生，叶面凹凸不平，叶片皱缩变硬，甚至早期脱落。

【形态特征】

1）成螨：体长 0.15～0.20mm，宽 0.05mm，雄虫比雌虫略小。浅黄白色或浅灰色，近长圆锥形，腹末渐细。喙向下弯曲，头胸背板呈三角形，有不规则的纵条纹，背瘤紧位于背板后缘，背毛伸向前方或斜向中央。具 2 对足，爪呈羽状，具 5 个侧枝。腹部具 74～76 个暗色环纹，体腹面的侧毛和 3 对腹毛分别位于第 9、26、43 和倒数第 5 环纹处，尾端无副毛，有 1 对长尾毛。生殖器位于后半体的前端，其生殖盖有许多纵肋，排成二横排。

2）卵：球形，直径约 30um，浅黄色。

3）若螨：共 2 龄，浅黄白色。

【发生规律】　每年发生多代。以成螨潜伏在芽鳞茸毛内，少数在粗皮裂缝内和随落叶在土壤内越冬，以枝条上部芽鳞内的越冬虫口最多，多者可达数十只至数百只。春季葡萄发芽后，越冬虫出蛰为害，先在基部1、2叶背面取食，随着新梢生长，由下向上蔓延，喜取食嫩叶，5、6月为害最盛，7、8月高温多雨时对发育不利，虫口有下降趋势。

【防治方法】

1）防止苗木传播：从病区引苗必须用温汤消毒，先用30～40℃热水浸5～7min，再用50℃热水浸泡5～7min，可以杀死潜伏的瘿螨。

2）秋后彻底清洁葡萄园：把病叶收集起来烧毁。葡萄缺节瘿螨进入越冬后及早春活动前，用5波美度石硫合剂喷洒枝干效果很好。

3）药剂防护：葡萄发芽后喷洒0.3～0.5波美度石硫合剂或45%晶体石硫合剂300倍液、25%亚胺硫磷乳油1000倍液、15%扫螨净乳油3000～4000倍液、20%螨克乳油1000倍液、73%克螨特乳油2500～3500倍液、5%尼索朗乳油1600～2000倍液。

15. 葡萄十星叶甲

【症状识别】　成虫和幼虫都啮食葡萄叶片，大量发生时将全部叶片食尽，残留叶脉，幼芽也被食害，致使植株生长发育受阻。

【形态特征】

1）成虫：体长12mm左右，土黄色，椭圆形。头小，常隐于前胸下。触角为浅黄色，末端4节或5节为黑褐色。前胸背板有许多小刻点。两鞘翅上共有黑色圆形斑点10个，但常有变化。

2）卵：椭圆形，长约1mm。初为黄绿色，后渐变为暗褐色，表面有很多不规则的小突起。

3）幼虫：共5龄。成长幼虫体长12～15mm。体扁而肥，近长椭圆形。头小，黄褐色。胸腹部为土黄色或浅黄色，除尾节无突起外，其他各节两侧均有肉质突起3个，突起顶端呈黑褐色。胸足小，前足退化。

4）蛹：体长9～12mm，金黄色。腹部两侧呈赤状突起。

【发生规律】　1年发生1～2代。以卵在根系附近土中和落地下越冬。1代在5月下旬开始孵化，6月上旬为盛期，6月底陆续老熟入土，7月上、中旬开始羽化，8月上旬至9月中旬为产卵期，直到9月下旬陆续死亡。2代区越冬卵于4月中旬孵化，5月下旬化蛹，6月中旬羽化，8月上旬产卵；8月中旬至9月中旬2代卵孵化，9月上旬至10月中旬化蛹，9月下旬至10月下旬羽化，并且产卵越冬。

【防治方法】

1）结合冬季清园，清除枯枝落叶及根际附近的杂草，集中烧毁，消灭越冬卵。

2）初孵化幼虫集中在下部叶片上为害时，可摘除有虫叶片，集中处理。

3）在化蛹期及时进行中耕，可消灭蛹。

4）利用成虫和幼虫的假死性，以容器盛草木灰或石灰接在植株下方，振动茎叶，使成虫落入容器中，集中处理。

5）化学防治：喷洒50%敌敌畏乳油1000倍液或2000倍液，或者20%氯马乳油2000倍液、5%氯氰菊酯乳油3000倍液或30%桃小灵乳油2000倍液等。

三　葡萄果实害虫

1. 蓟马

【症状识别】　蓟马主要是若虫和成虫以锉吸式口器锉吸幼果、嫩叶和新梢表皮细胞的汁液。幼果被害时不变色，第2天被害部位失水干缩，形成小黑斑，影响果粒外观，降低商品价值，严重的引起裂果。叶片受害后因叶绿素被破坏，先出现褪绿的黄斑，后叶片变小，卷曲畸形并干枯，有时还出现穿孔。被害的新梢生长受到抑制。

【形态特征】

1）成虫：体长1.1mm左右，褐黄色。

2）卵：长0.2mm左右，肾形。

3）若虫：初龄若虫长约0.37mm，白色，透明；2龄时体长0.9mm左右，色浅，黄色至深黄色。

【发生规律】　1年发生6~10代。多以成虫和若虫在杂草和死株上越冬，少数以蛹在土中越冬。5月下旬的葡萄初花期开始发现有蓟马为害幼果的现象，6月下旬至7月上旬，在副梢二次花序上发现有若虫和成虫及其为害的初期症状，果面上有锈斑出现。7~8月，可以同时看到几种虫态为害花蕾和幼果，至9月虫口逐渐减少。

【防治方法】

1）清理葡萄园杂草，烧毁枯枝败叶。

2）在开花前1~2天喷吡虫啉或啶虫脒1000~1500倍液，或者50%马拉硫磷乳剂、40%硫酸烟碱、25%鱼藤精均为800倍，都有较好的效果。

3）适当时可喷低毒高效杀虫剂速灭丁或溴氰菊酯 200～2500 倍液，喷药后 5 天左右检查，若仍发现虫情较重时，即进行第 2 次喷药。

2. 白星花金龟

【症状识别】 成虫食幼叶、芽、花及果实。成虫喜欢在果实伤口、裂果和病虫果上取食，常数头凑集在果实上，以枝条背上果居多，将果实啃食成空泛，引起落果和果实腐烂。

【形态特征】

1）成虫：体长 16～24mm，宽 9～12mm，椭圆形。全部为黑铜色，具古铜或青铜色光泽，前胸背板与鞘翅上分布众多不规则白绒斑，其间有 1 个明显的三角小盾片。腹部末端外露，臀板两侧各有 3 个小白斑。

2）卵：圆形至卵形，长 1.7～2.0mm，乳白色。

3）幼虫：体长 24～39mm，头部为褐色，胸足 3 对且短小，胴部为乳白色，肛腹片上具 2 纵 "U" 形刺毛，每列 19～22 根，体常曲折呈 "C" 形。

4）蛹：体长 20～23mm，初黄白，渐变为黄褐色。

【发生规律】 1 年发生 1 代。以幼虫在土中越冬。成虫于每年春季出土上树为害，成虫发生期在 5～9 月，危害盛期在 6～8 月。9 月成虫开始减少，陆续入土。

【防治方法】

1）利用成虫的趋化性进行糖醋液诱杀。

2）幼虫多数集中在腐熟的粪堆内，春季施用时翻倒粪堆，捡拾其中幼虫及蛹，可消灭大部分幼虫，或者用 50% 辛硫磷乳油与粪肥配成毒粪施用。

3）成虫有聚集为害特性，可人工捉虫杀灭。

4）果树含苞欲放时用 75% 辛硫乳剂 1000～2000 倍液、25% 西维因可湿性粉剂 800～1000 倍液、50% 马拉硫磷乳剂 1000～2000 倍液、90% 敌百虫 1000 倍液喷药保花。

四 葡萄根系害虫

葡萄根系害虫主要为葡萄根瘤蚜。

【症状识别】 葡萄根瘤蚜主要为害葡萄根部须根，形成根瘤、粗根并产生肿瘤，使受害部位变色腐烂，影响根系对水分的吸收与运输，导致植株生长不良，以致整株死亡。叶片被害后形成虫瘿，叶片萎缩，影响植株开花结果。

【形态特征】

1）成蚜：葡萄根瘤蚜有根瘤型、有翅型、有性型、干母及叶瘿型；体均小而软；触角 3 节；腹管退化；不论传播和为害均以根瘤型为主。根瘤型无翅孤雌蚜，体呈卵圆形，体长 1.2～1.5mm，鲜黄色至污黄色，头部色深；足和触角为黑褐色；触角粗短，全长 0.16mm，约为体长的 1/10。体背各节有许多黑色瘤状突起，各突起上各生 1 根毛。有翅孤雌蚜体呈长椭圆形，长约 0.9mm，先为浅黄色，后转为橙黄色，中后胸为红褐色；触角及足为黑褐色；触角 3 节，第 3 节上有 2 个椭圆形感觉圈。前翅翅痣很大，只有 3 根斜脉，后翅无斜脉。

2）卵：根瘤型的卵，无光泽，初为浅黄色，后变为暗黄色；干母产卵在虫瘿内，浅绿色，具有光泽。

3）若蚜：初为浅黄色，触角及足呈半透明状，以后转为深色；复眼为红色。

【发生规律】 在山东烟台地区每年发生 7～8 代。主要以 1 龄若虫和少量卵在 2 年生以上粗根分叉或根上缝隙处越冬。次春 4 月越冬若虫开始为害粗根，经 4 次脱皮后变成无翅雌蚜，7～8 月产卵，幼虫孵化后为害根系，形成根瘤。根瘤蚜主要以孤雌生殖方式繁殖，只在秋末才行两性生殖，雌虫与雄虫交尾后越冬产卵。

【防治方法】

1）进行苗木检疫及消毒：葡萄根瘤蚜是国内外植物检疫对象，在苗木出圃时，必须严格检疫。若发现苗木有蚜病，必须认真消毒。消毒方法有以下几种：

① 热水杀蚜：将苗木、插条先放入 30～40℃热水中浸 5～7min，然后移入 50～52℃热水中浸 7min。

② 将苗木和枝条用 50% 辛硫磷 1500 倍液浸泡 1～2min，取出阴干，严重者可立即就地销毁。

2）改良土壤：葡萄根瘤蚜在沙壤土中发生极轻，黏重园片应改良土壤质地，提高土壤中沙质含量。

3）土壤处理：对有根瘤蚜的葡萄园或苗圃，可用二硫化碳灌注。方法：在葡萄主蔓及周围距主蔓25cm 处，每平方米打孔 8～9 个，深 10～

15cm，春季每孔注入药液 6~8g，夏季每孔注入 4~6g。但在花期和采收期不能使用，以免产生药害。

4）化学处理：用 1.5% 蒽油 +0.3% 硝基磷甲酚的混合液，在 4 月越冬代若虫活动时对根际土壤及 2 年生以上的粗根根叉、缝隙等处喷药，对该害虫有较好的防治作用。

櫻桃园无公害科学用药

第一节　櫻桃园病害诊断及防治

一　櫻桃枝干病害

1. 櫻桃枝枯病

【症状识别】　櫻桃枝枯病造成枝条大量枯死，影响树势。皮部松弛稍皱缩，上生黑色小粒点，即病原菌的分生孢子器。粗枝染病病部四周略隆起，中央凹陷，呈纵向开裂似开花馒头状，严重时木质部露出，病部生浅褐色隆起斑点，常分泌树脂状物。

【病原】　苹果拟茎点霉，属半知菌类真菌。

【防治方法】　加强管理，使树势强健。发现病枝及时剪除。冬季束草防冻。

2. 櫻桃流胶病

【症状识别】　櫻桃流胶病分为干腐型和溃疡型流胶两种。干腐型多发生在主干、主枝上，初期病斑不规则，呈暗褐色，表面坚硬，常引发流胶，后期病斑呈长条形，干缩凹陷，有时周围开裂，表面密生小黑点。溃疡型流胶病的病部树体有树脂生成，但不立即流出，而存留于木质部与韧皮部之间，病部微隆起，随树液流动，从病部皮孔或伤口处流出。病部初为无色且略透明或为暗褐色，坚硬。

【病原】　葡萄座腔菌，属子囊菌亚门真菌。溃疡流胶病也是由子囊菌亚门的葡萄座腔菌引起的，该菌为弱寄生菌，具有潜伏侵染的特性。

【防治方法】

1）增施有机肥，健壮树势，防止旱、涝、冻害。

2）搞好病虫害防治，避免造成过多伤口。

3）冬剪最好在树液流动前进行，夏季尽量减少较大的剪锯口。

4）发现流胶病，要及时刮除，然后涂药保护。常用药剂有50%退菌特1份、50%悬浮硫5份加水调成混合液，以及用生石灰10份、石硫合剂1份、食盐2份、植物油0.3份加水调成混合液。

3. 樱桃腐烂病

【症状识别】 樱桃腐烂病主要为害主干和主枝，造成树皮腐烂，致使枝枯树死。自早春至晚秋都可发生，其中4～6月发病最盛。初期病部皮层稍肿起，略带紫红色并出现流胶，最后皮层变为褐色且枯死，有酒糟味，表面产生黑色突起小粒点。

【病原】 有性世代为核果黑腐皮壳，属子囊菌亚门真菌。无性世代为核果壳囊孢，属半知菌亚门真菌。

【防治方法】 适当疏花疏果，增施有机肥，及时防治造成早期落叶的病虫害。在樱桃发芽前刮去翘起的树皮及坏死的组织，然后向病部喷施50%福美双可湿性粉剂300倍液。生长期发现病斑，可刮去病部，涂抹下列药剂：70%甲基硫菌灵可湿性粉剂1份+植物油2.5份，或者50%多菌灵可湿性粉剂50～100倍、70%百菌清可湿性粉剂50～100倍液等，间隔7～10天再涂1次，防效较好。

4. 樱桃木腐病

【症状识别】 樱桃木腐病发生时，在枝干部的冻伤、虫伤、机械伤等各种伤口部位散生或群聚生病菌小型子实体，为其外部症状。被害木质部形成不甚明显的白色边材腐朽。

【病原】 非褶菌目裂褶菌，属真菌，担子菌亚门。

【防治方法】

1）加强果园管理，增强树势。对重病树、衰老树、濒死树要及时挖除烧毁。增施肥料。合理修剪。

2）经常检查树体，发现病菌子实体后迅速连同树皮刮除，并涂1%硫酸铜液消毒。

3）保护树体，减少伤口。对锯口要涂波尔多液或煤焦油、1%硫酸铜液。

4）果园不要连作，即苹果、梨、桃等果园，将老果树砍伐后，要用豆类等农作物轮作至少3年，之后再建樱桃园；不要砍伐后在原址立即建新园。

二 樱桃叶部病害

1. 樱桃皱叶病

【症状识别】 病植株叶片形状不规则，往往过度伸长、变狭，叶缘深裂，叶脉排列不规则，叶片皱缩，常常有浅绿色与绿色相间的不均衡颜色，叶片薄，无光泽，叶脉凹陷。皱缩的叶片有时整个叶冠都有皱缩的叶片，有时在个别枝上出现。花畸形，无产量或产量明显下降。

【病原】 类病毒病害，属类病毒病的一种。

【防治方法】

1）隔离病原和中间寄主。一旦发现和经检测确认的病树，实行严格隔离，若数量少时予以铲除。观赏性樱花是小果病毒的中间寄主，在大樱桃栽培区不宜种植。

2）绝对避免用染毒的砧木和接穗来嫁接繁育苗木，防止嫁接传播病毒。因此，繁育大樱桃苗木时，应建立隔离的无病毒砧木圃、采穗圃和繁殖圃，以保证繁育出的苗木不带病毒。

3）不要用带病毒树上的花粉授粉，因为大樱桃有些病毒是通过花粉来传播的。

4）防治传毒昆虫。

2. 大樱桃褐斑病

【症状识别】 大樱桃褐斑病主要为害叶片和新梢。发病初期，大樱桃叶片表面出现针头大小的黄褐色斑点，后病斑逐渐扩大，随着黄褐色斑点的增多扩大，后期叶片发病处产生离痕，病斑脱落，留下穿孔病状。该病引起早期落叶，严重时可导致秋季开花和产生新叶，导致树势衰弱。

【病原】 半知菌亚门的穿孔尾孢霉菌。

【防治方法】

1）增施磷肥、钾肥、有机肥，以增强树势。现可用磷酸二氢钾叶面喷肥。

2）果实收获后 7～10 天，每 10～14 天喷 1 次戊唑醇悬浮剂 2000 倍液防治褐斑病，现仍可用戊唑醇悬浮剂 2000 倍液、75% 百菌清可湿性粉剂 500 倍液或 70% 代森锰锌可湿性粉剂 600 倍液防治褐斑病，每 7～10 天喷洒 1 次，应用 3 次最好。

3）冬季或早春，结合修剪彻底清除病叶、落叶，剪除病枝，集中烧毁，在大樱桃休眠期，最好在春节后芽萌发前全树喷洒 5 波美度的石硫合剂。

3. 樱桃褐斑穿孔病

【症状识别】 樱桃褐斑穿孔病主要为害叶片，叶面初生针头状大小不一的带紫色的斑点，渐扩大为圆形褐色斑，病部长出灰褐色霉状物。后病部干燥收缩，周缘产生离层，常由此脱落成褐色穿孔，边缘不整齐。病斑上的黑色小粒点即病菌的子囊壳或分生孢子梗，也为害新梢和果实，病部均生出灰褐色霉状物。

【病原】 有性世代为樱桃球腔菌，属子囊菌亚门真菌；无性世代为核果尾孢霉，属半知菌亚门真菌。

【防治方法】

1）冬季结合修剪，彻底清除枯枝落叶及落果，减少越冬病原菌；容易积水和树势偏旺的果园，要注意排水。

2）修剪时疏除密生枝、下垂枝、拖地枝，改善通风透光条件；增施有机肥料，避免偏施氮肥，提高果树的抗病能力。

3）发芽前，喷施 1 次 4 ~ 5 波美度石硫合剂。发病严重的果园要以防为主，可在落花后喷施下列药剂：70% 甲基硫菌灵可湿性粉剂 800 ~ 1000 倍液、50% 多菌灵可湿性粉剂 800 ~ 1000 倍液、70% 代森锰锌可湿性粉剂 600 ~ 800 倍液、3% 中生菌素可湿性粉剂 500 ~ 600 倍液、50% 混杀硫悬浮剂 500 ~ 600 倍液，间隔 7 ~ 10 天防治 1 次，共喷施 3 ~ 4 次，在采果后全树再喷施 1 次药剂。

4. 樱桃细菌性穿孔病

【症状识别】 樱桃细菌性穿孔病主要为害叶片，也为害果实和枝条。叶片受害，开始时产生半透明油浸状小斑点，后逐渐扩大，呈圆形或不规则圆形，紫褐色或褐色，周围有浅黄色晕环。天气潮湿时，在病斑的背面常溢出黄白色胶黏的菌脓，后期病斑干枯，在病部与健部交界处产生一圈裂纹，仅有一小部分与叶片相连，很易脱落形成穿孔。枝梢受害后产生两种不同类型的病斑：一种称春季溃疡，另一种称夏季溃疡。导致春季溃疡的病菌在上一年夏末秋初就已感染植株，病斑呈油浸状，微带褐色，稍隆起；次年春季逐渐扩展成为较大的褐色病斑，中央凹陷，病组织内有大量细菌繁殖。春末病部表皮破裂，溢出黄色的菌脓。夏季溃疡是在夏季发生于当年抽生的嫩梢上，开始时环绕皮孔形成油浸状暗紫色斑点，以后斑点扩大，呈圆形或椭圆形，褐色或紫黑色，周缘隆起，中央稍下陷，并有油浸状的边缘。

【病原】 野油菜黄单胞菌桃李致病变种，属薄壁菌门黄单胞菌属细菌。

【防治方法】

1）农业防治：加强果园管理，增强树势，增施有机肥，合理修剪，改善通风透光条件，及时排水。冬季清除落叶，剪除病梢并集中烧毁。

2）药物防治：发芽前喷布 5 波美度石硫合剂或 45% 晶体石硫合剂 30 倍液。发芽后喷 72% 农用链霉素 3000 倍液、硫酸链霉素 4000 倍液、65% 代森锌 500 倍液，也可用机油乳剂：代森锰锌：水 = 10：1：500 喷布，除防治此病外，还可防止介壳虫、叶螨等害虫。温室栽培时，可把农用链霉素或硫酸链霉素药剂配成粉剂进行喷粉。

5. 樱桃叶斑病

【症状识别】　樱桃叶斑病主要为害叶片，也为害叶柄和果实。叶片发病初期，在叶片正面叶脉间产生紫色或褐色的坏死斑点，同时在斑点的背面形成粉红色霉状物，后期随着斑点的扩大，数斑连接使叶片大部分枯死。有时叶片也形成穿孔现象，造成叶片早期脱落。

【病原】　此病是由一种真菌侵染而引发的病害。

【防治方法】

1）加强果园冬季清园工作，认真清理病叶、落叶，以减少越病原冬菌。

2）及时开沟排水，疏除过密枝条，改善樱桃园通风透光条件，避免园内湿度过大。

3）化学防治：从落花后，病斑初现时即开始喷药防治，每隔 10 天左右喷 1 次，连续用药 2～3 次。药剂可用 70% 代森锰锌可湿性粉剂 500 倍液、70% 甲基托布津可湿性粉剂 1000 倍液、75% 百菌清可湿性粉剂 800 倍液或 50% 多菌灵可湿性粉剂 1500 倍液。

6. 樱桃黑色轮纹病

【症状识别】　樱桃黑色轮纹病主要为害叶片，发病初期，叶片上初生圆形或不规则形的褐色小斑，后病斑扩大，变为茶褐色，有明显的轮纹，上生黑色霉层。

【病原】　樱桃链格孢菌，属半知菌亚门真菌。

【防治方法】

1）选用抗病品种，加强果园管理，合理修剪，增施有机肥，增强树势。

2）在樱桃落叶结束后，彻底清扫落叶，掩埋或直接沤肥，可大大减少次年的越冬菌源基数。

3）发病初期，可喷施下列药剂：50%异菌脲可湿性粉剂 1000～1500 倍液、70%代森锰锌可湿性粉剂 600～800 倍液、65%代森锌可湿性粉剂 500～600 倍液、10%苯醚甲环唑水分散粒剂 2000～3000 倍液、50%苯菌灵可湿性粉剂 1000～1500 倍液。发生严重时，可间隔 10～15 天再喷 1 次。

7. 樱桃病毒病

【症状识别】　樱桃已发现 40 种病毒，症状常因毒原不同表现多种症状。叶片出现花叶、斑驳、扭曲、卷叶、丛生，主枝或整株死亡，坐果少、果子小，成熟期参差不齐等。一般减产 20%～30%，严重的造成失收。

【病原】　主要的种类有李属坏死环斑病毒（PNRSV）、李矮缩病毒（PDV）、苹果褪绿叶斑病毒（ACLSV）、樱桃锉叶病毒（CRLV）等。

【防治方法】

1）农业防治：

① 建园时要选用无毒苗。

② 选用抗性强的品种和砧木。

2）化学防治：萌芽期或花前、谢花 2/3 后、夏至后至秋分前 3 个时期

① 喷雾：对病株及病株周围的果树在萌芽期或花前、谢花 2/3 后（连喷 2 次，间隔 10 天）、夏至后至秋分前（形成明年所有花芽和叶芽的关键时期，一般 7 月中旬前后）3 个时期，共喷雾 4 次，使用奥力克（果树病毒专用）40g + 沃丰素 25mL + 纯牛奶 200mL + 0.2%硫酸锌兑水 15kg，进行喷雾，连续使用 2～3 年。

② 灌根：对病株，在萌芽时期或花期使用奥力克（果树病毒专用）40g 兑水 15kg 进行灌根，主要灌毛细根区，每株浇灌药液 10～20kg 水，具体根据树龄及土壤的干湿度而定，以灌透为目的。

③ 吊瓶输液：萌芽后，使用奥力克（果树病毒专用）40g 兑水 15kg 输液，枝干 15cm 注入量 1kg 左右，树干直径超过 15cm，树干每增加 1cm 再加注射液 0.13kg。

三　樱桃果实病害

1. 樱桃疮痂病

【症状识别】　樱桃疮痂病主要为害果实，也为害枝条和叶片。果实

染病初生暗褐色圆斑，2~3mm，后变为黑褐色至黑色，略凹陷，一般不深入果肉，湿度大时病部长出黑霉，病斑常融合，有时1个果实上多达几十个。叶片染病生多角形灰绿色斑，后病部干枯脱落或穿孔。

【病原】　樱桃黑星菌，属子囊菌。无性态为樱桃黑星孢，属半知菌类真菌。

【防治方法】

1）修剪时注意剪除病梢，可减少菌源，改善通风透光条件。

2）棚室樱桃树要注意放风散湿；露地樱桃园雨季注意排水，严防湿气滞留，降低樱桃园湿度。

3）桃树发芽前喷80%五氯酚钠250倍液。

4）落花后15天，喷洒50%甲基硫菌灵·硫黄悬浮剂800倍液、25%苯菌灵·环己锌乳油800倍液或80%代森锰锌可湿性粉剂500倍液，隔15天喷1次，防至7月即可。

2. 樱桃褐腐病

【症状识别】　樱桃褐腐病主要为害叶、果。叶片染病，多发生在展叶期的叶片上，初在病部表面现不明显褐斑，后扩及全叶，上生灰白色粉状物。嫩果染病，表面初现褐色病斑，后扩及全果，致果实收缩，成为灰白色粉状物，即病菌分生孢子。病果多悬挂在树梢上，成为僵果。

【病原】　樱桃核盘菌，属子囊菌门真菌。

【防治方法】

1）及时收集病叶和病果，集中烧毁或深埋，以减少菌源。

2）合理修剪，改善樱桃园的通风透光条件，避免湿气滞留。

3）开花前或落花后，可用下列药剂：70%甲基硫菌灵可湿性粉剂800~1000倍液、50%多菌灵可湿性粉剂600~800倍液、50%腐霉利可湿性粉剂1500~2000倍液、50%异菌脲可湿性粉剂1000~1500倍液、77%氢氧化铜可湿性粉剂500~800倍液、80%代森锰锌可湿性粉剂500~600倍液或50%琥胶肥酸铜可湿性粉剂500~600倍液等均匀喷施。

四　樱桃根部病害

樱桃根部病害主要为樱桃根癌病。

【症状识别】　肿瘤多发生在表土下根颈部、主根与侧根连接处或接穗与砧木愈合处。病菌从伤口侵入，形成肿瘤（见彩图47）。初期肿瘤为乳白色或略带红褐色，后期内部木质化，颜色渐深变成深褐色，质地较硬，表面粗糙，并逐渐龟裂，多为球形或扁球形。患病早期，苗木或树体的地上部分无明显症状。随肿瘤变大，细根变少，树势变弱，病株生长矮小，叶色黄化，提早落叶，影响产量和品质，严重时全株干枯死亡。

【病原】 根癌土壤杆菌，属土壤野杆菌属细菌。病菌有3个生物型：Ⅰ型和Ⅱ型主要侵染蔷薇科植物；Ⅲ型寄主范围较窄，只为害葡萄和悬钩子等植物。

【防治方法】

1）选择利用抗根癌的砧木，如马哈利樱桃、中国樱桃、酸樱桃砧木发病较轻，感病率分别为1.3%、9.4%~11.2%、10.94%，而实生甜樱桃发病最重，可达30%~50%。所以，应选择山东草樱桃、辽宁的山樱桃作为砧木。

2）对外运苗木必须进行严格检疫和消毒。可用石灰乳（石灰:水 = 1:5）蘸根或用100倍硫酸铜水溶液浸根4~8min，然后用清水冲洗干净再定植。

3）发病重的苗木或大树，坚决刨除烧掉。在树干上早期发现病瘤应及时刮除烧掉，同时用5波美度石硫合剂或1%五氯酚钠水溶液消毒伤口，再涂波尔多液保护。同时，刮下的病瘤要立即烧掉。

第二节 樱桃园虫害诊断及防治

一 樱桃枝干害虫

1. 水木坚蚧

【症状识别】 成虫、若虫刺吸枝叶汁液而使植株生长衰弱，同时有些种类分泌出大量排泄物，易诱发煤污病，影响其生长和开花。

【形态特征】

1）成虫：雌虫体长6~6.3mm，宽4.5~5.3mm，黄褐色，椭圆或圆形，背面略突起，椭圆形个体从前向后斜，圆形者急斜；死体为暗褐色，背面有光亮皱脊，中部有纵隆脊，其两侧有成列大凹点，外侧又有多数凹点，并且越向边缘越小，构成放射状隆线，腹部末端有臀裂缝。雄虫体长1.2~1.5mm，翅展3~3.5mm，红褐色，翅为黄色，呈网状透明，腹末具有2根长白蜡丝。

2）卵：椭圆形，长0.2~0.25mm，宽0.1~0.15mm，初为白色且

呈半透明状，后为浅黄色，孵化前为粉红色，并且微覆白蜡粉。

3）若虫：1 龄呈扁椭圆形，长 0.3mm，浅黄色，体背中央有 1 条灰白色纵线，腹末生 1 对白长尾毛，约为体长的 1/3 ~ 1/2。眼为黑色，触角、足发达。2 龄呈扁椭圆形，长 2mm，外有极薄蜡壳，越冬期体缘的锥形刺毛增至 108 条，触角和足均存在。3 龄雌若虫渐形成柔软光面的灰黄色介壳，沿体纵轴隆起较高，侧缘为浅灰黑色，最后体缘出现皱褶与雌成虫相似。

4）蛹：长 1.2 ~ 1.7mm，宽 0.8 ~ 1mm，暗红色。

5）茧：半透明，长椭圆形，前半部突起，仅雄虫有蛹。

【发生规律】　华南及新疆吐鲁番等地每年发生 2 ~ 3 代，在糖槭、刺槐、葡萄上每年发生 2 代，余者为 1 代。以 2 龄若虫在嫩枝阴面芽鳞处或树皮裂缝内越冬。第 1 代若虫孵化盛期因地而异，山东、河南为 5 月下旬，成都为 5 月中旬至 6 月上旬，天津为 5 月下旬至 6 月，新疆为 6 月上旬，沈阳、西安为 6 月中旬，包头、长春为 6 月下旬。初孵若虫在母体下滞留 2 ~ 5 天后分散至叶背为害，后转移到叶柄和嫩枝上固定。第 2 代若虫集中在叶背的叶脉上为害。

【防治方法】

1）冬季或早春刮去主干粗皮，集中烧毁，可大幅度降低当年的虫口密度。

2）春季若虫向枝梢迁移前，在主干分叉处涂蓟环（废机油混合乐果或敌杀死、马拉硫磷）可阻止若虫上树。

3）每年春季当植物花芽膨大时，寄生蜂还未出现，若虫分泌蜡质介壳之前，向植物上喷洒药剂效果较好。为提高药效，药液里最好混入 0.1 ~ 0.2% 洗衣粉。可用药剂：

① 菊酯类：2.5% 敌杀死或功夫乳油或 20% 灭扫利乳油 4000 ~ 5000 倍液、20% 速灭杀丁乳油 3000 ~ 4000 倍液、10% 氯氰菊酯乳油 1000 ~ 2000 倍液。

② 有机磷类：50% 马拉硫磷或杀螟松或稻丰散乳油 1000 倍液、80% 敌敌畏乳油 800 ~ 1000 倍液。

③ 菊酯有机磷复配剂：20% 菊马或溴马乳油等常用浓度。若同含油量 0.3 ~ 0.5% 柴油乳剂或 94% 机油乳剂 50 倍液混用有很好的杀死作用。

4）注意保护和利用天敌。

2. 糠片盾介

【症状识别】　若虫、雌成虫刺吸枝干、叶和果实的汁液，重者叶干枯卷缩，削弱树势甚至枯死。

【形态特征】

1）成虫：长圆形或不正椭圆形，长 1.5～2mm，灰白色、灰褐色、浅黄褐色，中部稍隆起，边缘略斜；蜡质渐薄，色浅；壳点很小且呈椭圆形，暗黄绿色至暗褐色，叠于第 2 蜕皮壳的前方边缘；第 2 蜕皮壳近圆形且颇大，黄褐色至深褐色，接近介壳边缘。雌虫呈椭圆形，长 0.8mm，紫红色。雄介壳为灰白色，狭长而小，壳点呈椭圆形，暗绿褐色，于介壳前端。雄虫为浅紫色，触角和翅各 1 对，足 3 对，性刺呈针状。

2）卵：椭圆形或长卵形，长 0.3mm，浅紫色。

3）若虫：初孵呈扁平椭圆形，长 0.3～0.5mm，浅紫红色，足 3 对，触角、尾毛各 1 对。固定后触角和足退化。

4）蛹：近长方形，紫色，长 0.55mm，宽 0.25mm，腹末交尾器长而发达，具尾毛 1 对。

【发生规律】 南方每年发生 3～4 代。以雌成虫和卵越冬。四川重庆每年发生 4 代，各代发生期：4～6 月，6～7 月，7～9 月，10 月至次年 4 月。4 月下旬起当年春梢上若虫陆续发生，6 月中旬达高峰。湖南衡山、长沙每年发生 3 代。各代若虫发生期：5 月，7 月，8～9 月。第 1 代主要于枝叶上为害，第 2 代开始向果实上转移为害，7～10 月发生量最大，为害严重。

【防治方法】

1）加强综合管理，使通风透光条件良好，增强树势，提高植株的抗病虫能力。

2）剪除虫害严重枝，放在空地上待天敌飞出后再行烧毁。也可刷除枝干上密集的介壳虫。

3）保护和利用天敌。天敌有日本方头甲、多种瓢虫和小蜂。

4）化学防治。以若虫分散转移期施药最佳，虫体无蜡粉和介壳，抗药力最弱。可用 40% 乐果乳油 500～1000 倍液或 50% 马拉硫磷乳油 600～800 倍液、80% 敌敌畏乳油 800 倍液、25% 亚胺硫磷或杀虫净或 30% 苯溴磷等乳油 400～600 倍液、50% 稻丰散乳油 1500～2000 倍液。也可用矿物油乳剂，夏秋两季用含油量 0.5% 冬季用 3%～5%；或者用松脂合剂，夏秋两季用 18～20 倍液，冬季 8～10 倍液。若化学农药和矿物油乳剂混用效果更好，对已分泌蜡粉或蜡壳者也有防效。松脂合剂配比：烧碱:松香:水 = 2:3:10。

3. 长白蚧

【症状识别】　以若虫和雌成虫刺吸汁液为害。

【形态特征】

1）成虫：雌成虫体长 0.6～1.4mm，梨形，浅黄色，无翅。雄成虫体长 0.5～0.7mm，浅紫色，头部颜色较深，翅 1 对，白色半透明，腹末有 1 个针状交尾器。

2）卵：椭圆形，长约 0.23mm，宽约 0.11mm。浅紫色，卵壳为白色。

3）若虫：初孵若虫呈椭圆形，浅紫色，触角和足发达，腹末有尾毛 2 根，能爬行。1 龄若虫后期体长约 0.39mm，2 龄若虫体长 0.36～0.92mm，体色有浅黄色、浅紫色和橙黄色等多种，触角和足退化，3 龄若虫为浅黄色，梨形。

4）前蛹：浅黄色，长椭圆形，长 0.6～0.9mm，腹末有尾毛 2 根。

5）蛹：紫色。长 0.66～0.85mm，腹末有 1 个针状交尾器。长白蚧的介壳为灰白色，较细长，前端较窄，后端稍宽，头端背面有 1 个褐色壳点。雌虫介壳在灰白色蜡壳内还有一层褐色盾壳，雄虫介壳较雌虫介壳小，内无褐色盾壳。

【发生规律】　1 年发生 3 代。以老熟雌若虫和雄虫前蛹在枝干上越冬。次年 3 月下旬至 4 月下旬时雄成虫羽化，4 月中、下旬雌成虫开始产卵。第 1、2、3 代若虫孵化盛期分别在 5 月中下旬、7 月中下旬，以及 9 月上旬至 10 月上旬。第 1、2 代若虫孵化比较整齐，而第 3 代孵化期持续时间长。

【防治方法】

1）苗木检验：从无长白蚧的苗圃调运苗木；如果发现有长白蚧，应在若虫孵化盛期将其彻底消灭。

2）加强果园管理：合理施肥，注意氮、磷、钾的配合；及时除草，剪除徒长枝，通风透光，避免郁闭；低洼地，注意开沟排水。

3）保护天敌：化学防治时，应选择残效期短，对益虫影响小的药剂种类。

4）化学防治：狠治第 1 代，重点治第 2 代，必要时补治第 3 代。施药适期应在卵孵化末期至 1、2 龄若虫期。防治第 1、2 代可用 25% 亚胺硫磷乳剂、50% 马拉松乳剂、50% 辛硫磷剂乳剂 800 倍液，以及合成洗衣粉 100～200 倍液或棉油皂 50 倍液。第 3 代可用 10～15 倍松脂合剂。

在若虫盛孵末期及时喷洒50%马拉硫磷乳油800倍液、50%辛硫磷乳油、25%爱卡士乳油或25%扑虱灵可湿性粉剂1000倍液。第3代可用10～15倍松脂合剂或蒽油乳剂25倍液防治。也可在秋冬两季喷洒0.5波美度石硫合剂。

4. 草履蚧

【症状识别】 若虫和雌成虫常成堆聚集在芽腋、嫩梢、叶片和枝杆上，吮吸汁液为害，造成植株生长不良，导致早期落叶（见彩图48）。

【形态特征】

1）成虫：雌成虫体长达10mm左右，背面为棕褐色，腹面为黄褐色，被一层霜状蜡粉。触角8节，节上多。粗刚毛；足为黑色，粗大。体扁，沿身体边缘分节较明显，呈草鞋底状。雄成虫体为紫色，长5～6mm，翅展10mm左右；翅为浅紫黑色，半透明，翅脉2条，后翅小，仅有三角形翅茎；触角10节，因有缢缩并环生细长毛，似有26节，呈念珠状。腹部末端有4根体肢。

2）卵：初产时为梅红色，有白色絮状蜡丝粘裹。

3）若虫：初孵化时为棕黑色，腹面颜色较浅，触角为棕灰色，唯第3节为浅黄色，很明显。

4）雄蛹：棕红色，有白色薄层蜡茧包裹，有明显翅芽。

【发生规律】 每年发生1代。以卵在土中越夏和越冬。次年1月下旬至2月上旬，在土中开始孵化，能抵御低温，在"大寒"前后的堆雪下也能孵化，但若虫活动迟钝，在地下要停留数日，温度高，停留时间短，天气晴暖，出土个体明显增多。孵化期要延续1个多月。若虫出土后沿茎干向上爬至梢部、芽腋或初展新叶的叶腋刺吸为害。雄性若虫4月下旬化蛹，5月上旬羽化为雄成虫，羽化期较整齐，前后1个星期左右，羽化后即觅偶交配，寿命2～3天。雌性若虫经3次蜕皮后即变为雌成虫，自茎干顶部继续下爬，经交配后潜入土中产卵。

【防治方法】

1）农业防治：在雄虫化蛹期和雌虫产卵期，清除附近虫体。

2）生物防治：保护和利用天敌昆虫，如红环瓢虫。

3）化学防治：孵化始期后40天左右，可喷施30号机油乳剂30～40倍液、喷棉油皂液（油脂厂副产品）80倍液，喷施一般洗衣粉液也可，对植物更安全；或者喷25%西维因可湿性粉剂400～500倍液，作用快速，对人体安全；或者喷5%吡虫啉乳油、50%杀螟松乳油1000倍液，尽量少损伤天敌。

5. 樱桃红颈天牛

【症状识别】 樱桃红颈天牛以幼虫蛀食树干和大枝，先在皮层下纵横串食，然后蛀入木质部，深达树干中心。虫道有规则，蛀孔外堆积有木屑状虫粪，易引起流胶；受害植株树体衰弱，严重者甚至死亡。

【形态特征】

1）成虫：体长 28～37mm，黑色且有光泽，前胸背部为棕红色。触角呈鞭状，共 11 节。

2）卵：长椭圆形，长 3～4mm。

3）幼虫：老熟幼虫体长 50mm，黄白色，头小，腹部大，足退化。

4）蛹：体长 36mm，荧白色，为裸蛹。

【发生规律】 2～3 年发生 1 代。以幼虫在树干隧道内越冬。春季树液流动后越冬幼虫开始为害。4～6 月，老熟幼虫在木质部以分泌物黏结粪便和木屑作茧化蛹。6～7 月化为成虫，钻出交尾，产卵在树干和粗枝皮缝中。产卵后 10 天卵孵化为幼虫，蛀入皮层内一直在枝干内为害。

【防治方法】

1）人工挖除幼虫或捕捉成虫：经常检查树干，发现新鲜虫粪时即用刀将幼虫挖出；在成虫羽化期捕打成虫。

2）成虫羽化前，用 10 份生石灰、1 份硫黄和 4 份水调成的涂白剂在枝干上涂刷，防止成虫产卵。

3）熏杀幼虫：5～9 月均可进行，找到深入木质部的虫孔，用铁丝勾出虫粪，塞入 1g 磷化铝药片，或者塞入蘸敌敌畏的棉球而后用泥将蛀孔堵死，可杀死深入木质部的老幼虫。虫口密度大时可用塑料薄膜将树干包扎严密，上下两头用绳扎紧，扎口处将粗皮刮平，扎口前放入磷化铝片，树干表面投放 $50g/m^2$。磷化铝遇水放出磷化氢毒气，可以杀死皮内幼虫，一般皮层内及皮和木质间的幼虫均可被杀死。

4）刮皮去卵：对主枝主干刮皮，刮去虫卵。也可利用主干涂白，防止成虫产卵。

5）化学防治：幼虫越小，治得越早，对树体的危害越轻。因此，在 8～9 月幼虫活动期尽早采用化学防治。一是利用毒棉球堵塞虫孔，棉球是用 500 倍的乐果或敌敌畏浸泡过的；棉球的大小是依粪便的多少来定的，棉球塞好后用黄泥将排粪孔封严，以便充分发挥药物的熏蒸效果；二是向蛀孔内注射乐果 1000 倍液或敌敌畏 800 倍液。

6. 樱桃金缘吉丁虫

【症状识别】 幼虫蛀入树干皮层内纵横串食，故又叫串皮虫。幼树受虫害部位树皮凹陷变黑，大树虫道外症状不明显。由于树体输导组织被破坏而引起树势衰弱，枝条枯死。

【形态特征】

1) 成虫：体长15mm，绿色，有金属光泽；前胸背板和翅鞘外缘为金红色。

2) 卵：圆形，似芝麻状。

3) 幼虫：体扁平，乳白色或乳黄色。

【发生规律】 3年发生1代。以不同龄期幼虫在被害枝干皮层下或木质部蛀道内越冬。次年早春第1年与第2年越冬幼虫继续蛀食为害，第3年越冬老熟幼虫开始化蛹，蛹期15~30天。成虫羽化期在5月上旬至7月上旬。成虫产卵多在树皮缝和伤口处，5月下旬以后产卵最多。卵期10~15天，6月上旬孵化为幼虫，蛀入树皮为害，初龄幼虫仅在蛀入处皮层下为害，3龄以后串食。

【防治方法】

1) 冬季或早春刮除老树皮，可刮出刚蛀入树皮的小幼虫。及早消灭越冬幼虫。

2) 及时清除死树、死枝，以减少虫源。

3) 化学防治：果实采收后用90%晶体敌百虫600倍液或48%乐斯本乳油800~1000倍液喷洒主干和树皮。此虫发生期在树上喷施80%敌敌畏乳油800~1000倍液或90%晶体敌百虫800~1000倍液。

7. 樱桃桑白蚧

【症状识别】 樱桃桑白蚧以雌成虫和若虫群集固定在枝条和树干上吸食汁液为害（见彩图49），叶片和果实上发生较少。枝条和树干被害后树势衰弱，严重时枝条干枯死亡，一旦发生而又不采取有效措施防治，则会在3~5年内造成全园被毁。近年来，温室栽培核果类果树桑白蚧的发生与为害比露地栽培的严重。

【形态特征】

1) 成虫：雌成虫为橙黄色或橙红色，体扁平呈卵圆形，长约1mm，腹部分节明显。雌介壳呈圆形，直径为2~2.5mm，略隆起，有螺旋纹，灰白色至灰褐色，壳点为黄褐色，在介壳中央偏旁。雄成虫为橙黄色至橙红色，体长0.6~0.7mm，仅有1对翅。雄介壳细长，白色，长约

1mm，背面有 3 条纵脊，壳点为橙黄色，位于介壳的前端。

2）卵：椭圆形，长径仅为 0.25～0.3mm。初产时为浅粉红色，渐变为浅黄褐色，孵化前为橙红色。

3）幼虫：初孵若虫为浅黄褐色，扁椭圆形，体长 0.3mm 左右，可见触角、复眼和足，能爬行，腹末端具尾毛两根，体表有绵毛状物遮盖。脱皮之后眼、触角、足、尾毛均退化或消失，开始分泌蜡质介壳。

【发生规律】 每年发生 2 代。以受精雌成虫在枝条上越冬。樱桃树芽萌动后开始吸食汁液，4 月下旬至 5 月上旬产卵于雌介壳下，每只雌虫可产卵 40～400 粒，雌虫产完卵就干缩死去，仅保留介壳。卵经过 7～14 天孵化。第 1 代若虫于 5 月中旬出现。初孵若虫在雌介壳下停留数小时即爬出，分散于枝条上为害，经过 8～10 天后虫体上覆盖白色蜡粉，逐渐形成介壳。6 月中、下旬雄成虫羽化，与雌虫交尾后很快死去。雌虫交尾后腹部逐渐膨大，7 月初产第 2 代卵，7 月中、下旬出现第 2 代若虫，9 月下旬至 10 月初雌成虫交尾受精后越冬。

【防治方法】

1）冬季清除树体上的虫体，春季桃芽萌发前，喷洒 3～5.5 波美度石硫合剂、3%～5% 柴油乳剂或 5%～6% 煤焦油乳剂，对介壳虫有较好的防治效果，杀灭越冬雌成虫。

2）生长季节，药剂防治抓住两个关键时期，5 月中下旬和 7 月下旬至 8 月上旬，即若虫孵化还未形成介壳之前，常用药剂有毒死蜱、吡虫啉、30% 啶虫脒和噻虫嗪等。

8. 樱桃苹果透翅蛾

【症状识别】 樱桃苹果透翅蛾以幼虫在枝干皮层蛀食。蛀道内充满赤褐色液体，蛀孔处堆积赤褐色细小的粪便，引起树体流胶，树势衰弱。

【形态特征】

1）成虫：体长 15mm，翅展 30mm，全体为蓝黑色，有光泽。腹部背面 4～5 节后缘有鲜明的黄带，两侧包向腹部，金黄色。第 2 腹节有不明显的黄带，腹端毛丛为黑色。翅大部分透明，前缘至后缘有 1 条较粗的黑纹，前翅前缘和后缘有黄色鳞毛；后翅透明，外缘有狭细黑纹。

2）卵：长约 0.5mm，扁椭圆形，浅黄色，表面不光滑，具有白色刻纹，近孵化时变为浅褐色。

3）幼虫：老龄幼虫长 20～25mm。头为黄褐色；胴部为乳白色，略带黄褐色；背线为浅红色。各节背侧疏生细毛，头部及尾部较长。

4）蛹：长约15mm，黄褐色，近羽化时为黑褐色。腹部各节背面有刺突，尾端有6个小突起，并生有细毛。

【发生规律】　1年发生1代。以3～4龄幼虫在树干皮层下的虫道中结茧越冬。次年4月上旬，越冬幼虫开始活动，继续蛀食为害。5月下旬至6月上旬幼虫老熟化蛹；化蛹前幼虫先在被害部位咬1个圆形羽化孔，但不咬破表皮，然后吐丝缀连虫粪和木屑，做长椭圆形茧化蛹，蛹期10～15天。成虫羽化盛期为6月中旬至7月上旬。成虫白天活动，交尾后2～3天产卵，每只雌虫产卵20余粒。成虫多在树干或大枝的粗皮裂缝、伤疤等处产卵。产卵前先排出黏液，以便幼虫孵化后蛀入皮层为害。11月幼虫做茧越冬。

【防治方法】　在见到主干有虫粪排出和赤褐色汁液外流时，人工挖除幼虫；在发芽前用50%敌敌畏乳油10倍液涂虫疤，杀死当年蛀入皮下的幼虫，在成虫羽化期（6～7月）喷洒80%敌敌畏乳油800～1000倍液，15天后再喷1次，可消灭成虫和初孵幼虫。

二　樱桃叶部害虫

1. 山樱桃黑瘤蚜

【症状识别】　山樱桃黑瘤蚜主要为害樱桃叶片。叶片受害后向正面肿胀凸起，形成花生壳状的伪虫瘿，初略呈红色，后变枯黄，5月底发黑、干枯，严重影响植株生长。

【形态特征】　无翅孤雌蚜：体长1.4mm，宽0.97mm。头部为黑色，胸部、腹背面为深色，各节间色浅。第1、2腹节各有1条横带与缘斑相合，第3～8横带与缘斑融合为1个大斑，节间处有时为浅色。体表粗糙，有颗粒状构成的网纹。额瘤明显，内缘圆外倾，中额瘤隆起。腹管呈圆筒形，尾片呈短圆锥形，有曲毛4～5根。有翅孤雌蚜：头部、胸部为黑色，腹呈色浅。第3～6腹节各有1条宽横带或破碎狭小的斑，第2～4节缘斑大，腹管后斑大，前斑小或不明显。触角第3节有小圆形次生感觉圈41～53个，第4节有8～17个，第5节有0～5个。

【发生规律】　每年发生多代。以卵在樱桃幼枝上越冬。春季萌芽时卵孵化成干母，干母在3月底于叶端部侧缘形成花生壳状伪虫瘿，并在瘿内发育、为害和繁殖，被害叶背凹陷，叶面突起在泡状瘿，虫瘿长2～4cm，初为微红色，后变枯黄，4月底出现有翅孤雌蚜并向外飞迁，

10 月中下旬产生性蚜并在幼枝上产卵越冬。

【防治方法】

1）3 月上旬，在黑瘤蚜卵孵化后和虫瘿形成前，喷 40% 氧乐果或 50 辛硫磷乳剂 2000 倍液进行防治。

2）可 4 月下旬人工摘除虫叶并集中销毁。

3）喷洒 2.5% 功夫乳油 2500 倍稀释液，缺水地区则用 40% 氧乐果乳油 5 倍稀释液涂于叶片，其保叶效果均在 90% 以上。

4）成虫时喷洒 3% 啶虫脒乳油 1500～3000 倍液或 10% 吡虫啉可湿性粉剂 2000～2500 倍液进行药剂防治。

2. 樱桃舟形毛虫

【症状识别】 幼虫有群集性，先食先端叶片的背面，将叶肉吃光，而后群体分散，将叶片吃光仅剩主脉和叶柄。

【形态特征】

1）成虫：体长 25mm 左右，翅展约 25mm。体为黄白色。前翅有不明显的波浪纹，外缘有黑色圆斑 6 个，近基部中央有银灰色和褐色各半的斑纹。后翅为浅黄色，外缘杂有黑褐色斑。

2）卵：圆球形，直径约 1mm，初产时为浅绿色，近孵化时变为灰色或黄白色。卵粒排列整齐而成块。

3）幼虫：老熟幼虫体长 50mm 左右。头为黄色，有光泽，胸部背面为紫黑色，腹面为紫红色，体上有黄白色。静止时，头部、胸部和尾部上举如舟，故称"舟形毛虫"。

4）蛹：体长 20～23mm，暗红褐色。蛹体密布刻点，臀棘 4～6 个，中间 2 个大，侧面 2 个不明显或消失。

【发生规律】 每年发生 1 代。以蛹生树冠下 1～18cm 土中越冬。次年 7 月上旬至 8 月上旬羽化，7 月中、下旬为羽化盛期。成虫昼伏夜出，趋光性较强，常产卵于叶背，单层排列，密集成块。卵期约 7 天。8 月上旬幼虫孵化，初孵幼虫群集叶背，啃食叶肉呈灰白色透明网状，长大后分散为害，白天不活动，早晚取食，常把整枝、整树的叶子蚕食光，仅留叶柄。幼虫受惊有吐丝下垂的习性。8 月中旬至 9 月中旬为幼虫期。幼虫 5 龄，幼虫期平均 40 天，老熟后，陆续入土化蛹越冬。

【防治方法】

1）冬季和春季结合树穴深翻松土挖蛹，集中收集处理，减少虫源。

2）灯光诱杀成虫：因害虫成虫具有强烈的趋光性，可在 7 月和 8 月成虫羽化期设置黑光灯，诱杀成虫。

3）利用初孵幼虫的群集性和受惊吐丝下垂的习性，少量树木且虫量不多时，可摘除虫叶、虫枝和振动树冠杀死落地幼虫。

4）化学防治：低龄幼虫期喷20%灭幼脲悬浮剂1000倍液。树多且虫量大时，可喷500～1000倍的每毫升含孢子100亿个以上的BT乳剂杀灭较高龄幼虫。虫量过大，必要时可喷80%敌敌畏乳油1000倍液、90%晶体敌百虫1500倍液或20%菊杀乳油2000倍液均有效。

5）人工释放卵寄生蜂。

3. 樱桃大青叶蝉

【症状识别】 幼虫叮吸枝叶的汁液，引起叶色变黄，提早落叶，并削弱树势；成虫产卵在枝条树皮内，造成枝干损伤，水分蒸发量增加，影响安全越冬，引起抽条或冻害。

【形态特征】

1）成虫：体长7～10mm，雄虫较雌虫略小，青绿色。头部为橙黄色，左右各具1个小黑斑；单眼2个，红色，单眼间有2个多角形黑斑。前翅革质，绿色微带青蓝色，端部色浅，近半透明；前翅反面、后翅且腹背均为黑色，腹部两则和腹面为橙黄色。足为黄白色至橙黄色，跗节3节。

2）卵：长卵圆形，微弯曲，一端较尖，长约1.6mm，乳白色至黄白色。

3）若虫：共5龄，初龄为灰白色；2龄为浅灰色且微带黄绿色；3龄为灰黄绿色，胸腹背面有4条褐色纵纹，出现翅芽；4、5龄同3龄，老熟时体长6～8mm。

【发生规律】 每年发生3代。以卵块在枝干春皮下越冬。次年早春孵化，第1、2代为害杂草或其他农作物，第3代在9～10月为害樱桃。

【防治方法】

1）消灭果园和苗圃内及四周杂草。

2）喷80%敌敌畏乳剂1000倍液或20%氰戊菊酯1500～2000倍液，杀死若虫和成虫。

3）利用成虫趋光性，设置黑光灯诱杀成虫。

4. 樱桃苹小卷叶蛾

【症状识别】 越冬幼虫出蛰后食害嫩芽，吐丝缀连嫩叶和花蕾为害，使叶片和花蕾呈缺刻状。幼果期幼虫尚可啃食果皮和果肉。小幼虫为害使果面呈小坑洼状，幼虫稍大后为害果面呈片状的凹陷大伤疤。

【形态特征】

1）成虫：体长 6～8mm，翅展 15～20mm，黄褐色，前翅有 2 条褐色斜纹。

2）卵：扁平椭圆形，长径为 0.7mm，浅黄色且半透明，孵化前为黑褐色，数十粒卵排列成鱼鳞状，多产于叶面、果面上。

3）幼虫：体长 13～18mm，细长，翠绿色。

4）蛹：体长 9～11mm，较细长，黄褐色。

【发生规律】　一般每年发生 3～4 代。以低龄幼虫在树皮缝、剪锯口等处结白色小茧越冬。次年 4 月中下旬大樱桃发芽时，越冬幼虫开始出蛰，为害幼芽、嫩叶和幼果。5 月上中旬出现越冬代成虫，6 月上中旬为 1 代幼虫发生盛期，为害也为全年最重期。

【防治方法】

1）搞好冬春两季的清园工作，消灭越冬害虫。在大樱桃休眠期，结合冬剪和春季管理，彻底剪除树上的干橛、刮除树体粗老翘皮、清除田间残枝落叶，集中烧毁。越冬幼虫出蛰前，用杀虫剂涂抹剪锯口、枝杈等处进行早期防治。

2）摘除卷叶虫苞，减轻幼虫为害。现代大樱桃管理多采取周年修剪技术，而且该虫为害所形成的虫苞、卷叶目标明显，容易识别和发现。在各代幼虫发生期，可结合春夏两季拉枝、修剪、摘心、扭梢等操作，随时摘除虫苞和卷叶，即可有效地减轻幼虫为害，保证树体正常生长，同时还可大大减少防治用药，节省成本，保证产品质量安全。

3）突出关键时期，搞好化学防治。一是掌握好用药时间。提倡治早，突出早防，将传统的幼虫期防治调整为卵盛期或卵孵化盛期用药，最好在幼虫卷叶为害之前。最佳防治时期为 4 月中下旬出蛰盛期和 5 月下旬至 6 月上旬第 1 代卵盛期或卵孵化盛期。二是两次用药，防前治后。由于受小气候和立地环境影响，虫害发生有早有晚，虫态不齐，一次用药很难奏效。所以，每个关键防治时期最好用药 2 次，第 1 次用药后 5～7 天再喷 1 次。三是选择高效低毒，符合食品质量安全，兼有触杀、胃毒作用，残效期相对较短的无公害药剂。常用的药剂有：1% 苦参碱鳞螨蚧多杀 1000～1200 倍液、1% 苦参碱虫螨全杀 2000～2500 倍液、24% 甲氧虫酰肼 4000～5000 倍液、48% 毒死蜱 1200～1500 倍液、2.5% 菜喜 1000～1500 倍液、5% 美除 1000～2000 倍液等。为延缓抗药性的产生，药剂应交替使用。四是注意喷药质量。喷药保证喷匀喷透，药液全面覆盖。同时，在药液中适当添加其他助剂，以增强药液的展布性和渗透性。

5. 樱桃苹毛金龟子

【症状识别】 樱桃金龟子是苹毛金龟子、东方金龟子、铜绿金龟子。主要以成虫在花期啃食大樱桃树的嫩枝、芽、幼叶、花蕾和花。幼虫取食树体的幼根。

【形态特征】

1）成虫：体长 9~12mm，宽 6~7mm，长卵圆形；除鞘翅和小盾片外全体被黄白色细绒毛；鞘翅光滑无毛，黄褐色，半透明，具浅绿色光泽。鞘翅上隐约有"V"形后翅。腹末露出鞘翅外。头部、胸部为古铜色，有光泽；触角呈鳃叶状，9 节。

2）卵：椭圆形，由乳白色变为米黄色。

3）幼虫：体长 15mm，头部为黄褐色，胸腹部为乳白色。头部前顶刚毛有 7~9 根，排成一纵列；后顶刚毛有 10~11 根，呈簇状。额中两侧各 2 根刚毛较长。胸足有细毛，5 节，无腹足。

4）蛹：裸蛹初为白色，后渐变为黄褐色。

【发生规律】 1 年发生 1 代。以成虫在土中越冬。在河南省次年 3 月下旬开始出土活动，4 月上旬至 4 月下旬为害最重，5 月中旬成虫活动停止，4 月下旬至 5 月上旬为产卵盛期，5 月下旬至 6 月上旬为幼虫发生期，8 月中下旬是化蛹盛期，9 月中旬开始羽化，羽化后不出土，在土中越冬。

【防治方法】

1）利用成虫的假死性，于清晨或傍晚振树捕杀成虫。

2）在成虫出土前，树下施药剂，可用 25% 辛硫磷微胶囊 100 倍液处理土壤。

3）果树施有机肥时，捡拾幼虫和蛹或用上述药剂进行处理。

4）梨树近开花前施药，果园常用有机磷剂 1000~1500 倍液和菊酯类 1500~2000 倍液。

6. 东方金龟子

【症状识别】 东方金龟子主要以成虫在花期啃食大樱桃树的嫩枝、芽、幼叶、花蕾和花。

【形态特征】

1）成虫：体长 8~10mm，卵圆形，全身黑色，翅鞘上有黑褐色短绒毛，没有光泽，并有 10 条纵列隆起线。前胸背板和翅上密布许多点刻。腹部最后 1 对气门露在鞘翅处。

2）卵：椭圆形，乳白色，长约 2mm。

3）幼虫：体长 15～16mm，乳白色，体多皱且常弯曲，头部为黄褐色。

4）蛹：长 6～9mm，黄褐色，复眼为朱红色。

【发生规律】 1 年发生 1 代。以成虫越冬。次年 4 月上旬成虫出土期长达 2 个多月。成虫于 4 月下旬至 5 月交配，6 月结束。成虫羽化后，绝大多数当年不出土，在深度 60cm 以下越冬。

【防治方法】

1）利用成虫假死性和群集为害的特点，选择温暖、无风的晚上 6～8 时，在成虫为害明显的树下铺上塑料薄膜，采取人工振落捕杀的方法，效果良好。

2）对连续为害明显的花木，在傍晚成虫出没的高峰时段用 40% 氧乐果乳油 1000 倍液或 90% 敌百虫 800 倍液等气味较浓的药液喷洒树冠周围，可杀死大部分成虫，没被杀死的一般也会迁飞他处。

3）根据成虫趋光性强的习性，有条件的地方每 3～5 亩可安装一盏黑光灯诱杀。

4）草坪和园林树木施有机肥时，一定要腐熟和消毒后使用，东方金龟子嗜好鸡粪，使用时要特别注意。这种金龟子主要在浅层土壤中生活，初冬做好冬灌、春季浇透返青水可消灭大部分越冬成虫。

5）在成虫和幼虫为害盛期，下雨或浇水前每亩撒 3% 呋喃丹颗粒 3kg。

7. 铜绿金龟子

【症状识别】 幼虫为害植物根系，使寄住植物叶子萎黄甚至整株枯死，成虫群集为害植物叶片。

【形态特征】

1）成虫：体长 19～21mm，宽 9～10mm。体背为铜绿色，有光泽。前胸背板两侧为黄绿色，鞘翅为铜绿色，有 3 条隆起的纵纹。

2）卵：长约 40mm。椭圆形，初时为乳白色，后为浅黄色。

3）幼虫：长约 40mm，头部为黄褐色，体为乳白色，身体弯曲呈"C"形。

4）蛹：裸蛹。椭圆形，浅褐色。

【发生规律】　每年发生1代。以幼虫在土中越冬。春季土壤解冻后,幼虫开始由土壤深层向上移动。4月中下旬,当平均地温达14℃左右时,大部分幼虫上升到地表,取食植物的根系。4月下旬至5月上旬,幼虫做土室化蛹。6月上旬出现成虫。成虫发生盛期在6月下旬至7月上旬。

【防治方法】

1) 利用趋光性诱杀成虫。铜绿金龟子成虫趋光性很强,可用黑光灯诱杀,晚间8~10时开灯即可。

2) 利用趋化性诱杀成虫。铜绿金龟子成虫对糖醋液和酸菜汤有明显的趋性。

3) 在果园内尽量不种大豆、花生、甘薯、苜蓿,不施未经腐熟的有机肥。

4) 成虫发生期喷药防治,药剂种类和浓度同黑绒鳃金龟。

三　樱桃果实害虫

樱桃果实害虫主要为樱桃果蝇。

【症状识别】　为害樱桃的果蝇有4个种,分别为斑翅果蝇、黑腹果蝇、伊米果蝇和海德氏果蝇。樱桃果蝇只为害成熟或开始腐烂的樱桃果实,成熟度越高则为害越重。成虫将卵产在樱桃果皮下,卵孵化后,以幼虫蛀食为害,幼虫先在果实表层为害,然后向果心蛀食,随着幼虫的蛀食,果实逐渐软化、变褐、腐烂。受害初期的果实不易发觉,随着幼虫的取食,为害处发软,表皮呈水渍状,稍用力捏,便有汁液冒出,进而果肉变褐,此为幼虫取食后排出的虫粪。一般幼虫在果肉内5~6天便发育成老熟幼虫并咬破果皮脱果,脱果孔为1mm大小。一粒果实上往往有多头果蝇为害,幼虫脱果后表皮上留有多个虫眼,被蛀食后的果实很快变质腐烂,造成较大的经济损失。

【形态特征】

(1) 斑翅果蝇　形态特征如下:

1) 成虫:2~3mm,体宽5~6.5mm;复眼为红色;体为黄褐色;腿部粗短,带有黑色环纹;翅透明。雄成虫双翅的外端各具有1个明显的黑斑,第1对足的前跗节具有2排黑色栉。雌成虫双翅无黑色斑纹,前跗节也无栉;产卵器呈锯齿状,可刺入薄皮的成熟果实内产卵。

2) 幼虫:圆柱形,乳白色,体长不超过3.5mm,头的前排有锥形气门。幼虫 3 龄。

3）蛹：红褐色，长 2 ~ 3mm，末端具有 2 个尾突。

（2）黑腹果蝇 形态特征如下：

1）成虫：体长 4 ~ 5mm，浅黄色，具舐吸式口器；触角呈芒羽状，第 3 节呈椭圆或圆形；中胸背板有 11 列刚毛。雌性体型较大，腹部末端稍尖，腹部腹面可见腹节 6 节，腹部背面有明显的 5 条黑色条纹，前足第 1 跗节无性梳；雄性体型略小，腹部末端圆钝，腹部腹面可见腹节 4 节，腹部背面有 3 条黑纹，前足第 1 跗节有 1 个黑色性梳。

2）卵：椭圆形，长约 0.5mm，白色，腹面扁平，背面前端有 2 根触丝。

3）幼虫：共 3 龄，乳白色，蛆状，每节有 1 圈小型钩刺。

4）蛹：梭形，前端有 2 个呼吸孔，后部有尾芽。

（3）伊米果蝇 成虫体型较大，约为黑腹果蝇的 3 倍；舐吸式口器；触角呈芒羽状，雄性触角为黄色；额宽、扁平，颜面、颊为黄色，无小盾前鬃；基部 4 节端部具不连续的黑色横带，第 5 腹节为黑色；前足腿节内侧有 1 列楔形小齿列。

（4）海德氏果蝇 成虫体型较大，浅褐色，具舐吸式口器；雄性生殖腹板侧有中刺 2 根，前肢先端第 2 节无性梳，翅上无黑斑；腹部背板后缘黑带中间段开，中胸背板具散生的黑斑。

【发生规律】 1 年发生 8 ~ 11 代。以蛹、成虫在土壤 1 ~ 3cm 处或果实内越冬。18℃ 以上开始产卵，幼虫共 3 龄，幼虫期 7 ~ 8 天，蛹期约 7 天，老熟后脱果入土化蛹，羽化后 2 ~ 3 天开始交尾，每只成虫产卵 380 粒以上。

【防治方法】

1）清除杂草、垃圾：在樱桃膨大着色期，清除园内杂草和果园周边的腐烂垃圾，同时用 20% 灭蝇胺 40 ~ 60g、10% 氯氰菊酯乳油 2000 ~ 4000 倍液，对地面和周围的荒草坡喷雾处理，压低虫口基数，可减少发生量。

2）熏杀成虫：在樱桃果实膨大着色并进入成熟前，用 1.82% 胺氯菊酯熏烟剂按 1:1 兑水，用喷烟机顺风对地面喷烟，熏杀成虫，有较好的效果。该方法适合已成林的果园。

3）清除落地果：将成熟采收期间园内外的落果和烂果清拣干净，送出园外一定距离的地方覆盖厚土或用 30% 敌百虫乳油 500 倍液喷雾处理，可避免其上果蝇生存繁殖后返回园内为害。

4）诱杀：在成虫发生期利用果蝇成虫趋化性，用敌百虫:糖:醋:酒:清水=1:5:10:10:20，配置成诱饵糖醋液，将装有糖醋液的塑料盆放于樱桃园树冠荫蔽处，高度不超过1.5m，每盆1kg左右，每亩放8~10盆。定期清除盆内成虫，每周更换1次糖醋液，虫量大或雨水多时应视情况补充糖醋液，确保毒饵充足。

5）化学防治：采收后，用清源保水剂（0.6%苦内酯）1000倍液对树上喷施，重点喷施树内腔部位。同时用40%乐斯本乳油1500倍液、2%阿维菌素乳油4000倍液，间隔10天左右，对园内地面和周边杂草丛喷施。要求喷布均匀，细致周到，药剂以生物源制剂为主，注意保护环境。

第七章

枣园无公害科学用药

第一节 枣园病害诊断及防治

一 枣树枝干病害

1. 毛叶枣白粉病

【症状识别】 叶片受害，先从中下部叶片开始，逐渐向上部叶片蔓延。发病初期在叶背出现白色菌丝，随后白色菌丝和白色粉状物（病菌的分生孢子）可布满叶背，叶片正面出现褪绿色或浅黄褐色不规则病斑。受害叶片后期呈黄褐色，易脱落。发病严重时可为害幼嫩枝条，白色菌丝和白色粉状物布满整个枝条，嫩叶呈黄褐色皱缩并枯死。果实受害以膨大期果实为主，幼果次之，被害果实上先出现白色菌丝，随后扩展，严重时白色菌丝和白色粉状物可布满全果。果实受害后果皮变麻、皱缩，呈褐色或黄褐色，易脱落或枯死。花器受害较少。

【病原】 病原菌属于子囊菌亚门，是一种外生菌。

【防治方法】

1）在果实采收后进行清园工作，以减少病源。

2）结合修剪工作，将过密枝、重地枝和病枝剪除，以利于通风透光。

3）在发病初期进行全园喷药，可用25%粉锈宁2500倍液、50%粉锈清800倍液或5%百菌清500倍液防治。在晴天傍晚进行，每4~7天喷1次，连续2~3次。

2. 枣疯病

【症状识别】 病树主要表现为丛枝、花叶和花变叶三种特异性的症状。丛枝：病株不论根部和枝条上的不定芽或腋芽都大量萌发，并长成一丛丛的分蘖苗或短疯枝（见彩图50）。地上部分枝条多而小，叶片变小，色泽变浅，秋季不易脱落。花叶：在新梢顶端的叶片上还可见到黄绿相间的斑驳（即轻微花叶），有时叶脉变为透明状（即明脉），叶缘卷曲，叶面凹凸不平，质地变脆。有些品种的果实上也可形成红色的条纹和斑点，病果小而狭窄，果顶呈锥形。花变叶：病株花梗伸长，比健花长出 4~5 倍，并有小分枝，有时花盘退化，萼片肿大，花瓣变为叶片状，子房延长，偶尔柱头顶端抽出两个小叶。另一个情况为雄蕊变为小叶，子房变成短枝，病花不能结果。

【病原】 类菌原体 Mycoplasmalike Organism，简称 MLO，是介于病毒和细菌之间的多形态质粒。

【防治方法】

1）农业防治：

① 清除疯枝，铲除无经济价值的病株。

② 选用抗病的酸枣品种作为砧木。

③ 培育无病苗木，即在无枣疯病的枣园中采取接穗、接芽或分根进行繁殖，以培育无病苗木。

④ 加强果园管理，增施碱性肥和农家肥。

2）化学防治：

① 在发病初期，用手摇钻在病树根茎部钻孔，于春季枣树萌芽期或 10 月间，每株病树滴注浓度 0.1% 四环素药液 500mL。

② 在树干基部或中下部无疤节处两侧各钻 1 个孔，深达髓心，两孔垂直距离 10~20cm，用高压注射器注入含 1 万单位的土霉素药液。树干圆周径 30cm 以上者，用药液 300~400mL；40cm 以上者，用 500~700mL；50cm 以上者，用 800~1000mL；60cm 以上者，用 1200~1500mL。

③ 发病初期，按每亩枣园喷施 0.2% 氯化铁溶液 2~3 次，隔 5~7 天喷 1 次。每次用药液 75~100kg，对于预防枣疯病具有良好的效果。

3. 枣树干腐病

【症状识别】 枣树染病后，多从主枝伤口感染，自上而下造成心材腐朽，进而形成树洞，造成体老衰、落果减产。发病初期不易被人发现，10~20 年后树洞扩大，树液在生长季外渗，造成枣树纵向破腹形成树洞。该病属真菌感染，有较长的隐发期，常因主枝交叉处或主枝风折后，断口积水导致病菌浸入而发病，病程长，一般对盛果期树产量影响不大。

【病原】 枣植原体。

【防治方法】

1）防治枣干腐病的方法是注意观察，发现伤口后要进行消毒处理，以防病菌侵入。

2）发现折断的树枝，立即采取措施，提高树体的抗病能力，加强肥水管理。

3）发现树洞后，注意刮治，并用1%甲醛消毒，然后用水泥等封锁伤口。

4. 枣树腐烂病

【症状识别】 枣树腐烂病主要侵害衰弱树的枝条。病枝皮层开始变红褐色，渐渐枯死，以后从枝皮裂缝处长出黑色突起小点，即为病原菌的子座。

【病原】 壳囊孢，属半知菌亚门真菌。

【防治方法】

1）加强管理，多施农家肥，增强树势，提高树体的抗病力。彻底剪除树下的病枝条，集中烧毁，以减少病害的侵染来源。

2）轻病枝可先刮除病部，然后用80%乙蒜素乳油50倍液、50%福美双可湿性粉剂100~150倍液涂抹，消毒保护。

5. 枣树木腐病

【症状识别】 枣树木腐病侵害衰老的枣树皮及边材木质部。病斑多出现在老枣树主枝受伤或锯断后的伤口下方，病菌寄生后促进木质部由外向内、自上而下腐朽。在死亡的树皮及木质部上散生或群生子实体，多呈覆瓦状。子实体大小不等，有卵形、纺锤形、长椭圆形等。初夏子实体为灰褐色，质软，水分多，表面光滑；秋天子实体干后，表面为灰白色，内部为褐色，有裂纹，较坚硬。

【病原】 担子菌的裂褶菌。

【防治方法】

1）合理施肥：加强肥水管理，多施有机肥，以增强土壤透气性，复壮树势。控制氮肥施用量，适当增施磷肥、钾肥，提高树体抵抗力。

2）保护树体：及时收集并烧毁修剪下来的枝条、病枝及刮下来的病皮等。同时，还要及时防治害虫，减少树体病虫伤口和机械伤口，杜绝病菌侵入。

3）薄膜缠绕病：若树干腐烂程度过重，好皮过少，不能按常规法进行刮治，可适量刮皮后涂抹石硫合剂、多菌灵、退菌特等杀菌剂，然后用黏泥涂抹病部。待黏泥晾干后再用薄膜将其缠紧，创造一种缺氧的环境条件，以抑制或杀死病菌。持续缠绕 1 个月，治疗效果良好。

4）化学防治：发现病斑后及时刮除，并用 25% 多菌灵可湿性粉剂 500 倍液、50% 甲基硫菌灵可湿性粉剂 400 倍液、80% 代森锌可湿性粉剂 600 倍液、30% 王铜悬浮剂 300 倍液等常用杀菌剂涂抹伤口，防治病菌再次感染。

6. 枣树枝枯病

【症状识别】 当年生营养枝发病后先出现变色病斑，6~7 月新生枝条感病后出现长圆形或纺锤形乳白色的小突起（疣点），后逐渐变为褐色，疣点中间裂开，可见乳白色物。次年春天疣点增大，直径约 1mm，遇雨或环境潮湿的情况下，从中挤出乳白色卷丝状分生孢子角。

【病原】 真菌中半知菌亚门的壳梭孢菌。

【防治方法】

1）剪除病虫枝、枯枝，可减少发病。

2）加强水肥管理，深翻扩穴，增施有机肥、磷钾肥料，穴施土壤免深耕处理剂 200g/亩，撒施保得土壤生物菌接种剂 250g/亩，改良土壤性质，提高土壤肥力，增强树体的抗病能力。

3）科学使用天达 2116。结合喷洒其他农药每 10~15 天喷洒 1 次 1000 倍果树专用型天达 2116，提高枣树的抗病性。

4）注意雨季排涝，避免积水，认真防治好其他病虫害。

7. 菟丝子

【症状识别】 菟丝子的茎缠绕在苗木主干和幼树的枝条上后，先形成缢痕和吸根，吸取养料后，使枝叶变黄、枯死。树冠上则缠满黄白色线绳状的菟丝子。

【防治方法】

1）对发生过菟丝子的苗圃地或枣园，应深翻 30cm 深，菟丝子种子翻入土中深埋后就不易发芽。

2）春末夏初时，检查苗圃和枣园，发现菟丝子应立即清除烧毁，以防传播。

3）发生面积较大时，可喷洒敌草腈防除，每亩喷 250g，或者喷洒 2%~3% 五氯酚钠或二硝基酚铵盐。

4）在阴雨天时可喷洒鲁保 1 号生物制剂，每亩喷 1.5~2.5kg，喷洒前先打断菟丝子的茎蔓，造成伤口，菟丝子容易感病死亡。

8. 枣树杂斑白色腐朽

【症状识别】　枣树杂斑白色腐朽侵害枣树木质部，引起杂斑白色腐朽，后期在腐朽木上长出树蛾，即为病原菌的担子果。

【防治方法】

1）加强管理，增强树势，提高抗病能力。

2）降低枣园的湿度。

9. 枣树茎腐病

【症状识别】　苗木初发病时，茎基部出现水渍状黑褐色斑，随即包围全茎，并迅速向上扩展，此时叶片变黄、枯萎，并逐渐枯死。受害茎基部下陷，皮层紧贴在茎上，缢缩，不易剥离。发病后期病部产生许多小黑点（即病菌的分生孢子器），潮湿时有灰色霉堆（即病菌的分生孢子）。

幼树感病后，与苗木的症状相同，但病斑初现到包围茎干一圈的时间比苗木要慢一些。感病轻的苗木和幼树多数根部不死，从根颈处萌发新芽。

【病原】　真菌中半知菌亚门的菜豆壳球孢菌。

【防治方法】

1）增施优质有机肥料，促进寄主生长健壮，提高抗病力。施用厩肥做基肥，每亩3000～5000kg，可大大减轻病害率。同时，可能影响土壤中拮抗微生物群体的变化，抑制病菌的生长蔓延。

2）及时排水和灌水：地势低洼、排水不良的地块，要加强开沟排水工作。夏季炎热干旱季节要及时进行灌水，降低地表温度，防止高温地表灼伤茎基部，以增强寄主生活力，提高抗病性，使其发病减轻。

3）根部施药：用40%五氯硝基苯可湿性粉剂（75%）+50%多菌灵可湿性粉剂（配比为3∶1）混合剂，再加入落地生0.3g（河南农业大学华丰科技开发公司生产）500倍液灌根，或者对茎基部涂抹，既可防病又促进根系生长，提高抗病能力。或者用40%五氯硝基苯可湿性粉剂（75%）+黑矾（硫酸亚铁，25%）+落地生0.3g 500倍液灌根均可。

4）土壤消毒：在枣树萌芽期对苗床普遍喷施1∶1∶200倍式波尔多液或用50%得可湿性粉剂800～1000倍液对土壤进行消毒。

5）加强管理：滴灌管和滴灌带放置离枣树茎基部8～10cm，覆盖的地膜在枣树茎基部挖一个直径20cm的洞，剪除病斑枝条，减少病源。

二 枣树叶部病害

1. 枣锈病

【症状识别】 枣锈病只为害树叶。发病初期，叶片背面多在中脉两侧及叶片尖端和基部散生浅绿色小点，渐形成暗黄褐色突起，即锈病菌的夏孢子堆。夏孢子堆埋生在表皮下，后期破裂，散放出黄色粉状物，即夏孢子。发展到后期，在叶正面与夏孢子堆相对的位置，出现绿色小点，使叶面呈现花叶状。病叶渐变为灰黄色，失去光泽，干枯脱落。树冠下部先落叶，逐渐向树冠上部发展。在落叶上有时形成冬孢子堆，黑褐色，稍突起，但不突破表皮。

【病原】 枣多层锈菌，属担子菌亚门真菌。

【防治方法】

1）加强栽培管理：栽植不宜过密，适当修剪过密的枝条，以利通风透光，增强树势。雨季应及时排除积水，防止果园过于潮湿。冬季清除落叶，集中烧毁以减少病菌来源。

2）喷药保护：

① 主要在 7 月上旬喷布 1 次 200～300 倍式波尔多液（即硫酸铜 1 份，生石灰 2～3 份，水 200～300 份）或锌铜波尔多液（即硫酸铜 0.5～0.6 份，硫酸锌 0.4～0.5 份，生石灰 2～3 份，水 200～300 份），流行年份可在 8 月上旬再喷 1 次，能有效地控制枣锈病的发生和流行。

② 可用 25% 粉锈宁 1500 倍液、50% 甲基托布津 1000 倍液、50% 代森锌可湿性粉剂 500 倍液、50% 退菌特可湿性粉剂 600 倍液、75% 甲基托布津可湿性粉剂 1000 倍液防治，均有良好的效果。

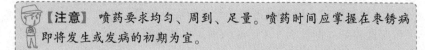

【注意】 喷药要求均匀、周到、足量。喷药时间应掌握在枣锈病即将发生或发病的初期为宜。

3）加强栽培管理：新建枣园，栽植枣树不宜过密，对稠密生长的枝条要适时进行修剪，以利通风透光，增强树势。雨季应注意及时排水，降低枣园湿度。晚秋及时清理落叶，集中烧毁或深埋，以减少菌源。枣树行间不宜间种高秆作物。

4）根外追施肥料：枣树根外追肥具有提高光合作用和坐果率的功效，还可防治枣锈病。在枣树感病期可喷布 0.5% 尿素液或 0.3% 磷酸二氢钾溶液 2～3 次。

2. 枣煤污病

【症状识别】　枣煤污病又叫枣黑叶病，是一种真菌病害。该病为害枣树叶片、枝条和果实，严重时叶片、枝条和果实均被黑色霉菌所覆盖，整个树冠变为黑色，新叶萌发少，妨碍叶片正常的光合作用、呼吸作用和蒸腾作用，因而造成花量小、花期短、坐果少、落果多、果实小，严重影响枣树的产量和品质。

【病原】　半知菌亚门、煤灵菌，属于真菌，为表面附生菌，菌丝为暗褐色，串珠状，匍匐于叶表面。

【防治方法】

1）及时清除病原菌，并集中烧毁。

2）选择无病苗木或脱毒苗栽植。

3）加强枣园管理，及时清除林间杂草，保持枣树周围干净。可适当多施钾肥，有利于防止烂根和促生新根。

4）适时防治枣龟蜡介壳虫，将其控制在经济为害范围内，则可避免煤污病的发生。

5）发现有病株时，可用刀刮除病斑，并将病斑集中烧毁，用25%施保克乳油（咪解胺）700~1000倍液、15%抗生素402的50倍液消毒伤口。同时，将发病地面用石灰消毒。

6）在7月中旬以前适时喷药，药剂为多菌灵800倍液或50%利得可湿性粉剂800~1000倍液等，连续喷布2~3次，间隔时间为7~10天。

3. 黄叶病

【症状识别】　枣树黄叶就是常见的一种缺铁症。枣树缺铁在叶片上的典型表现症状是，叶片为黄绿色或黄白色，而叶脉仍为绿色，严重时顶端叶片焦枯。缺铁症状以幼树和大树的新梢部位最突出。

【病因】

1）营养不足，树势衰弱，当年结果过多，次年树叶就易发黄。

2）环剥口过宽，环割次数过多或太深伤了木质部。

3）氮肥过多，过于集中，烧了根系。

4）土壤黏重、透气性能差、排水不畅、缺少有机质和土壤盐碱化等，以上原因都能引起枣树缺铁，导致黄叶病。

【防治方法】

1）农业管理措施：在夏季注意排水，全年保持枣园地面干燥和土壤疏松。

2）施肥措施：将1份硫酸亚铁溶解到10倍水内，迅速将其喷洒到腐熟的农家肥料上，边喷边搅拌均匀；硫酸亚铁与农家肥料的重量比为1:15。使用时，先沿树冠外围挖环状沟或放射状深沟，沟深50cm，宽40～60cm，将拌好的有机铁肥均匀施入沟内，覆土后浇水。一般10年左右树龄的大树，每株施80～100kg；10年以下的幼树，每株施30～50kg宜在秋后施用，也可在果树萌芽前施用。需要注意的是，这种方法不宜在生长季节使用，以免造成药害。另外，每年春季或秋季在树冠下挖沟尽量多施优质农家肥。经过3～5年也会慢慢消除缺铁症状。

3）施用有机铁肥：防治枣树黄叶病，目前多用某些有机铁肥来防治枣树黄叶病，效果优于其他技术措施，如黄叶灵、黄叶青等，可到农资商店购买。

4）叶面喷施：果树出叶后，对幼嫩叶片喷施0.3%～0.5%硫酸亚铁溶液至嫩叶全湿，可有效地控制病害的发生。由于硫酸亚铁在水溶液中不稳定，使用效果不理想，可与酸性、微酸性农药混喷，效果会更好一点。

5）树干注射：配0.05%～0.1%硫酸亚铁溶液，用树干注射器直接注入树干的木质部。成龄树每株注射500mL（将溶液用醋调成微酸性）。此方法操作简单，见效快。

6）根部处理：春季化冻后，在树干1m远处挖环形坑，深30cm，以露出大侧根为好。将侧根两侧各割1个浅伤口，把20%～30%硫酸亚铁溶液（调成微酸性）100kg（大树用量）倒入坑中，浸30min后，覆土平坑。此方法对病重果树效果较好。

4. 枣叶斑点病

【症状识别】 枣树于花期开始染病。叶片染病时，初期在枣叶上出现灰褐色或褐色圆形斑点，进而形成大的圆斑；病情严重时，叶片黄化、早落，影响枣树开花和授粉，并导致落叶。

【病原】 半知菌类枣叶橄榄色盾壳霉菌。

【防治方法】

1）冬季进行清园，焚烧枯枝落叶，消灭和减少病原菌。

2）在萌芽前发病区域喷施3～5波美度石硫合剂。

3）5～7月，给枣树喷布多菌灵800倍液或甲基托布津800～1000倍液2～3次，每隔7～10天喷布1次，可有效地控制该病的发生。

5. 枣叶黑斑病

【症状识别】　枣叶黑斑病主要为害叶片，病株叶片背面先产生零星黑色小点，以后逐渐扩大，形成圆形或不规则形的黑色病斑，直径 0.5 ~ 6mm，严重时病斑可连成大片，在叶片背面则呈现烟煤状的大黑斑，叶面呈现黄褐色斑点。受害叶片呈卷曲或扭曲状，易脱落。果实变小，品味下降。

【病原】　枣假尾孢，属半知菌亚门真菌。

【防治方法】

1）检疫：严格实行检疫措施，防止该病向内地传播。

2）农业防治：

① 清除的落叶及时烧毁。

② 加强土壤肥水管理，增强树势，培养壮枝。2 ~ 3 月采果后进行修剪，剪除衰老枝、病枝、弱枝或更新主干；把剪下的病枝和落下的病叶集中烧毁或深埋。

3）化学防治：叶背出现浅黑色小斑点时，喷 50% 硫黄胶悬剂 200 倍液、75% 百菌清可湿性粉剂 600 ~ 800 倍液、65% 代森锌可湿性粉剂 600 倍液、20% 三唑酮可湿性粉剂 250 ~ 400 倍液、50% 甲基托布津可湿性粉剂 800 倍液或 50% 多菌灵可湿性粉剂 800 ~ 1000 倍液。

6. 枣灰斑病

【症状识别】　枣灰斑病主要为害叶片，叶片感病后，病斑为暗褐色，圆形或近圆形。后期中央变为灰白色，边缘为褐色，其上散生黑色小点，即为病原菌的分生孢子器。

【病原】　叶点霉菌，属半知菌亚门真菌。

【防治方法】

1）秋季清扫落叶，结合施肥集中深埋，减少病源。

2）加强综合管理，增施有机肥料，科学使用天达 2116，提高树体的抗病性。

3）发病初期结合喷洒天达 2116，喷洒 50% 退菌特可湿性粉剂 600 ~ 800 倍液或 50% 多菌灵可湿性粉剂 800 倍液。

7. 枣花叶病

【症状识别】　枣花叶病为害枣树嫩梢叶片，受害叶片变小，叶面凹凸不平、皱缩、扭曲、畸形，呈黄绿相间的花叶状。

【病原】　枣树花叶病毒。

【防治方法】

1）加强栽培管理，增强树势，提高抗病能力。嫁接时不从病株上采接穗，发病重的苗木要烧毁，避免扩散。

2）从4月下旬枣树发芽期开始喷药，可喷施下列药剂防治媒介叶蝉：50%辛硫磷乳剂1000～1500倍液、80%敌敌畏乳油800～1000倍液、50%杀螟硫磷乳油1000～2000倍液、20%异丙威乳油500～800倍液、20%氰戊菊酯乳油2000～3000倍液、25%溴氰菊酯乳油2000～2500倍液、10%联苯菊酯乳油2000～3000倍液等。喷施10%吡虫啉可湿性粉剂2000～3000倍液或50%抗蚜威可湿性粉剂1500～2500倍液等药剂防治蚜虫，间隔10～15天喷1次，全年共喷药3～4次。

8. 枣白腐病

【症状识别】 枣白腐病主要侵害叶片和果实。叶片受害后，病斑大，呈圆形或椭圆形，大小不等，浅黄色至褐色，边缘为暗褐色，后期在病叶两面产生许多小黑点，即病原菌的分生孢子器。

【病原】 真菌中半知菌亚门的橄榄色盾壳霉。

【防治方法】

1）秋季收集病落叶、落果，剪除病虫枝及枯枝，集中烧毁，以减少初次侵染来源。

2）7月，在结合防治枣黑腐病、锈病和炭疽病时，可喷洒50%退菌特可湿性粉剂600～800倍液或波尔多液200～300倍液。

三 枣树果实病害

1. 枣黑腐病

【症状识别】 枣果前期受害则先在前部或后部出现浅黄色不规则的变色斑，病斑逐渐扩大并有凹陷或皱褶，颜色逐渐变成红褐色至黑褐色，打开果实可见果肉呈浅土黄色小病斑，严重时整个果肉呈褐色至黑色。后期受害果面出现褐色斑点，渐渐扩大为椭圆形病斑，果肉呈软腐状，严重时全果软腐。一般枣果出现症状2～3天后就提前脱落。当年的病果落地后，在潮湿条件下，病部可长出许多黑色小粒点。越冬病僵果的表面产生大量黑褐色球状凸起。

【病原】 贝伦格葡萄座腔菌，属半知菌亚门真菌。

【防治方法】

1）搞好清园工作：消除落地僵果，对发病重的枣园或植株，结合修剪剪除枯枝、病虫枝，集中烧毁，以减少病源。

2）加强栽培管理：对发病的枣园，增施腐熟的农家肥，增强树势，提高抗病能力。枣行间种低秆作物以使枣树间通风透光，降低湿度，减少发病。春季发芽前树体喷21%过氧乙酸水剂400～500倍液，消灭越冬病原。生长期于7月初喷第1次药，至9月上旬可用杀菌剂喷3次。

3）化学防治：20%唑菌胺酯水分散性粒剂1000～2000倍液、68.75%噁唑菌铜·代森锰锌乳油1500～2000倍液、50%多菌灵可湿性粉剂600～800倍液+50%克菌丹可湿性粉剂400～500倍液、50%甲基硫菌灵可湿性粉剂800～1000倍液、50%多菌灵可湿性粉剂600～800倍液、50%异菌脲可湿性粉剂1000～1500倍液、50%苯菌灵可湿性粉剂1500～1875倍液、60%噻菌灵可湿性粉剂1500～2247倍液、50%嘧菌酯水分散粒剂5000～7500倍液、25%戊唑醇水乳剂2000～2500倍液、3%多氧霉素水剂400～600倍液、2%嘧啶核苷类抗生素水剂200倍液、1%中生菌素水剂250～500倍液或20%邻烯丙基苯酚可湿性粉剂600～1000倍液，每隔15天左右与波尔多液交替喷施，注意雨后补喷。

2. 枣炭疽病

【症状识别】　枣炭疽病俗称"烧茄子"病，是枣树果实的主要病害之一。病果品质下降，重者失去经济价值。此病主要侵害果实，也可侵染枣吊、枣叶、枣头及枣股。果实受害，最初在果肩或果腰处出现浅黄色水渍状斑点，逐渐扩大成不规则形黄褐色斑块，斑块中间产生圆形凹陷病斑，病斑扩大后连片，呈红褐色，引起落果。轻病果虽可食用，但均带苦味，品质变劣。叶片受害后变黄绿色、早落，有的呈黑褐色焦枯状悬挂在枝头上。

【病原】　盘胶孢状刺盘孢，属半知菌亚门真菌。

【防治方法】

1）摘除残留的越冬老枣吊，清扫掩埋落地的枣吊、枣叶，并进行冬季深翻；再结合修剪剪除病虫枝、枯枝，以减少侵染来源。

2）增施农家肥料：可增强树势，提高植株的抗病能力。

3）合理间作：枣园内间作花生、红薯等低秆作物，降低园内空气湿度，减轻病害发生。

4）于发病期前的6月下旬喷施1次杀菌剂消灭树上的病原菌，可选用下列药剂：75%百菌清可湿性粉剂600～800倍液或77%氢氧化铜可湿性粉剂400～600倍液。于7月下旬至8月下旬，间隔10天，喷洒下列药剂：1∶2∶200 倍式波尔多液、50% 苯菌灵可湿性粉剂 500～600 倍液、40% 氟硅唑乳油 8000～10000 倍液、70% 甲基硫菌灵可湿性粉剂 800～1000 倍液、50% 多菌灵可湿性粉剂 800～1000 倍液等。5% 亚胺唑可湿性粉剂 600～700 倍液，保护果实，至 9 月上、中旬结束喷药。

3. 枣软腐病

【症状识别】 枣软腐病主要为害果实，引起溃疡或软腐，初现白色菌丝，后在烂枣表面产生大量黑霉。

【病因】 由各种病菌孢子引起，病菌主要分布在空气、土壤及枣树的各个部位，病菌孢子易从果实伤口侵入而引起烂果。

【防治方法】

1）加强枣园管理，改善通风透光条件，及时排水。

2）防治蛀果害虫，防止果实在采摘、储藏过程中遭受损害。

3）保持运输、储藏场所及用具清洁。

4）在低温下储藏。

4. 枣红粉病

【症状识别】 在受害果实上有粉红色霉层，即为病原菌的分生孢子和菌丝体的聚集物。果肉腐烂，有霉酸味。

【病原】 粉红单端孢，属于半知菌亚门。

【防治方法】

1）采收时应防止损伤，减少病菌侵入的机会。

2）将采收的果实用炕烘法及时处理，可减少霉烂。

3）果实应放在通风的低温处储存，储存前要剔除伤果、虫果、病果，注意防止潮湿。

5. 枣曲霉病

【症状识别】 受害果实表面生有褐色或黑色大针状物，即为曲霉菌的孢子穗。霉烂的果实有霉酸味。

【病原】 半知菌亚门黑曲霉。

【防治方法】

1）化学防治：6 月底至 7 月初，将靓果安 400～600 倍液 + 大蒜油 1500 倍液，兑水 15kg；7 月上旬以后，每隔半个月喷 1 次。

2）农业防治：

①加强管理，增强树势，从根本上提高树体的抗病能力，可喷施叶面肥。

第七章

② 发病后及时摘除病果，集中予以深埋，以便有效地减少该病再侵染的机会。

③ 果实采收时尽量防止损伤，减少病原菌侵入的机会。

④ 采收后的枣果要及时晾晒或烘干，以减少霉烂。

6. 枣青霉病

【症状识别】　受害果实变软、果肉变褐、味苦，病果表面生有灰绿色霉层，即为病原菌的分生孢子串的聚集物，边缘为白色，即为菌丝层。

【病原】　半知菌亚门青霉菌。

【防治方法】

1）采收时应防止损伤，减少病菌侵入的机会。

2）将采收的果实用炕烘法及时处理，可减少霉烂。

3）果实应放在通风的低温处储存，储存前要剔除伤果、虫果、病果，注意防止潮湿。

7. 枣木霉病

【症状识别】　果实受害后，组织变褐、变软。病果表面生长深绿色的霉状物，即为病原菌的分生孢子团。

【病原】　半知菌亚门绿木霉。

【防治方法】

1）采收时应防止损伤，减少病菌侵入的机会。

2）将采收的果实用炕烘法及时处理，可减少霉烂。

3）果实应放在通风的低温处储存，储存前要剔除伤果、虫果、病果，注意防止潮湿。

8. 枣轮纹病

【症状识别】　枣轮纹病主要发生在脆熟期，果实受害后，病斑以皮孔为中心，先出现水渍状浅褐色小斑，而后迅速扩大为红棕色圆形斑，受害部位果肉变褐发软，有酒臭味，重者全果腐烂易脱落。病斑上有的具有深浅颜色交错的同心轮纹，导致大量枣果脱落，损失严重。

【病原】　有性阶段为梨生囊壳孢菌，属子囊菌亚门；无行阶段为轮纹大茎点菌，属半知菌亚门。

【防治方法】

1）化学防治：6月底至7月初，将靓果安400~600倍液+大蒜油1500倍液，兑水15kg；7月上旬以后，每隔半个月喷1次。

2）农药防治：

① 加强管理，增强树势，从根本上提高树体的抗病能力，可喷施叶面肥。

② 发病后及时摘除病果，集中予以深埋，以便有效地减少该病再侵染的机会。

③ 果实采收时尽量防止损伤，减少病原菌侵入的机会。

④ 采收后的枣果要及时晾晒或烘干，以减少霉烂。

9. 枣褐斑病

【症状识别】 枣褐斑病主要侵害果实，引起果实腐烂和提早脱落。一般在 6～7 月枣果膨大、发白且将要着色时，开始大量发病。枣果前期受害，先在肩部或胴部出现浅黄色不规则的变色斑，边缘较清晰，以后病斑逐渐扩大，病部稍有凹陷或皱褶。颜色随之加深变成红褐色，最后，整个病果呈黑褐色并失去光泽。剖开病果，可看到病部果肉为浅黄色小斑块，严重时大部分果肉直至整个果肉变为褐色，最后呈灰黑色至黑色。病组织松软呈海绵状坏死，味苦，不堪食用。后期（9 月）受害，果面出现褐色斑点，并逐渐扩大成长椭圆形病斑，果肉呈软腐状，严重时全果软腐。一般枣果发病 2～3 天后即提前脱落。当年的病果落地后，在潮湿的条件下，病部可长出许多黑色小粒点，即为病原菌的分生孢子器。越冬后病僵果的表面产生大量黑褐色球状突起，即为病原菌的分生孢子器。

【病原】 半知菌亚门聚生小穴壳菌。

【防治方法】

1）搞好清园工作：清除落地僵果并深埋，对发病重的枣园或植株，结合修剪细致剪除枯枝、病虫枝并集中烧毁，以减少病源。

2）加强综合管理：增施有机肥料和磷钾肥，增强树势，科学使用天达 2116 以提高抗病性。枣园行间种花生、红薯等低秆作物，不间种玉米等高秆作物，保持枣园通风透光，降低枣园空气的湿度，减少发病。

3）化学防护：

① 发芽前 5～10 天喷洒 50 波美度石硫合剂 + 五氯酚钠 100 倍液，铲除树体上的越冬病菌。

② 幼果期结合喷洒天达 2116 与防治锈病等病害，每 10～15 天喷洒 1 次 50% 毒菌威可湿性粉剂 800～1000 倍液（河南农业大学植保系研制），或天达裕丰 1000 倍液，或 50% 退菌特可湿性粉剂 600～800 倍液，或 30% 爱苗乳油 3000 倍液，连续喷洒 3～4 次。

③ 幼果坐齐后每20天左右喷洒1次200倍倍量式波尔多液，与上述药液交替使用。

10. 枣缩果病

【症状识别】 枣缩果病又称枣萎蔫果病、枣雾蔫病等，是我国各大枣区的主要病害之一。发生缩果病的枣果首先在果肩或胴部出现黄褐色不规则变色斑，进而果皮出现土黄色水渍状斑，边缘不清，后期果皮变为暗红色、收缩，并且无光泽。果肉病区由外向内出现褐色斑且土黄色、松软。病果吃起来味苦。果柄变为褐色或黑褐色。整个病果瘦小，于成熟前脱落。

【病原】 噬枣欧文氏菌。

【防治方法】

1）加强虫害防治工作：及时防止刺吸式虫害的发生及为害，如桃小食心虫、介壳虫、椿象、壁虱和叶蝉等。前期喷施杀虫剂，以防治食芽象甲、叶蝉、枣尺蠖为主；后期8~9月结合杀虫，施用氯氰菊酯等杀虫剂与特谱唑（速保利）混合喷雾，对枣缩果病的防效可达95%以上。

2）加强果园土壤管理：在枣果变色转红期保持土壤湿润，预防或减少裂果的发生。

3）在枣果变色转红前后喷施"枣果防裂防烂剂"钙加硒＋硼肥（硼加硒），以预防裂果，减少裂果的发生数量。每支10mL，直接兑水25~30kg，全树喷洒，每7~10天1次，连用2~3次。

4）在枣果变色转红期的发病前后，喷50% DT杀菌剂500倍液＋硼肥（硼加硒）或12.5%特谱唑粉剂3000倍液，每隔7~10天喷1次，连喷3~4次。用链霉素200国际单位/mL（即1000万国际单位兑水50kg）或土霉素200国际单位/mL、卡达霉素140单位/mL、硼加硒30~50mL/亩，全树喷施。每7天喷施1次，共喷施2~3次。

【提示】 由于上述药剂的水溶液容易失效，特别是链霉素，故使用这些药剂时最好现配现用。

11. 枣裂果病

【症状识别】 果实将近成熟时，如连日下雨，果面纵向裂开一条长缝，果肉稍外露，随之裂果腐烂变酸，不堪食用。果实开裂后，易引起炭疽等病原菌侵入，从而加速了果实的腐烂变质。

第七章

【病因】 生理性病害，主要是幼果发育初期干旱少雨，进入夏秋季后高温多雨，果实接近成熟时果皮变薄等因素所致。同时与果实钙元素含量不足有关。

【防治方法】

1）合理修剪，注意通风透光条件，有利于雨后枣果表面迅速干燥，减少发病。

2）幼果坐果后，科学喷洒 1000 倍果树专用天达 2116 药液，每 10～15 天喷 1 次，连续喷洒 3～4 次，可有效地预防裂果现象发生。

3）从 7 月下旬开始，每隔 10～20 天喷洒 1 次 3000mg/kg 氯化钙水溶液，连续喷洒 3～4 次，直到采收，也可明显降低枣果实裂果现象的发生。

4）幼果坐果后及时灌溉，促进果实正常发育，防止裂果现象发生。

12. 枣果锈病

【症状识别】 当果皮表面受到外界摩擦或刺伤时，木栓层代替了表皮起保护作用，所以果面出现一层锈斑，影响外观。随着病原菌的侵染，枣果开始失水皱缩，出现大量落果，造成大面积减产或绝收。

【病因】 生理性病害，因自然条件不良引起。

【防治方法】

1）及时防治锈壁虱、介壳虫、蟥象等害虫。

2）农业防治：加强枣园的栽培管理，增施有机肥；春季土壤干旱时及时灌水，夏季雨后及时排水预防枣园渍害；增强树势，可减轻果锈病的发生。

3）化学防治：生理落果后喷洒 50% 代森锰锌可湿性粉剂 600～800 倍液，或 40% 多菌灵悬浮剂 600 倍液，或 25% 腈菌唑乳油 3000 倍液，或 40% 福星乳油 8000 倍液，可减少果锈病的发生。

四 枣树根部病害

1. 枣苗茎腐病

【症状识别】 枣苗茎腐病又称枣苗烂根病，枣实生苗及归圃苗的幼苗均有发生。枣苗生长至 3～10 片叶时（时间一般在 5～7 月），茎及叶片呈现浅黄色，进而苍白、枯萎而死亡，但枯叶不落。挖土观察根茎部，其主茎皮层有黑褐色腐烂，木质部及髓部均已坏死，输导组织中断，苗木枯死，有的根部已腐烂。

【病原】　菜豆科球壳孢菌，属半知菌亚门真菌。

【防治方法】

1）要提高土壤的肥力，选择强壮苗木定植，提高枣苗的抗病能力。

2）在枣树萌芽期对苗床普遍喷施 1:1:200 倍式波尔多液；或者用50% 利得可湿性粉剂 800~1000 倍液，对土壤进行消毒。

2. 枣树根腐病

【症状识别】　枣树根腐病是一种细菌性病害，在北方枣区有发生。根部受害后，地上部生长缓慢、植株矮小，严重时叶片变黄、早落，枝梢衰弱甚至枯死，但很少能导致全株枯死。

【病原】　半知菌亚门、担子菌亚纲、薄膜革菌属；无性阶段属小核菌属。

【防治方法】

1）嫁接时，不从病树上采取接穗。

2）育苗时，不在病地育苗。

3）苗木调运时严格植物检疫，剔除病苗并烧掉，并且对健苗用0.5% 硫酸铜或甲基托布津 800 倍液、多菌灵 800 倍液等浸根 10min 进行消毒灭菌。

4）轻病株可挖开根基土壤，暴露晒根，切除病瘤并用 0.1% 升汞水消毒后，涂波尔多液保护伤口。

5）加强地下害虫防治。

3. 枣树根朽病

【症状识别】　枣树根朽病又称蘑菇根腐病，能引起根部腐朽，地上部枯萎，叶片枯黄早落，最后整株树死亡。

【病原】　蜜环菌，担子菌亚门。

【防治方法】

1）选择地下水位低的壤土地种植枣树，有利于根系的生长。

2）加强枣园水肥管理，增施有机肥料，严格控制灌水量，做到不积水、不涝，增强土壤的通透性，促进枣树根系生长，有利于预防根朽病。

3）及时采集枣园病菌子实体（蜜黄色小蘑菇），以减少病害侵染源。

4）在病株四周挖隔离沟，防止枣树根朽病在沟周围枣树上蔓延扩散。对病根要及时清除烧毁。

5）防止枣树冻害和机械损伤，对伤口进行消毒，涂波尔多液保护，防止菌丝体（担孢子）侵入。

6）对病株周围的土壤进行消毒，用二硫化碳灌根处理，既可对土壤进行消毒，又能促进土壤中绿色木霉的大量繁殖，使根朽病病菌弱化。

4. 枣树根癌病

【症状识别】 枣树根癌病主要发生在枣树根颈部，主根及侧根上也有发生，个别的可发生在地面以上。受害部形成癌瘤，初为青灰色或肉红色，光滑柔软，后期随着瘤的增大变为褐色或深褐色，本质变得坚硬，表面粗糙、龟裂或凹凸不平。有的癌瘤后期变为腐朽。

【病原】 细菌中野杆菌属的根癌细菌。

【防治方法】

1）嫁接时，不从病树上采取接穗。

2）育苗时，不在病地育苗。

3）苗木调运时严格植物检疫，剔除病苗并烧掉，并且对健苗用0.5%硫酸铜或甲基托布津800倍液、多菌灵800倍液等浸根10min进行消毒灭菌。

4）轻病株可挖开根基土壤，暴露晒根，切除病瘤并用0.1%升汞水消毒后，涂波尔多液保护伤口。

5）加强地下害虫防治。

第二节　枣园虫害诊断及防治

一　枣树枝干害虫

1. 日本龟蜡蚧

【症状识别】 若虫和雌成虫刺吸枝、叶汁液，排泄蜜露常诱致煤污病的发生，削弱树势，重者枝条枯死。

【形态特征】

1）成虫：雌虫体长4～5mm，浅褐色至紫红色。体背有白蜡壳，较厚，呈椭圆形，背面呈半球形隆起，具龟甲状凹纹。蜡壳背面为浅红色，边缘为乳白色，死后浅红色消失。初为浅黄色，后现出虫体呈红褐色。雄虫体长1～1.4mm，浅红色至紫红色，触角呈丝状，眼为黑色；翅1对，白色透明，具有2条粗脉；足细小；腹末略细；性刺色浅。

2）卵：长0.2～0.3mm，椭圆形，初为浅橙黄色，后为紫红色。

3）初孵若虫：体长 0.4mm，椭圆形，浅红褐色，触角和足发达，灰白色，腹末有 1 对长毛，周边有 12 ~ 15 个蜡角。后期蜡壳加厚，雌雄形态分化，雄成虫与雌成虫相似，雄蜡壳呈长椭圆形，周围有 13 个蜡角似星芒状。

4）蛹：长 1mm，梭形，棕色，性刺呈笔尖状。

【发生规律】 每年发生 1 代。以受精雌虫主要在 1 ~ 2 年生枝上越冬。次年春天寄主发芽时开始为害，虫体迅速膨大，成熟后产卵于腹下。产卵盛期：南京 5 月中旬，山东 6 月上中旬，河南 6 月中旬，山西 6 月中下旬。每只雌虫产卵千余粒，多者 3000 粒。卵期 10 ~ 24 天。初孵若虫多爬到嫩枝、叶柄、叶面上固着取食，8 月初雌雄开始性分化，8 月中旬至 9 月为雄化蛹期，蛹期 8 ~ 20 天，羽化期为 8 月下旬至 10 月上旬，雄成虫寿命 1 ~ 5 天，交配后即死亡，雌虫陆续由叶转到枝上固着为害，至秋后越冬。

【防治方法】

1）做好苗木、接穗、砧木的检疫消毒。

2）保护和利用天敌。天敌有瓢虫、草蛉、寄生蜂等。

3）剪除虫枝或刷除虫体。

4）冬季枝条上结冰凌或雾凇时，用木棍敲打树枝，虫体可随冰凌而落。

5）刚落叶或发芽前喷含油量为 10% 的柴油乳剂，若混用化学药剂效果更好。

6）初孵若虫分散转移期喷药防治，可用 40% 氧乐果 500 ~ 1000 倍液、50% 马拉硫磷乳油 600 ~ 800 倍液、25% 亚胺硫磷或杀虫净或 30% 苯溴磷等乳油 400 ~ 600 倍液、50% 稻丰散乳油 1500 ~ 2000 倍液，也可用矿物油乳剂，夏秋两季用含油量为 0.5% 的矿物油乳剂，冬季用 3% ~ 5%；或者用松脂合剂，夏秋两季用 18 ~ 20 倍液，冬季用 8 ~ 10 倍液。

2. 瘤坚大球蚧

【症状识别】 瘤坚大球蚧又称为枣大球蚧、梨大球蚧。雌成虫和若虫在枝干上刺吸汁液，排泄蜜露诱致煤污病发生，影响光合作用，削弱树势。

【形态特征】

1）成虫：雌虫呈半球形，体长 8 ~ 18mm，状似钢盔；成熟时体背为红褐色，有整齐的黑灰色斑纹。雄虫体长 2 ~ 2.5mm，橙黄褐色；前翅发达，白色，透明；后翅退化为平衡棒；交尾器呈针状，较长。

2）卵：长椭圆形，0.4～0.5mm，初为浅黄色，后渐变为浅粉红色，孵化前为紫红色。附有白色蜡粉。

3）若虫：初龄为浅黄白色，扁长椭圆形，前端宽钝，向尾端渐狭；眼为黑色；足发达；腹端中部凹陷，中央及两侧各有1个刺突，2龄越冬期于扁平白色绵状茧内，茧为1.2～1.5mm。

4）蛹：裸蛹1.3～1.5mm，浅青黄色。

5）茧：白色，绵毛状，长椭圆形，2.2mm。

【发生规律】 每年发生1代。多以2龄若虫于枝干皮缝、叶痕处群集越冬，以1～2年生枝上较多。4月中下旬迅速膨大，5月间成熟并产卵，6月大量孵化，分散转移到叶、果上固着为害，秋季8月间陆续越冬，至10月上旬全部转到枝上越冬。

【防治方法】

1）夏季虫体膨大期至卵孵化前，人工刷抹虫体。

2）5月中下旬若虫孵化期喷80%敌敌畏1500倍液或0.2～0.3波美度石硫合剂。

3. 枣粉蚧

【症状识别】 枣粉蚧以成虫和若虫刺吸枣枝和枣叶中的汁液，导致枝条干枯、叶片枯黄、树体衰亡，减产严重。该虫分泌的黏稠状分泌物常招致霉菌发生，使枝叶和果实变黑，如煤污状，也影响树势、枣果品质及产量。

【形态特征】

1）成虫：扁椭圆形，体长约2.5cm，背部稍隆起，密布白色蜡粉，体缘具有针状蜡质物，尾部有1对特长的蜡质尾毛。

2）若虫：体呈扁椭圆形，足发达，腿为褐色。

3）卵：椭圆形，由白色蜡质絮状物组成。

【发生规律】 每年发生3代。以若虫在树皮缝中越冬。4月开始活动，5月上旬产卵，卵期9～10天，各代若虫发生盛世期为6月上旬、7月中旬、9月中旬。10月上旬开始大量越冬。

【防治方法】

1）人工防治：在冬季和早春期间，刮除树干、枝及枝杈处的老粗皮并集中烧毁，对全树喷涂3～5波美度石硫合剂，或者对主要枝干涂以宽1～2cm宽的粘虫胶环，以阻止上树及集中越冬枝向非集中越冬枝转移为害，并粘死部分害虫。

2）化学防治。用药时间应选在初孵若虫盛发期，一般在：5月底至6月初，7月上、中旬和9月上旬。所选药剂有：25%扑虱灵可湿性粉剂1500～2000倍液（提前2天应用）、苦楝油原油乳剂200倍液、80%敌敌畏乳油1000～1500倍液，7月上、中旬可用25%喹硫磷乳油1000～1500倍液等药剂防治，为加强触杀效果，可混加拟除虫菊酯类，如2.5%功夫乳油1500～2000倍液或10%天王星乳油2000～4000倍液等。

4. 枣豹蠹蛾

【症状识别】 枣豹蠹蛾以幼虫蛀入枣吊木质部，并在木质部内窜行，造成枣吊枯萎，尤其对幼树为害后，形成小老树不能结果，对枣树产量影响很大。

【形态特征】

1）成虫：雌蛾体长18～20mm，翅展35～37mm，全体为灰白，触角呈丝状，复眼为黑色；雄蛾体长18～22mm，翅展34～36mm，触角呈双栉状，胸背两侧有2排，每排有3个圆形黑点。翅为灰白色，布满黑色，并有蓝紫色光泽的斑点，翅有半透明感，前翅前缘有12块较大斑点，后缘有较大黑斑6块，全翅共60余块，翅室间黑斑近条纹状。腹部为赤褐色，密披白色鳞毛，每腹节背面有1个横长方形黑斑，每节腹面具有黑斑3个，产卵器伸出时长8mm。

2）卵：长约1mm，长椭圆形，杏黄色。

3）幼虫：初孵幼虫为褐色，后变为暗红褐色；老幼虫体长35～41mm，全体为紫红色，大颚为黑色且发达，腹部每节均有刚毛。

4）蛹：红褐色，长15～22mm，顶端有1个颚突，腹背每节有2个横列刺突，生殖孔两侧有明显刺突10个。

【发生规律】 1年发生1代。以幼虫在被害枝条内越冬。次年春季枣树枝条萌发后，越冬幼虫开始沿髓部向上蛀食，每隔一段向外咬1个排粪孔，被害枝条上部的幼芽枯萎死亡。6月上旬开始在隧道内吐丝缀连碎屑堵塞被害枝条的两端，并向外咬1个羽化孔，幼虫开始化蛹。6月底至8月初成虫羽化。

【防治方法】

1）冬春季修剪时，注意剪除虫枝并烧毁。辨认时注意被害枝上的叶不落。

2）枣树发芽后6月中旬前彻底剪除被害虫枝。因为成虫羽化前一直在被害地枝条内，从被害处向前端均已干枯，以芽后极易识别，凡现状干枯不萌发者，多数是枣豹蠹蛾为害所致，用高枝剪在枯枝下 20～30 处剪枝，随即集中烧毁（强调烧毁）。因能转枝为害，全面且彻底地进行一两年可基本上控制其为害。用这种方法除治枣豹蠹蛾最简单、经济、彻底，效果最好。

3）成虫发生期，利用它的趋光性，用黑光灯诱杀或用 50% 甲基1605 药剂喷雾除治。

4）幼树主干被害后尚未枯死前，可用注射器向虫孔注入 50% 甲基1605 100 倍液杀死枝干中的幼虫。

5）保护和利用好天敌，如小茧蜂、蚂蚁及鸟类等。

6）化学防治：对蛀入孔注入 80% 敌敌畏 200 倍液，用泥封口。树冠喷药可选用天达 25% 灭幼脲悬浮剂 1500 倍液或 20% 虫酰肼悬浮剂1000 倍液喷雾防治。

二 枣树叶部害虫

1. 枣尺蠖

【症状识别】 幼虫为害幼芽、叶片，后期转食花蕾。常将叶片吃成大大小小的缺刻，严重发生时可将枣树叶片和花蕾食光，使枣树大幅度减产或绝产。

【形态特征】

1）成虫：雄蛾为灰褐色，体长 12～14mm，翅展 35mm，头小，具有长毛，混有鳞片。触角呈羽毛状；复眼呈球状，褐色。喙短，下唇须具长毛，胸部粗壮，密被长毛及鳞片，前翅有 2 条褐色波纹，后翅中部有 1 条黑色波纹状横线。腹部背面为棕褐色，密生刺毛和鳞片。雌蛾为灰褐色，触角呈丝状，喙、翅均退化，下唇须具有短毛，胸短粗，足 3 对，腹部密生刺毛和鳞毛；产卵器细长，呈管状，可缩入体内。

2）卵：圆球形，具有光泽，初产时为灰绿色，逐渐变为浅绿色，孵化前呈紫黑色。

3）幼虫：共 5 龄。1 龄幼虫，虫体为黑色，节与各节背面有 1 条白色横纹，共 5 条；2 龄幼虫为深绿色，有 7 条白色纵条纹；3 龄幼虫为灰绿色，有 13 条白色纵条纹；4 龄幼虫为灰褐色，有 13 条黄色与灰白色相间的纵条纹；5 龄幼虫为灰褐色或青灰色，有 25 条灰白色纵条纹。胸足 3 对，腹足、臀足各 1 对。

316

4）蛹：被蛹，纺锤形，紫褐色，体长约 15mm，雌蛹大，雄蛹小。

【发生规律】　1 年发生 1 代，有少数个体 2 年发生 1 代。以蛹分散在树冠下深 3～15cm 的土中越冬，靠近树干基部比较集中。3 月中旬成虫开始羽化，盛期在 3 月下旬至 4 月中旬，末期为 5 月上旬，全部羽化期达 60 天左右。枣芽萌发时约 4 月中旬卵开始孵化，盛期在 4 月下旬至 5 月上旬，末期在 5 月下旬，全部孵化期达 50 天左右。幼虫为害期在 4～6 月，以 5 月间最烈，因嫩芽被害影响最大。幼虫老熟后即入土化蛹越冬，5 月中、下旬开始至 6 月中旬全都入土化蛹。

【防治方法】

1）阻止雌蛾上树产卵。在树干基部距地面 10cm 处绑一条 10cm 宽的塑料薄膜带，接头相搭 3～4cm，接头处用书钉或枣刺钉牢，随即取湿土在树干基部培起稍隆起的土堆，将塑料带的下沿压砖，塑料薄膜带需在 2 月下旬至 3 月上旬绑完。为了防止产在树下的卵孵化的小幼虫上树，在塑料带的上沿或下沿需要涂上粘虫药带，全期要涂粘虫药带 2 次，3 月下旬至 4 月初及 4 月中旬各进行 1 次。制法是黄油 10 份，机油 5 份，药剂 1 份。可使用的药剂有杀螟松、敌杀死或杀灭菊酯等。也可在塑料带下部绑一圈草绳，诱集雌蛾在草绳缝隙产卵，至卵接近孵化期时，将草绳解下烧掉。全部幼虫孵化期更换和收回草绳 3 次。主要技术要点是，要使塑料薄膜药带或草绳带在成虫羽化全期到幼虫孵化期长达 60 多天的时间内发挥作用。大面积实施此项措施，一般可减少虫量 80%～90%。

2）秋季或初春（最迟不得晚于 3 月中旬）在树干周围 1m 范围内，深 3～10cm 处，组织人力挖越冬蛹。

3）树上喷药防治。需要在虫卵绝大部分孵化，幼虫绝大部分在 3 龄前施用药剂。具体时间是在成虫高峰期后 27～30 天，对抗药性强的枣尺蠖和发生量大时，可采用 2.5% 溴氰菊酯 6000 倍液、20% 杀灭菊酯 10000 倍液等。一般情况下可用 75% 辛硫磷乳剂 3000 倍液、90% 敌百虫 1000 倍液、50% 敌敌畏 800～1000 倍液或青虫菌 1000 倍液。

4）喷抗脱皮激素。在卵期喷布 20% 灭幼脲 1 号胶悬剂 5000 倍液，可有效地抑制卵孵化，并使幼虫不能正常脱皮而死亡。

2. 枣瘿蚊

【症状识别】　枣瘿蚊又名枣芽蛆。幼虫为害嫩叶，叶受害后红肿、纵卷，叶片增厚，先变为紫红色，最终变为黑褐色，并枯萎脱落。

【形态特征】

1）成虫：体长 1.4～2.0mm。头胸部为黑绿色至黑褐色，腹部背面为黑褐色，胸背、腹部背面具有 3 个黑褐色斑，相间红褐色横带。复眼大，肾形。触角细长，呈念珠状，各节上生环状刚毛。前翅呈椭圆形，后翅退化成平衡棒。后胸凸起明显；足细长。腹部 8 节细长。

2）卵：长 0.3mm，长椭圆形。

3）幼虫：体长 1.5～2.9mm，蛆形，初为乳白色，后变为黄褐色，外被椭圆形灰白色薄茧。

【发生规律】 1 年发生 5～6 代。以幼虫于树冠下土壤内作茧越冬。次年 5 月中下旬羽化为成虫。第 1～4 代幼虫盛发期分别在：6 月上旬，6 月下旬，7 月中、下旬，8 月上、中旬。8 月中旬出现第 5 代幼虫，9 月上旬枣树新梢停止生长时，幼虫开始入土作茧越冬。

【防治方法】

1）清理树上、树下虫枝，以及叶、果，并集中烧毁，减少越冬虫源。

2）化学防治：4 月中下旬枣树萌芽展叶时，喷药防治。可选药剂有：40% 氧乐果乳油 1000～1500 倍液、25% 灭幼脲悬乳剂 1000～1500 倍液、52.25% 毒·氯乳油 2500～3000 倍液、10% 氯氰菊酯乳油 2000～3000 倍液、20% 氰戊菊酯乳油 1000～2000 倍液、2.5% 溴氰菊酯乳油 2000～4000 倍液、20% 水胺硫磷乳油 400～500 倍液、25% 噻嗪酮可湿性粉剂 1000～1500 倍液或 80% 敌敌畏乳油 800～1000 倍液，间隔 10 天喷 1 次，连喷 2～3 次。

3. 枣黏虫

【症状识别】 枣黏虫以小幼虫为害叶、花、果。为害叶片时，常向枣吊或叶片吐丝将其缀在一起缠卷成团和小包，藏身其中，并且可将叶片吃成缺刻和孔洞；为害花时，咬断花柄，食害花蕾，使花变黑、枯萎；为害果时，幼果被啃食成坑坑洼洼状，被害果发红脱落或与枝叶粘在一起不脱落。

【形态特征】

1）成虫：体长 5～7mm，翅展 13～15mm，体为黄褐色，触角呈丝状，前翅前缘有黑色短斜纹 10 余条，翅中部有 2 条褐色纵线纹，翅顶角突出并向下呈镰刀状弯曲，后翅的暗灰色缘毛较长。

2）卵：扁椭圆形，初产时为白色，最后变成橘红色至棕红色。

3）幼虫：体长约 15mm，胴体为浅绿色至黄绿色或黄色，头部为红褐色或褐色，并有黑褐色花斑，前胸盾片和臀片为褐色并有黑褐色花斑，胸侧毛 3 根，臀栉 3~6 根。

4）蛹：长约 7mm，纺锤形，初期为绿色，后变为黄褐色，羽化前变为暗褐色；臀体 8 根，各节有 2 排横列刺突；蛹外披白色薄茧。

【发生规律】　每年发生 4~5 代。以蛹在老枣树皮缝越冬。次年 3~4 月成虫羽化，羽化后 2~4 天交尾，卵多产在枣枝上。第 1 代幼虫发生在萌芽展叶期，吐丝缠住叶、枣吊并取食嫩叶；第 2 代以后，不仅为害叶，而且蛀啃枣果。除越冬代多在叶苞内作茧化蛹外，越冬代老熟幼虫为了防寒和越冬的需要还常在树皮内结茧、化蛹。

【防治方法】

1）人工防治：冬季刮除树干粗皮，消灭越冬蛹，各代幼虫化蛹前，在主干上分杈处束草，诱集幼虫化蛹，随后解下草把烧掉。

2）化学防治：尤其应狠抓第 1 代幼虫期的防治，因为这一代发生较整齐，药剂防治效果较好。可使用药剂有：2.5% 溴氰菊酯 4000 倍液、20% 杀灭菊酯 3000 倍液或 80% 敌敌畏 1500 倍液，喷药要求认真细致、均匀周到。

3）灯光诱杀：可在果园内设置黑光灯诱杀成虫。无电源的果园可采用太阳能杀虫灯诱杀。

4. 枣芽象甲

【症状识别】　枣芽象甲以成虫在早春食害嫩芽和幼叶，严重时可将枣树嫩芽吃光，造成二次发芽，既影响当年的枣果产量，又影响树株的生长发育，减弱树势。

【形态特征】

1）成虫：深灰色或土黄色，体长 4~6mm；头为黑色；触角呈肘状，棕褐色；头宽、喙短，喙宽略大于长，头部背面两复眼之间凹陷；前胸背板为棕灰色；足腿节无齿，爪合生。

2）卵：长椭圆形，长 0.6~0.7mm，宽 0.3~0.4mm，光滑微具光泽，初产时为乳白色，后渐变为浅黄褐，孵化前为黑褐色，堆生。

3）幼虫：体长 5~7mm，头为浅褐色，前胸背板为浅黄色，胴部为乳白色，各节多横皱，略弯曲呈纺锤形，无足。

4）蛹：长 4~6mm，略呈纺锤形，初为乳白色，之后颜色逐深，近羽化时为红褐色。

【发生规律】 每年发生1代。以幼虫在树冠下5~50cm深的土壤中越冬。越冬幼虫3月下旬开始上移到表土层活动、为害，老熟后在3cm左右深处，做球形土室化蛹。化蛹期在4月中旬前后，蛹期12~15天。成虫羽化后一般经4~7天出土，4月中旬田间始见成虫，在羽化初期，气温较低，成虫善攀缘，一般喜欢在中午取食为害。4月中旬至5月上旬为成虫盛发期，也是为害的高峰期，成虫具假死性、群集性。成虫多沿树干爬上树活动为害，以10~16时高温时最为活跃，可做短距离飞翔，早晚低温或阴雨刮风时，多栖息在枝杈处和枣股基部不动，受惊扰假死落地，恢复活动后爬行上树。昼间气温高时惊落至半空则飞起，或者落地后飞上树。成虫发生期间约1个月，食枣芽和嫩叶，但随着气温的升高，成虫有多次交尾的习性，交配后2~7天开始产卵。卵多产于枣树嫩芽、叶面、枣股、翘皮下及枝痕裂缝内，数粒成堆产在一起。每只雌虫可产卵12~45粒，产卵期为5月上旬至6月上旬，盛期为5月中下旬。卵期20天左右，5月下旬开始陆续孵化，幼虫孵化后坠落于地，潜入浅土层，取食植株嫩根等地下部分。9月以后，入土层约30cm处越冬。

【防治方法】

1）人工防治：成虫发生期，利用其假死性，可在早晨或傍晚人工振落捕杀。

2）地面药剂防治：成虫出土前，在树干周围1m以内喷洒50%辛硫磷乳剂300倍液或48%天达毒死蜱800倍液，或者撒施绿鹰（辛硫磷缓释剂）且每株成树用药15~20g。施药后耙匀土表或覆土，可毒杀羽化出土的成虫。

3）树上喷药：在成虫发生期喷洒2%天达阿维菌素2000倍液、48%天达毒死蜱1000倍液或2.5%天达高效氯氟菊酯1500倍液，可杀灭成虫。

5. 枣大灰象甲

【症状识别】 在枣树上成虫主要取食枣树叶片，对枣苗和幼龄枣树为害尤重；幼虫先将叶片卷合并在其中取食，为害一段时间后再入土食害根部。

【形态特征】

1）成虫：体长8~12mm，全体为黑色，体表背部被有1层褐色或灰黄色或灰黑色鳞片。头管粗短，背面有3条纵沟。前胸背面密布刻点，后缘较平直。鞘翅近卵圆形，每鞘翅上各有 10 条纵沟。后翅退化。

2）卵：长约 1.2mm，长椭圆形，初产时为乳白色，后渐变为黄褐色。

3）幼虫：体长约 17mm，乳白色，肥胖，弯曲，各节背面有许多横皱。

4）蛹：长约 10mm，初为乳白色，后变为灰黄色至暗灰色。

【发生规律】　每年发生 1 代。以成虫在土中越冬。次年 3 月开始出土活动，先取食杂草，待枣树发芽后，陆续转移到苗树上取食新芽、嫩叶。白天多栖息于土缝或叶背，清晨、傍晚和夜间活跃。成虫不能飞翔，主要靠爬行转移，动作迟缓，有假死性。可多次交尾，交尾时间较长，5～6 月经常可见到成对的成虫静伏于枝叶间。5 月中下旬，成虫大量产卵，卵多产于叶尖处，并将叶片尖端从两边折起，把卵包于其中，卵为块状，每块 10 余粒至几十粒不等，排列整齐。部分卵可产于土中。卵期 7 天左右，幼虫孵化后先取食叶片，后入土取食植物根部，并在土中化蛹，羽化为成虫后越冬。

【防治方法】

1）人工防治：在成虫发生期，利用其假死性、行动迟缓、不能飞翔的特点，进行人工捕捉，先在树下铺塑料布，振落后收集消灭。

2）地面施药：在成虫出土前于树干周围地面喷洒 50% 辛硫磷乳剂 300 倍液，或 48% 天达毒死蜱 800 倍液，或者撒施绿鹰（辛硫磷缓释剂）且每株成树用药 15～20g。施药后耙匀土表或覆土，毒杀羽化出土的成虫。

3）树上喷药：成虫发生期，于树上喷洒 48% 天达毒死蜱 1000 倍液或 2% 阿维菌素 2000 倍液。

6. 枣黄刺蛾

【症状识别】　枣黄刺蛾以幼虫为害叶片，啃食叶肉，留主脉及叶的大支脉，而将脉间叶肉吃成大孔洞，使叶片形成缺刻或吃成破损状，有时将叶片全部吃光，仅留叶柄。

【形态特征】

1）成虫：体长 13～16mm，翅展 30～34mm。头部和胸部为黄色，腹部背面为黄褐色。前翅内半部为黄色，外半部为褐色，有 2 条暗褐色斜线，在翅尖上汇合于一点，呈倒 "V" 字形，内面一条伸到中室下角，为黄色与褐色两个区域的分界线。

2）卵：扁平，椭圆形，黄绿色，长 1.4～1.5mm。

3）幼虫：老熟幼虫体长 19～25mm，头小，黄褐色。胸部、腹部肥大，黄绿色。身体背面有 1 个大型的前后宽、中间细的紫褐色斑和许多突起枝刺。枝刺以腹部第 1 节的最大，依次为腹部第 7 节、胸部第 3 节、腹部第 8 节；腹部第 2～6 节的枝刺小，其中第 2 节的最小。

4）蛹：椭圆形，长 13～15mm，黄褐色。

5）茧：灰白色，质地坚硬，表面光滑，茧壳上有几道长短不一的褐色纵纹，形似雀蛋。

【发生规律】 1 年发生 1～2 代。幼虫老熟后就在枝上结茧化蛹，蛹期 15 天。在 1 年发生 1 代的地区，成虫于 6 月中旬出现，白天静伏叶背面，夜晚活动，有趋光性。卵产于叶背，卵呈半透明状。幼虫于 7 月中旬至 8 月下旬为害，小时喜群栖，长大则分散。

在 1 年发生 2 代的地区，越冬代幼虫于 5 月下旬至 6 月上旬羽化。第 1 代幼虫于 6 月中旬孵化为害，7 月上旬为害严重。幼虫共分 7 龄，幼虫期约 30 天。第 2 代幼虫于 7 月底开始为害，8 月上、中旬为幼虫孵化盛期，8 月下旬出现越冬茧。

【防治方法】

1）摘除越冬虫茧：早春结合修剪剪除虫茧，集中消灭，也可放于纱笼中放出天敌，杀死刺蛾成虫。幼虫发生期也可人工捕捉幼虫，减轻为害。

2）用黑光灯和性诱剂诱杀成虫。

3）化学防治：可用 4.5% 高效氯氰菊酯乳油 3000 倍液、2.5% 溴氰菊酯乳油 5000 倍液、25% 灭幼脲 3 号胶悬剂 1000～1500 倍液、35% 高效氯氰菊酯乳油 2500～3000 倍液、20% 氰戊菊酯乳油 1500～2000 倍液；或者可用一些天然植物提取液类农药，常用的有齐螨素 6000 倍液、吡虫啉 4000 倍液或百草 1 号 1500 倍液等。

7. 扁刺蛾

【症状识别】 扁刺蛾以幼虫取食叶片为害，发生严重时，可将寄主叶片吃光，造成严重减产。

【形态特征】

1）成虫：雌蛾体长 13～18mm，翅展 28～35mm。体为暗灰褐色，腹面及足部颜色较深。触角呈丝状，基部数十节呈栉齿状，栉齿在雄蛾上更为发达。前翅为灰褐色且稍带紫色，中室的前方有 1 个明显的暗褐色斜纹，自前缘近顶角处向后缘斜伸；雄蛾中室上角有1个黑点（雌蛾不明显）。后翅为暗灰褐色。

2）卵：扁平光滑，椭圆形，长1.1mm，初为浅黄绿色，孵化前呈灰褐色。

3）幼虫：老熟幼虫体长21～26mm，宽16mm，体扁，椭圆形，背部稍隆起，形似龟背。全体为绿色或黄绿色，背线为白色。体边缘每侧有10个瘤状突起，其上生有刺毛，每一体节背面有2丛刺毛，第4节背面两侧各有1个红点。

4）蛹：体长10～15mm，前端肥钝，后端稍削，近椭圆形。初为乳白色，后渐变为黄色，近羽化时转为黄褐色。

5）茧：长12～16mm，椭圆形，暗褐色，似鸟蛋。

【发生规律】　华北地区1年多发生1代，长江下游地区1年发生2代。以老熟幼虫在树下土中作茧越冬。次年5月中旬化蛹，6月上旬开始羽化为成虫。6月中旬至8月底为幼虫为害期。

【防治方法】

1）冬耕灭虫：结合冬耕施肥，将根际落叶及表土埋入施肥沟底，或者结合培土防冻，在根际30cm内培土6～9cm，并稍压实，以扼杀越冬虫茧。

2）生物防治：可喷施0.5亿个/mL芽孢的青虫菌菌液。

3）化学防治：可喷施90%晶体敌百虫、50%马拉松、25%亚胺硫磷乳剂1000～1500倍液，50%杀螟松1000倍液或80%敌敌畏乳1500倍液。发生严重的年份，在卵孵化盛期和幼虫低龄期喷洒25%天达灭幼脲3号1500倍液、20%天达虫酰肼2000倍液、2.5%高效氯氟氰菊酯乳油2000倍液或0.5亿个/mL芽孢的青虫菌菌液。

8．枣树褐边绿刺蛾

【症状识别】　低龄幼虫取食叶肉，仅留表皮，老龄时将叶片吃成孔洞或缺刻，有时仅留叶柄，严重影响树势。

【形态特征】

1）成虫：体长15～16mm，翅展约36mm。触角为棕色，雄虫触角呈栉齿状，雌虫触角呈丝状。头部和胸部为绿色，复眼为黑色；雌虫触角为褐色，丝状，雄虫触角基部2/3呈短羽毛状。胸部中央有1条暗褐色背线。前翅大部分为绿色，基部为暗褐色，外缘部为灰黄色，其上散布暗紫色鳞片，内缘线和翅脉为暗紫色，外缘线为暗褐色。腹部和后翅为灰黄色。

2）卵：扁椭圆形，长1.5mm，初产时为乳白色，渐变为黄绿色至浅黄色，数粒排列成块状。

3）幼虫：末龄体长约25mm，略呈长方形，圆柱状。初孵化时为黄色，长大后变为绿色。头黄色，甚小，常缩在前胸内。前胸盾上有2个横列黑斑，腹部背线为蓝色。胴部第2节至末节每节有4个毛瘤，其上生1丛刚毛，第4节背面的1对毛瘤上各有3~6根红色刺毛，腹部末端的4个毛瘤上生蓝黑色刚毛丛，呈球状；背线为绿色，两侧有深蓝色点。腹面为浅绿色。胸足小，无腹足，第1~7节腹面中部各有1个扁圆形吸盘。

4）蛹：长约15mm，椭圆形，肥大，黄褐色，被包在椭圆形似羊粪状的棕色或暗褐色的长约16mm的茧内。

【发生规律】　在陕西合阳1年发生1代。以老熟幼虫在枝干上或树干基部周围的土中结茧越冬。越冬幼虫于5月中下旬开始化蛹，6月上中旬羽化。卵期7天左右。幼虫在6月下旬孵化，8月为害重。8月下旬至9月下旬，老熟幼虫在枝干上或树干基部周围的土中结茧越冬。

【防治方法】

1）人工防治：幼虫群集为害期人工捕杀。

2）黑光灯防治：利用黑光灯诱杀成虫。

3）生物防治：秋冬两季摘虫茧，放入纱笼，保护和引放寄生蜂等（紫姬蜂、寄生蝇）；用每克含孢子100亿个的白僵菌粉0.5~1kg，在雨湿条件下防治1~2龄幼虫。

4）化学防治：幼虫发生期及时喷洒90%晶体敌百虫、80%敌敌畏乳油、50%马拉硫磷乳油、25%亚胺硫磷乳油、50%杀螟松乳油或90%巴丹可湿性粉剂等900~1000倍液。此外还可选用50%辛硫磷乳油1400倍液、10%天王星乳油5000倍液、2.5%鱼藤酮300~400倍液或52.25%农地乐乳油1500~2000倍液。

9. 枣刺蛾

【症状识别】　枣刺蛾以幼虫取食枣、柿、核桃、苹果、梨、杏等果树的叶片，低龄幼虫取食叶肉，稍大后即可取食全叶。

【形态特征】

1）成虫：翅展24~32mm，褐色，头小，腹部背面各节有似"人"字形的红褐色鳞毛。前翅基部为褐色，中部为黄褐色，近外缘处有2块近似菱形的斑纹连在一起，前块为褐色，后块为红褐色。横脉上有1个黑点。后翅为灰褐色。

2）卵：长1.2～2.2mm，椭圆形，扁平。

3）幼虫：初孵幼虫体长0.9～1.3mm，筒状，浅黄色，背部颜色稍深。头部及第1、2节各有1对较大的刺突，腹末有2对刺突。老熟幼虫体长约21mm，头褐色，很小，缩于胸前。胸腹部为浅黄绿色，胸部有3对、体中部有1对、腹末有2对红色的长刺。各体节两侧各有1个红色短刺毛丛。

4）蛹：长12～13mm，椭圆形，初为黄色，后渐变为浅褐色，羽化前为褐色。

5）茧：长13～14.5mm，椭圆形，土灰褐色。

【发生规律】 在河南、河北两省，每年发生1代。以老熟幼虫在树干基部周围表土层7～9cm的深处结茧越冬。次年6月上旬越冬幼虫化蛹。蛹期17～31天，平均21.9天。成虫于6月下旬开始羽化，有趋光性，寿命1～4天。白天静伏于叶背，晚间活动、交尾，交尾后次日即可产卵，卵聚集成块状，多产于叶背面。卵期为7天，初孵化幼虫短时间内聚集取食，然后分散在叶片背面为害，初期取食叶肉，稍大后取食全叶。7月下旬至8月中旬为严重为害期。8月下旬开始，老熟幼虫逐渐下树，入土结茧越冬。

【防治方法】

1）保护和利用天敌：枣刺蛾茧内的老熟幼虫可被上海青蜂寄生，其寄生率很高，控制效果显著。被寄生的虫茧，上端有1个寄生蜂产卵时留下的小孔，容易识别。在冬季或早春，剪下树上的越冬茧，挑出被寄生茧保存，让天敌羽化后重新飞回自然界。

2）化学防治：发生严重的年份，在卵孵化盛期和幼虫低龄期喷洒25%天达灭幼脲3号1500倍液、20%天达虫酰肼2000倍液、2.5%高效氯氟氰菊酯乳油2000倍液或含0.5亿个/mL芽孢的青虫菌液。

10. 桃天蛾

【症状识别】 桃天蛾以幼虫啃食枣叶，发生严重时，常逐枝吃光叶片，甚至全树叶片被食殆尽，严重影响产量和树势。

【形态特征】

1）成虫：体长36～46mm，翅展82～120mm，体肥大，深褐色；头细小；触角呈栉齿状，米黄色；复眼为紫黑色。前翅狭长，灰褐色，有

第七章

暗色波状纹7条，外缘有1条深褐色宽带，后缘角有1个黑斑，由断续的4小块组成，前翅下面具有紫红色长鳞毛。后翅近三角形，上有红色长毛，后缘角有1个灰黑色大斑，后翅下面为灰褐色，有3条深褐色条纹。腹部为灰褐色，腹背中央有1条浅黑色纵线。

2）卵：扁圆形，绿色，似大谷粒，孵化前转为绿白色。

3）幼虫：老熟幼虫体长80mm，黄绿色，体光滑，头部呈三角形，体上附生黄白色颗粒，第4节后每节气门上方有黄色斜条纹，有1个尾角。

4）蛹：长45mm，纺锤形，黑褐色，尾端有短刺。

【发生规律】 天津、河北、山西、陕西、山东等地每年发生2代。以蛹在地下5~10cm深处的蛹室中越冬。越冬代成虫于5月中旬出现，白天静伏不动，傍晚活动，有趋光性。卵产于树枝阴暗处、树干裂缝内或叶片上，散产。每只雌蛾产卵量为170~500粒。卵期约7天。第1代幼虫在5月下旬至6月发生为害。6月下旬幼虫老熟后，入地做穴化蛹，7月上旬出现第1代成虫，7月下旬至8月上旬第2代幼虫开始为害，9月上旬幼虫老熟，入地4~7cm做穴（土茧）化蛹越冬。

【防治方法】

1）灭蛹捕虫：秋季刨树行（树盘），消灭越冬蛹。生长季节根据树下幼虫排泄的虫粪，寻找幼虫并杀死。

2）人工扑杀：为害轻时，可根据树下虫粪搜寻幼虫并扑杀。幼虫入土化蛹时地表有较大的孔，两旁泥土松起，可人工挖除老熟幼虫。

3）化学防治：幼虫为害期可喷药加以除治，适宜的药物有：80%敌百虫1000倍液、1605乳油1500倍液、50%敌敌畏1000倍液或2.5%溴氰菊酯2000倍液。发生严重时，可在3龄幼虫之前喷洒25%天达灭幼脲3号1500倍液、20%天达虫酰肼2000倍液或2%阿维菌素2000倍液1~2次，可有效地消灭幼虫。

4）保护天敌：绒茧蜂对第2代幼虫的寄生率很高，1只幼虫可繁殖数十只绒茧蜂，其茧在叶片上呈棉絮状，应注意保护。

11. 枣树锈瘿螨

【症状识别】 枣树锈瘿螨以成螨、若螨刺吸取食叶片、花蕾、花、幼枣、脱落性枝等绿色部位；受害部位或呈现银灰色锈斑，或干枯脱落，受害严重的树株或地片可绝产。

【形态特征】

1）成螨：体长约0.15mm，宽约0.06mm，楔形。初为白色，后为浅褐色，半透明。足 2 对，位于前体段。胸板呈盾状，其前瓣盖住口器。口器尖细，向下弯曲。后体段背部、腹部为异环结构，背面约 40 环，前、中、后各有 1 对粗壮刚毛，末端有 1 对等长的尾毛。

2）卵：圆球形，乳白色，表面光滑，有光泽。

3）若螨：体白色，初孵时呈半透明状。体形与成螨相似。

【发生规律】 以成螨在枣股老芽鳞内越冬。次年 4 月中旬枣树萌芽期越冬成螨出蛰活动，为害嫩芽及幼叶。6 月上旬枣树花期进入为害盛期，为害状开始显现，6 月中旬虫口密度最大，在整个 6 月繁殖最快，为全年发生最盛期。7 月中旬至 8 月的高温阶段，绝大多数虫体转入枣股老芽鳞内越夏，叶片虫口数量显著减少。9 月繁殖速率下降，虫口密度最小；9 月底全部入蛰越冬。

【防治方法】 应抓住 5 月底至 6 月初枣瘿螨发生为害的初盛期集中防治；发生严重的年份，可于 8 月中下旬再防治 1 次。可用药剂有：20% 灭扫利 2000 倍液、20% 三唑锡（倍乐霸）1000 倍液、20% 螨死净（阿波罗）2000 倍液、9.5% 螨即死乳油 2000 倍液、2% 阿维菌素微囊悬浮剂 3000 倍液、24.5% 阿维菌 1500 倍液、20% 螨死净 3000 倍液、20% 速螨酮（速螨酮、达螨尽、牵牛星、扫螨净）3000 倍液，喷雾防治。

【注意】 喷药时，应注意树冠内膛和叶片背面的喷药。只要喷药及时且严密细致，便可控制该螨的发生为害，保证枣树的产量和质量。

三　枣树花及果实害虫

1. 枣绮夜蛾

【症状识别】 枣绮夜蛾以幼虫取食枣花及枣果为害，枣树花期，幼虫吐丝缠花，钻在花序丛中取食花蕊和蜜盘，被害花只剩下花盘和花萼，不久即枯萎。严重时枣吊上全部花蕊都被吃光，不能结果。枣果实生长期，幼虫可吐丝缠绕果柄，蛀食枣果，被害果实逐渐枯干，但多不脱落。

【形态特征】

1）成虫：体长约 5mm，翅展 15mm 左右，体为浅褐色，前翅为暗褐色，有 3 条白色弯曲横纹，近顶角处有 1 个明显的黑斑。枣绮夜蛾为一种浅褐色的小型蛾子。

2）卵：半球形，黄白色，透明，近孵化时为浅红色。

3) 幼虫：老熟幼虫体长 10 ~ 14mm，浅黄绿色，与枣花颜色相似。胸部、腹部的背面有成对的似菱形的紫红色线纹（少数幼虫无此特征）。各节稀生长毛。腹足 3 对。

4) 蛹：长约 6mm，头部腹面为鲜绿色，背面及腹部为黄绿色，近羽化时全体为棕褐色。

【发生规律】 1 年发生 1 ~ 2 代。以蛹在枣树老翘皮下、粗皮裂缝中或树洞内越冬。次年 4 月上中旬成虫开始羽化，下旬为羽化盛期。成虫有趋光性。卵多散产于花梗间或叶柄基部，每只雌虫产卵 100 粒左右。4 月下旬，第 1 代幼虫开始孵化。幼虫孵化后即取食为害枣花，稍大后即可吐丝将一簇花缀连在一起，并在其中为害，直到花簇变黄枯萎，后又继续取食为害枣果。幼虫不活泼，行动迟缓，部分幼虫受惊后会吐丝下垂。第 1 代幼虫 5 月上旬老熟化蛹，6 月上中旬结束。第 1 代蛹中有一部分不再羽化而越冬，为 1 年 1 代；另一部分蛹在 5 月下旬开始羽化，6 月中下旬结束，产生第 2 代。6 月上旬，第 2 代幼虫开始出现。第 2 代幼虫多取食枣果，并有转果为害习性，一般 1 只幼虫可为害 4 ~ 6 个枣果。6 月下旬至 7 月中旬，第 2 代幼虫先后老熟化蛹越冬。

【防治方法】

1) 人工防治：于幼虫老熟前，在树干中下部绑缚草环，引诱幼虫化蛹，后集中烧毁。

2) 化学防治：在幼虫发生期喷洒 25% 天达灭幼脲 3 号 1500 倍液（或天达虫酰肼 2000 倍液）+ 果树专用型天达 2116 1000 倍液，每 10 ~ 15 天喷 1 次，连续喷洒 2 ~ 3 次，杀灭虫卵及初孵幼虫。也可喷洒 0.5 亿个/mL 的苏云金杆菌菌液。

2. 隐头枣叶甲

【症状识别】 隐头枣叶甲食害枣花的雌蕊和雄蕊。盛花期，成虫出现高峰，大量取食花蕊及蜜盘，并在树膛内飞舞；谢花后，成虫随即消失。由于该虫为害，枣树坐果率直线下降，受害严重的枣树几乎绝收。

【形态特征】 成虫体长 4 ~ 5mm，长椭圆形，翅翘及腹面均为黑色，腿为褐色，雄虫体较小。幼虫及卵没有见到。

【发生规律】 在郑州市区，5 月中下旬，随着枣花的开放，隐头枣叶甲陆续出现，并食害枣花的雌蕊和雄蕊。

【防治方法】

1) 人工防治：利用隐头枣叶甲的假死性，在成虫为害期的树下铺上塑料布，摇动树枝，成虫落下后，立即将布上的甲虫收集起来消灭。

2）物理防治：在枣花开放前，成虫还未出土，在树冠下覆塑料膜，大小和树冠基本一致，四周用土压紧，防止成虫出土，上树食害枣花，以压低当年的害虫基数，提高枣树的产量。

3）化学防治：如果虫量较大，可采用化学防治，在枣花开放前，成虫还未出土，在树冠下土壤内均匀喷布 50% 辛硫磷乳油 300～500 倍液、50% 敌敌畏 1000 倍液、2.5% 敌杀死 2500～3000 倍液或 40% 乐斯本乳油 1000～1500 倍液，浅锄与土壤混匀，以杀死出土的成虫，可以大大减轻其为害。枣树谢花前，也可在地面再喷一次上述某一种药剂，以消灭入土的成虫，压低越冬基数，保证来年枣花免受其害。

第八章

核桃园无公害科学用药

第一节 核桃园病害诊断及防治

一 核桃树枝干病害

1. 核桃腐烂病

【症状识别】 核桃腐烂病主要为害枝、干，以及幼树主干和侧枝，病斑初期时近梭形，有暗灰色水渍状肿起，用手按压流有泡沫状液体，病皮变褐有酒糟味，后病皮失水下凹，病斑上散生许多小黑点。湿度大时从小黑点上涌出橘红色胶质物。严重时，病斑扩展致皮层纵裂流出黑水。主干染病初期，症状隐蔽在韧皮部，外表不易看出，当看出症状时皮下病部已扩展 20cm 以上，流有黏稠状黑水，常糊在树干上，后期沿树皮裂缝流出黑水，干后发亮，好像刷了一层黑漆。

【病原】 胡桃壳囊孢，属半知菌亚门真菌。

【防治方法】

1）建园宜选择中性偏碱性土壤，如石灰岩发育的土壤，酸性偏重的土壤要增施石灰或草木灰以改良土壤。

2）核桃园宜建在向阳的缓坡地，以便通风透光，排水防渍。

3）选择抗病品种：北方品种不耐高温高湿，南方品种害怕低温，云新核桃是新疆早实核桃与云南泡核桃的杂交品种，兼具南方和北方核桃品种的优点，比较适宜秭归发展；秭归本地核桃适应性、抗逆性较强，可以择优发展。

4）合理密植：核桃树冠大、成形快，种植密度不宜过大。土质肥沃的平缓地每亩宜栽 19 株（5m×7m 的株行距），土壤贫瘠的挂坡地每亩宜栽 28 株（4m×6m 的株行距）。对种植密度过大、已经郁蔽的果园要采取隔株间伐或回缩修剪，以改善果园通风透光条件。

5）清园消毒：冬季深翻果园，深施有机肥，喷洒3～5波美度石硫合剂，树干刷白，可以减少病源，增强树体抵抗力。

6）化学防治：发现病株，及时用刀片刮除腐烂的韧皮部，涂抹70%甲基托布津500倍液，里面添加适量农用链霉素以防治细菌性病害，或者用棉花或卫生纸蘸药液包裹发病部位，然后用塑料纸包扎。发病严重的，必须进行多次药防，直至痊愈。

2. 核桃溃疡病

【症状识别】　核桃溃疡病多发生于树干基部0.5～1.0m高度范围内。初期在树皮表面出现近圆形的褐色病斑，以后扩大呈长椭圆形或长条形，并有褐色黏液渗出，向周围浸润，使整个病斑呈水渍状。中央为黑褐色，四周为浅褐色，无明显的边缘。在光皮树种上大都先形成水泡，而后水泡破裂，流出褐色乃至黑褐色黏液，并将其周围染成黑褐色。后期病部干瘪下陷，其上散生很多小黑点，为病菌分生孢子器。罹病树皮的韧皮部和内皮层腐烂坏死，呈褐色或黑褐色，腐烂部位有时可深达木质部。严重发病的树干，由于病斑密集联合，影响养分输送，导致整株死亡。此病为害核桃苗木、大树的干部和主枝，在皮部形成水泡，破裂后流出浅褐色液体，遇空气变为铁锈色，后病斑干缩，中央纵裂1条小缝，上生黑色小点，即病菌分生孢子器。

【病原】　无性世代为聚生小穴壳菌，属半知菌亚门；有性世代为茶藨子葡萄座腔菌，属子囊菌亚门。

【防治方法】

1）选育抗病良种，加强土、肥、水管理，增强树势，提高树体的抗病力。

2）清除病枯枝，减少病菌来源。

3）进行树干涂白（涂白剂配方为生石灰5kg、食盐2kg、油0.1kg、豆面0.1kg、水20kg），防止日灼和冻伤，减少病原菌的侵入途径。

4）用刀刮除枝干病斑，深达木质部，或者用小刀在病斑上纵横划道，然后涂3波美度石硫合剂、1%硫酸铜溶液、10%碱水或1∶3∶15倍式波尔多液，均有一定的防治效果。

3. 核桃桑寄生

【症状识别】　在核桃树被寄生的枝条或主干上，丛生桑寄生植株的枝叶，非常显著，寄生处稍肿大或产生瘤状物，此外容易被风折断。由于核桃的一部分养料和水分被桑寄生吸收，并且桑寄生又分泌有互物质，造成早落叶、迟发芽、开花少和易落果。

【病原】　核桃桑寄生是桑寄生科桑寄生属寄生植物，为常绿寄生小灌木，以核桃为寄主进行寄生。

【防治方法】

1）尽量在桑寄生的果实熟悉前彻底砍除病枝条，并除尽根出条的组织内部吸根延伸的部分。

2）采用硫酸铜、2,4-D 等药液防治，有一定效果。

4. 核桃枝枯病

【症状识别】　核桃枝枯病主要为害枝条，尤其是 1～2 年生枝条易受害。枝条染病先侵入顶梢嫩枝，后向下蔓延至枝条和主干。枝条皮层初呈暗灰褐色，后变成浅红褐色或深灰色，并在病部形成很多黑色小粒点，即病原菌分生孢子盘。染病枝条上的叶片逐渐变黄后脱落。湿度大时，从分生孢子盘上涌出大量黑色短柱状分生孢子，若遇湿度增高则形成长圆形黑色孢子团块，内含大量孢子。

【病原】　有性阶段为核桃黑盘壳菌，属子囊菌亚门真菌。无性阶段为核桃圆黑盘孢，属半知菌亚门真菌。

【防治方法】

1）彻底清园：春季扫除园内枯枝、落叶、病果并带出园外烧毁。用生灰 12.5kg、硫黄粉 0.5kg、食盐 1.5kg、植物油 0.25kg、水 50kg 配制成涂白剂进行树干涂白。

2）加强管理：一是深翻土壤，当核桃采收后至落叶前进行土壤深翻，熟化土壤，促进根系发育，提高吸收功能，深翻深度以 20～30cm 为宜。二是施足肥料，结合深翻每株成年大树施入腐熟的有机肥 150～200kg，6～7 月追施 1 次氮、磷、钾复合肥料。三是及时灌水，促进树体健壮生长，提高抗病能力。

3）剪除枯枝：发现病枝及时剪除，带出园外烧毁。同时搞好夏剪，疏除密蔽枝、病虫枝、徒长枝，改善通风透光条件，降低发病率。

4）化学防治：在 6～8 月选用 70%·甲基托布津可湿性粉剂 800～1000 倍液或代森锰锌可湿性粉剂 400～500 倍液喷雾防治，每隔 10 天喷 1 次，连喷 3～4 次可收到明显的防治效果。同时要及时防治云斑天牛、核桃小吉丁虫等蛀干害虫，防止病菌由蛀孔侵入。

5. 核桃丛枝病

【症状识别】　核桃丛枝病也称核桃霜斑病。3～4 月，在叶背密生霜霉状白粉，5月以后叶自边缘开始枯焦、脱落，当年再发新叶，叶面变小，夏、秋两季又生霜霉，次年病枝发芽，节间变短，叶面渐小，叶序混乱，发生丛枝，复数年，干枯死亡。

【病原】 类菌原体（MLO）。

【防治方法】

1）加强综合管理，增强树势，增强抵抗力。

2）病害初始，将病害枝连同大枝及时砍除，防止传播；病区在2～3月喷洒波尔多液进行预防。

6. 核桃膏药病

【症状识别】 核桃膏药病是中国核桃产区的一种常见树干和枝条上的病害，轻者枝干生长不良，重者死亡。在核桃枝干上或枝杈处产生一团圆形或椭圆形厚膜状菌体，紫褐色，边缘为白色，后变为鼠灰色，似膏药状，即病原菌的担子果。

【病原】 真菌中担子菌亚门的茂物隔担耳菌。

【防治方法】

1）防治介壳虫：使用松脂合剂，冬季每500g原液加水4～5L，春季加水5～6L，夏季加水6～12L喷洒枝干，可防治若虫。

2）加强管理：结合修剪除去病枝，或者刮除病菌的实体和菌膜。并且喷洒1:1:100倍式波尔多液或20%石灰乳。

7. 核桃枯梢病

【症状识别】 核桃枯梢病主要为害枝梢，受害后，病斑呈红褐色至深褐色，棱形或长条形，后期失水凹陷，其上密生红褐色至暗色小点，即病原菌的分生孢子器，后造成枝梢枯死。此病害也能为害果实和叶片，叶片枯黄脱落，果实腐烂。

【病原】 大孢拟茎点菌，属半知菌亚门真菌。

【防治方法】

1）清除病枯枝，集中烧毁，可减少感病来源。

2）加强林园管理，深翻、施肥，增强树势，提高抗病能力。对树干刷涂白剂4～5月及8月各喷洒50%甲基硫菌灵可湿性粉剂200倍液或80%乙蒜素乳油200倍液，都有较好的防治效果。

3）用刀刮去病斑树皮至木质部，或者将病斑纵横深划几道口子，然后涂刷3波美度石硫合剂，或用1%硫酸铜液或50%福美双可湿性粉剂50～100倍液等药液进行消毒处理。

8. 核桃黑斑病

【症状识别】 枝梢上病斑呈长形，褐色，稍凹陷，严重时病斑包围枝条使上部枯死。

【病原】 黄单胞杆菌属的甘蓝黑腐黄单胞菌核桃黑斑致病型，属细菌。

【防治方法】

1）选择抗病品种、合理栽植密度及合理整形修剪，使树体结构合理，枝叶分布均匀，保持良好的通风透光条件。

2）加强肥水管理，提高树势，增强抗病能力；及时剪除或清除病枝、病叶、病果，核桃采收后脱下的果皮集中烧毁或深埋，减少越冬菌源。

3）及时防治核桃举肢蛾等害虫，采果时尽量少采用棍棒敲击，避免损伤枝条，减少伤口，也就减少病菌侵染的机会。

4）发芽前3月上中旬仔细喷1遍3~5波美度石硫合剂，发芽后、花期及花后可喷70%甲基托布津＋农用硫酸链霉素，5~7月每隔15天喷1次，可与乙蒜素、草酸铜或1∶0.5∶200倍式波尔多液等药剂交替使用，以防产生耐药性。

9. 核桃日灼病

【症状识别】 核桃日灼病引起果实和嫩枝发生日灼病，轻度日灼导致果皮上出现黄褐色圆形或梭形大斑块，严重日灼时病斑可扩展至果面的一半以上，并凹陷，果肉干枯粘在核壳上，引起果实早期脱落。受日灼的枝条半边干枯或全枝干枯，受日灼的果实和枝条容易引起细菌性黑斑病、炭疽病、溃疡病，若同时遇阴雨天气，灼伤部分还常发生链格孢菌的腐生。

【病因】 高温烈日暴晒引起的生理病害。

【防治方法】 夏季高温期间应在核桃园内定期浇水，以调节果园内的小气候，可减少发病。或者在高温出现前喷洒2%石灰乳液，可以减轻受害。

10. 核桃细菌性黑斑病

【症状识别】

1）叶片：首先在叶脉及叶脉的分叉处出现黑色小点，后扩大成近圆形或多角形黑褐色病斑，外缘有半透明状晕圈。雨水多时，叶面多呈水渍状近圆形病斑，叶背更明显，严重时病斑连片扩大，叶片皱缩、枯

第八章

焦,病部中央变成灰白色,有时呈穿孔状,叶片残缺不全,提早脱落。在嫩叶上病斑为褐色,多角形,在较老叶上病斑呈圆形,中央为灰褐色,边缘为褐色,有时外围有黄色晕圈,中央灰褐色部分有时形成穿孔,严重时病斑互相连接。

2）叶柄及枝梢:叶柄及枝梢上也出现病斑,病斑呈长形、褐色、稍凹陷,严重时病斑包围枝条使上部枯死。

3）果实:核桃果实受害后,开始果面上出现小而微隆起的黑褐色小斑点,后扩大成圆形或不规则形黑斑并下陷,无明显边缘,周围呈水渍状,果实由外向内腐烂,果实畸形,严重时果仁变黑腐烂。老果受侵害只达外果皮。

【病原】 黄单孢杆菌属的核桃黄极毛杆菌。

【防治方法】

1）结合修剪,除去病枝和病果,减少初侵染源。

2）发芽前喷3~5波美度石硫合剂;生长期喷1~3次1:0.5:200倍式波尔多液或50%甲基托布津;喷0.4%草酸铜效果也较好,并且不易发生药害;还可以用0.003%农用链霉素加2%硫酸铜,多次喷雾,也可取得良好的效果。

3）加强田间管理,保持园内通风透光,砍去近地枝条,减轻潮湿和互相感病。

4）选育抗病和抗虫品种,并注意选育抗病性品种。

二 核桃树叶部病害

1. 核桃白粉病

【症状识别】 核桃白粉病是由真菌引起的病害,主要为害核桃的叶、幼芽及新梢,干旱年份或季节,核桃树感病率可达100%,造成早期落叶,树势衰弱,影响产量。表现为受害叶片的正反面出现明显的片状薄层白粉,即病菌的菌丝,秋后在白粉层中出现褐色至黑色小颗粒,发病初期,核桃叶面有褪绿的黄色斑块,严重时嫩梢停止生长,叶片变形扭曲、皱缩,嫩芽不能展开,顶端枯死。

【病原】 有木通叉丝壳和胡桃球针壳两种,均属子囊菌门真菌。

【防治方法】

1）秋末清除病落叶、病枝,集中销毁。

2）加强管理,合理灌水施肥,控制氮肥用量,增强树体的抗性。

3）发芽前喷布 1 波美度石硫合剂，可减少菌源。发病初期喷洒 50%可灭丹（苯菌灵）可湿性粉剂 800 倍液、20%三唑酮乳油 1000 倍液、20%三唑酮硫黄悬浮剂 1000 倍液、12.5%腈菌唑乳油或 30%特富灵可湿性粉剂 3000 倍液。

2. **核桃褐斑病**

【症状识别】 核桃褐斑病主要为害核桃叶、新梢、果实。在嫩叶上病斑为褐色，多角形；在较老叶上病斑呈圆形，中央为灰褐色，边缘为褐色，有时外围有黄色晕圈，中央灰褐色部分有时形成穿孔，严重时病斑互相连接。有时叶柄上也出现病斑。枝梢上的病斑呈长形，褐色，稍凹陷，严重时病斑包围枝条使上部枯死。果实受害时表皮初现小而稍隆起的褐色软斑，后迅速扩大渐凹陷且变黑，外围有水渍状晕纹，严重时果仁变黑腐烂。老果受侵只达外果皮。

【病原】 真菌中半知菌亚门的核桃盘二孢菌。

【防治方法】

1）加强核桃栽培的综合管理，增强树势，提高抗病力。特别要重视改良土壤，增施肥料，改善通风透光条件。

2）春雨来临前，彻底清扫核桃园，及时清除病枝叶，深埋或烧毁。

3）化学防治：可参考核桃黑斑病，用药种类除波尔多液、托布津外，50%退菌特 800 倍液对褐斑病也有良好的防治效果。

4）做好预防工作，在发病前，奥力克靓果安按 800 倍液稀释喷洒，15 天用药 1 次，搭配速净，按 500 倍液稀释喷施，7 天用药 1 次。

5）轻微发病时，奥力克靓果安按 800 倍液稀释喷洒，10～15 天用药 1 次；病情严重时，按 500 倍液稀释，7～10 天喷施 1 次；如果病情很严重，需要速净按 300 倍液稀释喷施，3 天用药 1 次。

3. **核桃霜点病**

【症状识别】 核桃霜点病主要为害叶片，病叶正面出现不规则形退绿黄斑，叶背面密生灰白色粉状物，即病原菌的分生孢子梗和分生孢子。病叶边缘开始枯焦脱落，再生出新叶，但叶形较小，同时逐渐产生丛枝现象。

【病原】 半知菌亚门、丝孢目的核桃微座孢菌。

【防治方法】 清除落叶并烧毁，发病初期及时将病枝及其着生的大枝一并剪除，可控制病害的发展。

4. 核桃灰斑病

【症状识别】 核桃灰斑病主要为害叶片，出现圆形病斑，3~8mm，初为浅绿色，后变为褐色，最后变为灰白色，后期病斑上生出黑色小粒点，即病原菌分生孢子器。病情严重时，造成早期落叶。

【病原】 胡桃叶点霉，属半知菌类真菌。

【防治方法】

1）加强管理，防止枝叶过密，注意降低核桃园的湿度，可减少侵染。

2）发病初期喷洒50%可灭丹（苯菌灵）可湿性粉剂800倍液或50%甲基硫菌灵·硫黄悬浮剂900倍液。

5. 核桃缺素症

核桃在生长季节中由于缺乏某种微量元素，或者土壤中某些元素处于不能被植物吸收的状态时，植物就会表现出各种生长发育不正常的现象。核桃常见的缺素症有下列几种：

（1）缺锌

【症状识别】 核桃缺锌症又称核桃小叶病。典型症状是簇叶和小叶，叶片硬化，枝条先端枯死。

【病因】 由于石灰性土壤及酸性土壤施用了石灰，降低了土壤中锌的可供性。

【防治方法】 发芽前20~40天喷4%~5%硫酸锌液，或者于叶片伸展后喷0.3%硫酸锌，每隔15~20天喷1次，共喷3次，可以维持数年。

（2）缺铜

【症状识别】 初期叶片出现褐色斑点，引起叶片早黄早落，核桃仁萎缩。小枝的表皮产生黑色斑点，严重时枝条死亡。

【病因】 由于在碱性如石灰性土壤中，铜的有效性较低。

【防治方法】 春季展叶喷波尔多液或0.3%~0.5%硫酸铜液，或者在距树干约70cm处挖20cm深的沟并施入硫酸铜液。

（3）缺硼

【症状识别】 缺硼主要表现为小枝梢枯死，小叶脉间出现棕色斑点，幼果容易脱落。

【病因】 对酸性土壤用石灰量过大，使硼呈不溶解状态，有效性降低。

【防治方法】 冬季结冻前，环状开沟并施入硼砂0.2~0.35kg，施后灌水；或者生长期喷洒0.1%~0.2%硼砂溶液。

（4）缺铁

【症状识别】 核桃的缺铁症又称黄叶病。先从嫩叶开始，叶色变白，但叶脉仍保持绿色，严重时沿叶缘变黄褐色枯死。

【病因】 土壤中碳酸钙过多，氧气不足，生长前期水分过多，土壤温度过高或过低，根系不发达，减少了小根冠而不能很好地吸收铁元素。

【防治方法】 增施农家肥，可使土壤中的铁元素变为可温性，或者用硫酸亚铁与农家肥混合施用，或者在发芽前喷洒0.4%硫酸亚铁溶液，或者生长期用0.1%柠檬酸铁液喷洒，或者用0.1%硫酸亚铁液喷洒。

三 核桃树果实病害

核桃树果实病害主要为核桃炭疽病。

【症状识别】 核桃炭疽病主要为害果实，也为害叶、芽、嫩枝，苗木及大树均可受害。果实受害后，病斑初为黑褐色，近圆形，后变黑色凹陷，由小逐渐扩大为近圆形或不规则形。发病条件适宜、病斑扩大后，整个果实变为暗褐色，最后腐烂、变黑、发臭，果仁干瘪。叶片感病后发生黄色不规则病斑，在叶脉两侧呈长条状枯斑，在叶缘发病呈枯黄色病斑。严重时，全叶变黄造成早期落叶。

【病原】 有性态为围小丛壳，属子囊菌门真菌。无性态为胶孢炭疽菌，属半知菌类真菌。

【防治方法】

1）注意清除病僵果、病枝叶，集中深埋或烧毁，可减少菌源。

2）选用丰产抗病品种。种植新疆核桃时，株行距要适当，不可过密，保持良好通风。

3）6~7月发现病果及时摘除并喷洒1:2:200倍式波尔多液，发病重的核桃园于开花后喷洒25%炭特灵可湿性粉剂500倍液、50%使百克可湿性粉剂800倍液或50%施保功可湿性粉剂1000倍液，隔10~15天喷1次，连续防治2~3次。

四 核桃树根部病害

1. **核桃根腐病**

【症状识别】 核桃根腐病主要为害苗木的根部，使主根和侧根的皮层腐烂，造成地上部植株枯死。

338

【病原】　由半知菌亚门中的镰刀菌属的一个未知种引起。

【防治方法】

1）苗木出圃时，要严格检查，发现病苗应予以淘汰。栽植时避免过深，接口要露出土面，以防病菌从接口处侵入。

2）植株生长衰弱时，应扒开根部周围的土壤检查根部，若发现菌丝和小菌核，应先将根颈部的病斑用利刀刮除，然后用1%硫酸铜液消毒伤口，或者用甲基托布津500～1000倍液浇灌苗木根部，再用石灰撒施于树木基部和根际土壤。刮下的病组织及从根周围扒出的病土要拿出园外，再换新土覆盖根部。

3）最有效的方法是增强树势，提高抗病力。其基本措施是：增施有机肥料和草木灰，防止土壤板结，调节栽植深度，刨根凉墒，开沟排水，促进根系通气。撒施草木灰、生石灰或适量硫酸亚铁于根际土壤，抑制病害的发生。

4）对树势极度衰弱者进行灌根。灌根有效的药剂有3%噁霉·甲霜水剂500倍液和生根粉（按说明的倍数使用），每株浇灌药液1～2kg。

2. 核桃根癌病

【症状识别】　核桃根癌病主要发生在根颈部，侧根和支根也能发生。发病部位开始产生乳白色或略带红色的小瘤，质地柔软，表面光滑。后逐渐增大成深褐色的球形或扁球形癌瘤，木质化而坚硬，表面粗糙或凹凸不平。

【病原】　根癌土壤杆菌，属细菌。

【防治方法】

1）严格实行检疫，可疑苗木栽植前用0.1%高锰酸钾或1%硫酸铜浸根10min后，用清水冲洗，或用0.0001%～0.0002%链霉素浸根20～30min。

2）新建果园严格选地：

① 未感病的地块。

② 避免碱地。

③ 上壤疏松、透水透气。

④ 病土栽培应与非寄主植物轮作2年，但定植前仍应进行土壤消毒。感病园地或苗木有感病可能的，苗木栽植前用K84蘸根并迅速栽植。

3）治疗病树：初期割除未破裂的病瘤，伤口用抗菌剂401 50倍液或抗菌剂 402 100 倍液消毒，再涂波尔多液保护。

4）生物防治：用放射土壤杆菌，即 K84 灌根、浸种、浸根、浸条和伤口保护均有效。注意 K84 是活生物菌制剂，所以不能同时使用其他杀菌剂。

5）苗圃预防：禁止苗圃重茬。苗地播种前撒施 K84（杀根癌细菌），迅速旋耕，或者核桃泡种后播种前用 K84 拌种，能有效预防根癌病。

3. 核桃根朽病

【症状识别】 受害树木的根颈及根部皮层腐烂，木质部呈白色海绵状腐朽，并发出蘑菇香味。夏、秋两季，在腐朽根上及其附近地面上生长出成丛的蜜黄色小蘑菇子实体。

【病原】 真菌中担子菌亚门的蜜环菌。

【防治方法】

1）及时采集病菌子实体蜜环菌，可以减少发病来源。

2）发病植株应截除病根烧毁，严重者应连根挖除，病穴内消毒，更换新土后再行补植。雨后应及时排除积水。

4. 核桃根结线虫病

【症状识别】 核桃苗木根部先在须根及根尖处产生小米粒大小或绿豆大小的瘤状物。随后在侧根上也出现大小不等的近圆形根结状物。褐色至深褐色，表面粗糙，内部有白色颗粒状物 1 粒至数粒，即为病原线虫的雌虫。严重发生时根结腐烂，根系减少，地上部的叶片黄萎，植株枯死。

【病原】 线形动物门中根结线虫的花生根结线虫。

【防治方法】

1）严格进行苗木检查，拔除病株烧毁，选用不感病的树种轮作。

2）用 75% 棉隆可湿性粉剂，每亩 1kg，加水 150L，在核桃树根系 60cm 以外的地方挖沟，将药液施入沟内，然后填土踏实。

第二节　核桃园虫害诊断及防治

一　核桃树枝干害虫

1. 核桃云斑天牛

【症状识别】 被害部位皮层稍开裂，从虫孔排出大量粪屑。为害后期皮层开裂。成虫羽化多在上部，呈一大圆孔。幼虫在皮层及木质部钻蛀隧道，从蛀孔排出粪便和木屑，受害树因营养器官被破坏，逐渐干枯死亡。

【形态特征】

1）成虫：体长 32～65mm，体宽 9～20mm。体为黑色或黑褐色，密被灰白色绒毛。前胸背板中央有 1 对近肾形白色或橘黄色斑，两侧中央各有 1 个粗大尖刺突。鞘翅上有排成 2～3 纵行的 10 多个斑纹，斑纹的形状和颜色变异很大，色斑呈黄白色、杏黄或橘红色混杂，翅中部前有许多小圆斑，或者斑点扩大呈云片状。翅基有颗粒状光亮瘤突，约占鞘翅的 1/4。触角从第 2 节起，每节有许多细齿；雄虫触角超出体长 3～4 节，雌虫触角较体长略长。

2）幼虫：体长 70～80mm，乳白色至浅黄色，头部为深褐色，前胸硬皮板有 1 个"凸"字形褐斑，褐斑前方近中线有 2 个小黄点，内各有刚毛 1 根。从后胸至第 7 腹节背面各有一"口"字形骨化区。

3）卵：长约 8mm，长卵圆形，浅黄色。

4）蛹：长 40～70mm，乳白色至浅黄色。

【发生规律】　2～3 年发生 1 代，以幼虫或成虫在蛀道内越冬。成虫于次年 4～6 月羽化飞出，补充营养后产卵。卵多产在距地面 1.5～2m 处树干的卵槽内，卵期约 15 天。幼虫于 7 月孵化，此时卵槽凹陷、潮湿。初孵幼虫在韧皮部为害一段时间后，即向木质部蛀食，被害处树皮向外纵裂，可见丝状粪屑，直至秋后越冬，来年继续为害。8 月时幼虫老熟化蛹，9～10 月成虫在蛹室内羽化，不出孔就地越冬。

【防治方法】

1）人工捕杀成虫：利用成虫有趋光性、不喜飞翔、行动慢及受惊后发出声音的特点，于成虫发生盛期，傍晚持灯诱杀或早晨人工捕捉。

2）杀卵和初孵幼虫：检查成虫产卵刻槽，寻找卵粒，用刀挖或用锤子等物将卵砸死。于卵孵化盛期，在产卵刻槽处涂抹 50% 杀螟松乳油，以杀死初孵化出的幼虫。

3）幼虫蛀干为害期，发现树干上有粪屑排出时，用刀将皮剥开挖出幼虫，或者从虫孔注入 50% 敌敌畏 100 倍液，也可用药泥或浸药棉球堵塞、封严虫孔，毒杀干内害虫。

4）于 8 月中旬至 9 月下旬用敌敌畏毒签插入云斑天牛侵入孔，对成虫、幼虫熏杀效果显著。

5）冬季或产卵前，用石灰 5kg、硫黄 0.5kg、食盐 0.25kg、水 20kg 拌匀后，涂刷树干基部，以防成虫产卵，也可杀幼虫。

6）对于 20 年生以上严重受害木（即濒死枯死木），秋冬两季或早春砍伐后及时处理，以减少虫源。

2. 核桃树草履蚧

【症状识别】 若虫上树吸食树液，致使树势衰弱，甚至枝条枯死，影响产量。

【形态特征】

1）成虫：雌成虫体长 8～10mm，无翅，扁平，椭圆形，背面为灰褐色，腹面为黄褐色，触角和足为黑色，第 1 胸节腹面生丝状口器。雄虫体长 4～5mm，有翅，浅红色。

2）卵：椭圆形，近孵化时为黑色，包被于白色绵状卵囊中。

3）若虫：体形似雌成虫，较小，色深。

【发生规律】 1 年发生 1 代，以卵在距树干基部附近 5～7cm 深的土中越冬。次年 1 月下旬开始孵化，初孵幼虫在卵囊中或其附近活动，一般年份的 2 月上旬天气稍暖即开始出土爬到树上，沿树干成群爬到幼枝嫩芽上吸食汁液，若天气寒冷，傍晚下树钻入土缝等处潜伏，也有的藏于树皮裂缝中，次日中午前后温度高时再上树活动取食。出蛰期 30 天左右，低龄若虫为害期 15 天左右，大龄若虫多在 2 年生枝上吸食叶液。雄若虫蜕皮 2 次，4 月下旬在树立裂缝中分泌白色蜡毛化蛹，5 月上旬羽化成虫；雌若虫蜕皮 3 次变为成虫，交尾后 5 月中旬开始下树，钻入树干基部附近 5～7cm 深的土中分泌色绵状卵囊并产卵于卵囊中，每只雌成虫产卵 100 粒。产卵后的雌成虫干缩死亡，以卵越夏和越冬。

【防治方法】

1）人工防治：秋、冬两季，结合果园整地或施肥等管理措施，收集树干周围土壤及杂草和土石缝中的卵囊和初孵若虫并集中销毁；5 月中下旬雌成虫下树产卵前，在树基部周围挖半径 100cm、深 15cm 的浅坑，放置树叶、杂草，诱集成虫产卵。

2）树干涂粘虫胶带：2 月初若虫开始上树前，在树干胸高处刮去一圈粗老树皮并涂 10cm 宽的粘虫胶带，阻止若虫上树。粘虫胶可用废机油、柴油或蓖麻油 1.0kg 加热后放入 0.5kg 松香料特制而成；也可刷涂用 40% 氧乐果 1 份与废机油 5 份充分搅拌均匀配成的药油；另外，在树干周绑塑料薄膜效果也很好。

3）生物防治：黑缘红瓢虫是草履蚧的主要天敌，注意保护和利用，喷药时避免喷广谱性菊酯类和有机磷等农药。

　　4）化学防治：1月下旬对树干周围表土喷洒机油乳剂150倍液，可杀死初孵若虫；2月上旬至3月中旬若虫期，可用速蚧克1500倍液、蚧死净1000倍液、触杀蚧螨1000倍液喷雾防治，每隔10天喷1次药，连喷3次，以消灭树上若虫。

　　3. 核桃小吉丁虫

　　【症状识别】　幼虫主要蛀食1~2年生枝条，在韧皮部蛀成螺旋状坑道，切断营养及水分输导途径，造成枝梢干枯和幼树死亡，是严重影响核桃生长与结果的主要害虫之一。

　　【形态特征】

　　1）成虫：黑色，长4~7mm，铜绿色且带金属光泽。触角呈锯齿状，复眼为黑色。前胸背板中部稍隆起，头部、前胸背板、鞘翅上密布小刻点，鞘翅中部两侧向内陷。

　　2）卵：扁椭圆形，长约1.1mm，初产白色，1天后变为黑色。

　　3）幼虫：体长7~20mm，扁平，乳白色。头为棕褐色，缩于第1胸节内。胸部第1节扁平宽大。背中央有1褐色纵线，腹末有1对褐色尾刺。

　　4）蛹：为裸蛹，乳白色，羽化前为黑色。

　　【发生规律】　每年发生1代，以幼虫在2~3年生被害枝条木质部内越冬。在河北越冬幼虫5月中旬开始化蛹，6月为盛期，化蛹期持续2月余。蛹期平均30天左右，6月上中旬开始羽化出成虫，7月为盛期。成虫羽化后在蛹室停留15天左右，然后从羽化孔钻出，经10~15天取食核桃叶片补充营养，再交尾产卵。成虫喜光，卵多散产于树冠外围和生长衰弱的2~3年生枝条向阳光滑面的叶痕上及其附近，卵期约10天，7月上中旬开始出现幼虫。初孵幼虫从卵的下边蛀入枝条表皮，随着虫体的增大，逐渐深入到皮层和木质部中间蛀成螺旋状隧道，内有褐色虫粪，被害枝条表面有不明显的蛀孔道痕和许多月牙形通气孔。受害枝上叶片枯黄早落，入冬后枝条逐渐干枯。8月下旬后，幼虫开始在被害枝条木质部筑虫室越冬。

　　【防治方法】

　　1）合理规划，适地种树，加强管理，增强树势。核桃树的定值应选择土层深厚而肥沃的土地，并要选择壮苗，平时加强管理，适时施肥浇水，促进树势旺盛，提高抗虫力。

2）人工防治：核桃采收后至落叶前，或者在春季核桃树发芽后1个月内，彻底剪除受害枝梢，集中销毁，可以消灭越冬幼虫或蛹。

3）饵木诱卵：在成虫羽化产卵期（6月上旬至7月上旬），及时设立一些饵木，诱集成虫产卵后及时销毁。

4）药剂防治：成虫发生期可喷布25%西维因可湿性粉剂500倍液、80%敌敌畏乳剂800倍液或2.5%溴氰菊酯乳剂4000倍液，以毒杀成虫和卵。在幼虫为害盛期，发现为害后在虫疤处涂抹煤油敌敌畏液（2∶1）或40%氧乐果乳剂5~10倍液，以毒杀幼虫。

5）保护天敌：在核桃小吉丁虫幼虫期有2种寄生蜂，一般寄生率可达16%，高者可达56%，应注意保护和利用。

4. 核桃黄须球小蠹

【症状识别】 成虫食害核桃树新梢上的芽，受害严重时整枝或整株芽均被蛀食，造成枝条枯死。成虫和幼虫均可在枝条中蛀食，成虫多在枝条内蛀1条长16~46mm的纵向隧道，幼虫沿此纵向隧道向两侧蛀食，与成虫隧道呈"非"字形排列。

【形态特征】

1）成虫：体长2.3~3.3mm，黑褐色，扁圆形。触角呈膝状，端部膨大呈锤状。头胸交界处有2个三角形黄色绒毛斑。鞘翅上有8条排列均匀的纵条纹。

2）卵：短椭圆形，初产时为白色透明状，有光泽，后变为乳黄色。

3）幼虫：乳白色，老熟幼虫体长约3.3mm，椭圆形，弯曲，足退化。

4）蛹：裸蛹，初为乳白色，后变为褐色。

【发生规律】 每年发生1代，以成虫在顶芽或叶芽基部的蛀孔内越冬。次年4月上旬开始活动，多到健芽基部和多年生枝条上蛀食补充营养。4月中下旬开始产卵，4月下旬至5月上旬为产卵盛期。6月中下旬至7月上中旬，幼虫先后老熟化蛹，蛹期15~20天，成虫于羽化孔再停留1~2天才出孔上树为害。成虫飞翔力弱，多在白天，特别是午后炎热时较活跃，蛀食新芽基部，形成第2个为害高峰，顶芽受害最重，约占63%。1只成虫平均为害3~5个芽后即开始越冬。

【防治方法】

1）加强综合管理，增强树势，提高抗虫力。

2）根据该虫为害后芽体多数不再萌发，甚至全枝枯死的特点，在春季核桃树发芽后，彻底将没有萌发的虫枝或虫芽剪除，以消灭越冬成虫。

3）越冬成虫产卵前，在树上挂饵枝（可利用上年秋季修剪的枝条）引诱成虫产卵后，集中销毁。

4）当年新成虫羽化前，发现生长不良的有虫枝条，及时剪除，以消灭幼虫或蛹。

5）越冬成虫和当年成虫活动期喷洒25%西维因可湿性粉剂500倍液、80%敌敌畏乳剂800倍液、50%马拉松乳剂1000倍液或2.5%溴氰菊酯乳剂4000倍液。

5. 芳香木蠹蛾

【症状识别】 幼虫孵化后，蛀入皮下取食韧皮部和形成层，以后蛀入木质部，向上和向下穿凿不规则虫道。

【形态特征】

1）成虫：体长24～40mm，翅展80mm，体为灰乌色，触角呈扁线状，头部、前胸为浅黄色，中后胸、翅、腹部为灰乌色，前翅翅面布满呈龟裂状的黑色横纹。

2）卵：近圆形，初产时为白色，孵化前为暗褐色。

3）幼虫：老龄幼虫体长80～100mm，初孵幼虫为粉红色，大龄幼虫体背为紫红色，侧面为黄红色，头部为黑色，有光泽，前胸背板为浅黄色，有2块黑斑，体粗壮，有胸足和腹足，腹足有趾钩，体表刚毛稀而粗短。

4）蛹：长约50mm，赤褐色。

【发生规律】 华北地区2年发生1代，以幼虫在被害树木的木质部或土里过冬。在土里过冬的老熟幼虫于次年4～5月化蛹，五六月份成虫羽化外出，成虫有趋光性，产卵于树皮裂缝或根际处，卵呈块状，50～60粒为一块。5～6月幼虫孵化，常10余只小幼虫群集钻入树皮蛀食为害，在树木裂缝处排出均匀细小的褐色木屑。幼虫先在树皮下蛀食，长大后便蛀入木质部。10月下旬幼虫在木质部的隧道里过冬，次年4月继续为害，一般向上蛀食者居多。次年9月下旬至10月上旬，老熟幼虫爬出隧道到树木附近根际处、杂草丛生的土梗、土坡等向阳干燥的土壤里结茧过冬。

【防治方法】

1）及时发现和清理被害枝干，消灭虫源。

2）用 50% 敌敌畏乳油 100 倍液刷涂虫疤，杀死内部幼虫。

3）对树干涂白，以防止成虫在树干上产卵。

4）成虫发生期结合其他害虫的防治，喷 50% 辛硫磷乳油 1500 倍液，可消灭成虫。

5）对幼虫为害的新梢要及时剪除，消灭幼虫，防止扩大为害。

6）保护益鸟，如啄木鸟等。

二 核桃树叶部害虫

1. 核桃木橑尺蠖

【症状识别】 幼虫啃食核桃叶片，造成啃痕、孔洞，严重的在 3～5 天把整枝叶片吃光，影响光合作用，致使核桃树势衰退减产。

【形态特征】

1）成虫：体长 18～22mm，翅展 45～72mm。复眼为深褐色，雌蛾触角呈丝状，雄蛾触角呈羽状。翅为白色，核桃木橑尺蠖布灰色或棕褐色斑纹，外横线呈一串断续的棕褐色或灰色圆斑。前翅基部有 1 个深褐色大圆斑。雌蛾体末有黄色绒毛。足为灰白色，胫节和跗节具有浅灰色的斑纹。

2）卵：长 0.9mm，扁圆形，绿色。卵块上覆有一层黄棕色绒毛，孵化前变为黑色。

3）幼虫：体长 70～78mm，通常幼虫的体色与寄主的颜色相近似，体为绿色、茶褐色、灰色不一，并散生有灰白色斑点。头顶具黑纹，呈倒 "V" 形凹陷，头顶及前胸背板两侧有褐色突起，全表多灰色斑点。

4）蛹：长 24～32mm，棕褐或棕黑色，有刻点，臀棘分叉。雌蛹较大，翠绿色至黑褐色，体表光滑，布满小刻点。

【发生规律】 每年发生 1 代，以蛹隐藏石堰根、梯田石缝内，以及树干周围土内 3cm 深处越冬。次年在 5 月上旬羽化，7 月中、下旬为羽化盛期，成虫于 6 月下旬产卵，7 月中、下旬为盛期。幼虫于 7 月上旬孵化，孵化适宜温度为 26.7℃，相对湿度为 50%～70%。盛期为 7 月下旬至 8 月上旬。8 月底为末期。

【防治方法】

1）成虫羽化期用黑光灯诱杀或堆火诱杀，一般在 5～8 月进行。

2）春季或早秋，在树盘周围挖蛹，集中捕杀。

3）化学防治：幼虫孵化期，可喷洒敌杀死 2000 倍液、50% 杀螟松乳剂 800 倍液、50% 辛硫磷乳油 1200 倍液、5% 氯氰菊酯乳油 3000 倍液或 20% 速灭杀丁乳油 2000 ~ 3000 倍液。

2. 核桃缀叶螟

【症状识别】 核桃缀叶螟以幼虫为害核桃、木橑等的叶片，发生严重的年份，往往可把树叶吃光。

【形态特征】

1）成虫：体长 14 ~ 20mm，翅展 35 ~ 50mm，全体为黄褐色。前翅色深，稍带浅红褐色，有明显的黑褐色内横线及曲折的外横线，横线两侧靠近前缘处各有黑褐色斑点 1 个。前翅前缘中部有 1 个黄褐色斑点，后翅为灰褐色，越接近外缘颜色越深。

2）卵：球形，密集排列呈鱼鳞状，每块有卵 200 粒左右。

3）幼虫：老熟幼虫体长 20 ~ 30mm。头部为黑色且带有光泽。前胸背板为黑色，前缘有 6 个黄白色斑。背中线宽、杏黄色，亚背线、气门上线为黑色，体侧各节有黄白色斑，腹部腹面为黄褐色且疏生短毛。

4）蛹：长约 16mm，深褐色至黑色。

5）茧：深褐色，扁椭圆形，长约 20mm，宽约 10mm，硬似牛皮纸。

【发生规律】 每年发生 1 代，以老熟幼虫在根的附近及距树干 1m 范围内的土中结茧越冬，入土深度达 10cm 左右。次年 6 月上旬为越冬代幼虫的化蛹期，盛期在 6 月底至 7 月中旬，成虫产卵于叶面。7 月上旬至 8 月中旬为幼虫孵化期，盛期在 7 月底至 8 月初，初龄幼虫常数十只至数百只群居在叶面吐丝结网，舔食叶肉，先是缠卷 1 张叶片呈筒形；随虫体的增大，至二三龄后开始分散活动，1 只幼虫缠卷 1 复叶上部的 3 ~ 4 片叶子为害。幼虫夜间取食，白天静伏于叶筒内。受害叶多位于树冠上部及外围，容易发现。从 8 月中旬开始，老熟幼虫便入土作茧越冬。

【防治方法】

1）幼虫群居为害时，摘除虫包，集中烧毁。

2）虫茧在树根旁边及松软的土里比较集中，可在秋季封冻前或春季解冻后挖除虫茧。

3）于 7 月中下旬幼虫为害初期，喷洒 40% 乐果乳油 2000 倍液或 25% 西维因可湿性粉济 500 ~ 800 倍液。

3. 核桃瘤蛾

【症状识别】 核桃瘤蛾以幼虫食害核桃叶片，属偶发暴食性害虫，严重发生时几天内能将树叶吃光，造成枝条二次发芽，树势极度衰弱，导致次年枝条枯死。

【形态特征】

1）成虫：体长 8 ~ 11mm，翅展 19 ~ 24mm，灰褐色。雌虫触角呈丝状，雄虫触角呈羽毛状。前翅前缘基部及中部有 3 个隆起的深色鳞簇，组成 3 个明显的黑斑；从前缘至后缘有 3 条由黑色鳞片组成的波状纹。后缘有 1 个褐色斑纹。

2）卵：直径为 0.4mm 左右，扁圆形，中央顶部略凹陷，四周有细刻纹。初产时为乳白色，后变为浅黄色至褐色。

3）幼虫：老熟幼虫体长 12 ~ 15mm，背面为棕黑色，腹面为浅黄褐色，体型短粗而扁，中胸、后胸背面各有 4 个毛瘤并着生较长的毛。体两侧毛瘤上着生的毛长于体背毛瘤上的毛，腹部第 4 ~ 7 节背面中央为白色。胸足 3 对；腹足 3 对，着生在第 4、5、6 腹节上；臀足 1 对，着生在第 10 腹节上。

4）蛹：体长 8 ~ 10mm，黄褐色，椭圆形，腹部末端呈半球形。越冬茧呈长圆形，丝质细密，浅黄白色。

【发生规律】 每年发生 2 代，以蛹在石堰缝中（占 95% 左右）、土缝中、树皮裂缝中及树干周围的杂草和落叶中越冬。越冬代成虫的羽化期自 5 月下旬至 7 月中旬共计 50 余天，盛期为 6 月上旬；第 1 代成虫的羽化期自 7 月中旬至 9 月上旬共计 50 余天，盛期在 7 月低至 8 月初。第 1 代老熟幼虫下树期自 7 月初至 8 月中旬约一个半月，盛期在 7 月下旬；第 2 代老熟幼虫下树期从 8 月下旬至 9 月底、10 月初，共计 40 天左右，盛期在 9 月上中旬。第 1 代蛹期 6 ~ 14 天，第 2 代蛹的存活率高于阴坡、潮湿石堰缝中的蛹，树外围的叶片受害较重，上部的叶片受害重于下部的叶片。

【防治方法】

1）化学防治：在幼虫发生为害初期，喷布 5% 溴氰菊酯乳油 6000 倍液、50% 杀螟松乳剂 1000 倍液、50% 乐果乳油 2000 倍液或 90% 敌百虫 800 倍液，均有良好的防治效果。

2）利用老熟幼虫顺树干下地化蛹的习性，可以进行树干绑草诱集及树干开沟诱杀。不同的草料，诱集的效果有明显差异。麦秸绳诱集效果最好，荆条次之，青草最差，可能与幼虫喜在干燥和紧密的缝隙里结茧化蛹的习性有关。开沟诱杀时，在树干周围各开宽 39cm、深 15 ~ 18cm 的环状沟，沟的外壁垂直，沟里放一些石块，将诱来的幼虫踏死。

第八章

3）利用成虫的趋光性，可以利用黑光灯诱杀成虫，需要大面积联防，效果更好。

4. 核桃树黄刺蛾

【症状识别】 黄刺蛾初孵小幼虫往往群居在产过卵的叶片上，啃食叶肉，留下叶脉，被害叶片呈网状。幼虫 3 龄后分散活动，蚕食叶片，造成叶片残缺，严重时叶片会被吃光只留叶柄。

【形态特征】

1）成虫：雌蛾体长 15～17mm，翅展 35～39mm；雄蛾体长 13～15mm，翅展 30～32mm。体为橙黄色。前翅为黄褐色，自顶角有 1 条细斜线伸向中室，斜线内方为黄色，外方为褐色；在褐色部分有 1 条深褐色细线自顶角伸至后缘中部，中室部分有 1 个黄褐色圆点。后翅为灰黄色。

2）卵：扁椭圆形，一端略尖，长 1.4～1.5mm，宽 0.9mm，浅黄色，卵膜上有龟状刻纹。

3）幼虫：老熟幼虫体长 19～25mm，体粗大。头部为黄褐色，隐藏于前胸下。胸部为黄绿色，体自第 2 节起，各节背线两侧有 1 对枝刺，以第 3、4、10 节的为大，枝刺上长有黑色刺毛；体背有紫褐色大斑纹，前后宽大，中部狭细成哑铃形，末节背面有 4 个褐色小斑；体两侧各有 9 个枝刺，中部有 2 条蓝色纵纹，气门上线为浅青色，气门下线为浅黄色。

4）蛹：椭圆形，粗大。长 13～15mm，浅黄褐色，头部、胸部背面为黄色，腹部各节背面有褐色背板。

5）茧：椭圆形，质坚硬，黑褐色，有灰白色不规则纵条纹，极似雀卵。

【发生规律】 卢龙县每年发生 1 代，以老熟幼虫在树冠枝杈处、主侧枝及树干粗皮上结茧越冬。一般年份的 6 月上旬开始化蛹，越冬代成虫发生期为 6 月中旬至 7 月中旬。成虫趋光性较强，卵多产于叶背面。卵期 7～10 天，7 月上旬至 8 月下旬为幼虫发生为害期，长达 50 多天。8 月下旬老熟幼虫结茧越冬。

【防治方法】

1）生物防治：上海青蜂是黄刺蛾的天敌优势种群。

2）黑光灯诱杀：6 月中旬至 7 月中旬越冬代成虫发生期，在田间设置黑光灯诱杀成虫。

3）人工防治：7月上旬小幼虫群集叶背时，可及时剪下叶片集中消灭幼龄幼虫；8月中下旬老熟幼虫在枝干枝皮上寻找结茧的适当场所期间，集中人力捕捉老熟幼虫并集中杀灭。

4）化学防治：控制剧毒农药的使用，减少打药次数，以生物制剂、矿物性农药等无公害药剂为主。在7月初幼虫初发期叶面喷1次300~500倍BT乳剂，10天后再喷1次25%灭幼脲3号2000倍液或30%蛾螨灵2000倍液等药剂。

5. 棕色鳃金龟

【症状识别】 棕色鳃金龟为害最重时，能将叶片食光。幼虫（蛴螬）生活于地下，为害根系，严重时造成植株死亡。

【形态特征】

1）成虫：中大型，体长20mm左右，体宽10mm左右；体为棕褐色，具有光泽。触角10节，赤褐色。前胸背板横宽，与鞘翅基部等宽，两前角钝，两后角近直角；小盾片光滑，呈三角形。鞘翅较长，为前胸背板宽的2倍，各有4条纵肋，第1、2条明显，第1条末端尖细，会合缝肋明显。足为棕褐色且有强光。

2）幼虫：体长45~55mm，乳白色。头部前顶刚毛，每侧1~2根，绝大多数仅1根。

【发生规律】 每年发生1代，以幼虫在土中越冬。3月上旬幼虫向地表移动，取食腐殖质或植物嫩根。过一段时期即在土中化蛹，成虫于5月上旬至7月中旬出土为害，5月下旬至6月中旬为旺盛期。

【防治方法】

1）灯光诱杀：在田间设置黑光灯或振频式杀虫灯诱杀成虫。

2）人工防治：利用假死性，于傍晚敲树振虫，树下用塑料布接虫，集中消灭。

3）化学防治：害虫发生量大的年份喷50%辛硫磷乳油800~1000倍液或40%氧乐果乳油1000~1500倍液。幼虫期防治可用50%辛硫磷乳油100g拌种50kg，将制成的5%毒砂随种撒入种沟内；或者用3%呋喃丹粉剂做土壤处理，每亩1.5~3kg，以杀死土中的幼虫。

4）种植蓖麻诱杀。

6. 核桃樟蚕

【症状识别】 幼虫食叶很猛，严重为害时树叶被吃光，仅剩叶脉，影响树木生长，使果实品质下降。

【形态特征】

1) 成虫：雌蛾体长 33～40mm，翅展 90～110mm，翅为灰褐色，前翅基本为暗褐色，三角形，内横线为黑褐色，内侧有一紫色边缘，翅中央有一眼状纹，外侧为深黑褐色，中层有土黄色圈，内层有浅褐色的 2 个半圆纹，中心为新月形透明斑，外横线为棕色且呈双锯齿形，亚外缘线为暗褐色，前翅顶角外侧有 2 个紫红色斑，外缘线为棕褐色；后翅花纹与前翅略同，但颜色较浅，眼纹较小。触角呈双栉齿状。腹部有白色鳞毛环，并且腹部密披长而分枝的鳞毛，鳞毛尖端黑色，根端白色。雄蛾体长 25～30mm，翅展 77～98mm，翅纹羽雌蛾相同，但色彩较鲜艳。触角呈羽毛状，腹部各节均有白色鳞毛环，但腹部没有尖端黑色长鳞毛。

2) 卵：白色，长椭圆形，长 2mm，宽 1.2mm，直立排列呈带状或块状，卵上有雌蛾的鳞毛倒覆其上而成灰白色。

3) 幼虫：初龄幼虫体为黑褐色，随虫龄的增大，绿色部分增多，呈绿黑色，老龄幼虫则呈黑绿色。1 龄幼虫头宽 1mm，体长 4～4.5mm；老龄幼虫头宽 5.7～6.7mm，体长 80～100mm。

4) 蛹：棕褐色，纺锤形，长 24～41mm，宽 11～15mm，额区有 1 个黄色白斑，腹末有 5～19 根臀棘。

5) 茧：棕褐色，纺锤形，长 40～60mm，宽 15～22mm。

【发生规律】　每年生 1 代，以蛹在茧内越冬。次年 2～3 月羽化，3 月间产卵，卵期约 10 天，幼虫历期 52～80 天，6 月开始结茧化蛹，成虫于傍晚或清晨羽化，交尾后常把卵成堆产在树干或树枝上，每堆 50 多粒，共 250～420 粒，卵块产，卵块上覆 1 层雌蛾尾部黑毛，3 龄前群聚，4 龄后分散为害，老熟后在树干或枝杈处结茧化蛹，预蛹期 8～12 天。

【防治方法】

1) 光诱杀：用黑光灯或振频式杀虫灯诱杀成虫。

2) 人工捕杀：利用幼虫群集性和人们喜食蛹习性进行人工捕杀。

3) 化学防治：幼虫为害期可用 90% 敌百虫粉剂或 80% 敌敌畏乳油 1000～1500 倍液喷杀。

7. 核桃叶甲

【症状识别】　核桃叶甲以成虫和幼虫取食叶肉，为害状呈网状或缺刻，严重时将全叶食光，仅留叶脉，形似火烧，严重影响树势及产量，有的甚至全株枯死。

351

【形态特征】

1）成虫：体长7～8mm，体扁平略呈长方形，青蓝色至紫蓝色。头部有粗大的点刻。前胸背板的点刻不显著，两侧为黄褐色，并且点刻较粗。翅鞘点刻粗大，纵列于翅面，有纵横棱纹，翅基部两侧较隆起，翅边缘有折缘。

2）卵：黄绿色。

3）幼虫：初龄幼虫体为黑色，老熟幼虫体长10mm，胴部为暗黄色，前胸背板为浅红色，以后各节背板为浅黄色，沿气门上线有突起。胸足3对。

4）蛹：黑褐色，胸部有灰白纹，腹部第2～3节两侧为黄白色，背面中央为黑褐色，腹末附有幼虫蜕的皮。

【发生规律】 每年发生1代，以成虫在枯枝落叶层或树干基部的树皮缝内越冬。次年4月上、中旬越冬成虫开始活动，4月下旬至5月上旬交尾产卵，将卵产在叶背面，聚成块状，每块有卵20～30粒。5月中旬孵化出幼虫，幼虫孵化后群集叶背取食叶肉，随着虫龄的不断增大，开始分散为害，此时不仅取食叶肉，当食料缺乏时也取食叶脉，甚至叶柄。残存的叶脉、叶柄呈黑色进而枯死。5月下旬老熟幼虫尾端黏附在叶背面，蜕皮化蛹，蛹的腹末又黏附在幼虫的蜕皮上，倒悬在叶的背面，触动时能屈伸活动。蛹期4～5天，羽化出成虫，经短期取食下树，潜伏越冬。5～6月是越冬成虫及幼虫同时出现为害的盛期。

【防治方法】

1）冬季人工刮树干基部老皮，消灭越冬成虫，或者在次年该虫上树为害期捕捉成虫。

2）越冬成虫上树前或新羽化成虫越夏上树前，用毒笔、毒绳等涂扎于树干基部，以阻杀爬经毒环、毒绳的成虫。

3）保护和利用天敌，如猎蝽、奇变瓢虫等。

4）幼虫发生期，可喷施下列药剂：90%晶体敌百虫800～1000倍液、80%敌敌畏乳油800～1000倍液或50%辛硫磷乳油1000～1500倍液等。

8. 核桃黑斑蚜

【症状识别】 核桃黑斑蚜以成蚜、若蚜在核桃叶背及幼果上刺吸为害。

【形态特征】

1）干母：1龄若蚜体长0.53～0.75mm，长椭圆形，胸部和腹部第

1~7节背面每节有4个灰黑色椭圆形斑，第8腹节背面中央有1个较大横斑。第3、4龄若蚜的灰黑色斑消失。腹管呈环形。

2）有翅孤雌蚜：成蚜体长1.7~2.1mm，浅黄色，尾片近圆形。第3、4龄若蚜在春秋季腹部背面每节各自有1对灰黑色斑，夏季多无此斑。

3）性蚜：雌成蚜体长1.6~1.8mm，无翅，浅黄绿至橘红色。头部和前胸背面有浅褐色斑纹，中胸有黑褐色大斑。腹部第3~5节背面各有1个黑褐色大斑。雄成蚜体长1.6~1.7mm，头胸部为灰黑色，腹部为浅黄色。第4、5腹节背面各有1对椭圆形灰黑色横斑。腹管短截且呈锥形，尾片上有毛7~12根。

4）卵：长0.5~0.6mm，长卵圆形，初产时为黄绿色，后变为黑色，光亮，卵壳表面有网纹。

【发生规律】　在山西省，每年发生15代左右，以卵在枝杈、叶痕等处的树皮缝中越冬。次年4月中旬为越冬卵孵化盛期，孵出的若蚜在卵壳旁停留约1h后，开始寻找膨大树芽或叶片刺吸取食。4月底至5月初，干母若蚜发育为成蚜，孤雌卵胎生产生有翅孤雌蚜，有翅孤雌蚜每年发生12~14代，不产生无翅蚜。成蚜较活泼，可飞散至邻近树上。成蚜、若蚜均在叶背及幼果上为害。8月下旬至9月初开始产生性蚜，9月中旬性蚜大量产生，雌蚜数量是雄蚜的2.7~21倍。交配后，雌蚜爬向枝条，选择合适部位产卵，以卵越冬。

【防治方法】

1）核桃黑斑蚜的天敌主要有七星瓢虫、异色瓢虫、大草蛉等，应注意保护和利用。

2）在为害高峰前每复叶蚜量达50只以上时，选用48%毒死蜱乳油1500~2000倍液、40%蚜灭磷乳油1000~1500倍液、50%抗蚜威可湿性粉剂1500~3000倍液、2.5%氯氟氰菊酯乳油1000~2000倍液、2.5%溴氰菊酯乳油1500~2500倍液、57%氟氯氰菊酯乳油1000~2000倍液、1.8%阿维菌素乳油3000~4000倍液、10%氯噻啉可湿性粉剂4000~5000倍液、10%吡虫啉可湿性粉剂2000~4000倍液、30%松脂酸钠水乳剂100~300倍液或10%烯啶虫胺可溶液性剂4000~5000倍液喷施，有很好的防治效果。

三　核桃树果实害虫

核桃树果实害虫主要为核桃举肢蛾。

【症状识别】 幼虫蛀入果实内，纵横取食，形成蛀道，粪便排于其中。蛀孔外流出透明或琥珀色水珠，后青果皮皱缩变黑腐烂，果面变黑凹陷皱缩，引起大量落果。

【形态特征】

1）成虫：体长 5～8mm，翅展 12～14mm，黑褐色，有光泽。复眼为红色；触角呈丝状，浅褐色；下唇须发达，银白色，向上弯曲，超过头顶。翅狭长，缘毛很长；前翅端部 1/3 处有 1 个半月形白斑，基部 1/3 处还有 1 个椭圆形小白斑（有时不显）。腹部背面有黑白相间的鳞毛，腹面为银白色。足白色，后足很长，胫节和跗节具有环状黑色毛刺，静止时胫、跗节向侧后方上举，并不时摆动，故名“举肢蛾”。

2）卵：椭圆形，长 0.3～0.4mm，初产时为乳白色，渐变为黄白色、黄色或浅红色，近孵化时为红褐色。

3）幼虫：初孵时体长 1.5mm，乳白色，头部为黄褐色。成熟幼虫体长 7.7～9mm，头部为暗褐色，胴部为浅黄白色，背面稍带粉红色，有稀疏白刚毛。

4）蛹：体长 4～7mm，纺锤形，黄褐色。

5）茧：椭圆形，长 8～10mm，褐色，常黏附草屑及细土粒。

【发生规律】 在西南核桃产区每年可发生 2 代，在山西、河北每年发生 1 代，河南每年发生 2 代。均以成熟幼虫在树冠下 1～2cm 的土壤中、石块下及树干基部粗皮裂缝内结茧越冬。在河北省，越冬幼虫在 6 月上旬至 7 月下旬化蛹，盛期在 6 月上旬，蛹期 7 天左右。成虫发生期在 6 月上旬至 8 月上旬，盛期在 6 月下旬至 7 月上旬。幼虫 6 月中旬开始为害，有的年份发生早些，6 月上旬即开始为害，老熟幼虫 7 月中旬开始脱果，盛期在 8 月上旬，9 月末还有个别幼虫脱果。在四川绵阳，越冬幼虫于 4 月上旬开始化蛹，5 月中、下旬为化蛹盛期，蛹期 7～10 天；越冬代成虫最早出现于 4 月下旬果径 6～8mm 时，5 月中、下旬为盛期，6 月上、中旬为末期；5 月上、中旬出现幼虫为害。6 月出现第 1 代成虫；6 月下旬开始出现第 2 代幼虫为害。

【防治方法】

1）深翻树盘：晚秋季或早春深翻树冠下的土壤，破坏冬虫茧，可消灭部分越冬幼虫或使成虫羽化后不能出土。

2）树冠喷药：掌握成虫产卵盛期及幼虫初孵期，每隔 10～15 天选喷 1 次 50% 杀螟硫磷乳油或 50% 辛硫磷乳油 1000 倍液，也可用 2.5% 溴氰菊酯乳油或 20% 杀灭菊酯乳油 3000 倍液等，共喷 3 次，将幼虫消灭在蛀果之前，效果很好。

3）地面喷药：成虫羽化前或个别成虫开始羽化时，在树干周围地面喷施 50% 辛硫磷乳油 300～500 倍液，每亩用药 0.5kg，或者撒施 4% 敌马粉剂，每株 0.4～0.75kg，以毒杀出土成虫。在幼虫脱果期树冠下施用辛硫磷乳油或敌马粉剂毒杀幼虫，也可收到良好效果。

4）摘除被害果：受害轻的树，在幼虫脱果前及时摘除变黑的被害果，可减少下一代的虫口密度。

四　核桃树根部害虫

核桃树根部害虫主要为核桃横沟象。

【症状识别】　核桃横沟象在核桃根颈部皮层中串食，破坏树体的输导组织，阻碍水分和养分的正常运输，致使树势衰弱，轻者减产，重者死亡。

【形态特征】

1）成虫：体长 12～16.5mm（不含喙），宽 5～7mm，雌虫体略大。体为黑色，被白色或黄色毛状鳞片。喙粗而长，密布刻点，长于前胸，两侧各有 1 条触角沟。雌虫喙长 4.4～5.0mm，触角着生于喙前端 1/4 处；雄虫触角着生于喙前端 1/6 处。触角 11 节，呈膝状。柄节长，常藏于触角沟内。复眼为黑色。前胸背板宽大于长，中间有纵脊，密布较大而不规则的刻点。各有 4 个暗红褐色绒毛斑。

2）卵：椭圆形，长 1.6～2mm，初产时为乳白色或黄白色，逐渐变为米黄色或黄褐色。

3）幼虫：老熟幼虫体长 14～18mm，头宽 3.5～4mm，体为黄白色或灰白色，弯曲，肥壮。头部为暗红褐色，口器为黑褐色。

4）蛹：长 14～17mm，黄白色，末端有 2 根褐色刺。

【发生规律】　在四川、陕西均为 2 年发生 1 代，跨 3 个年度。以成虫及幼虫越冬，越冬成虫于次年 3 月下旬开始活动，4 月上旬日平均气温 10℃左右时上树取食叶片和果实等进行补充营养，5 月为活动盛期，6 月上中旬为末期。越冬成虫能多次交尾，6 月上、中旬下树将卵散产在根颈 1～10mm 深的皮缝内，产卵前咬成直径 1～1.5mm 圆孔，产卵于孔内，然后用喙将卵顶到孔底，再用树皮碎屑封闭孔口。9 月产卵完毕，成虫逐渐死亡。卵于 6 月上旬开始孵化。12 月至次年 2 月为越冬期。

【防治方法】

1）加强检疫：严禁引入带虫种子和苗木。

2）冬季防治：冬季，结合树盘翻耕挖开根颈部泥土，剥去根颈部粗皮，创造不利于虫卵发育的环境；或者在去掉粗皮后在根部灌入粪尿，然后封土。

3）阻止产卵：在成虫产卵前，将根颈部土壤挖开，用浓石灰浆涂抹于根颈部，然后封土，以阻止成虫在根上产卵。

4）根部喷药：4~6月，挖开根颈部泥土，然后用斧头每隔10cm左右砍破皮层，用敌敌畏5倍液重喷根颈部，而后再用土封严，效果显著。

5）树上喷药：6~8月（成虫发生期），结合防治核桃举肢蛾，在树上喷施50%杀螟松乳油或50%马拉硫磷乳油800~1000倍液，也可用2.5%溴氰菊酯或20%氰戊菊酯4000~5000倍液，连喷2~3次。

6）生物防治：应注意保护和利用伯劳、白僵菌和寄生蝇等横沟象的天敌。

附 录

常见计量单位名称与符号对照表

量 的 名 称	单 位 名 称	单 位 符 号
长度	千米	km
	米	m
	厘米	cm
	毫米	mm
	微米	μm
面积	公顷	ha
	平方千米（平方公里）	km^2
	平方米	m^2
体积	立方米	m^3
	升	L
	毫升	mL
质量	吨	t
	千克（公斤）	kg
	克	g
	毫克	mg
物质的量	摩尔	mol
时间	小时	h
	分	min
	秒	s
温度	摄氏度	℃
平面角	度	(°)
能量，热量	兆焦	MJ
	千焦	kJ
	焦［耳］	J
功率	瓦［特］	W
	千瓦［特］	kW
电压	伏［特］	V
压力，压强	帕［斯卡］	Pa
电流	安［培］	A

参 考 文 献

[1] 杨本立，严乃胜，陈国华，等. 黄蓝眼天牛的生活习性及防治 [J]. 中国果树，1994（3）：9-11.

[2] 韩乾，高俊国，朱明明. 柳干木蠹蛾的发生与防治 [J]. 植物保护，2013（12）：34.

[3] 霍兆志. 葡萄蓟马的发生规律与防治方法 [J]. 河北林业科技，2007（5）：84.

[4] 李景栓，马沛勤. 山西果蝇物种调查 [J]. 运城学院学报，2009（5）：23-25.

[5] 吴军，廖太林，孙鹏，等. 斑翅果蝇生物学特性研究 [J]. 植物检疫，2013（5）：36-41.

[6] 郭迪金，蒋辉，张永华，等. 黑腹果蝇和伊米果蝇在四川阿坝州发生初报 [J]. 植物保护，2007（1）：134-135.

[7] 林清彩，王圣印，周成刚，等. 铃木氏果蝇研究进展 [J]. 江西农业学报，2013（10）：75-78.

[8] 刘坤. 甜樱桃果蝇发生与防治的研究进展 [J]. 北方果树，2014（3）：1-3.

[9] 杨烨. 枣豹蠹蛾的发生危害与防治 [J]. 山西果树，2010（2）：53-54.

[10] 孙阳. 核桃细菌性黑斑病及防治 [J]. 落叶果树，2010（6）：36-37.

[11] 涂国信，曾毅，马建鹏. 核桃霜点病防治试验 [J]，陕西林业科技，2014（2）：38-39.

[12] 石鑫. 核桃常见病虫害及防治方法 [J]. 中国园艺文摘，2013（10）：211-212.

[13] 沈瑞. 核桃横沟象的发生与防治 [J]. 乡村科技，2013（5）：21.

ISBN：978-7-111-55670-1

定价：49.80

ISBN：978-7-111-55397-7

定价：29.80

ISBN：978-7-111-47629-0

定价：19.80

ISBN：978-7-111-47467-8

定价：22.80

ISBN：978-7-111-46950-6

定价：18.80

ISBN：978-7-111-46958-2

定价：25.00

ISBN：978-7-111-47444-9

定价：19.80

ISBN：978-7-111-46517-1

定价：25.00

ISBN：978-7-111-46518-8

定价：22.80

ISBN：978-7-111-52460-1

定价：26.80

ISBN：978-7-111-47478-4

定价：19.80

ISBN：978-7-111-52107-5

定价：25.00

ISBN：978-7-111-47182-0

定价：22.80

ISBN：978-7-111-51132-8

定价：25.00

ISBN：978-7-111-49856-8

定价：22.80

ISBN：978-7-111-50436-8

定价：25.00

ISBN：978-7-111-51607-1

定价：23.80

ISBN：978-7-111-52935-4

定价：26.80

ISBN：978-7-111-56047-0

定价：25.00

ISBN：978-7-111-54710-5

定价：25.00